"十三五"国家重点出版物出版规划项目

名校名家基础学科系列
Textbooks of Base Disciplines from Top Universities and Experts

"十三五"江苏省高等学校重点教材　2018－2－139

工科数学分析

上册

主　编　马儒宁　唐月红
参　编　毛徐新　安玉坤　李鹏同

机械工业出版社

本教材(分上、下册)属于"十三五"国家重点出版物出版规划项目,同时还是"十三五"江苏省高等学校重点教材。主要介绍一元函数微积分及其应用,内容包括:实数集与数列极限、函数的极限与连续、函数的导数与微分、微分中值定理与应用、定积分与积分法、定积分的推广应用与傅里叶级数.本教材突出、强化数学基础,同时重视不同数学分支间的相互渗透和联系.

本教材可作为理工科大学本科一年级新生的数学课教材,也可作为准备报考理工科硕士研究生的人员和工程技术人员的参考书.

图书在版编目(CIP)数据

工科数学分析. 上册/马儒宁,唐月红主编. —北京:机械工业出版社,2018.12

"十三五"国家重点出版物出版规划项目. 名校名家基础学科系列

ISBN 978-7-111-61483-8

Ⅰ.①工… Ⅱ.①马… ②唐… Ⅲ.①数学分析 – 高等学校 – 教材 Ⅳ.①O17

中国版本图书馆 CIP 数据核字(2018)第 265974 号

机械工业出版社(北京市百万庄大街 22 号 邮政编码 100037)
策划编辑:汤 嘉 责任编辑:汤 嘉 李 乐
责任校对:陈 越 封面设计:鞠 杨
责任印制:孙 炜
北京联兴盛业印刷股份有限公司印刷
2020 年 5 月第 1 版第 1 次印刷
184mm×260mm · 19 印张 · 1 插页 · 454 千字
标准书号:ISBN 978-7-111-61483-8
定价:49.00 元

电话服务		网络服务		
客服电话:010-88361066		机 工 官 网	www.cmpbook.com
010-88379833		机 工 官 博	weibo. com/cmp1952
010-68326294		金 书 网	www.golden-book.com
封底无防伪标均为盗版		机工教育服务网	www.cmpedu.com

前　言

　　微积分是现代数学最重要的基础,也是中小学数学课程的直接延伸,其思想与方法几乎渗入到现代科学的所有分支中.21世纪的科学发展验证了一个观点:高技术本质上是数学技术! 人工智能、信息技术的快速发展,极大冲击了人们的传统观念与思想,更是提升了人们对数学知识的需求.抽象思维、逻辑推理、空间想象、科学计算等诸方面都与现代科学技术的发展和应用密不可分,而微积分则集中体现了这些数学能力的培养,具有超越其他课程的严谨性、逻辑性和抽象性.在学习微积分的过程中反复训练,可以培养学生的数学能力与素养,甚至可以影响其一生.因此可以说,微积分是大学理工科最重要的基础课程,而且这种重要性随着现代科技的发展日趋显著.

　　本教材的编写正是为了适应新时代培养高质量的理工科研究人才和创新型工程技术人才的要求,同时结合了我校多年的教学改革经验,对传统的大学微积分教学体系、内容、观点、方法以及处理上,进行了新颖而有建设性的改革,主要特色包括以下方面:

　　1. 注重教材整体内容和思想上的紧凑、统一和连贯.

　　(1)本教材将传统教材中的无穷级数章节打散,融入到整个一元函数篇中.具体来说,把数项级数与数列极限放在一起,它们共用类似的收敛发散处理方法;函数项级数的一致收敛性放在函数的一致连续性之后,强调它们共同的"一致性"概念(对函数自变量变化的一致性);将函数的幂级数展开放在微分学泰勒公式之后,阐述展开式从有限到无限的过程;傅里叶级数放在积分的应用之后,三角函数系的正交性正是积分中的重要结论.这样,虽然级数作为一个整体章节不复存在,但是级数的思想与方法(求和、逼近、展开)贯穿在整个一元函数微积分中.

　　(2)本教材特别注意形异实同教学内容的统一化处理,例如,统一给出了六种极限过程的柯西收敛准则,对两种洛必达法则进行了统一的证明,统一处理了数量值函数积分的概念及性质.特别是对无穷积分和瑕积分,在介绍两者的概念、柯西准则、与无穷级数的关系、收敛性判定(比较判别法、柯西判别法、阿贝尔-狄利克雷判别法)时,均是统一化处理,节省篇幅且利于学生同时掌握两种反常积分.

　　(3)在教学内容的连贯性上,以有限过渡到无限为桥梁,将泰勒公式推广为泰勒级数展开,将有限个函数之和的求导运算推广为函数项级数的逐项求导公式,将有限个函数之和的积分运算推广为函数项级数的逐项积分公式.这样,在教学过程中,学生可以领会到有限推广到无限时所带来的便利和所面临的困难,以及如何克服这些困难.

　　2. 教材中融入了数学史,将微积分的重要概念与物理学、天文学、几何学的背景紧密结合,并适度回溯数学史上一些关键人物做出重大发现的轨迹.例如,在介绍函数概念时,回溯了从伽利略、笛卡儿、伯努利、欧拉、柯西、狄利克雷一直到康托尔、豪斯道夫对函数定义的不断理解深刻的过程,了解如何产生现代意义上的函数定义;对导数、定积分等重要概念,也尽量说明其发展的历程,以及目前教科书中的通用定义的来源;在积分的应用——曲线弧长中,介绍了年轻荷兰数学家范·休莱特的杰出工作.这样既激发了学生学习数学的兴趣,又能使学生逐步理解数学的本质以及数学研究的规律和途径.

3. 注重典型实例的引入,如在介绍初等函数时,介绍了悬链线和最速降线这两种曾在历史上备受瞩目的曲线,增加了教材的实用性与趣味性.此外,还引入一些著名的反例,以帮助学生理解一些重要概念.例如,通过介绍满足介值性但处处不连续的函数,学生可以领会连续性与介值性的差异;通过介绍范·德·瓦尔登的例子,证明了其处处连续处处不可导性,学生可以了解连续性与可导性的差异,等等.

4. 教材中增加了一些与现代数学或其他学科密切相关的拓展性内容,开拓学生的视野,例如介绍线性算子、连续复利、黎曼 ζ 函数等知识.

5. 本教材与国内一般的高等数学教材相比,保留了其除近似计算外的全部内容,同时引入了现代数学思想,增加了实数的基本理论、一致连续、一致收敛、含参量积分等内容,强化了微积分的理论基础.与国内一般的数学分析教材相比,则增加了工程应用中不可或缺的几何、代数与微分方程章节,同时减少了若干传统分析中复杂的论证,处理问题更加简洁高效,充分融入工程应用背景,适合工科特点.

本教材适合理工科(非数学专业)以及经济学、管理学等学科中对数学要求较高的专业使用,略去部分内容后,也适合一般工科专业的大一新生使用.

由于编者水平有限,书中的缺点、疏漏和错误在所难免,恳请读者批评指正.

编 者

于南京航空航天大学

目　　录

第 1 章

实数集与数列极限

本章主要研究集合、数集、数列、级数,通过有限到无限的过渡,深入理解收敛、发散等核心概念,建立微积分大厦的基础.

1.1 实数集

人类对实数的认识历经了"正整数—正有理数—非负有理数—有理数—实数"的过程,那么实数的定义是什么? 实数和有理数有什么本质的区别? 从 19 世纪中叶起,经过皮亚诺(Peano,1858—1932)、康托尔(Cantor,1845—1918)、戴德金(Dedekind,1831—1916)、魏尔斯特拉斯(Weierstrass,1815—1897)等数学家的努力,建立了实数系的完备性,这才解决了上述问题.

本节从集合到数集,建立实数集的完备性,并列出一些本课程常用的等式与不等式.

1.1.1 集合及其运算

集合是数学中的基本概念,集合理论创始人康托尔称集合为"一些确定的、不同的东西的全体",人们能意识到这些东西,并且能判断一个给定的东西是否属于这个总体.

一般地,研究对象统称为元素(element),一些元素组成的总体叫集合(set),也简称集.

习惯上,用大写拉丁字母 $A,B,C,\cdots$ 表示集合,小写拉丁字母 $a,b,c,\cdots$ 表示集合的元素. 用 $a \in A$ 表示 a 是集合 A 的元素(读作 a 属于集合 A), $a \notin A$ 表示 a 不是集合 A 的元素(读作 a 不属于集合 A). 集合具有以下三个特性:

确定性:给定一个集合,任给一个元素,该元素或者属于或者不属于该集合,二者必居其一,不允许有模棱两可的情况出现. 例如"高个子的大学生""很小的数"等就不能认为是一个集合,因为在一般语境下,"高个子""很小"的含义是不确定的.

互异性:一个集合中,任何两个元素都认为是不相同的,即每个元素只能出现一次. 例如一个集合的三个元素分别为某三角形的三条边的长度,则该三角形必然不是等腰三角形.

无序性：一个集合中，每个元素的地位都是相同的，元素之间是无序的。集合上可以定义序关系（例如数集中的大小关系），定义了序关系后，元素之间就可以按照序关系排序，但就集合本身的特性而言，序关系不是必须的。

表示集合的方法主要有两种：列举法和条件描述法。

列举法：花括号内以任意次序列出集合的所有元素，如 $A = \{a, b, c, d\}$。

条件描述法：$A = \{x \mid x \text{ 满足的条件}\}$，对于无法或难以列举的情形，使用描述法比较方便，如 $A = \{x \mid x \text{ 为身份证号末位为 1 的中国公民}\}$。

空集为不含任意元素的集合，记作 $\varnothing$；**有限集**为含有限个元素的集合；不是空集也不是有限集的集合称为**无限集**。如果所研究的问题都在某集合 X 中进行，则称该集合 X 为**基本集**或**全集**。

> **定义 1.1（集合的相等与包含）** 设 A, B 是两个集合。若 A 的每个元素都是 B 的元素，则称 A 为 B 的**子集**，读作"B **包含** A"或"A **含于** B"，记作 $A \subset B$；若 A 的每个元素都是 B 的元素，同时 B 的每个元素都是 A 的元素，即 $A \subset B$ 且 $B \subset A$，则称 A 与 B **相等**；若 A 的每个元素都是 B 的元素，但 B 中至少有一个元素不是 A 的元素，即 $A \subset B$ 且 $B \not\subset A$，则称 A 为 B 的**真子集**，记作 $A \subsetneqq B$。

规定空集是任意集合的子集，将集合 A 的全体子集构成的集合称为 A 的**幂集**，记作 2^A。注意到，若 A 为有限集，元素的个数为 n，则 A 的幂集元素的个数为 2^n。

> **定义 1.2（并集、交集、差集、余集）** 设 A, B 是两个集合。由属于 A 或属于 B 的全体元素构成的集合，称为 A 与 B 的**并集**，记作 $A \cup B$；由属于 A 且属于 B 的全体元素构成的集合，称为 A 与 B 的**交集**，记作 $A \cap B$；由属于 A 但不属于 B 的全体元素构成的集合，称为 A 与 B 的**差集**，记作 $A \backslash B$；全集中由不属于 A 的全体元素构成的集合，称为 A 的**余集**，记作 A^c。

利用集合语言，上述定义表述如下：
$$A \cup B = \{x \mid x \in A \text{ 或 } x \in B\}, \quad A \cap B = \{x \mid x \in A \text{ 且 } x \in B\},$$
$$A \backslash B = \{x \mid x \in A \text{ 且 } x \notin B\}, \quad A^c = \{x \mid x \notin A\}.$$
可以得出 $A \backslash B = A \cap B^c$，因此差集运算可以看作交集和余集运算的结合。

两个集合的并集与交集的概念可以推广到任意多个集合，考虑一族集合 $\{A_i \mid i \in I\}$，有
$$\bigcup_{i \in I} A_i = \{x \mid \exists i_0 \in I, x \in A_{i_0}\}, \quad \bigcap_{i \in I} A_i = \{x \mid \forall i \in I, x \in A_i\}.$$
这一族集合可以是有限个（当 I 为有限集）或无限个（当 I 为无限集）。

注 本书使用逻辑符号"$\exists$"表示"存在"或"找到"，"$\forall$"表示

"对任何"或"对每一个","⇔"表示"等价"或"充分且必要"或"当
且仅当".

设 A,B,C 为三个任意集合,集合运算满足以下法则.

交换律:$A \cup B = B \cup A,A \cap B = B \cap A$.

结合律:$(A \cup B) \cup C = A \cup (B \cup C),(A \cap B) \cap C = A \cap (B \cap C)$.

分配律:$(A \cup B) \cap C = (A \cap C) \cup (B \cap C),(A \cap B) \cup C = (A \cup C) \cap (B \cup C)$.

对偶律:$(A \cup B)^c = A^c \cap B^c,(A \cap B)^c = A^c \cup B^c$.

上述法则都可以通过**定义 1.1** 和**定义 1.2** 加以证明(请读者自己完成),同时也可以从有限个的情形推广到任意多个的情形,以分配律和对偶律为例,有

分配律(推广):$(\underset{i \in I}{\cup} A_i) \cap C = \underset{i \in I}{\cup} (A_i \cap C),(\underset{i \in I}{\cap} A_i) \cup C = \underset{i \in I}{\cap} (A_i \cup C)$.

对偶律(推广):$(\underset{i \in I}{\cup} A_i)^c = \underset{i \in I}{\cap} (A_i)^c,(\underset{i \in I}{\cap} A_i)^c = \underset{i \in I}{\cup} (A_i)^c$.

例 1.1 对于一族集合 $\{A_i | i \in I\}$,利用集合相等的定义证明

(1) $(\underset{i \in I}{\cup} A_i) \cap C = \underset{i \in I}{\cup} (A_i \cap C)$;(2) $(\underset{i \in I}{\cup} A_i)^c = \underset{i \in I}{\cap} (A_i)^c$.

证 (1) 首先设 $x \in (\underset{i \in I}{\cup} A_i) \cap C$,则 $x \in \underset{i \in I}{\cup} A_i$ 且 $x \in C$,由于 $x \in \underset{i \in I}{\cup} A_i$,则 $\exists i_0 \in I,x \in A_{i_0}$,故 $x \in A_{i_0} \cap C \subset \underset{i \in I}{\cup} (A_i \cap C)$,因此 $x \in \underset{i \in I}{\cup} (A_i \cap C)$,可得 $(\underset{i \in I}{\cup} A_i) \cap C \subset \underset{i \in I}{\cup} (A_i \cap C)$;

其次设 $x \in \underset{i \in I}{\cup} (A_i \cap C)$,则 $\exists i_0 \in I,x \in A_{i_0} \cap C$,故 $x \in A_{i_0} \subset \underset{i \in I}{\cup} A_i$ 且 $x \in C$,因此 $x \in (\underset{i \in I}{\cup} A_i) \cap C$,可得 $\underset{i \in I}{\cup} (A_i \cap C) \subset (\underset{i \in I}{\cup} A_i) \cap C$.综上 $\underset{i \in I}{\cup} (A_i \cap C) = (\underset{i \in I}{\cup} A_i) \cap C$,得证.

(2) 首先设 $x \in (\underset{i \in I}{\cup} A_i)^c$,则 $x \notin \underset{i \in I}{\cup} A_i$,于是 $\forall i \in I,x \notin A_i$,即 $\forall i \in I,x \in (A_i)^c$,由交集的定义可得 $x \in \underset{i \in I}{\cap} (A_i)^c$,因此 $(\underset{i \in I}{\cup} A_i)^c \subset \underset{i \in I}{\cap} (A_i)^c$;

其次设 $x \in \underset{i \in I}{\cap} (A_i)^c$,则 $\forall i \in I,x \in (A_i)^c$,即 $\forall i \in I,x \notin A_i$,由并集的定义可得 $x \notin \underset{i \in I}{\cup} A_i$,知 $x \in (\underset{i \in I}{\cup} A_i)^c$,因此 $\underset{i \in I}{\cap} (A_i)^c \subset (\underset{i \in I}{\cup} A_i)^c$.综上 $\underset{i \in I}{\cap} (A_i)^c = (\underset{i \in I}{\cup} A_i)^c$,得证.

1.1.2 数集的界与确界

在本课程中,常用的数集包括以下几种.

自然数集:$\mathbb{N} = \{0,1,2,3,\cdots\}$;

正整数集:$\mathbb{N}_+ = \{1,2,3,\cdots\}$,也可记作 $\mathbb{Z}_+$;

整数集:$\mathbb{Z} = \{\cdots,-3,-2,-1,0,1,2,3,\cdots\}$;

有理数集:$\mathbb{Q} = \left\{ \dfrac{n}{m} \middle| n \in \mathbb{Z},m \in \mathbb{N}_+ \right\}$,每个有理数都可以写为有限小数或无限循环小数;

无理数集:无限不循环小数,记作 $\mathbb{Q}^c$;

实数集:有理数和无理数的全体,记作 $\mathbb{R}$.

数集作为一种特殊的集合,可以建立元素(数)之间的"运算""大小(次序)关系""距离"等结构.

数集中的基本运算为"加法"和"乘法","减法"和"除法"可以对应作为"加法"和"乘法"的逆运算,它们满足了以下运算律.

(a) 交换律:$a+b=b+a$,$ab=ba$.

(b) 结合律:$(a+b)+c=a+(b+c)$,$(ab)c=a(bc)$.

(c) 分配律:$a(b+c)=ab+ac$.

(d) 0 和 1:$a+0=a$,$a\cdot1=a$ 对任意 a 成立.

(e) 加法逆运算:对任意的 a,b,存在唯一的 x 满足 $b+x=a$,称 x 为 a 与 b 的差,记作 $x=a-b$,特别地,若 $a=0$,记 $x=-b$,称为 b 的相反数.

(f) 乘法逆运算:对任意的 a,b,若 $b\neq0$,存在唯一的 x 满足 $bx=a$,称 x 为 a 与 b 的商,记作 $x=a\div b$ 或 $x=\dfrac{a}{b}$,特别地,若 $a=1$,称 $x=\dfrac{1}{b}$ 为 b 的倒数.

在加法和乘法运算下保持封闭且满足上述(a)~(f)的数集称为**数域**,有理数集和实数集都是数域,分别称为**有理数域和实数域**.

"小于等于"("$\leqslant$")建立了数集中的序关系,满足如下性质.

(a) 自反性:$a\leqslant a$.

(b) 反对称性:若 $a\leqslant b$ 且 $b\leqslant a$,则 $a=b$.

(c) 传递性:若 $a\leqslant b$ 且 $b\leqslant c$,则 $a\leqslant c$.

(d) 全序性:对任意的 a,b,成立 $a\leqslant b$ 或 $b\leqslant a$.

(e) 加法保序性:若 $a\leqslant b$,对任意的 c,有 $a+c\leqslant b+c$.

(f) 乘法保序性:若 $a\leqslant b$,对任意的 $c\geqslant0$,有 $ac\leqslant bc$;对任意的 $c\leqslant0$,有 $ac\geqslant bc$.

一个序关系,满足(a)~(c)称为一个**偏序集**,满足(a)~(d)称为一个**全序集**,数集中的大小关系"$\leqslant$"使得每一个数集成为全序集.集合的包含关系"$\subset$"不满足(d),在包含关系"$\subset$"下,任意集合 A 的幂集 2^A 是一个偏序集.

如果集合 X 中的任意两个元素 p,q,对应实数 $d(p,q)$,满足

(a) 正定性:$d(p,q)\geqslant0$,且 $d(p,q)=0\Leftrightarrow p=q$.

(b) 对称性:$d(p,q)=d(q,p)$.

(c) 传递性:对 $\forall r\in X$,$d(p,q)\leqslant d(p,r)+d(r,q)$.

称 $d(p,q)$ 为 p,q 的**距离**,此时,集合 X 称为**距离空间**.显然,本节开始给出的所有数集都可以通过绝对值定义距离:

$$d(p,q) = |p-q| = \begin{cases} p-q, & p>q, \\ 0, & p=q, \\ q-p, & p<q. \end{cases}$$

可以验证,它满足了上述(a)～(c),因此数集都是一个距离空间.

　　注　四则运算建立了数集中的"代数结构",距离建立了数集中的"拓扑结构".

　　正整数集是人类认识的第一种数集,它对加法和乘法运算都保持封闭,通过减法运算和除法运算将正整数集扩充为整数集和有理数集.有理数集在四则运算下保持封闭(除法中要求除数不为 0),不仅如此,在有理数集中,可解一次方程或一次方程组.但是,最简单的二次方程(例如"$x^2=2$")却在有理数集中无解.因此有必要扩充,在有理数集中添加新元素,即"无理数".虽然人们很早就认识到了无理数的存在(公元前 500 年左右的古希腊),但是直到 19 世纪中叶才实现了实数集逻辑的严密性.

　　下面,定义区间、邻域以及数集的有界性概念.

　　定义 1.3(区间和邻域)　设 $a,b \in \mathbb{R}, a<b$,称数集 $\{x \mid a<x<b\}$ 为**开区间**,记作 (a,b),称数集 $\{x \mid a \leqslant x \leqslant b\}$ 为**闭区间**,记作 $[a,b]$,称数集 $\{x \mid a \leqslant x<b\}$ 和 $\{x \mid a<x \leqslant b\}$ 为**半开半闭区间**,分别记作 $[a,b)$ 和 $(a,b]$,它们都称为**有限区间**;分别记数集 $\{x \mid x>a\}$、$\{x \mid x \geqslant a\}$、$\{x \mid x<a\}$、$\{x \mid x \leqslant a\}$、$\{x \mid x \in \mathbb{R}\}$ 为 $(a,+\infty)$、$[a,+\infty)$、$(-\infty,a)$、$(-\infty,a]$、$(-\infty,+\infty)$,它们都称为**无限区间**;有限区间和无限区间统称为**区间**.对于 $\delta>0$,称开区间 $(a-\delta,a+\delta)$ 为 a 的 δ **邻域**,记作 $U(a,\delta)$,数集 $(a-\delta,a) \cup (a,a+\delta)$ 称为 a 的**去心** δ **邻域**,记作 $U^\circ(a,\delta)$.

　　注　实数集的任意区间和邻域都是无限集,有限区间并不是有限集.

　　定义 1.4(有界集和无界集)　设数集 $A \subset \mathbb{R}$,若存在实数 M,对任意 $x \in A$ 都有 $x \leqslant M$,则称 M 为数集 A 的**上界**;若存在实数 L,对任意 $x \in A$ 都有 $x \geqslant L$,则称 L 为数集 A 的**下界**;既有上界也有下界的数集 A 称为**有界集**;没有上界或没有下界的数集 A 称为**无界集**.

　　由上述定义可得:
$$A \text{ 有上界} \Leftrightarrow \exists M \in \mathbb{R}, \forall x \in A, x \leqslant M;$$
$$A \text{ 有下界} \Leftrightarrow \exists L \in \mathbb{R}, \forall x \in A, x \geqslant L;$$
$$A \text{ 有界} \Leftrightarrow \exists M>0, \forall x \in A, |x| \leqslant M.$$

　　若记 $-A = \{-x \mid x \in A\}$,显然 A 有下界 $\Leftrightarrow -A$ 有上界.

　　辨析——"有限"和"有界"
　　(ⅰ)有限数集是否一定有界?

（ⅱ）有界数集是否一定有限？

（ⅲ）有限区间指什么？它是有界数集还是有限数集？

思考：如何描述集合 A 无界？

例 1.2 证明数集 $A_1 = \left\{ y \,\middle|\, y = x\sin\dfrac{1}{x}, x \in (0,1) \right\}$ 有界，$A_2 = \left\{ y \,\middle|\, y = \dfrac{1}{x}\sin\dfrac{1}{x}, x \in (0,1) \right\}$ 无界.

证 对 $\forall y \in A_1$，都有 $|y| = \left| x\sin\dfrac{1}{x} \right| \leqslant |x| \leqslant 1$，故数集 A_1 有界；

对 $\forall M > 0$，存在正整数 n，使得 $n\pi > M$，取 $x_0 = \dfrac{1}{n\pi + \dfrac{\pi}{2}} \in (0,1)$，

$y_0 = \dfrac{1}{x_0}\sin\dfrac{1}{x_0} \in A_2$，有

$$|y_0| = \left| \dfrac{1}{x_0}\sin\dfrac{1}{x_0} \right| = \left| \left(n\pi + \dfrac{\pi}{2} \right)\sin\left(n\pi + \dfrac{\pi}{2} \right) \right| = n\pi + \dfrac{\pi}{2} > M,$$

因此数集 A_2 无界.

显然，一个数集如果有上界，则必有无穷多个上界，一个数集如果有下界，也必有无穷多个下界. 其中最特殊的是最小的上界和最大的下界，分别称之为**上确界**和**下确界**，统称为**确界**.

> **定义 1.5（上确界和下确界）** 设实数 m 为数集 A 的上界，若对任意 $m' < m$，存在 $x' \in A$ 使得 $x' > m'$，则称 m 为数集 A 的**上确界**，记作 $m = \sup A$；设实数 l 为数集 A 的下界，若对任意 $l' > l$，存在 $x' \in A$ 使得 $x' < l'$，则称 l 为数集 A 的**下确界**，记作 $l = \inf A$.

由上述定义可以发现，上确界是这样一个数，它本身是上界，再小一点就不再是上界（最小的上界）；下确界则是再大一点就不再是下界的下界（最大的下界），用数学语言描述可得：

$m = \sup A \Leftrightarrow$（1）$\forall x \in A, x \leqslant m$； （2）$\forall m' < m, \exists x' \in A, x' > m'$；

$l = \inf A \Leftrightarrow$（1）$\forall x \in A, x \geqslant l$； （2）$\forall l' > l, \exists x' \in A, x' < l'$.

显然，$l = \inf A \Leftrightarrow -l = \sup(-A)$.

例 1.3 对于数集 A，若存在 $x_0 \in A$，使得 $\forall x \in A$ 都有 $x \leqslant x_0$（或 $x \geqslant x_0$），则称 x_0 为 A 的最大值，记作 $x_0 = \max A$（或最小值，记作 $x_0 = \min A$）. 证明 A 的最大值（或最小值）是 A 的上确界（或下确界）.

证 设 x_0 为 A 的最大值，则 $\forall x \in A$ 都有 $x \leqslant x_0$，因此 x_0 为 A 的上界；

对任意的 $c < x_0$，由于 $x_0 \in A$，知 c 不是 A 的上界，故 x_0 为 A 的上确界.

（最小值为下确界同理可证）

注 1 由于有限数集一定有最大的和最小的数，由例 1.3 可知

有限数集一定有上确界和下确界.

注 2　若数集存在上确界(或下确界),则一定是唯一的.

注 3　若数集的上确界(或下确界)是数集中的一个数,则为数集的最大值(或最小值);

注 4　空集有界,但没有上(下)确界;无上(下)界的数集没有上(下)确界.

注 5　设数集 A,B 存在上确界和下确界,$A \cap B \neq \varnothing$,则

（1）$\inf(A \cup B) = \min\{\inf A, \inf B\}$,$\sup(A \cup B) = \max\{\sup A, \sup B\}$；

（2）$\inf(A \cap B) = \max\{\inf A, \inf B\}$,$\sup(A \cap B) = \min\{\sup A, \sup B\}$；

（3）若 $A \subset B$,则 $\inf A \geqslant \inf B$,$\sup A \leqslant \sup B$.

（证明请读者自己完成）

注 6　方便起见,若数集 A 无上界,规定 $\sup A = +\infty$；若数集 A 无下界,规定 $\inf A = -\infty$.

1.1.3　实数集的完备性*

在 1.1.2 小节中,关于"四则运算"(代数结构)、"小于等于"(序关系)、"距离"(拓扑结构)的所有结论对于有理数集都是成立的.此外,有理数集还具有如下性质.

阿基米德(Archimedes)性：如果 $x,y \in \mathbb{Q}$,$x > 0$,则存在正整数 n,使得 $nx > y$.

（注：阿基米德性的一个等价命题为 $\forall p \in \mathbb{Q}$,$\exists n \in \mathbb{N}_+$,使得 $n > p$.）

自稠密性：如果 $x,y \in \mathbb{Q}$,$x < y$,则存在 $p \in \mathbb{Q}$,使得 $x < p < y$.

对于有界集来说,上(下)确界显然非常重要,它们精确限定了有界集的具体范围.但是在有理数集中,并不是每一个有界集都有确界.

例 1.4　证明集合 $A = \{x \in \mathbb{Q}_+ \mid x^2 < 2\}$ 有界,但不存在任何有理数是其上确界.（$\mathbb{Q}_+$ 为正有理数集）

证　对 $\forall x \in A$,设 $x = \dfrac{n}{m}$,则 $\left(\dfrac{n}{m}\right)^2 = \dfrac{n^2}{m^2} < 2 < \dfrac{9}{4} = \left(\dfrac{3}{2}\right)^2 \Rightarrow 0 < \dfrac{n}{m} < \dfrac{3}{2}$,因此 A 有界.

不妨设 $x_0 \in \mathbb{Q}$ 为 A 的上确界,由于 $1 \in A$ 且 $\dfrac{3}{2}$ 为 A 的上界,可知 $1 \leqslant x_0 \leqslant \dfrac{3}{2}$.下证 $x_0^2 = 2$.

首先,若 $x_0^2 < 2$,则 $\dfrac{4}{2 - x_0^2} \in \mathbb{Q}$,由阿基米德性,$\exists K \in \mathbb{N}_+$,使得

$K > \dfrac{4}{2-x_0^2} \Rightarrow x_0^2 + \dfrac{4}{K} < 2.$ 令 $x' = x_0 + \dfrac{1}{K} \in \mathbb{Q}_+$，则 $x'^2 = \left(x_0 + \dfrac{1}{K}\right)^2 =$

$x_0^2 + \dfrac{2x_0}{K} + \dfrac{1}{K^2} \leqslant x_0^2 + \dfrac{2x_0+1}{K} \leqslant x_0^2 + \dfrac{4}{K} < 2$，故 $x' \in A$，注意到 $x' = x_0 + \dfrac{1}{K} >$

x_0，这与 x_0 为 A 的上确界矛盾.

其次，若 $x_0^2 > 2$，则 $\dfrac{3}{x_0^2-2} \in \mathbb{Q}$，由阿基米德性，$\exists L \in \mathbb{N}_+$，使得 $L >$

$\dfrac{3}{x_0^2-2} \Rightarrow x_0^2 - \dfrac{3}{L} > 2.$ 令 $x'' = x_0 - \dfrac{1}{L} \in \mathbb{Q}_+$，则 $x''^2 = \left(x_0 - \dfrac{1}{L}\right)^2 = x_0^2 -$

$\dfrac{2x_0}{L} + \dfrac{1}{L^2} > x_0^2 - \dfrac{2x_0}{L} \geqslant x_0^2 - \dfrac{3}{L} > 2$；另一方面，由于 $x'' = x_0 - \dfrac{1}{L} < x_0$ 以及

x_0 为 A 的上确界，故存在 $\tilde{x} \in A$，使得 $x'' < \tilde{x} \Rightarrow x''^2 < \tilde{x}^2 < 2$，矛盾.

综上可知，$x_0^2 = 2$，设 $x_0 = \dfrac{n_0}{m_0} \in \mathbb{Q}$（$n_0, m_0$ 为互质的正整数），知

$n_0^2 = 2m_0^2$，这表明 n_0 为偶数，从而 $2m_0^2$ 能被 4 整除，可得 m_0 也是偶

数，这与 n_0, m_0 互质矛盾. 故 $x_0 \notin \mathbb{Q}$，得证.

既然有理数不能满足确界存在的需要，自然的，需要将有理数
进行扩充，这就是现在人们普遍接受的"实数". 但是实数的定义却
没那么容易，例如，若将无理数定义为"无限不循环小数"，这类似
于将无理数看作有理数的"极限"，但是"极限"一定存在吗，显然缺
乏严谨的依据. 那么，如何从有理数定义实数呢？

从确界的定义以及例 1.4 可以直观地想象，每一个有上界的有
理数集的上确界应该是一个实数，同样，每个实数也可以作为某个
有理数集的上确界. 但是，直接将有理数集的上确界定义为实数并
不合理，因为不知道是否每个有上界的有理数集一定有上确界. 下
面，本书采用类似戴德金分割的方法，用一个有理数集来定义实数
（参见文献[2]）.

> **定义 1.6（戴德金实数）** 设 $A \subset \mathbb{Q}$ 满足以下三个条件：
> （1）$\varnothing \neq A \neq \mathbb{Q}$；
> （2）若 $r \in A$，则 $\forall r' < r, r' \in \mathbb{Q}$ 都有 $r' \in A$；
> （3）若 $r \in A$，则 $\exists r'' \in A$ 使得 $r < r''$.
> 则称 A 是一个**实数**.

注 1 一个实数就是一个有上界的有理数的集合，满足下列一
些性质：至少包含一个有理数，也至少有一个有理数不属于该集合；
如果一数属于该集，则比该数小的所有有理数都属于该集；凡属于
该集的有理数均不是这个集合中的最大数.

注 2 这种用有理数集定义一个实数的方式，与人们对实数的
直观认识不一样，但事实上是一致的. 例如若 q 为有理数，则集合
$(-\infty, q) \cap \mathbb{Q}$ 满足了定义中的所有条件，其实定义的实数就是有理
数 q；同样，集合 $(-\infty, \sqrt{2}) \cap \mathbb{Q}$ 定义的实数就是无理数 $\sqrt{2}$. 因此，可以

说集合 A 定义的戴德金实数,直观上可以看作集合 A 的上确界.

注 3　可以利用集合之间的包含关系定义戴德金实数的序关系:设 A,B 是任意的两个实数,若 $A \subset B$,则称"小于等于 B",记作 $A \leqslant B$.至于定义数集中的"运算""距离"等,以及相应性质的证明,本书从略.

下面证明确界的存在性.

定理 1.1(确界存在定理)　非空的有上界的实数集必有上确界,非空的有下界的实数集必有下确界.

证　设 X 是一个非空的有上界的实数集,令 $A_0 = \bigcup\limits_{A \in X} A$ 为 X 中所有实数对应的有理数集的并,下证明 A_0 为 X 的上确界.

首先,有理数集 A_0 满足了定义 1.6 的三个条件,因此为实数;其次,$\forall A \in X$,都有 $A \subset A_0$,故 A_0 为 X 的一个上界;最后,对 X 的任意上界 B,对 $\forall A \in X$,都有 $A \subset B$,故 $A_0 = \bigcup\limits_{A \in X} A \subset B$,即 $A_0 \leqslant B$.综上可得,A_0 为 X 的上确界.

若 X 是一个非空的有下界的实数集,令 $A_0 = \bigcap\limits_{A \in X} A$,同上可证明 A_0 为 X 的下确界.

一条规定了原点和单位长度的有向直线,称为**坐标轴**.首先,任何有理数都可以对应坐标轴上的某点(称为有理点).但是并不是坐标轴上的每个点都可以对应一个有理数(比如说与原点距离为边长为 1 的正方形的对角线长度的点),也就是说有理点并没有"填满"整个坐标轴.有理数的稠密性体现在任意两个有理点之间必有无穷多个有理点.通过上述实数的定义,可以发现,坐标轴上的每一个点,该点左边的所有有理点对应的有理数集为一实数,可以看作该有理数集的上确界.因此,坐标轴上的每个点都对应了一个实数.反之,每个实数都可看作一个有上界的有理数集的上确界,这也对应了坐标轴上的某个点.因此,实数集与坐标轴上的所有点是一一对应的,坐标轴也成为**实数轴**.实数集的这种性质称为实数的**连续性**或**完备性**.

1.1.4 常用恒等式与不等式

本节列出若干分析中常用的恒等式与不等式,属于初等数学内容,因此并不一一证明.

A.代数恒等式

(1) n 项求和公式:

(i) $\sum\limits_{k=1}^{n} k = \dfrac{n(n+1)}{2}$;(ii) $\sum\limits_{k=1}^{n} k^2 = \dfrac{n(n+1)(2n+1)}{6}$;

(iii) $\sum\limits_{k=1}^{n} k^3 = \left(\sum\limits_{k=1}^{n} k\right)^2 = \dfrac{n^2(n+1)^2}{4}$.

(2) n 方差公式:

$$a^n - b^n = (a-b)(a^{n-1} + a^{n-2}b + \cdots + ab^{n-2} + b^{n-1}).$$

（3）二项展开式：

$$(a+b)^n = \sum_{k=0}^{n} C_n^k a^k b^{n-k} \quad (\Rightarrow 2^n = C_n^0 + C_n^1 + \cdots + C_n^n).$$

（4）组合数：

（ⅰ）$C_n^k = \dfrac{n!}{k!(n-k)!}$；（ⅱ）$C_n^k = C_n^{n-k}$；（ⅲ）$C_{n+1}^k = C_n^k + C_n^{k-1}$.

B. 常用不等式

（1）绝对值不等式：

$$b \leqslant a \leqslant c \Rightarrow |a| \leqslant \max\{|b|,|c|\};$$
$$||a|-|b|| \leqslant |a \pm b| \leqslant |a|+|b|.$$

（2）柯西不等式：

$$\left(\sum_{i=1}^{n} a_i b_i\right)^2 \leqslant \left(\sum_{i=1}^{n} a_i^2\right) \cdot \left(\sum_{i=1}^{n} b_i^2\right).$$

（3）均值不等式：

$$\frac{n}{\sum_{i=1}^{n} \frac{1}{a_i}} \leqslant \sqrt[n]{a_1 a_2 \cdots a_n} \leqslant \frac{1}{n} \sum_{i=1}^{n} a_i \quad (a_i > 0).$$

　　注　从左到右分别称为"调和平均值""几何平均值""算术平均值"

（4）伯努利不等式：

$$(1+x)^n \geqslant 1+nx \quad (x > -1, n \in \mathbb{N}).$$

习题 1.1

1. 用列举法表示下列集合：（1）小于 20 的素数集合；
（2）$\{x \mid x^2 - 2x - 3 = 0\}$.

2. 用条件描述法表示下列集合：（1）$\{1,3,5,7,\cdots,99\}$；
（2）$\{1,4,9,16\}$.

3. 判断下列命题的真假性：
（1）$\varnothing \subset \varnothing$；　　（2）$\varnothing \in \varnothing$；　　（3）$\varnothing \in \{\varnothing\}$；
（4）$\varnothing \subset \{\varnothing\}$；　（5）$\varnothing \in \{\{\varnothing\}\}$；　（6）$\{a\} \subset \{\{a\}\}$；
（7）$\{a\} \in \{\{a\}\}$；（8）$\{a\} \subset \{a, \{a\}\}$.

4. 求以下给定集合的幂集：（1）$\{1,2,3\}$；（2）$\{a\}$；（3）$\varnothing$.

5. 设 A,B 分别为下列两个给定的集合：
（1）$A = \{1,2,3,5,7\}, B = \{3,4,5,6,8\}$；
（2）$A = \{a,b,c,d\}, B = \{a,c,e\}$.
试求 $A \cup B, A \cap B, A \backslash B, B \backslash A$.

6. 设 A,B,C 为任意集合. 证明：
（1）$A \cap (B \backslash C) = (A \cap B) \backslash C$；
（2）$(A \cup B) \backslash C = (A \backslash C) \cup (B \backslash C)$；
（3）$A \backslash (A \backslash B) = A \cap B$；

（4）$A \cup B = A \cup (B \backslash A)$.

7. 判断下列结论是否成立,并给予说明.

（1）若 $A \cap B = A \cap C$,则 $B = C$;

（2）若 $A \cup B = A \cup C$,则 $B = C$;

（3）若 $A \cup B \subset A \cap B$,则 $A = B$;

（4）若 $A \subsetneqq B$ 且 $C \subsetneqq D$,则 $(A \cap C) \subsetneqq (B \cap D)$;

（5）若 $A \subset B$ 且 $C \subset D$,则 $(A \backslash D) \subset (B \backslash C)$.

8. 化简下列集合表达式:

（1）$((A \cup B) \cap A) \backslash (A \cup B)$;

（2）$(B \backslash (A \cap C)) \cup (A \cap B \cap C)$;

（3）$(A \cap B) \backslash (C \backslash (A \cup B))$.

9. 设全集 $X = \{x \mid x$ 为小于 20 的正偶数$\}$,$A \subset X$,$B \subset X$,且 $A \cap B^c = \{4, 6, 10\}$,$A^c \cap B = \{8, 12, 14, 16, 18\}$,$A^c \cap B^c = \varnothing$. 试求 A 和 B.

10. 设全集 $X = \{1, 2, 3, \cdots, 10\}$,$A_1 = \{2, 3\}$,$A_2 = \{2, 4, 6\}$,$A_3 = \{3, 4, 6\}$,$A_4 = \{7, 8\}$,$A_5 = \{1, 8, 10\}$,试求 $\bigcap\limits_{i=1}^{5} (A_i)^c$.

11. 设 $A_n = \left[-\dfrac{1}{n}, \dfrac{1}{n} \right]$,$n \in \mathbb{N}_+$. 试求 $\bigcup\limits_{n \in \mathbb{N}_+} A_n$ 和 $\bigcap\limits_{n \in \mathbb{N}_+} A_n$.

12. 分别写出数集 S 无上界、无下界和无界的定义.

13. 设 $A, B \subset \mathbb{R}$,若它们都是有界集,证明:$A \cup B$,$A \cap B$ 也是有界集. 若 A, B 均无界,$A \cup B$,$A \cap B$ 也是无界集吗?

14. 设非空数集 S 有上界. 证明数集 $T = \{-x \mid x \in S\}$ 有下界,且 $\sup S = -\inf T$.

15. 设 $A = \left\{ \dfrac{1}{2}, \dfrac{2}{3}, \cdots, \dfrac{n}{n+1}, \cdots \right\}$,求 $\sup A$ 和 $\inf A$,并问 $\min A$ 和 $\max A$ 是否存在.

16. 设 p 为正整数. 证明:若 p 不是完全平方数,则 $\sqrt{p}$ 是无理数.

17. 设 $S = \{x \in \mathbb{Q} \mid x^2 < 3\}$,证明:（1）$S$ 没有最大值与最小值;（2）S 在 $\mathbb{Q}$ 中没有上确界与下确界.

1.2 数列极限

两千多年前,人类对极限就有了初步的认识.《庄子·天下篇》中说道"一尺之棰,日取其半,万世不竭"(庄子,约 369 B. C. —286 B. C.),显示了我国古人朴素的极限思想. 极限思想的实际应用源于古希腊安蒂丰(Antiphon,约 480 B. C. —411 B. C.)首先提出的"穷竭法",随后被古希腊数学家欧多克索斯(Eudoxus,约 400 B. C. —347 B. C.)严谨化,并用于数学证明. 古希腊大数学家阿基米德(Archimedes,287 B. C. —212 B. C.)进一步完善了"穷竭法",并将其广泛应用于求解曲面面积和旋转体体积. 在我国魏晋时期,数

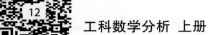

学家刘徽(约公元 225 年—295 年)通过不断倍增圆内接正多边形的边数建立了求圆周率的理论和算法(称为割圆术),也是极限思想的直接应用.

由于古希腊人"对无限的恐惧",使他们避免"取极限",而是借助于间接证法——归谬法来完成了有关证明. 到了十六七世纪,随着牛顿(Newton,1643—1727)和莱布尼茨(Leibniz,1646—1716)以"无穷小"概念建立微积分,人们才逐步走上"极限概念化与严谨化"的路程. 在 19 世纪,以柯西(Cauchy,1789—1857)和魏尔斯特拉斯为代表的欧洲数学家,逐步消除了极限概念中的直观痕迹,给出了极限精确的数学定义,提供了微积分严格的理论基础.

本节将详细介绍数列极限的概念、性质以及判定准则.

1.2.1 数列极限的概念

数列,是指一列有序的实数,也就是说,对每一个正整数 n,都对应了一个实数 x_n:

$$
\begin{array}{ccccc}
1 & 2 & 3 & \cdots & n & \cdots \\
\downarrow & \downarrow & \downarrow & & \downarrow & \\
x_1 & x_2 & x_3 & \cdots & x_n & \cdots
\end{array}
$$

该数列简记为 $\{x_n\}$,称 x_n 为通项(或一般项),n 称为 x_n 的序号(或下标).

注 1   若 x_n 与 n 之间的关系可以通过一个式子表示出来,称为**通项公式**,例如正奇数列的通项公式为 $x_n = 2n - 1$. 常用的通项公式包括:

a 为首项,d 为公差的等差数列 $x_n = a + (n-1)d$;

a 为首项,q 为公比的等比数列 $x_n = a \cdot q^{n-1}$.

通项公式可以不唯一,也并不是每个数列都有通项公式.

注 2   若数列的某一项与其他一项或多项之间有对应关系,则关系式称为**递推公式**,如斐波那契(Fibonacci)数列的递推公式为:$x_1 = x_2 = 1, x_{n+2} = x_n + x_{n+1}$. 递推公式可以不唯一,有递推公式的数列未必容易得到通项公式. 如数列

$$
\sqrt{3}, \sqrt{3 + \sqrt{3}}, \sqrt{3 + \sqrt{3 + \sqrt{3}}}, \cdots
$$

的递推公式为 $x_1 = \sqrt{3}, x_{n+1} = \sqrt{3 + x_n}$,但是通项公式不易表示.

由于数列可以无穷无尽地延续下去,因此某些数列会随着 n 的无限增大呈现某种变化趋势. 例如下述几个数列会随着 n 的增大接近某个确定实数:

$$\left\{\frac{1}{n}\right\}: \quad 1, \quad \frac{1}{2}, \quad \frac{1}{3}, \quad \frac{1}{4}, \quad \frac{1}{5}, \quad \frac{1}{6}, \quad \cdots \tag{1-1}$$

$$\left\{\frac{1}{2^n}\right\}: \quad \frac{1}{2}, \quad \frac{1}{4}, \quad \frac{1}{8}, \quad \frac{1}{16}, \quad \frac{1}{32}, \quad \frac{1}{64}, \quad \cdots \tag{1-2}$$

$$\left\{\frac{3n-1}{5n-2}\right\}: \quad \frac{2}{3}, \quad \frac{5}{8}, \quad \frac{8}{13}, \quad \frac{11}{18}, \quad \frac{14}{23}, \quad \frac{17}{28}, \quad \cdots \quad (1\text{-}3)$$
$$\approx 0.667 \quad =0.625 \quad \approx 0.615 \quad \approx 0.611 \quad \approx 0.609 \quad \approx 0.607 \quad \cdots$$

可以看出,数列(1-1)和(1-2)随着 n 的无限增大逐渐接近 0,数列(1-3)逐渐接近 0.6. 这种情形在很多数列中都会出现,一般会通俗地称为:"某数值是某数列的极限". 比如说"0 是数列 $\left\{\frac{1}{n}\right\}$ 的极限""$\frac{3}{5}=0.6$ 是数列 $\left\{\frac{3n-1}{5n-2}\right\}$ 的极限"等. 但极限概念仅仅停留在朴素的描述阶段是远远不够的,因为很多数列仅靠直接观察难以确定是否有极限. 例如:

$$\left\{1+\frac{1}{2}+\cdots+\frac{1}{n}\right\}: \quad 1, \quad \frac{3}{2}, \quad \frac{11}{6}, \quad \frac{25}{12}, \quad \frac{137}{60}, \quad \frac{147}{60}, \quad \cdots \quad (1\text{-}4)$$
$$=1.5 \quad \approx 1.833 \quad \approx 2.083 \quad \approx 2.283 \quad =2.45 \quad \cdots$$

$$\left\{\left(1+\frac{1}{n}\right)^n\right\}: \quad 2, \quad \frac{9}{4}, \quad \frac{64}{27}, \quad \frac{625}{256}, \quad \frac{7776}{3125}, \quad \frac{117649}{46656}, \quad \cdots \quad (1\text{-}5)$$
$$=2.25 \quad \approx 2.370 \quad \approx 2.441 \quad \approx 2.488 \quad \approx 2.522 \quad \cdots$$

那么如何刻画这种在 n "无限增大"过程中的数列"无限接近"某个数的变化趋势呢? 下面给出数列极限的精确定义.

> **定义 1.7(数列极限)**　设 $\{x_n\}$ 为数列,若存在常数 $a\in\mathbb{R}$,对于任意给定的正数 ε,存在正整数 N,使得当 $n>N$ 时有
> $$|x_n-a|<\varepsilon$$
> 成立,则称 a 为数列 $\{x_n\}$ 的**极限**,记作 $\lim\limits_{n\to\infty}x_n=a$ 或 $x_n\to a(n\to\infty)$. 此时,称 $\{x_n\}$ 为**收敛数列**,若不存在常数 $a\in\mathbb{R}$ 为 $\{x_n\}$ 的极限,则称 $\{x_n\}$ 为**发散数列**.

由于 n 限于取正整数,所以 $n\to\infty$ 就是指 $n\to+\infty$.

借助符号"$\forall,\exists$",上述"$\varepsilon-N$"式定义可以表述为:

$$\boxed{\lim_{n\to\infty}x_n=a\Leftrightarrow\forall\varepsilon>0,\exists N\in\mathbb{N}_+,\text{对}\forall n>N\text{都有}|x_n-a|<\varepsilon.}$$

注1　ε 是任意给定的正数,如果满足了 $|x_n-a|<\varepsilon$,意味着数列的第 n 项 x_n 和实数 a 的接近程度是"任意的",从而刻画了 x_n 和 a 的"无限接近".

注2　N 是由 ε 所确定的,不等式 $|x_n-a|<\varepsilon$ 对所有的 $n>N$ 成立,意味着 n "无限增大"过程中的 x_n 和 a 的"无限接近".

综合以上两方面,定义 1.7 利用"$\varepsilon-N$"的语言,精确刻画了在 n "无限增大"过程中的数列"无限接近"某个数的变化趋势. 下面以数列(1-3)为例.

例 1.5　用数列极限的定义验证 $\lim\limits_{n\to\infty}\dfrac{3n-1}{5n-2}=\dfrac{3}{5}$.

分析　关键是对任意给定的正数 ε,确定正整数 N,使得 $\forall n>$

N 都有 $|x_n - a| < \varepsilon$. 一般使用"倒推法", 先从不等式 $|x_n - a| < \varepsilon$ 中解出 n 的取值范围, 再确定 N 的值. 注意到定义中并不要求得到最小的 N, 因此, 为方便起见, 可以对 $|x_n - a|$ "适当放大"后求解 n 的范围.

解 由于 $\left| \dfrac{3n-1}{5n-2} - \dfrac{3}{5} \right| = \left| \dfrac{1}{5(5n-2)} \right| \leqslant \dfrac{1}{15n}$, 对任意给定的正数 ε, 取 $N = \left[\dfrac{1}{15\varepsilon} \right] + 1$, 则当 $n > N$ 时, 有

$$\left| \frac{3n-1}{5n-2} - \frac{3}{5} \right| \leqslant \frac{1}{15n} < \frac{1}{15\left(\left[\dfrac{1}{15\varepsilon} \right] + 1 \right)} \leqslant \frac{1}{15 \cdot \dfrac{1}{15\varepsilon}} = \varepsilon.$$

由定义 1.7, 可知 $\lim\limits_{n\to\infty} \dfrac{3n-1}{5n-2} = \dfrac{3}{5}$.

在例 1.5 中, 将 $\left| \dfrac{3n-1}{5n-2} - \dfrac{3}{5} \right|$ 放大为 $\dfrac{1}{15n}$, 从而方便了 N 的确定. 所谓的"适当放大"是指"**放大后仍然可以小于任意的正数 ε (n 充分大时)**", 通俗地说, 就是"放大后仍然可以任意地小". 通常可以借助一些代数恒等变形或不等式进行"适当放大".

例 1.6 用数列极限的定义验证 $\lim\limits_{n\to\infty} \left(\sqrt{2n+1} - \sqrt{2n} \right) = 0$.

解 由于

$$\left| \sqrt{2n+1} - \sqrt{2n} \right| = \left| \frac{1}{\sqrt{2n+1} + \sqrt{2n}} \right| \leqslant \frac{1}{2\sqrt{2n}} \leqslant \frac{1}{\sqrt{n}},$$

对任意给定的正数 ε, 取 $N = \left[\dfrac{1}{\varepsilon^2} \right] + 1$, 则当 $n > N$ 时, 有

$$\left| \sqrt{2n+1} - \sqrt{2n} \right| \leqslant \frac{1}{\sqrt{n}} < \frac{1}{\sqrt{\left[\dfrac{1}{\varepsilon^2} \right] + 1}} < \varepsilon.$$

由定义 1.7, 可知 $\lim\limits_{n\to\infty} \left(\sqrt{2n+1} - \sqrt{2n} \right) = 0$.

例 1.7 对于实数 $a > 1$, 用数列极限的定义验证 $\lim\limits_{n\to\infty} \sqrt[n]{a} = 1$.

解 由于 $a > 1$, 故 $\sqrt[n]{a} > 1$, 记 $b = \sqrt[n]{a} - 1$, 则 $a = (1+b)^n$, 由二项展开式

$$(1+b)^n = 1 + nb + \frac{n(n-1)}{2} b^2 + \cdots + b^n,$$

注意到 $b = \sqrt[n]{a} - 1 > 0$, 上式可得 $a = (1+b)^n > nb$, 因此 $|\sqrt[n]{a} - 1| = b < \dfrac{a}{n}$, 对任意给定的正数 ε, 取 $N = \left[\dfrac{a}{\varepsilon} \right] + 1$, 则当 $n > N$ 时, 有

$$\left| \sqrt[n]{a} - 1 \right| < \frac{a}{n} < \frac{a}{\left[\dfrac{a}{\varepsilon} \right] + 1} < \varepsilon. \quad \text{由定义 1.7, 可知} \lim\limits_{n\to\infty} \sqrt[n]{a} = 1.$$

思考: 上述方法如何证明 $\lim\limits_{n\to\infty} \sqrt[n]{n} = 1$?

例 1.8　对于任意的 $k \in \mathbb{N}$,若实数 a 满足 $|a| > 1$,用数列极限的定义验证 $\lim\limits_{n \to \infty} \dfrac{n^k}{a^n} = 0$.

解　由于 $|a| > 1$,故 $\sqrt[k+1]{|a|} > 1$,记 $b = \sqrt[k+1]{|a|} - 1$,则 $|a|^{\frac{n}{k+1}} = (1 + b)^n$,由二项展开式

$$(1 + b)^n = 1 + nb + \frac{n(n-1)}{2}b^2 + \cdots + b^n,$$

注意到 $b > 0$,上式可得 $|a|^{\frac{n}{k+1}} = (1 + b)^n > nb$,因此 $|a|^n > n^{k+1}b^{k+1}$,于是

$$\left| \frac{n^k}{a^n} \right| = \frac{n^k}{|a|^n} < \frac{n^k}{n^{k+1}b^{k+1}} = \frac{1}{nb^{k+1}},$$

对任意给定的正数 ε,取 $N = \left[\dfrac{1}{\varepsilon b^{k+1}} \right] + 1$,则当 $n > N$ 时,有

$$\left| \frac{n^k}{a^n} \right| < \frac{1}{nb^{k+1}} < \frac{1}{\left(\left[\dfrac{1}{\varepsilon b^{k+1}} \right] + 1 \right)b^{k+1}} < \varepsilon.$$

由定义 1.7,可知 $\lim\limits_{n \to \infty} \dfrac{n^k}{a^n} = 0$.

注意到例 1.7 和例 1.8 在"适当放大"的过程中都使用了二项展开式,并且都将 $|x_n - a|$ 放大为一个与" $\dfrac{1}{n}$ "有关的项,从而 n 充分大时可以"任意地小".通过"适当放大"验证数列极限定义的技巧值得大家归纳总结.

通过极限定义,可以得出如下一些常用的数列极限:

$$
\begin{array}{ll}
(1)\ \lim\limits_{n \to \infty} \dfrac{1}{n^\alpha} = 0\,(\alpha > 0)\,; & (2)\ \lim\limits_{n \to \infty} \dfrac{1}{a^n} = 0\,(|a| > 1)\,; \\[3mm]
(3)\ \lim\limits_{n \to \infty} \dfrac{n^b}{a^n} = 0\,(|a| > 1, b \in \mathbb{R})\,; & (4)\ \lim\limits_{n \to \infty} \dfrac{a^n}{n!} = 0\,(a \in \mathbb{R}).
\end{array}
$$

值得注意的是,利用定义只能在已知极限值的前提下进行验证,对于数列 (1-4) 和 (1-5) 这种收敛性未知或即使收敛也难以确定极限值的数列,是无能为力的.在以后的章节中,将引入更多的方法证明数列的收敛性和求数列极限.

如果把数列的每一项对应实数轴上的一个点,那么数列就对应了实数轴上的**点列**.数列 $\{x_n\}$ 收敛于 a 意味着:任意的 $\varepsilon > 0$,存在 $N \in \mathbb{N}_+$,满足 $n > N$ 的所有点 x_n 都与 a 的距离不超过 ε,即 $x_n \in U(a, \varepsilon)$($x_n$ 属于 a 的 ε 邻域).由此得出数列极限的**邻域式定义**:

$$\lim_{n \to \infty} x_n = a \Leftrightarrow \forall \varepsilon > 0, \exists N \in \mathbb{N}_+, 对 \forall n > N 都有 x_n \in U(a, \varepsilon).$$

思考:下述说法是否可以作为 $\lim\limits_{n \to \infty} x_n = a$ 的定义?

（ⅰ）$\forall \varepsilon > 0, \exists N \in \mathbb{N}_+$，对 $\forall n \geqslant N$ 都有 $|x_n - a| < \varepsilon$.

（ⅱ）$\forall \varepsilon > 0, \exists N \in \mathbb{N}_+$，对 $\forall n > N$ 都有 $|x_n - a| \leqslant k\varepsilon$.（$k$ 为给定的正数）

（ⅲ）$\forall m \in \mathbb{N}_+, \exists N \in \mathbb{N}_+$，对 $\forall n > N$ 都有 $|x_n - a| < \dfrac{1}{m}$.

（ⅳ）$\forall a_1, a_2 \in \mathbb{R}, a_1 < a < a_2, \exists N \in \mathbb{N}_+$，对 $\forall n > N$ 都有 $a_1 < x_n < a_2$.

（ⅴ）$\forall \varepsilon > 0$，数列 $\{x_n\}$ 中最多有限项满足 $|x_n - a| \geqslant \varepsilon$.

1.2.2 收敛数列的性质

当一个数列收敛时，具有哪些一般数列未必具有的性质？当收敛数列之间进行四则运算时，是否仍然具有收敛性？如何利用一些已知极限的数列，求更复杂的数列的极限？本小节将探讨上述问题.

首先面临一个基本的问题，收敛数列的极限是否唯一？显然只有回答了这个问题，数列极限的计算才有意义.

性质 1.1（唯一性） 收敛数列的极限是唯一的.

证 不妨设数列 $\{x_n\}$ 收敛，常数 a, b 均为其极限，只需证 $a = b$.

对任意的 $\varepsilon > 0$，由 $\lim\limits_{n\to\infty} x_n = a$，可知存在 $N_1 \in \mathbb{N}_+$，对 $\forall n > N_1$ 都有 $|x_n - a| < \varepsilon$；由 $\lim\limits_{n\to\infty} x_n = b$，可知存在 $N_2 \in \mathbb{N}_+$，对 $\forall n > N_2$ 都有 $|x_n - b| < \varepsilon$. 于是当 $n > N = \max\{N_1, N_2\}$ 时，

$$|a - b| = |a - x_n + x_n - b| \leqslant |x_n - a| + |x_n - b| < 2\varepsilon.$$

由 $\varepsilon > 0$ 的任意性，可知 $a = b$.（若不然，可取 $\varepsilon = \dfrac{1}{2}|a - b|$，得 $|a - b| < |a - b|$，矛盾）

唯一性保证了收敛数列的极限只有一个，排除了极限概念的二义性.

对于收敛数列而言，由于 n 充分大的无穷多项都聚集在极限值 a 的附近，可以得到如下的性质.

性质 1.2（有界性） 收敛数列一定有界.

证 不妨设数列 $\{x_n\}$ 收敛，$\lim\limits_{n\to\infty} x_n = a$. 取 $\varepsilon = 1$，由 $\lim\limits_{n\to\infty} x_n = a$，则存在 $N \in \mathbb{N}_+$，对 $\forall n > N$ 都有 $|x_n - a| < 1$. 可得 $n > N$ 时，$|x_n| < 1 + |a|$. 令 $M = \max\{|x_1|, |x_2|, \cdots, |x_N|, 1 + |a|\}$，则对 $\forall n \in \mathbb{N}_+$，都有 $|x_n| \leqslant M$，故数列 $\{x_n\}$ 有界.

注 1 性质 1.2 的逆否命题为"无界数列一定发散"，可用于判断数列不收敛.

注 2 收敛数列一定有界，但是有界数列未必收敛.（请举例说明）

性质1.3(保号性) 设数列$\{x_n\}$收敛,

（1）若$\lim\limits_{n\to\infty}x_n=a>0$,则对任意的$0<p<a$,$\exists N\in\mathbb{N}_+$,当$n>N$时,有$x_n>p>0$;

（2）设$\lim\limits_{n\to\infty}x_n=a<0$,则对任意的$a<q<0$,$\exists N\in\mathbb{N}_+$,当$n>N$时,有$x_n<q<0$.

证 （1）取$\varepsilon=a-p$,由$\lim\limits_{n\to\infty}x_n=a$,则存在$N\in\mathbb{N}_+$,对$\forall n>N$都有$|x_n-a|<a-p$. 即

$$a-(a-p)<x_n<a+(a-p),$$

可得$n>N$时,$x_n>p>0$.

（2）的证法同（1）,略.

注1 性质1.3可以得出

$$\lim\limits_{n\to\infty}x_n=a>0(<0)\Rightarrow\exists N\in\mathbb{N}_+,当n>N时,有x_n>0(<0).$$

即"收敛数列除有限项之外的所有项都与极限值保持相同的符号",因此称为"保号性".

注2 利用反证法结合性质1.3,可以得出:设数列$\{x_n\}$收敛,$\lim\limits_{n\to\infty}x_n=a$,

（1）若$\exists N\in\mathbb{N}_+$,当$n>N$时,有$x_n\geqslant0$,则$a\geqslant0$;

（2）若$\exists N\in\mathbb{N}_+$,当$n>N$时,有$x_n\leqslant0$,则$a\leqslant0$.

注3 性质1.3以及注1条件中的严格不等号">$0(<0)$"改为非严格不等号"$\geqslant0(\leqslant0)$"时,结论不成立;注2条件中的非严格不等号"$\geqslant0(\leqslant0)$"即使改为严格不等号">$0(<0)$",结论仍然为非严格不等号"$\geqslant0(\leqslant0)$".（请举例说明）

性质1.4(保序性) 设数列$\{x_n\}$和$\{y_n\}$收敛,$\lim\limits_{n\to\infty}x_n=a$,$\lim\limits_{n\to\infty}y_n=b$,

（1）若$a>b(a<b)$,则$\exists N\in\mathbb{N}_+$,当$n>N$时,有$x_n>y_n(x_n<y_n)$;

（2）若$\exists N\in\mathbb{N}_+$,当$n>N$时,有$x_n\geqslant y_n(x_n\leqslant y_n)$,则$a\geqslant b(a\leqslant b)$.

证 （1）不妨设$a>b$,取$\varepsilon=\dfrac{a-b}{2}$,则

$\lim\limits_{n\to\infty}x_n=a\Rightarrow\exists N_1\in\mathbb{N}_+$,对$\forall n>N_1$都有

$$|x_n-a|<\frac{a-b}{2}\Rightarrow x_n>\frac{a+b}{2};$$

$\lim\limits_{n\to\infty}y_n=b\Rightarrow\exists N_2\in\mathbb{N}_+$,对$\forall n>N_2$都有

$$|y_n-b|<\frac{a-b}{2}\Rightarrow y_n<\frac{a+b}{2}.$$

于是当$n>N=\max\{N_1,N_2\}$时,$x_n>\dfrac{a+b}{2}>y_n$.

（2）若$a<b(a>b)$,则由（1）,$\exists N\in\mathbb{N}_+$,当$n>N$时,有$x_n<y_n(x_n>y_n)$,与题设矛盾,因此$a\geqslant b(a\leqslant b)$.

注 性质1.4是性质1.3的推广,二者共同建立了利用极限描

述不等式的理论基础.

性质 1.5（四则运算法则） 设数列 $\{x_n\}$ 和 $\{y_n\}$ 收敛，$\lim\limits_{n\to\infty} x_n = a$，$\lim\limits_{n\to\infty} y_n = b$，则

（1）数列 $\{x_n \pm y_n\}$ 收敛，且 $\lim\limits_{n\to\infty}(x_n \pm y_n) = a \pm b$；

（2）数列 $\{x_n \cdot y_n\}$ 收敛，且 $\lim\limits_{n\to\infty}(x_n \cdot y_n) = a \cdot b$；

（3）当 $\lim\limits_{n\to\infty} y_n = b \neq 0$ 时，数列 $\left\{\dfrac{x_n}{y_n}\right\}$ 收敛，且 $\lim\limits_{n\to\infty}\left(\dfrac{x_n}{y_n}\right) = \dfrac{a}{b}$.

证（1）$\forall \varepsilon > 0$，由 $\lim\limits_{n\to\infty} x_n = a$ 知 $\exists N_1 \in \mathbb{N}_+$，对 $\forall n > N_1$ 都有 $|x_n - a| < \dfrac{\varepsilon}{2}$；由 $\lim\limits_{n\to\infty} y_n = b$，知 $\exists N_2 \in \mathbb{N}_+$，对 $\forall n > N_2$ 都有 $|y_n - b| < \dfrac{\varepsilon}{2}$. 于是当 $n > N = \max\{N_1, N_2\}$ 时，

$$|(x_n \pm y_n) - (a \pm b)| \leqslant |x_n - a| + |y_n - b| < \frac{\varepsilon}{2} + \frac{\varepsilon}{2} = \varepsilon.$$

故数列 $\{x_n \pm y_n\}$ 收敛，且 $\lim\limits_{n\to\infty}(x_n \pm y_n) = a \pm b$.

（2）由于数列 $\{y_n\}$ 收敛，根据有界性，$\exists M > 0$，对 $\forall n > \mathbb{N}_+$，都有 $|y_n| \leqslant M$. 由 $\lim\limits_{n\to\infty} x_n = a$，以及 $\lim\limits_{n\to\infty} y_n = b$，对 $\forall \varepsilon > 0$，$\exists N \in \mathbb{N}_+$，对 $\forall n > N$ 都有

$$|x_n - a| < \frac{\varepsilon}{M + |a|}, \quad |y_n - b| < \frac{\varepsilon}{M + |a|}.$$

于是，当 $n > N$ 时，
$$|x_n y_n - ab| = |x_n y_n - a y_n + a y_n - ab| \leqslant |y_n| \cdot |x_n - a| + |a| \cdot |y_n - b| < M\frac{\varepsilon}{M + |a|} + |a|\frac{\varepsilon}{M + |a|} = \varepsilon.$$

故数列 $\{x_n \cdot y_n\}$ 收敛，且 $\lim\limits_{n\to\infty}(x_n \cdot y_n) = a \cdot b$.

（3）由于 $\lim\limits_{n\to\infty} y_n = b \neq 0$，不妨设 $b > 0$，根据保号性，取 $p = \dfrac{b}{2}$，$\exists N_1 \in \mathbb{N}_+$，对 $\forall n > N_1$ 都有 $y_n > \dfrac{b}{2} > 0$. 由 $\lim\limits_{n\to\infty} x_n = a$ 以及 $\lim\limits_{n\to\infty} y_n = b$，对 $\forall \varepsilon > 0$，$\exists N_2 \in \mathbb{N}_+$，对 $\forall n > N_2$ 都有

$$|x_n - a| < \frac{|b|^2}{2(|a| + |b|)}\varepsilon, \quad |y_n - b| < \frac{|b|^2}{2(|a| + |b|)}\varepsilon.$$

于是，当 $n > N = \max\{N_1, N_2\}$ 时，
$$\left|\frac{x_n}{y_n} - \frac{a}{b}\right| = \frac{|bx_n - ab - ay_n + ab|}{|y_n| \cdot |b|} \leqslant \frac{2}{|b|^2}(|b| \cdot |x_n - a| + |a| \cdot |y_n - b|)$$

$$< \frac{2}{|b|^2}\left[|b| \cdot \frac{|b|^2}{2(|a| + |b|)}\varepsilon + |a| \cdot \frac{|b|^2}{2(|a| + |b|)}\varepsilon\right] = \varepsilon.$$

故数列 $\left\{\dfrac{x_n}{y_n}\right\}$ 收敛，且 $\lim\limits_{n\to\infty}\left(\dfrac{x_n}{y_n}\right) = \dfrac{a}{b}$.

> **知识拓展:算子与线性算子**
>
> 　　算子是现代数学常用的基本概念,实质就是一个映射,只是这个映射往往表示某种运算. 数列极限运算 "$\lim\limits_{n\to\infty}$" 就可以看作定义在收敛数列集合上的算子 $A:\{x_n\}\to\lim\limits_{n\to\infty}x_n$. 如果对任意的 $a,b\in\mathbb{R}, x, y\in D(A)$($D(A)$ 为算子 A 的定义域),都有 $A(ax+by)=aA(x)+bA(y)$,则称 A 为**线性算子**. 由性质 1.5 可知,若数列 $\{x_n\}, \{y_n\}$ 收敛,有 $\lim\limits_{n\to\infty}(ax_n+by_n)=a\lim\limits_{n\to\infty}x_n+b\lim\limits_{n\to\infty}y_n$,因此数列极限运算就是收敛数列集合上的线性算子. 本课程后面引入的很多重要运算(如级数求和、函数极限、导数、微分、定积分、梯度等)也都是线性算子.

　　借助 1.2.1 小节中用定义得到的基本极限,结合四则运算法则,可以求出更多的数列极限.

　　例 1.9　设多项式 $P_k(x)=a_0x^k+a_1x^{k-1}+\cdots+a_{k-1}x+a_k$, $Q_m(x)=b_0x^m+b_1x^{m-1}+\cdots+b_{m-1}x+b_m$,其中 $m\geqslant k, a_0\neq 0, b_0\neq 0$, 求极限 $\lim\limits_{n\to\infty}\dfrac{P_k(n)}{Q_m(n)}$.

　　解　对分式 $\dfrac{P_k(n)}{Q_m(n)}$ 的分子和分母分别除以 n^m,得

$$\frac{P_k(n)}{Q_m(n)}=\frac{a_0\cdot\dfrac{1}{n^{m-k}}+a_1\cdot\dfrac{1}{n^{m-k+1}}+\cdots+a_{k-1}\cdot\dfrac{1}{n^{m-1}}+a_k\cdot\dfrac{1}{n^m}}{b_0+b_1\cdot\dfrac{1}{n}+\cdots+b_{m-1}\cdot\dfrac{1}{n^{m-1}}+b_m\cdot\dfrac{1}{n^m}}.$$

　　由于对任意的 $a\in\mathbb{R}$ 和 $p>0$,都有 $\lim\limits_{n\to\infty}\dfrac{a}{n^p}=0$. 因此,当 $m=k$ 时,$\lim\limits_{n\to\infty}\dfrac{P_k(n)}{Q_m(n)}=\dfrac{a_0}{b_0}$;当 $m>k$ 时,$\lim\limits_{n\to\infty}\dfrac{P_k(n)}{Q_m(n)}=0$.

1.2.3　无穷小和无穷大

　　在收敛的数列中,最常见的莫过于收敛到 0 的数列,如 1.2.1 小节的数列(1-1)和(1-2)、例 1.8 等. 如果一个数列的倒数收敛到 0,那么该数列会呈现一种无限增大的趋势. 这两种情形分别称为无穷小和无穷大.

　　定义 1.8(无穷小和无穷大)　如果 $\lim\limits_{n\to\infty}x_n=0$,则称数列 $\{x_n\}$ 为**无穷小数列**;如果对任意的 $M>0$,存在正整数 N,使得当 $n>N$ 时有 $|x_n|\geqslant M$ 成立,则称数列 $\{x_n\}$ 为**无穷大数列**.

　　注 1　容易证明,若 $x_n\neq 0$ 且 $\lim\limits_{n\to\infty}\dfrac{1}{x_n}=0$,则 $\{x_n\}$ 为无穷大数列;

同样,若 $x_n \neq 0$ 且 $\{x_n\}$ 为无穷大数列,则 $\lim\limits_{n\to\infty}\dfrac{1}{x_n}=0$. 即当 $x_n \neq 0$ 时,$\{x_n\}$ 为无穷大数列 $\Leftrightarrow\left\{\dfrac{1}{x_n}\right\}$ 为无穷小数列.

注2　若 $\{x_n\}$ 为无穷大数列,记 $\lim\limits_{n\to\infty}x_n=\infty$,称数列 $\{x_n\}$ 有无穷极限(发散的一种情形).若定义 1.8 中的 $|x_n|\geqslant M$ 分别改为 $x_n\geqslant M$ 或 $x_n\leqslant -M$,分别记作 $\lim\limits_{n\to\infty}x_n=+\infty$ 或 $\lim\limits_{n\to\infty}x_n=-\infty$,称为正无穷大数列或负无穷大数列.

注3　若 $\lim\limits_{n\to\infty}x_n=a$,则 $\lim\limits_{n\to\infty}(x_n-a)=0$,因此任意收敛的数列都可以看作常数和一个无穷小数列的和,很多极限问题可以转化为无穷小问题.

思考:

（ⅰ）两个无穷小数列的和、差、积、商是否一定为无穷小数列?

（ⅱ）任意多个(可能是无穷个)无穷小的和是否一定为无穷小? 乘积呢?

（ⅲ）两个无穷大数列的和、差、积、商是否一定为无穷大数列? 若将无穷大改为正无穷大或负无穷大,又有什么结论?

辨析——"无穷大"和"无界"

（ⅰ）无穷大数列是否一定是无界数列?　　（ⅱ）无界数列是否一定是无穷大数列?

性质 1.6（无穷小）　对于数列 $\{x_n\}$ 和 $\{y_n\}$,有

（1）$\{x_n\}$ 为无穷小数列 $\Leftrightarrow\{|x_n|\}$ 为无穷小数列;

（2）若 $\{x_n\}$ 为无穷小数列,$\{y_n\}$ 为有界数列,则 $\{x_n\cdot y_n\}$ 为无穷小数列;

（3）若 $\{x_n\}$ 为无穷小数列,$|y_n|\leqslant|x_n|$,则 $\{y_n\}$ 为无穷小数列.

证　（1）若 $\{x_n\}$ 为无穷小数列,则 $\forall \varepsilon>0$,$\exists N\in\mathbb{N}_+$,对 $\forall n>N$ 都有 $|x_n|<\varepsilon$,即 $\lim\limits_{n\to\infty}|x_n|=0$;若 $\{|x_n|\}$ 为无穷小数列,同样 $\forall \varepsilon>0$,$\exists N\in\mathbb{N}_+$,对 $\forall n>N$ 都有 $|x_n|<\varepsilon$,即 $\lim\limits_{n\to\infty}x_n=0$.

（2）$\{y_n\}$ 为有界数列,则 $\exists M>0$,$\forall N\in\mathbb{N}_+$ 都有 $|y_n|\leqslant M$. 由于 $\{x_n\}$ 为无穷小数列,则 $\forall \varepsilon>0$,$\exists N\in\mathbb{N}_+$,对 $\forall n>N$ 都有 $|x_n|<\dfrac{\varepsilon}{M}$. 于是当 $n>N$ 时有

$$|x_n\cdot y_n|\leqslant M\cdot|x_n|<M\cdot\dfrac{\varepsilon}{M}=\varepsilon,$$

即 $\{x_n\cdot y_n\}$ 为无穷小数列.

（3）若 $\{x_n\}$ 为无穷小数列,则 $\forall \varepsilon>0$,$\exists N\in\mathbb{N}_+$,对 $\forall n>N$ 都有 $|x_n|<\varepsilon$. 于是当 $n>N$ 时有 $|y_n|\leqslant|x_n|<\varepsilon$,即 $\{y_n\}$ 为无穷小数列.

注 性质1.6的(3)可以推出收敛数列的**迫敛性**(夹逼准则)：

$$\lim_{n \to \infty} y_n = \lim_{n \to \infty} z_n = a \text{ 且 } y_n \leqslant x_n \leqslant z_n \Rightarrow \lim_{n \to \infty} x_n = a.$$

利用了 $y_n - a \leqslant x_n - a \leqslant z_n - a \Rightarrow |x_n - a| \leqslant \max\{|y_n - a|, |z_n - a|\}$，

并且 $\lim_{n \to \infty} \max\{|y_n - a|, |z_n - a|\} = 0$．

性质 1.7(比值、根值与平均值) 对于数列 $\{x_n\}$，以下结论成立：

(1) 若 $\lim\limits_{n \to \infty} \left|\dfrac{x_{n+1}}{x_n}\right| = l < 1$，则 $\{x_n\}$ 为无穷小数列；

(2) 若 $\lim\limits_{n \to \infty} \sqrt[n]{|x_n|} = l < 1$，则 $\{x_n\}$ 为无穷小数列；

(3) **(算术平均值收敛定理)** 若 $\lim\limits_{n \to \infty} x_n = a$，则 $\lim\limits_{n \to \infty} \dfrac{x_1 + x_2 + \cdots + x_n}{n} = a$；

(4) **(几何平均值收敛定理)** 若 $x_n \geqslant 0$ 且 $\lim\limits_{n \to \infty} x_n = a$，则 $\lim\limits_{n \to \infty} \sqrt[n]{x_1 \cdot x_2 \cdots x_n} = a$．

证 (1) 若 $\lim\limits_{n \to \infty} \left|\dfrac{x_{n+1}}{x_n}\right| = l < 1$，由性质1.3(保号性)，$\exists N \in \mathbb{N}_+$，对 $\forall n \geqslant N$ 都有

$$\left|\frac{x_{n+1}}{x_n}\right| \leqslant \frac{l+1}{2} = r < 1 \Rightarrow |x_n| = |x_N| \cdot \left|\frac{x_{N+1}}{x_N}\right| \cdot \left|\frac{x_{N+2}}{x_{N+1}}\right| \cdot \cdots \cdot$$

$$\left|\frac{x_n}{x_{n-1}}\right| \leqslant |x_N| \cdot r^{n-N}.$$

由于 $\lim\limits_{n \to \infty} |x_N| \cdot r^{n-N} = 0$，故 $\{x_n\}$ 为无穷小数列．

(2) 若 $\lim\limits_{n \to \infty} \sqrt[n]{|x_n|} = l < 1$，同上，$\exists N \in \mathbb{N}_+$，对 $\forall n \geqslant N$ 都有

$\sqrt[n]{|x_n|} \leqslant \dfrac{l+1}{2} = r < 1 \Rightarrow |x_n| \leqslant r^n$．由于 $\lim\limits_{n \to \infty} r^n = 0$，故 $\{x_n\}$ 为无穷小数列．

(3) 由于 $\dfrac{x_1 + x_2 + \cdots + x_n}{n} - a = \dfrac{(x_1 - a) + (x_2 - a) + \cdots + (x_n - a)}{n}$，

因此只需证 $\{x_n\}$ 为无穷小数列的情形．此时，$\forall \varepsilon > 0$，$\exists N_1 > 0$，当 $n > N_1$ 时，有 $|x_n| < \dfrac{\varepsilon}{2}$．由于 $x_1 + \cdots + x_{N_1}$ 为固定数，可取 $N > N_1$，使得 $\dfrac{|x_1 + \cdots + x_{N_1}|}{N} < \dfrac{\varepsilon}{2}$．于是当 $n > N$ 时，有

$$\left|\frac{x_1 + x_2 + \cdots + x_n}{n}\right| \leqslant \frac{|x_1 + \cdots + x_{N_1}|}{n} + \frac{|x_{N_1+1} + \cdots + x_n|}{n} < \frac{\varepsilon}{2} + \frac{\varepsilon}{2} = \varepsilon$$

$$\Rightarrow \lim_{n \to \infty} \frac{x_1 + x_2 + \cdots + x_n}{n} = 0.$$

(4) 若 $a = 0$，由于 $0 \leqslant \sqrt[n]{x_1 \cdot x_2 \cdots x_n} \leqslant \dfrac{x_1 + x_2 + \cdots + x_n}{n}$，根据(3)的结论得证；

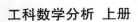

若 $a > 0$，知 $\lim\limits_{n \to \infty} \dfrac{1}{x_n} = \dfrac{1}{a}$，由（3）知 $\lim\limits_{n \to \infty} \dfrac{\dfrac{1}{x_1} + \dfrac{1}{x_2} + \cdots + \dfrac{1}{x_n}}{n} = \dfrac{1}{a}$，即

$\lim\limits_{n \to \infty} \dfrac{n}{\dfrac{1}{x_1} + \dfrac{1}{x_2} + \cdots + \dfrac{1}{x_n}} = a$，由平均值不等式 $\dfrac{n}{\dfrac{1}{x_1} + \dfrac{1}{x_2} + \cdots + \dfrac{1}{x_n}} \leqslant$

$\sqrt[n]{x_1 \cdot x_2 \cdot \cdots \cdot x_n} \leqslant \dfrac{x_1 + x_2 + \cdots + x_n}{n}$，根据迫敛性可得证.

注　（3）和（4）统称为**平均值收敛定理**，它们的逆命题不成立.（请举反例）

例 1.10　求极限 $\lim\limits_{n \to \infty} \left(\dfrac{1}{\sqrt{n^2 + 1}} + \dfrac{1}{\sqrt{n^2 + 2}} + \cdots + \dfrac{1}{\sqrt{n^2 + n}} \right)$.

解　由于

$$\dfrac{n}{\sqrt{n^2 + n}} \leqslant \dfrac{1}{\sqrt{n^2 + 1}} + \dfrac{1}{\sqrt{n^2 + 2}} + \cdots + \dfrac{1}{\sqrt{n^2 + n}} \leqslant \dfrac{n}{\sqrt{n^2 + 1}}$$

以及 $\lim\limits_{n \to \infty} \dfrac{n}{\sqrt{n^2 + n}} = \lim\limits_{n \to \infty} \dfrac{1}{\sqrt{1 + \dfrac{1}{n}}} = 1$ 和 $\lim\limits_{n \to \infty} \dfrac{n}{\sqrt{n^2 + 1}} = \lim\limits_{n \to \infty} \dfrac{1}{\sqrt{1 + \dfrac{1}{n^2}}} = 1$，

可得

$$\lim\limits_{n \to \infty} \left(\dfrac{1}{\sqrt{n^2 + 1}} + \dfrac{1}{\sqrt{n^2 + 2}} + \cdots + \dfrac{1}{\sqrt{n^2 + n}} \right) = 1.$$

例 1.11　设 a 为任意非零实数，求极限 $\lim\limits_{n \to \infty} \dfrac{a^n}{n!}$.

解　设 $x_n = \dfrac{a^n}{n!}$，由于 $\lim\limits_{n \to \infty} \left| \dfrac{x_{n+1}}{x_n} \right| = \lim\limits_{n \to \infty} \dfrac{|a|}{n + 1} = 0 < 1$，由性质 1.7（1）可得 $\lim\limits_{n \to \infty} \dfrac{a^n}{n!} = 0$.

例 1.12　设 a, b, c 为正实数，求极限 $\lim\limits_{n \to \infty} \sqrt[n]{a^n + b^n + c^n}$.

解　设 $M = \max\{a, b, c\}$，则 $M \leqslant \sqrt[n]{a^n + b^n + c^n} \leqslant \sqrt[n]{3M^n} = M\sqrt[n]{3}$，由于 $\lim\limits_{n \to \infty} \sqrt[n]{3} = 1$，故

$$\lim\limits_{n \to \infty} \sqrt[n]{a^n + b^n + c^n} = M = \max\{a, b, c\}.$$

思考：（关于例 1.12）

（ⅰ）对任意 K 个正数 $a_1, a_2, \cdots, a_K$，

极限 $\lim\limits_{n \to \infty} \sqrt[n]{a_1^n + a_2^n + \cdots + a_K^n} = ?$

（ⅱ）对任意有界正数列 $\{a_n\}$，极限 $\lim\limits_{n \to \infty} \sqrt[n]{a_1^n + a_2^n + \cdots + a_n^n} = ?$

1.2.4　收敛数列的判定准则

在清楚了收敛数列的定义与性质之后，另一个关键问题就是如

何判定一个给定的数列是否收敛,本小节将介绍如何根据数列自身的性态判定其收敛性.

> **定义 1.9(单调数列)**　对于数列 $\{x_n\}$,如果对任意的 n 都有 $x_n \leqslant x_{n+1}$(或 $x_n \geqslant x_{n+1}$)成立,则称数列 $\{x_n\}$ 为**单调增加**(或**单调减少**)**数列**,统称为**单调数列**.如果对任意的 n 都有 $x_n < x_{n+1}$(或 $x_n > x_{n+1}$)成立,则称数列 $\{x_n\}$ 为**严格单调增加**(或**严格单调减少**)**数列**,统称为**严格单调数列**.

思考:一个数列不单调,应该如何定义?

由性质 1.2 可知,收敛的数列一定有界,但是有界的数列却未必收敛.下述定理说明了,对于单调数列,有界性和收敛性是等价的.

定理 1.2(单调有界准则)　单调增加有上界(或单调减少有下界)的数列一定收敛.

证　不妨设数列 $\{x_n\}$ 单调增加有上界,设 $M > 0$,使得 $x_n \leqslant x_{n+1} \leqslant M$.由定理 1.1(确界存在定理),$\{x_n\}$ 有上确界,记 $a = \sup\{x_n\}$,则 $x_n \leqslant a$,且对 $\forall \varepsilon > 0$,$\exists N$,使得 $x_N > a - \varepsilon$.于是当 $n > N$ 时,$a - \varepsilon < x_N \leqslant x_n \leqslant a < a + \varepsilon$,有 $|x_n - a| < \varepsilon$,故 $\lim\limits_{n \to \infty} x_n = a$,得证.

注　上述定理中只要求数列在 $n > N$ 后保持单调性即可.

单调有界准则是研究递推数列收敛性的重要方法.

例 1.13　研究数列 $\left\{ \sqrt{3}, \sqrt{3 + \sqrt{3}}, \sqrt{3 + \sqrt{3 + \sqrt{3}}}, \cdots \right\}$ 的收敛性并求极限.

解　该数列通项为 x_n,有递推式 $x_1 = \sqrt{3}$,$x_{n+1} = \sqrt{3 + x_n}$,下面用数学归纳法证明数列单调增加且有上界 3.首先 $x_1 = \sqrt{3} \leqslant x_2 = \sqrt{3 + \sqrt{3}} \leqslant 3$;其次,若对某个 $n \geqslant 2$,$x_{n-1} \leqslant x_n \leqslant 3$,则

$$x_n = \sqrt{3 + x_{n-1}} \leqslant \sqrt{3 + x_n} = x_{n+1} \leqslant \sqrt{3 + 3} \leqslant 3.$$

根据单调有界准则,$\{x_n\}$ 收敛.设 $\lim\limits_{n \to \infty} x_n = a$,在 $x_{n+1}^2 = 3 + x_n$ 两边同时取极限可得 $a^2 = 3 + a$,$a = \dfrac{1 \pm \sqrt{13}}{2}$,由于 $x_n > 0 \Rightarrow a \geqslant 0$,故 $\lim\limits_{n \to \infty} x_n = a = \dfrac{1 + \sqrt{13}}{2}$.

例 1.14(数 e)　设 $x_n = \left(1 + \dfrac{1}{n}\right)^n$,证明数列 $\{x_n\}$ 收敛(其极限定义为 e).

> **小知识:连续复利**
>
> 商业活动中一个很重要的问题就是利息的计算.若本金为 1,在某个时间周期内(比如 10 年)约定利息为 1,那么期满后本

息共 2. 但如果每 5 年结一次利息 0.5, 并且利息还可以产生新的利息, 这就是所谓的 "**复利**", 这样 10 年期满后产生的本息共 $1.5^2 = 2.25 > 2$. 如果每 1 年结一次利息 0.1, 10 年期满后产生的本息共 $1.1^{10} \approx 2.59 > 2.25$. 是不是随着结息周期的缩短, 产生的本息会无限增加呢? 假设整个时间周期分为 n 个结息周期, 每期利息为 $\frac{1}{n}$, 期满后产生的本息共 $\left(1 + \frac{1}{n}\right)^n$, 如果 $n \to \infty$, 就是所谓的 "**连续复利**". 那么, $\lim\limits_{n \to \infty}\left(1 + \frac{1}{n}\right)^n$ 是否存在? 极限是多少? 这就是例 1.14 的实际背景.

证 方法一: 首先, 利用牛顿二项展开式可得

$$x_n = \left(1 + \frac{1}{n}\right)^n = 1 + \sum_{k=1}^{n} C_n^k \frac{1}{n^k}$$

$$= 1 + \sum_{k=1}^{n} \frac{1}{k!}\left(1 - \frac{1}{n}\right)\left(1 - \frac{2}{n}\right)\cdots\left(1 - \frac{k-1}{n}\right),$$

同时,

$$x_{n+1} = \left(1 + \frac{1}{n+1}\right)^{n+1}$$

$$= 1 + \sum_{k=1}^{n+1} \frac{1}{k!}\left(1 - \frac{1}{n+1}\right)\left(1 - \frac{2}{n+1}\right)\cdots\left(1 - \frac{k-1}{n+1}\right).$$

由于对应项 $\frac{1}{k!}\left(1 - \frac{1}{n}\right)\left(1 - \frac{2}{n}\right)\cdots\left(1 - \frac{k-1}{n}\right) \leqslant \frac{1}{k!}\left(1 - \frac{1}{n+1}\right)$ $\left(1 - \frac{2}{n+1}\right)\cdots\left(1 - \frac{k-1}{n+1}\right)$, 并且 x_{n+1} 比 x_n 多一非负项, 因此 $x_n \leqslant x_{n+1}$.

其次, 注意到

$$x_n = 1 + \sum_{k=1}^{n} \frac{1}{k!}\left(1 - \frac{1}{n}\right)\left(1 - \frac{2}{n}\right)\cdots\left(1 - \frac{k-1}{n}\right)$$

$$\leqslant 1 + \sum_{k=1}^{n} \frac{1}{k!} \leqslant 1 + \sum_{k=1}^{n} \frac{1}{2^{k-1}} = 3 - \frac{1}{2^{n-1}} \leqslant 3,$$

故 $\{x_n\}$ 有上界, 根据单调有界准则, 数列 $\{x_n\}$ 收敛.

方法二: 由均值不等式 $\sqrt[n+1]{1 \cdot \left(1 + \frac{1}{n}\right)^n} \leqslant \dfrac{1 + n\left(1 + \frac{1}{n}\right)}{n+1} = 1 + \dfrac{1}{n+1} \Rightarrow \left(1 + \frac{1}{n}\right)^n \leqslant \left(1 + \frac{1}{n+1}\right)^{n+1}$, 因此 $x_n \leqslant x_{n+1}$. 再由均值不等式 $\sqrt[n]{\dfrac{1}{4}} = \sqrt[n]{\dfrac{1}{2} \cdot \dfrac{1}{2} \cdot 1^{n-2}} \leqslant \dfrac{n-1}{n} \leqslant \dfrac{n}{n+1} \Rightarrow \left(1 + \frac{1}{n}\right)^n \leqslant 4$, 知 $\{x_n\}$ 有上界, 根据单调有界准则, 数列 $\{x_n\}$ 收敛.

注 上述极限 e 为超越数, 近似值为 2.718281828459045…, 是自然对数的底数, 在数学中具有重要作用. 除了用上述极限定义外,

后面会给出其他定义方式.

> **定义 1.10(子列)**　$\{x_n\}$ 为数列, $\{n_k\}$ 为正整数集 $\mathbb{N}_+$ 的无限子集,且 $n_1 < n_2 < \cdots < n_k < \cdots$,则称数列 $x_{n_1}, x_{n_2}, \cdots, x_{n_k}, \cdots$ 为 $\{x_n\}$ 的 **子列**,记作 $\{x_{n_k}\}$.

注　$\{x_n\}$ 的子列 $\{x_{n_k}\}$ 的各项都选自 $\{x_n\}$,并保持它们在 $\{x_n\}$ 中的先后次序, x_{n_k} 为子列 $\{x_{n_k}\}$ 的第 k 项,原数列 $\{x_n\}$ 的第 n_k 项,故总有 $n_k \geqslant k$. 如 $\{x_{2n-1}\}$、$\{x_{2n}\}$ 均为 $\{x_n\}$ 的子列.

一个数列的收敛与其子列的收敛具有什么关系呢? 下述两个定理给出了它们之间的关系.

定理 1.3(子列收敛定理)　数列 $\{x_n\}$ 收敛的充分必要条件是 $\{x_n\}$ 的任意子列都收敛.

证　充分性:由于数列 $\{x_n\}$ 可以看作其自身的子列,故显然成立.

必要性:设 $\{x_{n_k}\}$ 为 $\{x_n\}$ 的子列, $\lim\limits_{n\to\infty} x_n = a$,则对 $\forall \varepsilon > 0$, $\exists N$,当 $n > N$ 有 $|x_n - a| < \varepsilon$. 于是当 $k > N$ 时, $n_k \geqslant k > N$,有 $|x_{n_k} - a| < \varepsilon$,故 $\lim\limits_{k\to\infty} x_{n_k} = a$,得证.

注 1　定理 1.3 所给出的充要条件可以加强为"任意子列都收敛且极限相等".

注 2　定理 1.3 所给出的充要条件可以简化为以下两种情形:(请读者自行证明)

(1) $\{x_n\}$ 的两个子列 $\{x_{2n-1}\}$ 和 $\{x_{2n}\}$ 均收敛且极限相等;

(2) $\{x_n\}$ 的三个子列 $\{x_{2n-1}\}$、$\{x_{2n}\}$ 和 $\{x_{3n}\}$ 均收敛.

注 3　定理 1.3 的逆否命题经常作为判断数列发散的方法:

(1) 若存在 $\{x_n\}$ 的一个子列发散(或者无界),则 $\{x_n\}$ 发散;

(2) 若存在 $\{x_n\}$ 的两个子列收敛但是极限不相等,则 $\{x_n\}$ 发散;

(3) 若存在 $\{x_n\}$ 的两个子列 $\{x_{n_k^{(1)}}\}$, $\{x_{n_k^{(2)}}\}$ 满足 $|x_{n_k^{(2)}} - x_{n_k^{(1)}}| \geqslant \varepsilon_0 > 0$,则 $\{x_n\}$ 发散.

例 1.15　设 $x_n = \sin n$,证明数列 $\{x_n\}$ 发散.

证　引入符号 $[x]$ 表示实数 x 的整数部分,则 $x - 1 < [x] \leqslant x$.

若数列 $\{x_n\}$ 收敛,分别取 $n_k^{(1)} = [2k\pi]$, $n_k^{(2)} = \left[2k\pi + \dfrac{\pi}{2}\right]$,则 $\lim\limits_{k\to\infty}(x_{n_k^{(2)}} - x_{n_k^{(1)}}) = 0$. 由于

$$2k\pi - \frac{\pi}{3} < 2k\pi - 1 < n_k^{(1)} = [2k\pi] \leqslant 2k\pi \Rightarrow -\frac{\sqrt{3}}{2} < x_{n_k^{(1)}} = \sin n_k^{(1)} \leqslant 0,$$

$$2k\pi + \frac{\pi}{6} < 2k\pi + \frac{\pi}{2} - 1 < n_k^{(2)} = \left[2k\pi + \frac{\pi}{2}\right] \leqslant 2k\pi + \frac{\pi}{2} \Rightarrow \frac{1}{2} < x_{n_k^{(2)}} = \sin n_k^{(2)} \leqslant 1,$$

可知 $x_{n_k^{(2)}} - x_{n_k^{(1)}} \geqslant \dfrac{1}{2}$，这与 $\lim\limits_{k\to\infty}(x_{n_k^{(2)}} - x_{n_k^{(1)}}) = 0$ 矛盾，因此数列 $\{x_n\}$ 发散.

定理 1.4（波尔查诺（Bolzano）-魏尔斯特拉斯定理） 有界数列必有收敛的子数列.

证 若数列 $\{x_n\}$ 有界，不妨设 $a \leqslant x_n \leqslant b (n = 1,2,\cdots)$，将闭区间 $[a,b]$ 平分，其中一半必含有数列 $\{x_n\}$ 的无穷多项，记作 $[a_1, b_1]$；继续将 $[a_1, b_1]$ 平分，它的一半 $[a_2, b_2]$ 也含有数列 $\{x_n\}$ 的无穷多项；一直下去，第 k 次平分出的闭区间 $[a_k, b_k]$ 一样含有数列 $\{x_n\}$ 的无穷多项. 注意到

$$b_k - a_k = \frac{1}{2^k}(b - a) \to 0 (k \to \infty)$$

以及

$$a_1 \leqslant a_2 \leqslant \cdots \leqslant b, \qquad b_1 \geqslant b_2 \geqslant \cdots \geqslant a,$$

由单调有界准则可知数列 $\{a_k\}$ 和 $\{b_k\}$ 都收敛且极限相等，设 $\lim\limits_{k\to\infty}a_k = \lim\limits_{k\to\infty}b_k = A$. 由于每个闭区间 $[a_k, b_k]$ 含有数列 $\{x_n\}$ 的无穷多项，可依次选取 x_{n_k} 满足 $a_k \leqslant x_{n_k} \leqslant b_k (k = 1, 2, \cdots)$ 并使得 $n_1 < n_2 < \cdots < n_k < \cdots$，根据迫敛性，$\lim\limits_{k\to\infty}x_{n_k} = A$，即有界数列 $\{x_n\}$ 存在收敛子列 $\{x_{n_k}\}$.

注 1 定理 1.4 的证明使用了波尔查诺给出的逐步平分原则（波尔查诺原则）.

注 2 闭区间列 $\{[a_k, b_k]\}_{k=1}^{\infty}$ 若满足"递缩性"，即：$[a_{k+1}, b_{k+1}] \subset [a_k, b_k]$ 且 $\lim\limits_{k\to\infty}(b_k - a_k) = 0$，称为"闭区间套". 上述证明过程可以得出如下的"闭区间套定理"：

若区间列 $\{[a_k, b_k]\}_{k=1}^{\infty}$ 为闭区间套，则存在唯一的实数 A 满足 $A \in [a_k, b_k](k = 1, 2, \cdots)$.

注 3 波尔查诺-魏尔斯特拉斯定理的另一种形式为：从 $\mathbb{R}$ 中的任意有界无限点集中，都可以选出由不同数组成的收敛数列，其极限称为"聚点". 因此，定理 1.4 也称为"聚点原理".

下面介绍一种必然收敛的数列——基本数列（柯西数列）.

定义 1.11（基本数列） $\{x_n\}$ 为数列，若对任意的 $\varepsilon > 0$，存在 $N \in \mathbb{N}_+$，使得当 $n, m > N$ 时，有 $|x_m - x_n| < \varepsilon$，称 $\{x_n\}$ 为**基本数列**，也称为**柯西数列**.

定理 1.5（柯西收敛准则） 数列收敛的充要条件是该数列为基本数列.

证 必要性：若数列 $\{x_n\}$ 收敛，设 $\lim\limits_{n\to\infty}x_n = a$，对 $\forall \varepsilon > 0$，$\exists N \in \mathbb{N}_+$，当 $n > N$ 时有 $|x_n - a| < \dfrac{\varepsilon}{2}$. 这样当 $n, m > N$ 时，有 $|x_m - x_n| \leqslant$

$\left| x_m - a \right| + \left| x_n - a \right| < \dfrac{\varepsilon}{2} + \dfrac{\varepsilon}{2} = \varepsilon$,故 $\{x_n\}$ 为基本数列.

充分性:若数列 $\{x_n\}$ 为基本数列,首先证明 $\{x_n\}$ 有界. 对于 $\varepsilon_0 = 1$,$\exists N_0 \in \mathbb{N}_+$,当 $n > N_0$ 时有 $\left| x_n - x_{N_0+1} \right| < 1 \Rightarrow \left| x_n \right| \leqslant \left| x_{N_0+1} \right| + 1$,令 $M = \max\left\{ \left| x_1 \right|, \cdots, \left| x_{N_0} \right|, \left| x_{N_0+1} \right| + 1 \right\}$,故 $\left| x_n \right| \leqslant M\ (n = 1, 2, \cdots)$.

然后,根据波尔查诺–魏尔斯特拉斯定理,$\{x_n\}$ 有收敛子列 $\{x_{n_k}\}$,设 $\lim\limits_{k \to \infty} x_{n_k} = a$,$\forall \varepsilon > 0$,$\exists K \in \mathbb{N}_+$,当 $k > K$ 时有 $\left| x_{n_k} - a \right| < \dfrac{\varepsilon}{2}$. 又 $\{x_n\}$ 为基本数列,对上述 $\varepsilon > 0$,$\exists N_1 \in \mathbb{N}_+$,使得当 $n, m > N_1$ 时, 有 $\left| x_m - x_n \right| < \dfrac{\varepsilon}{2}$. 取 $N = \max\{K, N_1\}$,当 $n > N$ 时有

$$\left| x_n - a \right| \leqslant \left| x_n - x_{n_{N+1}} \right| + \left| x_{n_{N+1}} - a \right| < \frac{\varepsilon}{2} + \frac{\varepsilon}{2} = \varepsilon.$$

故 $\lim\limits_{n \to \infty} x_n = a$,数列 $\{x_n\}$ 收敛.

注 1　柯西收敛准则在不需要知道数列极限值的情况下,给出了数列收敛的充要条件,其等价于如下描述:$\left| x_m - x_n \right| \leqslant \alpha(n)$ 对任意的 $m > n$ 成立(其中,$\lim\limits_{n \to \infty} \alpha(n) = 0$).

注 2　柯西收敛准则不仅可以证明数列的收敛,也可以证明数列的发散:

数列 $\{x_n\}$ 发散 $\Leftrightarrow$ $\exists \varepsilon_0 > 0$,$\forall N \in \mathbb{N}_+$,$\exists m, n > N$,使得 $\left| x_m - x_n \right| \geqslant \varepsilon_0$.

例 1.16　设 $x_n = 1 + \dfrac{1}{2} + \dfrac{1}{3} + \cdots + \dfrac{1}{n}$,证明:数列 $\{x_n\}$ 发散.

证　取 $\varepsilon_0 = \dfrac{1}{2}$,对 $\forall N \in \mathbb{N}_+$,取 $n > N, m = 2n$,则

$$\left| x_m - x_n \right| = \frac{1}{n+1} + \frac{1}{n+2} + \cdots + \frac{1}{2n} > n \cdot \frac{1}{2n} = \frac{1}{2} = \varepsilon_0.$$

根据柯西收敛准则,可知数列 $\{x_n\}$ 发散.

例 1.17　设 $x_n = 1 + \dfrac{1}{2^2} + \dfrac{1}{3^2} + \cdots + \dfrac{1}{n^2}$,证明:数列 $\{x_n\}$ 收敛.

证　设 $m > n$,由于

$$\left| x_m - x_n \right| = \frac{1}{(n+1)^2} + \frac{1}{(n+2)^2} + \cdots + \frac{1}{m^2} < \frac{1}{n(n+1)} + \frac{1}{(n+1)(n+2)} + \cdots + \frac{1}{(m-1)m} = \frac{1}{n} - \frac{1}{m} < \frac{1}{n},$$

根据柯西收敛准则(注 1),可知数列 $\{x_n\}$ 收敛.

注　若 $x_n = 1 + \dfrac{1}{2^p} + \dfrac{1}{3^p} + \cdots + \dfrac{1}{n^p}$,从以上两例可以看出:当 $p \leqslant 1$ 时,数列 $\{x_n\}$ 发散,当 $p \geqslant 2$ 时,数列 $\{x_n\}$ 收敛. 那么自然要问,当 $1 < p < 2$ 时,数列 $\{x_n\}$ 是否收敛呢? 事实上,此时 $\{x_n\}$ 仍然收敛. 证明如下:

对任意的 $m > n$,设 $2^k \leqslant n < m \leqslant 2^{k+l}$,其中 $k, l \in \mathbb{N}_+$,注意到对任意的 $k \in \mathbb{N}_+$,都有

$$\frac{1}{(2^k+1)^p}+\frac{1}{(2^k+2)^p}+\cdots+\frac{1}{(2^{k+1})^p}<\frac{2^k}{(2^k)^p}=\left(\frac{1}{2^{p-1}}\right)^k,$$

因此

$$|x_m-x_n|=\frac{1}{(n+1)^p}+\frac{1}{(n+2)^p}+\cdots+\frac{1}{m^p}\leqslant\frac{1}{(2^k+1)^p}+\frac{1}{(2^k+2)^p}+\cdots+\frac{1}{(2^{k+l})^p}$$

$$=\left[\frac{1}{(2^k+1)^p}+\cdots+\frac{1}{(2^{k+1})^p}\right]+\cdots+\left[\frac{1}{(2^{k+l-1}+1)^p}+\cdots+\frac{1}{(2^{k+l})^p}\right]$$

$$<\left(\frac{1}{2^{p-1}}\right)^k+\cdots+\left(\frac{1}{2^{p-1}}\right)^{k+l-1}<\frac{1}{2^{p-1}-1}\cdot\left(\frac{1}{2^{p-1}}\right)^{k-1}.$$

当 $n\to\infty$ 时，取 $k=[\log_2 n]\to\infty$，由于 $p>1$ 时 $\lim\limits_{k\to\infty}\dfrac{1}{2^{p-1}-1}\cdot$

$\left(\dfrac{1}{2^{p-1}}\right)^{k-1}=0$，故 $\{x_n\}$ 收敛.

小知识：黎曼 ζ 函数（Riemann zeta function）

虽然可以证明，当 $p>1$ 时，$x_n=1+\dfrac{1}{2^p}+\dfrac{1}{3^p}+\cdots+\dfrac{1}{n^p}$ 存在极限，但是极限值是多少却是非常复杂的问题. 历史上很多数学家研究过这个问题，记 $\zeta(p)=\lim\limits_{n\to\infty}\left(1+\dfrac{1}{2^p}+\cdots+\dfrac{1}{n^p}\right)$，当 $p=2$ 就是著名的巴塞尔问题（Basel problem），被瑞士大数学家欧拉在 1735 年解决. 后来，逐渐求出了 p 为正偶数时的值，例如 $\zeta(2)=\dfrac{\pi^2}{6}$，$\zeta(4)=\dfrac{\pi^4}{90}$，$\zeta(6)=\dfrac{\pi^6}{945}$，$\cdots$，但是 p 为正奇数（$\geqslant 3$）时的值却一直无法求出. 其中 $\zeta(3)$ 称为 Apéry 常数（Apéry's constant），这是由于 1978 年法国数学家 Roger Apéry 证明了它为无理数.

1859 年，德国大数学家黎曼在论文《论小于某给定值的素数的个数》（Ueber die Anzahl der Primzahlen unter einer gegebenen Grösse）中，将 p 的值推广到复数，首次定义了复变量的函数 $\zeta(p)$，后人称之为黎曼 ζ 函数（Riemann zeta function）. 该函数的零点与素数分布之间有密切的关系，其零点分布情况就是著名的"黎曼猜想（Riemann hypothesis）"，被认为是数学最困难的问题之一.

习题 1.2

1. 用 $\varepsilon-N$ 定义验证下列极限：

(1) $\lim\limits_{n\to\infty}\dfrac{n+(-1)^n}{n^2-4}=0$；　　(2) $\lim\limits_{n\to\infty}\dfrac{2+\cos n}{n^2}=0$；

(3) $\lim\limits_{n\to\infty}\dfrac{(-3)^n+3^n}{5^n}=0$；　　(4) $\lim\limits_{n\to\infty}\dfrac{1}{n}\sin\dfrac{\pi}{n}=0$；

(5) $\lim\limits_{n\to\infty}\dfrac{3n^2+n}{2n^2-1}=\dfrac{3}{2}$;　　　(6) $\lim\limits_{n\to\infty}q^n=0(\,|q|<1\,)$;

(7) $\lim\limits_{n\to\infty}\dfrac{n!}{n^n}=0$;　　　(8) $\lim\limits_{n\to\infty}\dfrac{n}{a^n}=0(\,a>1\,)$.

2. 下列结论是否正确？若正确，请给出证明；若不正确，请举出反例.

(1) 若$\lim\limits_{n\to\infty}x_n=A$，则$\lim\limits_{n\to\infty}|x_n|=|A|$;

(2) 若$\lim\limits_{n\to\infty}|x_n|=|A|(A\neq 0)$，则$\lim\limits_{n\to\infty}x_n=A$;

(3) 若$\lim\limits_{n\to\infty}|x_n|=0$，则$\lim\limits_{n\to\infty}x_n=0$;

(4) 若$\lim\limits_{n\to\infty}x_n=A$，则$\lim\limits_{n\to\infty}x_{n+1}=A$;

(5) 若$\lim\limits_{n\to\infty}x_n=A$，则$\lim\limits_{n\to\infty}\dfrac{x_{n+1}}{x_n}=1$.

3. 求下列数列的极限：

(1) $\lim\limits_{n\to\infty}\dfrac{n^3+3n^2+1}{4n^3+2n+3}$;　　　(2) $\lim\limits_{n\to\infty}\dfrac{(-2)^n+3^n}{(-2)^{n+1}+3^{n+1}}$;

(3) $\lim\limits_{n\to\infty}(\sqrt{n^2+n}-n)$;　　　(4) $\lim\limits_{n\to\infty}(\sqrt[n]{1}+\sqrt[n]{2}+\cdots+\sqrt[n]{10})$;

(5) $\lim\limits_{n\to\infty}\dfrac{\dfrac{1}{2}+\dfrac{1}{2^2}+\cdots+\dfrac{1}{2^n}}{\dfrac{1}{3}+\dfrac{1}{3^2}+\cdots+\dfrac{1}{3^n}}$;

(6) $\lim\limits_{n\to\infty}\dfrac{1+a+a^2+\cdots+a^n}{1+b+b^2+\cdots+b^n}$ $(\,|a|<1,|b|<1\,)$;

(7) $\lim\limits_{n\to\infty}\left(\dfrac{1}{2}+\dfrac{3}{2^2}+\cdots+\dfrac{2n-1}{2^n}\right)$;

(8) $\lim\limits_{n\to\infty}\left(1+\dfrac{1}{n+1}\right)^n$;　　　(9) $\lim\limits_{n\to\infty}\left(1-\dfrac{1}{n}\right)^n$;

(10) $\lim\limits_{n\to\infty}\left(1+\dfrac{1}{n-4}\right)^{n+4}$.

4. 若数列$\{x_n\}$与$\{y_n\}$都发散，它们的和数列$\{x_n+y_n\}$是否一定发散？

5. 求下列数列的极限：

(1) $\lim\limits_{n\to\infty}(1+a)(1+a^2)\cdots(1+a^{2^n})(\,|a|<1\,)$;

(2) $\lim\limits_{n\to\infty}\left(1-\dfrac{1}{2^2}\right)\left(1-\dfrac{1}{3^2}\right)\cdots\left(1-\dfrac{1}{n^2}\right)$;

(3) $\lim\limits_{n\to\infty}\left(1+\dfrac{1}{2^2}\right)\left(1+\dfrac{1}{2^4}\right)\cdots\left(1+\dfrac{1}{2^{2^n}}\right)$.

6. 求下列极限，并指出哪些是无穷小数列：

(1) $\lim\limits_{n\to\infty}\dfrac{1}{\sqrt{n}}$;（2）$\lim\limits_{n\to\infty}\sqrt[n]{3}$;（3）$\lim\limits_{n\to\infty}\dfrac{1}{n^3}$;（4）$\lim\limits_{n\to\infty}\dfrac{1}{3^n}$;（5）$\lim\limits_{n\to\infty}\dfrac{1}{\sqrt{2^n}}$;

(6) $\lim\limits_{n\to\infty}\sqrt[n]{10}$;（7）$\lim\limits_{n\to\infty}\dfrac{1}{\sqrt[n]{2}}$.

7. 若 $\lim\limits_{n\to\infty} x_n y_n = 0$, 是否一定有 $\lim\limits_{n\to\infty} x_n = 0$, $\lim\limits_{n\to\infty} y_n = 0$?

8. 两个都不是无穷大的数列的乘积一定不是无穷大吗?

9. 设 $\{x_n\}$ 为无穷大数列, $\{y_n\}$ 为有界数列, 证明: $\{x_n \pm y_n\}$ 为无穷大数列.

10. 设 $\{x_n\}$ 为无穷大数列, $\lim\limits_{n\to\infty} y_n = a\,(a\neq 0)$, 证明: $\{x_n y_n\}$ 为无穷大数列.

11. 构造一个无界但非无穷大的数列.

12. 利用夹逼准则求下列数列的极限:

（1） $\lim\limits_{n\to\infty}\left(\dfrac{1}{n^2} + \dfrac{1}{(n+1)^2} + \cdots + \dfrac{1}{(2n)^2}\right)$;

（2） $\lim\limits_{n\to\infty}\dfrac{1 + \sqrt[n]{2} + \cdots + \sqrt[n]{n}}{n}$;

（3） $\lim\limits_{n\to\infty}\dfrac{1 \cdot 3 \cdot \cdots \cdot (2n-1)}{2 \cdot 3 \cdot \cdots \cdot 2n}$;

（4） $\lim\limits_{n\to\infty}\dfrac{1! + 2! + \cdots + n!}{n!}$.

13. 利用单调有界准则证明下列数列的极限存在并求其值:

（1） 设 $x_1 = \sqrt{2}$, $x_{n+1} = \sqrt{2x_n}$, $n = 1,2,\cdots$;

（2） 设 $0 < x_1 < 1$, $x_{n+1} = x_n(1-x_n)$, $n = 1,2,\cdots$;

（3） 设 $0 < x_1 < 3$, $x_{n+1} = \sqrt{x_n(3-x_n)}$, $n = 1,2,\cdots$;

（4） 设 $x_1 > 0$, $x_{n+1} = \dfrac{1}{2}\left(x_n + \dfrac{4}{x_n}\right)$, $n = 1,2,\cdots$.

14. 设对于数列 $\{x_n\}$, 有 $\lim\limits_{n\to\infty} x_{2n} = a$, $\lim\limits_{n\to\infty} x_{2n-1} = a$, 证明: $\lim\limits_{n\to\infty} x_n = a$.

15. 证明以下数列发散:

（1） $\left\{(-1)^n \dfrac{n}{n+1}\right\}$;　　（2） $\{n^{(-1)^n}\}$;　　（3） $\left\{\cos\dfrac{n\pi}{4}\right\}$.

16. 利用柯西收敛准则, 证明以下数列 $\{x_n\}$ 收敛:

（1） $x_n = \dfrac{\sin 1}{2} + \dfrac{\sin 2}{2^2} + \cdots + \dfrac{\sin n}{2^n}$;

（2） $x_n = \dfrac{\cos 1!}{1 \cdot 2} + \dfrac{\cos 2!}{2 \cdot 3} + \cdots + \dfrac{\cos n!}{n \cdot (n+1)}$;

（3） $x_n = a_0 + a_1 q + a_2 q^2 + \cdots + a_n q^n$, 其中 $|q| < 1$, 且 $|a_k| \leqslant M$, $k = 0,1,2,\cdots$.

17. 设数列 $\{x_n\}$ 满足压缩性条件: $|x_{n+1} - x_n| \leqslant k|x_n - x_{n-1}|$, $n = 2$, $3,\cdots$, 其中, $0 < k < 1$, 证明: $\{x_n\}$ 收敛.

18. 利用柯西收敛准则, 证明以下数列 $\{x_n\}$ 发散:

（1） $x_n = (-1)^n n$;　　（2） $x_n = \sin\dfrac{n\pi}{2}$;

（3） $x_n = \dfrac{1}{\ln 2} + \dfrac{1}{\ln 3} + \cdots + \dfrac{1}{\ln n}$, $n = 2,3,\cdots$.

1.3　数项级数

　　求和是最基本的运算,从有限个数的和推广到无穷个数的和,就是无穷级数(简称级数).最早的级数可以源于古希腊埃利亚的芝诺(Zeno of Elea,约 490 B. C.—425 B. C.),他提出了一系列关于运动的不可分性的哲学悖论.其中"二分法"涉及将 1 分解为无穷级数:

$$\frac{1}{2} + \frac{1}{2^2} + \cdots + \frac{1}{2^n} + \cdots.$$

亚里士多德(Aristotle,384B. C.—322 B. C.)认为这种公比小于 1 的等比数列可以求和(称为几何级数).到了中世纪,无穷级数触发了当时的数学家和哲学家对"无穷"的兴趣,代表人物奥雷姆(Nicole Oresme,约 1320—1382)明确了几何级数的收敛性.17 世纪微积分诞生之后,无穷级数作为工具在数学发展中起到了巨大的推动作用,例如泰勒(Taylor,1685—1731)、欧拉(Euler,1707—1783)、麦克劳林(Maclaurin,1698—1746)等人的工作.19 世纪,柯西建立了级数理论,阿贝尔(Abel,1802—1829)进行了完善,后来由魏尔斯特拉斯提出的一致收敛性完成了整个级数理论的构建.

　　本节将利用极限的理论和方法研究常数项无穷级数的收敛性.

1.3.1　数项级数的收敛性及性质

　　定义 1.12(数项级数)　$\{a_n\}$ 为数列,称 $\sum_{n=1}^{\infty} a_n = a_1 + a_2 + \cdots + a_n + \cdots$ 为**数项级数**,简称**级数**,记它的前 n 项之和 $s_n = a_1 + a_2 + \cdots + a_n$,称为**部分和**.当数列 $\{s_n\}$ 收敛,即 $\lim_{n \to \infty} s_n = s$ 时,称级数 $\sum_{n=1}^{\infty} a_n$ 是**收敛**的,s 称为**级数和**,记 $\sum_{n=1}^{\infty} a_n = s$,否则,称级数 $\sum_{n=1}^{\infty} a_n$ **发散**.

　　注 1　级数的收敛性本质上就是部分和数列的收敛性,因此可以用数列极限的思想和方法研究无穷级数的收敛性.

　　在例 1.16 和例 1.17 中用数列极限研究了级数 $\sum_{n=0}^{\infty} \frac{1}{n^p} = 1 + \frac{1}{2^p} + \cdots + \frac{1}{n^p} + \cdots$(称为 **$p$ - 级数**)的收敛性,可得当 $p > 1$ 时 $\sum_{n=0}^{\infty} \frac{1}{n^p}$ **收敛**,$p \leqslant 1$ 时 $\sum_{n=0}^{\infty} \frac{1}{n^p}$ **发散**.($p = 1$ 时的 p - 级数 $1 + \frac{1}{2} + \frac{1}{3} + \cdots$ 称为**调和级数**(harmonic series),由于级数中的每一项都是前后相邻两项的调和平均值.)

注2　由于数列是否收敛与前有限项无关,因此级数增加、删除或改变有限项不影响级数的收敛性.

注3　利用定义 1.12 研究级数的收敛性需要计算部分和 s_n 和级数和 s,将数列极限的柯西收敛准则应用在级数收敛性判断上,可以避免 s_n 和 s 的计算.

级数收敛的柯西准则:

$$\sum_{n=1}^{\infty} a_n \text{ 收敛} \Leftrightarrow \forall \varepsilon > 0, \ \exists N, \text{当 } n > N \text{ 时,对任意 } p \in \mathbb{N}_+, \text{有}$$
$$|a_{n+1} + a_{n+2} + \cdots + a_{n+p}| < \varepsilon.$$
$$\Leftrightarrow \text{存在无穷小数列 } \alpha(n), \text{对任意 } p \in \mathbb{N}_+, \text{有}$$
$$|a_{n+1} + a_{n+2} + \cdots + a_{n+p}| \leqslant \alpha(n).$$

注4　在上述"级数收敛的柯西准则"中,如果取 $p = 1$ 可得 $|a_{n+1}| < \varepsilon$,因此当 $\sum_{n=1}^{\infty} a_n$ 收敛时,必有 $\lim_{n \to \infty} a_n = 0$. 反之,**若 $\{a_n\}$ 不是无穷小数列,必有 $\sum_{n=1}^{\infty} a_n$ 发散.**(此结论经常用来判断级数的发散)

例 1.18　讨论几何级数 $\sum_{n=0}^{\infty} aq^n = a + aq + aq^2 + \cdots + aq^{n-1} + \cdots$ ($a \neq 0$) 的收敛性.

解　若 $q = 1$,则 $s_n = na(a \neq 0)$ 不收敛,故级数发散;

若 $q \neq 1$,则 $s_n = a + aq + aq^2 + \cdots + aq^{n-1} = \dfrac{a(1 - q^n)}{1 - q}$,由于

$|q| < 1$ 时 $\lim_{n \to \infty} s_n = \dfrac{a}{1 - q}$,级数收敛;而当 $q = -1$ 或 $|q| > 1$ 时,$\{q^n\}$ 不收敛,$\lim_{n \to \infty} s_n$ 不存在,级数发散,综上可得:

$$\sum_{n=0}^{\infty} aq^n (a \neq 0) = \begin{cases} \dfrac{a}{1 - q}, & |q| < 1, \\ \text{发散}, & |q| \geqslant 1. \end{cases}$$

注　几何级数 $\sum_{n=0}^{\infty} aq^n$ 和前面的 p - 级数 $\sum_{n=0}^{\infty} \dfrac{1}{n^p}$ 是最常用的级数.

例 1.19　证明级数 $\sum_{n=1}^{\infty} \dfrac{1}{n(n+1)(n+2)}$ 收敛,并求级数和.

证　由于 $\dfrac{1}{n(n+1)(n+2)} = \dfrac{1}{2} \cdot \dfrac{(n+2) - n}{n(n+1)(n+2)}$

$$= \dfrac{1}{2} \cdot \left[\dfrac{1}{n(n+1)} - \dfrac{1}{(n+1)(n+2)} \right],$$

故 $s_n = \dfrac{1}{2} \cdot \left\{ \left(\dfrac{1}{1 \cdot 2} - \dfrac{1}{2 \cdot 3} \right) + \left(\dfrac{1}{2 \cdot 3} - \dfrac{1}{3 \cdot 4} \right) + \cdots + \left[\dfrac{1}{n(n+1)} - \dfrac{1}{(n+1)(n+2)} \right] \right\}$

$$= \dfrac{1}{2} \cdot \left[\dfrac{1}{2} - \dfrac{1}{(n+1)(n+2)} \right]$$

由于 $\lim\limits_{n\to\infty}s_n = \dfrac{1}{4}$,故级数 $\sum\limits_{n=1}^{\infty} \dfrac{1}{n(n+1)(n+2)}$ 收敛,级数和为 $\dfrac{1}{4}$.

注 例1.19证明的关键是把级数的通项拆成两项之差,这是求级数部分和的一种技巧.有如下结论:若 $a_n = b_n - b_{n+1}$ 且 $\lim\limits_{n\to\infty}b_n = b$,则级数 $\sum\limits_{n=1}^{\infty}a_n$ 收敛,且级数和 $s = b_1 - b$.

例1.20 证明级数 $\sum\limits_{n=1}^{\infty} \dfrac{\cos x^n}{n^2}\ (x\in\mathbb{R})$ 收敛.

证 设 $a_n = \dfrac{\cos x^n}{n^2}$,由于

$$
\begin{aligned}
|a_{n+1}+a_{n+2}+\cdots+a_{n+p}| &= \left| \frac{\cos x^{n+1}}{(n+1)^2} + \cdots + \frac{\cos x^{n+p}}{(n+p)^2} \right| \\
&\leqslant \frac{1}{(n+1)^2} + \cdots + \frac{1}{(n+p)^2} \\
&\leqslant \frac{1}{n(n+1)} + \cdots + \frac{1}{(n+p-1)(n+p)} \\
&= \frac{1}{n} - \frac{1}{n+p} < \frac{1}{n},
\end{aligned}
$$

故由级数收敛的柯西准则,知级数 $\sum\limits_{n=1}^{\infty}\dfrac{\cos x^n}{n^2}\ (x\in\mathbb{R})$ 收敛.

下面研究收敛级数的性质.

首先,由数列极限的线性性质,可以直接得出级数的线性性质.

性质1.8(级数的线性) 若级数 $\sum\limits_{n=1}^{\infty}a_n$ 和 $\sum\limits_{n=1}^{\infty}b_n$ 收敛,设 $\sum\limits_{n=1}^{\infty}a_n = s,\ \sum\limits_{n=1}^{\infty}b_n = \sigma$,则对任意的 $\lambda,\mu\in\mathbb{R}$,级数 $\sum\limits_{n=1}^{\infty}(\lambda a_n+\mu b_n)$ 收敛,且级数和 $\sum\limits_{n=1}^{\infty}(\lambda a_n+\mu b_n) = \lambda s + \mu\sigma$.

注 若 $\lambda\neq 0$,则级数 $\sum\limits_{n=1}^{\infty}a_n$ 收敛等价于级数 $\sum\limits_{n=1}^{\infty}\lambda a_n$ 收敛.

都知道加法运算满足结合律,那么对无穷个数的加法——级数——是否具有结合律呢?这是不一定的,例如对级数 $\sum\limits_{n=0}^{\infty}(-1)^n$,使用结合律,分别有

$$
\sum_{n=0}^{\infty}(-1)^n = 1+(-1)+1+(-1)+\cdots = [1+(-1)]+[1+(-1)]+\cdots = 0+0+\cdots = 0,
$$

$$
\sum_{n=0}^{\infty}(-1)^n = 1+(-1)+1+(-1)+1+\cdots = 1+[(-1)+1]+[(-1)+1]+\cdots = 1+0+0+\cdots = 1,
$$

得出了矛盾的结果.事实上,由于 $\{(-1)^n\}$ 不是无穷小数列,级数 $\sum\limits_{n=0}^{\infty}(-1)^n$ 发散,但对于收敛的级数,结合律是满足的.

性质 1.9（级数的结合律 —— 加括号级数）   若级数 $\sum\limits_{n=1}^{\infty} a_n$ 收敛,则不改变它的各项顺序任意加入括号后,所得的新级数仍收敛于原级数和.

证   若某项没有加括号,则视它自身加一括号,这样级数 $\sum\limits_{n=1}^{\infty} a_n$ 的每一项都在某个括号内,记 b_k 为第 k 个括号内所有项的和,即

$$b_1 = a_1 + \cdots + a_{n_1}, \cdots, b_k = a_{n_{k-1}+1} + \cdots + a_{n_k}, \cdots.$$ 级数 $\sum\limits_{k=1}^{\infty} b_k$ 部分和为 $\sigma_k = a_1 + \cdots + a_{n_k}$,则数列 $\{\sigma_k\}$ 为级数 $\sum\limits_{n=1}^{\infty} a_n$ 的部分和数列 $\{s_n\}$ 的子列 $\{s_{n_k}\}$. 由于 $\sum\limits_{n=1}^{\infty} a_n$ 收敛,故 $\{s_n\}$ 的子列 $\{s_{n_k}\}$(即 $\{\sigma_k\}$)收敛于同一极限,因此加括号级数 $\sum\limits_{k=1}^{\infty} b_k$ 收敛于同一和.

注   若某级数加括号所得的新级数发散,则原级数一定发散.

> 思考:在下述条件下是否可由加括号后的级数收敛得出原级数收敛?
> （ⅰ）括号内的各项不变号;
> （ⅱ）括号内的项数不超过某定值且一般项趋于零.

1.3.2 正项级数的收敛判别法

如果数项级数的每项的符号都相同,那么其称为**同号级数**. 对于同号级数,只需研究每项都是非负数的**正项级数**.

对于正项级数,可知其部分和数列是单调增加的,根据数列收敛的单调有界准则可得:

正项级数 $\sum\limits_{n=1}^{\infty} a_n$ 收敛 $\Leftrightarrow$ 部分和数列 $\{s_n\}$ 有上界.

于是可得如下的收敛判别法.

级数收敛判别法 1（比较判别法）   设 $\sum\limits_{n=1}^{\infty} a_n$ 和 $\sum\limits_{n=1}^{\infty} b_n$ 为正项级数,若存在 $N \in \mathbb{N}_+$,当 $n > N$ 时,$a_n \leqslant b_n$,则

（1）若 $\sum\limits_{n=1}^{\infty} b_n$ 收敛,则 $\sum\limits_{n=1}^{\infty} a_n$ 收敛;（2）若 $\sum\limits_{n=1}^{\infty} a_n$ 发散,则 $\sum\limits_{n=1}^{\infty} b_n$ 发散.

证   设 $s_n = \sum\limits_{k=1}^{n} a_k$, $\sigma_n = \sum\limits_{k=1}^{n} b_k$,由已知可得 $s_n \leqslant s_N + \sigma_n$. 若 $\sum\limits_{n=1}^{\infty} b_n$ 收敛,则 $\{\sigma_n\}$ 有界,故 $\{s_n\}$ 有界,因此 $\sum\limits_{n=1}^{\infty} a_n$ 收敛;若 $\sum\limits_{n=1}^{\infty} a_n$ 发散,则 $\{s_n\}$ 无界,则 $\{\sigma_n\}$ 无界,因此 $\sum\limits_{n=1}^{\infty} b_n$ 发散.

注 1　在实际应用中,"比较判别法"经常使用"**极限形式**":对于正项级数 $\sum\limits_{n=1}^{\infty} a_n$ 和 $\sum\limits_{n=1}^{\infty} b_n$,若 $\lim\limits_{n\to\infty} \dfrac{a_n}{b_n} = l$,则有

(1) 当 $0 < l < +\infty$ 时,级数 $\sum\limits_{n=1}^{\infty} a_n$ 和 $\sum\limits_{n=1}^{\infty} b_n$ 敛散性一致;

(2) 当 $l = 0$ 时,级数 $\sum\limits_{n=1}^{\infty} b_n$ 收敛 $\Rightarrow$ 级数 $\sum\limits_{n=1}^{\infty} a_n$ 收敛;

(3) 当 $l = +\infty$ 时,级数 $\sum\limits_{n=1}^{\infty} a_n$ 收敛 $\Rightarrow$ 级数 $\sum\limits_{n=1}^{\infty} b_n$ 收敛.

(证明使用数列极限的保号性——**性质 1.3**,详细证明从略.)

注 2　"比较判别法"需要利用一个级数的敛散性判断另一个级数的敛散性,也就是说,需要某个已知敛散性的"参考级数". 常用的参考级数主要是 p – 级数和几何级数.

例 1.21　讨论下列级数的敛散性:

(1) $\sum\limits_{n=1}^{\infty} \dfrac{n^2 + n - 1}{n^3 - n^2 + 4}$;　(2) $\sum\limits_{n=1}^{\infty} \dfrac{n\sin^2(n^2)}{n^3 + 1}$;　(3) $\sum\limits_{n=5}^{\infty} \dfrac{1}{2^n - n^2}$.

解　(1) 由于 $\lim\limits_{n\to\infty} \left(\dfrac{n^2 + n - 1}{n^3 - n^2 + 4} \right) \Big/ \left(\dfrac{1}{n} \right) = \lim\limits_{n\to\infty} \dfrac{n^3 + n^2 - n}{n^3 - n^2 + 4} = 1$,

同时级数 $\sum\limits_{n=1}^{\infty} \dfrac{1}{n}$ 发散,故原级数发散;

(2) 由于 $0 < \dfrac{n\sin^2(n^2)}{n^3 + 1} \leqslant \dfrac{n}{n^3 + 1} \leqslant \dfrac{1}{n^2}$,同时级数 $\sum\limits_{n=1}^{\infty} \dfrac{1}{n^2}$ 收敛,

故原级数收敛;

(3) 由于 $\lim\limits_{n\to\infty} \left(\dfrac{1}{2^n - n^2} \right) \Big/ \left(\dfrac{1}{2^n} \right) = \lim\limits_{n\to\infty} \dfrac{2^n}{2^n - n^2} = \lim\limits_{n\to\infty} \dfrac{1}{1 - n^2/2^n} =$

$1 \left(\text{由于} \lim\limits_{n\to\infty} \dfrac{n^2}{2^n} = 0 \right)$,同时级数 $\sum\limits_{n=1}^{\infty} \dfrac{1}{2^n}$ 收敛,故原级数收敛.

下面的两个级数收敛判别法,只利用级数本身的条件,不需要参考其他级数.

级数收敛判别法 2(比值判别法、达朗贝尔(D'Alembert)判别法)　设 $\sum\limits_{n=1}^{\infty} a_n (a_n \neq 0)$ 为正项级数,若存在 $N \in \mathbb{N}_+$,当 $n > N$ 时

(1) $\dfrac{a_{n+1}}{a_n} \leqslant q < 1$ 成立,则 $\sum\limits_{n=1}^{\infty} a_n$ 收敛;(2) $\dfrac{a_{n+1}}{a_n} \geqslant 1$ 成立,则

$\sum\limits_{n=1}^{\infty} a_n$ 发散.

证　若 $\dfrac{a_{n+1}}{a_n} \leqslant q < 1$,则 $a_n = \dfrac{a_n}{a_{n-1}} \cdot \dfrac{a_{n-1}}{a_{n-2}} \cdot \cdots \cdot \dfrac{a_{N+2}}{a_{N+1}} \cdot a_{N+1} \leqslant q^n \cdot$

$\dfrac{a_{N+1}}{q^{N+1}}$,由于 $q < 1$,几何级数 $\sum\limits_{n=1}^{\infty} q^n$ 收敛,根据比较判别法,$\sum\limits_{n=1}^{\infty} a_n$ 收敛;若 $\dfrac{a_{n+1}}{a_n} \geqslant 1$,则 $a_n \geqslant a_{n-1} \geqslant \cdots \geqslant a_{N+1} > 0$,$\{a_n\}$ 为单调增加的正

数列,故不收敛于 0,因此 $\sum\limits_{n=1}^{\infty} a_n$ 发散.

注 1　若(1) 中的条件改为 $\dfrac{a_{n+1}}{a_n} < 1$,不能得出 $\sum\limits_{n=1}^{\infty} a_n$ 收敛 $\Big($ 例如 $\sum\limits_{n=1}^{\infty} \dfrac{1}{n} \Big)$;

注 2　在实际应用中,"比值判别法" 经常使用"**极限形式**":设 $\sum\limits_{n=1}^{\infty} a_n (a_n \neq 0)$ 为正项级数,若 $\lim\limits_{n \to \infty} \dfrac{a_{n+1}}{a_n} = l$,则

(1) 当 $l < 1$ 时,级数 $\sum\limits_{n=1}^{\infty} a_n$ 收敛;

(2) 当 $l > 1$ 时,级数 $\sum\limits_{n=1}^{\infty} a_n$ 发散;

(3) 当 $l = 1$ 时,级数 $\sum\limits_{n=1}^{\infty} a_n$ 可能收敛也可能发散.

(证明使用数列极限的保号性 —— **性质 1.3**,详细证明从略.)

级数收敛判别法 3(根值判别法、柯西判别法)　设 $\sum\limits_{n=1}^{\infty} a_n (a_n \neq 0)$ 为正项级数,若存在 $N \in \mathbb{N}_+$,当 $n > N$ 时,

(1) $\sqrt[n]{a_n} \leqslant q < 1$ 成立,则 $\sum\limits_{n=1}^{\infty} a_n$ 收敛;(2) $\sqrt[n]{a_n} \geqslant 1$ 成立,则 $\sum\limits_{n=1}^{\infty} a_n$ 发散.

证　(1) 若 $\sqrt[n]{a_n} \leqslant q < 1$,则 $a_n \leqslant q^n$,由于 $q < 1$,几何级数 $\sum\limits_{n=1}^{\infty} q^n$ 收敛,根据比较判别法,$\sum\limits_{n=1}^{\infty} a_n$ 收敛;

(2) 若 $\sqrt[n]{a_n} \geqslant 1$,则 $a_n \geqslant 1$,$\{a_n\}$ 不收敛于 0,因此 $\sum\limits_{n=1}^{\infty} a_n$ 发散.

注 1　若(1) 中的条件改为 $\sqrt[n]{a_n} < 1$,那么不能得出 $\sum\limits_{n=1}^{\infty} a_n$ 收敛 $\Big($ 例如 $\sum\limits_{n=1}^{\infty} \dfrac{1}{n} \Big)$;

注 2　在实际应用中,"根值判别法" 经常使用"**极限形式**":设 $\sum\limits_{n=1}^{\infty} a_n (a_n \neq 0)$ 为正项级数,若 $\lim\limits_{n \to \infty} \sqrt[n]{a_n} = l$,则

(1) 当 $l < 1$ 时,级数 $\sum\limits_{n=1}^{\infty} a_n$ 收敛;

(2) 当 $l > 1$ 时,级数 $\sum\limits_{n=1}^{\infty} a_n$ 发散;

(3) 当 $l = 1$ 时,级数 $\sum\limits_{n=1}^{\infty} a_n$ 可能收敛也可能发散.

（证明使用数列极限的保号性 —— **性质 1.3**, 详细证明从略.）

例 1.22　讨论下列级数的敛散性:

(1) $\displaystyle\sum_{n=1}^{\infty}\frac{n^{20}}{n!}$;　(2) $\displaystyle\sum_{n=1}^{\infty}\frac{10^{3}\cdot(10^{3}+9)\cdot\cdots\cdot[10^{3}+9(n-1)]}{10\cdot20\cdot30\cdot\cdots\cdot(10n)}$;

(3) $\displaystyle\sum_{n=5}^{\infty}\frac{n^{n}}{2^{n}\cdot n!}$.

解　(1) 设 $a_n=\dfrac{n^{20}}{n!}$, 则

$$\lim_{n\to\infty}\frac{a_{n+1}}{a_n}=\lim_{n\to\infty}\frac{(n+1)^{20}\cdot n!}{n^{20}\cdot(n+1)!}=\lim_{n\to\infty}\left(1+\frac{1}{n}\right)^{20}\cdot\frac{1}{n+1}=0<1,$$

故原级数收敛;

(2) 设 $a_n=\dfrac{10^{3}\cdot(10^{3}+9)\cdot\cdots\cdot[10^{3}+9(n-1)]}{10\cdot20\cdot30\cdot\cdots\cdot(10n)}$, 则

$$\lim_{n\to\infty}\frac{a_{n+1}}{a_n}=\lim_{n\to\infty}\frac{10^{3}+9n}{10(n+1)}=\frac{9}{10}<1,$$

故原级数收敛;

(3) 设 $a_n=\dfrac{n^{n}}{2^{n}\cdot n!}$, 则

$$\lim_{n\to\infty}\frac{a_{n+1}}{a_n}=\lim_{n\to\infty}\frac{(n+1)^{n+1}}{2(n+1)\cdot n^{n}}=\lim_{n\to\infty}\frac{1}{2}\cdot\left(1+\frac{1}{n}\right)^{n}=\frac{\mathrm{e}}{2}>1,$$

故原级数发散.

例 1.23　讨论下列级数的敛散性:

(1) $\displaystyle\sum_{n=1}^{\infty}2^{n}\cdot\left(1-\frac{1}{n}\right)^{n^{2}}$;　　　(2) $\displaystyle\sum_{n=5}^{\infty}\frac{2+(-1)^{n}}{2^{n}}$.

解　(1) 设 $a_n=2^{n}\cdot\left(1-\dfrac{1}{n}\right)^{n^{2}}$, 则

$$\lim_{n\to\infty}\sqrt[n]{a_n}=\lim_{n\to\infty}\left[2^{n}\cdot\left(1-\frac{1}{n}\right)^{n^{2}}\right]^{\frac{1}{n}}=\lim_{n\to\infty}2\cdot\left(1-\frac{1}{n}\right)^{n}=\frac{2}{\mathrm{e}}<1,$$

故原级数收敛;

(2) 设 $a_n=\dfrac{2+(-1)^{n}}{2^{n}}$, 则

$$\lim_{n\to\infty}\sqrt[n]{a_n}=\lim_{n\to\infty}\frac{\sqrt[n]{2+(-1)^{n}}}{2}=\frac{1}{2}<1\left(\lim_{n\to\infty}\sqrt[n]{2+(-1)^{n}}=1\right),$$

故原级数收敛.

对于比值判别法和根值判别法, 需要注意以下几点:

注 1　比值或根值的极限为 1 时, 两个判别法均失效 $\left(\text{例如}\right.$

$\displaystyle\sum_{n=1}^{\infty}\frac{1}{n^{p}}\bigg)$;

注 2　从例 1.22 和例 1.23 中可以看出, 当数列通项中含有连乘式或阶乘时, 通常使用比值判别法, 若只含有 n 次幂, 则使用根值

判别法较简单；

注 3　由于 $\sqrt[n]{a_n} = \sqrt[n]{a_1 \cdot \dfrac{a_2}{a_1} \cdot \cdots \cdot \dfrac{a_n}{a_{n-1}}}$，根据极限性质 1.7(4)，

若 $\lim\limits_{n \to \infty} \dfrac{a_n}{a_{n-1}} = l$，必有 $\lim\limits_{n \to \infty} \sqrt[n]{a_n} = l$，能够使用比值判别法，就一定可以使用根值判别法，但反之未必（见例 1.23(2)）；

注 4　从证明过程中可以看出，比值和根值判别法是以几何级数（$\sum\limits_{n=1}^{\infty} q^n$）为参考级数建立的判别法，进一步，以收敛速度更慢的 p - 级数为参考级数能建立更精细的判别法.

拉贝（Raabe）判别法：设 $\sum\limits_{n=1}^{\infty} a_n (a_n \neq 0)$ 为正项级数，且

$$\lim_{n \to \infty} n\left(\dfrac{a_n}{a_{n+1}} - 1\right) = r,$$

（1）当 $r > 1$ 时，级数 $\sum\limits_{n=1}^{\infty} a_n$ 收敛；

（2）当 $r < 1$ 时，级数 $\sum\limits_{n=1}^{\infty} a_n$ 发散；

（3）当 $r = 1$ 时，级数 $\sum\limits_{n=1}^{\infty} a_n$ 可能收敛也可能发散.

例 1.24　判断级数 $\sum\limits_{n=1}^{\infty} \dfrac{1 \cdot 3 \cdot 5 \cdot \cdots \cdot (2n-1)}{2 \cdot 4 \cdot 6 \cdot \cdots \cdot (2n)}$

$\left(\text{即} \sum\limits_{n=1}^{\infty} \dfrac{(2n-1)!!}{(2n)!!}\right)$ 的敛散性.

解　记 $a_n = \dfrac{1 \cdot 3 \cdot 5 \cdot \cdots \cdot (2n-1)}{2 \cdot 4 \cdot 6 \cdot \cdots \cdot (2n)}$，则 $\dfrac{a_n}{a_{n+1}} = \dfrac{2n+2}{2n+1}$，可得

$\lim\limits_{n \to \infty} n\left(\dfrac{a_n}{a_{n+1}} - 1\right) = \lim\limits_{n \to \infty} \dfrac{n}{2n+1} = \dfrac{1}{2} < 1$. 根据拉贝判别法，原级数发散.

注　例 1.24 无法用比值判别法 $\left(\lim\limits_{n \to \infty} \dfrac{a_{n+1}}{a_n} = 1\right)$ 判定敛散性，说明拉贝判别法的适用范围更广. 但是拉贝判别法也有失效的情况 $\left(\text{当} \lim\limits_{n \to \infty} n\left(\dfrac{a_n}{a_{n+1}} - 1\right) = 1\right)$，是不是可以建立比拉贝判别法更精细的判别法呢？答案是肯定的. 用比 p - 级数收敛更慢的级数作为参考级数，可以得到适用范围更广的判别法，但是也更加复杂，这个过程是无限的！从某种意义上讲，不存在收敛（或发散）速度"最慢"的正项级数.（见例 1.25）

例 1.25　$\sum\limits_{n=1}^{\infty} a_n$ 为正项级数，证明

（1）若 $\sum\limits_{n=1}^{\infty} a_n$ 收敛，则存在正项级数 $\sum\limits_{n=1}^{\infty} b_n$ 也收敛，且 $\lim\limits_{n \to \infty} \dfrac{a_n}{b_n} = 0$；

（2）若 $\displaystyle\sum_{n=1}^{\infty} a_n$ 发散,则存在正项级数 $\displaystyle\sum_{n=1}^{\infty} b_n$ 也发散,且 $\displaystyle\lim_{n\to\infty}\frac{b_n}{a_n}=0.$

证 （1）若 $\displaystyle\sum_{n=1}^{\infty} a_n$ 收敛,令 $r_n=\displaystyle\sum_{k=n}^{\infty} a_k$,则 $\{r_n\}$ 单调减少且 $\displaystyle\lim_{n\to\infty} r_n=0.$ 因为 $a_n=r_n-r_{n+1}$,故

$$\frac{a_n}{\sqrt{r_n}}=\frac{r_n-r_{n+1}}{\sqrt{r_n}}=\frac{\sqrt{r_n}+\sqrt{r_{n+1}}}{\sqrt{r_n}}\cdot\left(\sqrt{r_n}-\sqrt{r_{n+1}}\right)\leqslant 2\left(\sqrt{r_n}-\sqrt{r_{n+1}}\right).$$

由 $\displaystyle\lim_{n\to\infty} r_n=0$ 知 $\displaystyle\sum_{n=1}^{\infty}\left(\sqrt{r_n}-\sqrt{r_{n+1}}\right)$ 收敛于 $\sqrt{r_1}$,根据比较判别法,级数

$\displaystyle\sum_{n=1}^{\infty}\frac{a_n}{\sqrt{r_n}}$ 收敛. 记 $b_n=\dfrac{a_n}{\sqrt{r_n}}$,则 $\displaystyle\sum_{n=1}^{\infty} b_n$ 收敛,且 $\displaystyle\lim_{n\to\infty}\frac{a_n}{b_n}=\lim_{n\to\infty}\sqrt{r_n}=0.$

（2）若 $\displaystyle\sum_{n=1}^{\infty} a_n$ 发散,令 $s_n'=\displaystyle\sum_{k=1}^{n} a_k$,则 $\{s_n\}$ 单调增加且 $\displaystyle\lim_{n\to\infty} s_n=$

$+\infty$,故对任意正整数 n,都存在 $p_n\in\mathbb{N}_+$,使得 $\dfrac{s_n}{s_{n+p_n}}\leqslant\dfrac{1}{2}.$ 故

$$\sum_{k=n+1}^{n+p_n}\frac{a_k}{s_k}\geqslant\frac{1}{s_{n+p_n}}\sum_{k=n+1}^{n+p_n} a_k=\frac{s_{n+p_n}-s_n}{s_{n+p_n}}=1-\frac{s_n}{s_{n+p_n}}\geqslant\frac{1}{2},$$

由级数收敛的柯西准则,知 $\displaystyle\sum_{n=1}^{\infty}\frac{a_n}{s_n}$ 发散. 记 $b_n=\dfrac{a_n}{s_n}$,则 $\displaystyle\sum_{n=1}^{\infty} b_n$ 发散,且

$\displaystyle\lim_{n\to\infty}\frac{b_n}{a_n}=\lim_{n\to\infty}\frac{1}{s_n}=0.$

1.3.3 　一般项级数收敛判别法

对于一般的数项级数,若正数项（或者负数项）只有有限项,则在这有限项之后即成为不变号级数,可以使用正项级数的方法判断敛散性. 若正项和负项都有无穷多项（这种级数称为**变号级数**）,则其部分和数列不单调,无法使用基于"比较判别法"建立起来的若干判别法,因此需要建立新的收敛判别法.

变号级数中,最常见的是正负项交错相间的级数（称为**交错级数**）,形式为

$$\sum_{n=1}^{\infty}(-1)^{n-1}a_n=a_1-a_2+a_3-a_4+\cdots+a_{2n-1}-a_{2n}+\cdots,$$

其中 $a_n>0(\forall n\in\mathbb{N}_+)$. 对于这种级数,有如下判别法.

级数收敛判别法 4（莱布尼茨判别法） 设 $a_n>0(\forall n\in\mathbb{N}_+)$,

若满足以下两个条件,则级数 $\displaystyle\sum_{n=1}^{\infty}(-1)^{n-1}a_n$ 收敛,并且级数部分和

s_n 与级数和 s 的绝对误差 $|s-s_n|\leqslant a_{n+1}(\forall n\in\mathbb{N}_+)$：

（1）$\displaystyle\lim_{n\to\infty}a_n=0$；　　（2）数列 $\{a_n\}$ 单调减少,即 $a_{n+1}\leqslant a_n.$

证 级数 $\displaystyle\sum_{n=1}^{\infty}(-1)^{n-1}a_n$ 收敛等价于部分和数列 $\{s_n\}$ 收敛,根

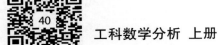

据条件(2)可得

$$s_{2n} = (a_1 - a_2) + (a_3 - a_4) + \cdots + (a_{2n-1} - a_{2n})$$
$$\geqslant (a_1 - a_2) + (a_3 - a_4) + \cdots + (a_{2n-3} - a_{2n-2}) = s_{2n-2}$$

以及

$$s_{2n} = a_1 - (a_2 - a_3) - \cdots - (a_{2n-2} - a_{2n-1}) - a_{2n-2} \leqslant a_1,$$

因此 $\{s_{2n}\}$ 单调增加有上界，故收敛. 设 $\lim\limits_{n \to \infty} s_{2n} = s \leqslant a_1$. 又 $s_{2n-1} = s_{2n} - a_{2n}$ 以及 $\lim\limits_{n \to \infty} a_{2n} = 0$，可知 $\{s_{2n-1}\}$ 也收敛且 $\lim\limits_{n \to \infty} s_{2n-1} = \lim\limits_{n \to \infty} s_{2n} = s$，根据定理 1.3 的注(2)，可知 $\{s_n\}$ 收敛于 $s \leqslant a_1$.

由于满足条件(1)(2)的交错级数的和不大于首项，该结论应用于以下级数：

$$s - s_n = \sum_{k=1}^{\infty} (-1)^{n+k-1} a_{n+k} = (-1)^n \sum_{k=1}^{\infty} (-1)^{k-1} a_{n+k},$$

可得 $|s - s_n| \leqslant a_{n+1} (\forall n \in \mathbb{N}_+)$.

例 1.26 判断级数 $\sum\limits_{n=2}^{\infty} \dfrac{(-1)^n}{n - \sqrt{n}}$ 的敛散性.

解 由于 $a_n = \dfrac{1}{n - \sqrt{n}} > 0$，级数为交错级数. 首先有 $\lim\limits_{n \to \infty} a_n = \lim\limits_{n \to \infty} \dfrac{1}{n} \cdot \dfrac{1}{1 - \dfrac{1}{\sqrt{n}}} = 0$，其次，

$$a_n - a_{n+1} = \frac{1}{n - \sqrt{n}} - \frac{1}{(n+1) - \sqrt{n+1}} = \frac{1 - \dfrac{1}{\sqrt{n} + \sqrt{n+1}}}{(n - \sqrt{n})\left[(n+1) - \sqrt{n+1}\right]} > 0,$$

即数列 $\{a_n\}$ 单调减少，由莱布尼茨判别法，原级数收敛.

莱布尼茨判别法只适合正负项交错出现的级数，无法处理正负项任意出现(且均出现无穷多次)的级数. 为引入新的判别法，首先给出"**分部求和公式**"(阿贝尔(Abel)变换)：对于有两组实数 a_i，$b_i (i = 1, 2, \cdots)$，令 $c_k = b_1 + b_2 + \cdots + b_k$，则有

$$a_1 b_1 + a_2 b_2 + \cdots + a_n b_n = (a_1 - a_2)c_1 + (a_2 - a_3)c_2 + \cdots + (a_{n-1} - a_n)c_{n-1} + a_n c_n.$$

即 $\sum\limits_{k=1}^{n} a_k b_k = \sum\limits_{k=1}^{n-1} (a_k - a_{k+1})c_k + a_n c_n$，直接将 $c_k = b_1 + b_2 + \cdots + b_k$ 代入后合并即可证明. 上述分部求和公式主要用于数列 $\{a_n\}$ 单调的情形(此时 $a_k - a_{k+1}$ 不变号)，可以得到以下判别法.

级数收敛判别法 5(阿贝尔-狄利克雷(Abel-Dirichlet)判别法)

设 $\{a_n\}$ 为单调数列，分别满足以下两组条件时，级数 $\sum\limits_{n=1}^{\infty} a_n b_n$ 收敛：

阿贝尔判别法条件——(1) $\{a_n\}$ 有界；(2) 级数 $\sum\limits_{n=1}^{\infty} b_n$ 收敛；

狄利克雷判别法条件——(1) $\lim\limits_{n \to \infty} a_n = 0$；(2) 级数 $\sum\limits_{n=1}^{\infty} b_n$ 的部

分和数列有界.

证　对于阿贝尔判别法,由于级数 $\sum\limits_{n=1}^{\infty} b_n$ 收敛,根据柯西收敛

准则, $\forall \varepsilon > 0$, $\exists N$,当 $n > N$ 时对任意 $p \in \mathbb{N}_+$ 有 $\left| \sum\limits_{k=1}^{p} b_{n+k} \right| < \varepsilon$,不

妨设 $|a_n| \leqslant M$,则由分部求和公式可得

$$
\begin{aligned}
\left| \sum_{k=1}^{p} a_{n+k} b_{n+k} \right| &= \left| \sum_{k=1}^{p-1} (a_{n+k} - a_{n+k+1}) c_k + a_{n+p} c_p \right| \\
&\leqslant \left(\left| \sum_{k=1}^{p-1} (a_{n+k} - a_{n+k+1}) \right| + |a_{n+p}| \right) \varepsilon \\
&= \left(|a_{n+1} - a_{n+p}| + |a_{n+p}| \right) \varepsilon \leqslant 3M\varepsilon,
\end{aligned}
$$

其中 $c_k = b_{n+1} + b_{n+2} + \cdots + b_{n+k} \; (|c_k| < \varepsilon)$. 根据柯西收敛准则,级

数 $\sum\limits_{n=1}^{\infty} a_n b_n$ 收敛.

对于狄利克雷判别法,由于级数 $\sum\limits_{n=1}^{\infty} b_n$ 部分和有界,则 $|c_k| = $

$|b_{n+1} + b_{n+2} + \cdots + b_{n+k}| \leqslant M$(对 $\forall n, k$),又 $\lim\limits_{n\to\infty} a_n = 0$,则 $\forall \varepsilon > 0$,

$\exists N$,当 $n > N$ 时 $|a_n| < \varepsilon$,由分部求和公式可得

$$
\begin{aligned}
\left| \sum_{k=1}^{p} a_{n+k} b_{n+k} \right| &= \left| \sum_{k=1}^{p-1} (a_{n+k} - a_{n+k+1}) c_k + a_{n+p} c_p \right| \\
&\leqslant \left(\left| \sum_{k=1}^{p-1} (a_{n+k} - a_{n+k+1}) \right| + |a_{n+p}| \right) M \\
&= \left(|a_{n+1} - a_{n+p}| + |a_{n+p}| \right) M \leqslant 3M\varepsilon,
\end{aligned}
$$

根据柯西收敛准则,级数 $\sum\limits_{n=1}^{\infty} a_n b_n$ 收敛.

例 1.27　讨论下列级数的敛散性:

(1) $\sum\limits_{n=1}^{\infty} \dfrac{(-1)^{n-1}}{\sqrt{n}} \left(1 + \dfrac{1}{n} \right)^n$;　　(2) $\sum\limits_{n=1}^{\infty} \dfrac{\sin nx}{n} \; (\forall x \in \mathbb{R})$.

解　(1) 设 $a_n = \left(1 + \dfrac{1}{n} \right)^n$, $b_n = \dfrac{(-1)^{n-1}}{\sqrt{n}}$,根据莱布尼茨判别

法,交错级数 $\sum\limits_{n=1}^{\infty} b_n$ 收敛,又由于数列 $\{a_n\}$ 单调增加有上界,故满足

阿贝尔判别法条件,原级数收敛;

(2) 设 $a_n = \dfrac{1}{n}$, $b_n = \sin nx$,因为 $\cos\dfrac{x}{2} \sin kx = $

$\dfrac{1}{2} \left(\sin\dfrac{2k+1}{2}x - \sin\dfrac{2k-1}{2}x \right)$,可知

$$
\begin{aligned}
2\cos\dfrac{x}{2} \sum_{k=1}^{n} \sin kx &= \sum_{k=1}^{n} \left(\sin\dfrac{2k+1}{2}x - \sin\dfrac{2k-1}{2}x \right) \\
&= \sin\dfrac{2n+1}{2}x - \sin\dfrac{x}{2}.
\end{aligned}
$$

当 $x = k\pi$ 时, $b_n = 0$;

当 $x \neq k\pi$ 时, $\left| \sum_{k=1}^{n} b_k \right| = \left| \sum_{k=1}^{n} \sin kx \right| = \left| \left(\sin\frac{2n+1}{2}x - \sin\frac{x}{2} \right) \right/$

$\left(2\cos\frac{x}{2} \right) \Big| \leqslant \csc x.$

因此级数 $\sum_{n=1}^{\infty} b_n$ 的部分和数列有界, 故满足狄利克雷判别法条件, 原级数收敛.

1.3.4 绝对收敛与条件收敛

对于一般项级数, 一个自然的想法是, 如果将每一项取绝对值成为正项级数后收敛, 能否得出原级数收敛呢? 答案是肯定的.

级数收敛判别法 6 (绝对收敛准则) 若级数 $\sum_{n=1}^{\infty} |a_n|$ 收敛, 则级数 $\sum_{n=1}^{\infty} a_n$ 收敛.

证 由于 $0 \leqslant \dfrac{|a_n| \pm a_n}{2} \leqslant |a_n|$, 由于级数 $\sum_{n=1}^{\infty} |a_n|$ 收敛, 根据比较判别法, 正项级数 $\sum_{n=1}^{\infty} \dfrac{|a_n| + a_n}{2}$ 和 $\sum_{n=1}^{\infty} \dfrac{|a_n| - a_n}{2}$ 均收敛. 又由于 $a_n = \dfrac{|a_n| + a_n}{2} - \dfrac{|a_n| - a_n}{2}$, 根据性质 1.8 (级数的线性), 可知 $\sum_{n=1}^{\infty} a_n$ 收敛.

注 1 逆命题不成立, $\sum_{n=1}^{\infty} a_n$ 收敛时, $\sum_{n=1}^{\infty} |a_n|$ 未必收敛 $\left(\text{例如} \right.$ $\sum_{n=1}^{\infty} \dfrac{(-1)^{n-1}}{n} \left. \right).$

注 2 本结论说明了级数收敛和数列收敛的一个差异——

"数列": 若数列 $\{a_n\}$ 收敛, 数列 $\{|a_n|\}$ 必收敛, 但是 $\{|a_n|\}$ 收敛时, $\{a_n\}$ 未必收敛;

"级数": 若级数 $\sum_{n=1}^{\infty} |a_n|$ 收敛, 级数 $\sum_{n=1}^{\infty} a_n$ 必收敛, 但是 $\sum_{n=1}^{\infty} a_n$ 收敛时, $\sum_{n=1}^{\infty} |a_n|$ 未必收敛.

注 3 对于级数 $\sum_{n=1}^{\infty} a_n$,

若 $\sum_{n=1}^{\infty} |a_n|$ 收敛, 称 $\sum_{n=1}^{\infty} a_n$ **绝对收敛**;

若 $\sum_{n=1}^{\infty} |a_n|$ 不收敛但是 $\sum_{n=1}^{\infty} a_n$ 收敛, 称 $\sum_{n=1}^{\infty} a_n$ **条件收敛**.

这样, 任何变号级数的收敛性分为三种 —— 绝对收敛、条件收敛、发散, 其判断流程如下所示:

$$\sum_{n=1}^{\infty} a_n : ① 判断 \sum_{n=1}^{\infty} |a_n| 是否收敛 \xrightarrow{\text{是}} 绝对收敛 ;$$
$$\xrightarrow{\text{否}} 转 ② ;$$
$$② 判断 \sum_{n=1}^{\infty} a_n 是否收敛 \xrightarrow{\text{是}} 条件收敛 ;$$
$$\xrightarrow{\text{否}} 发散 .$$

其中步骤①使用正项级数的判别法(级数收敛判别法1、2、3),步骤 ② 使用变号级数的判别法(级数收敛判别法4、5).

例 1.28 讨论级数 $\sum_{n=2}^{\infty} \dfrac{(-1)^n}{\sqrt{n+(-1)^n}}$ 的收敛性.

解 首先,由于 $\lim\limits_{n\to\infty} \left| \dfrac{(-1)^n}{\sqrt{n+(-1)^n}} \right| \Big/ \dfrac{1}{\sqrt{n}} = \lim\limits_{n\to\infty} \dfrac{\sqrt{n}}{\sqrt{n+(-1)^n}} =$ 1 以及 $\sum_{n=2}^{\infty} \dfrac{1}{\sqrt{n}}$ 发散,故原级数非绝对收敛.

其次,注意到 $\sum_{n=2}^{\infty} \dfrac{(-1)^n}{\sqrt{n+(-1)^n}} = \dfrac{1}{\sqrt{3}} - \dfrac{1}{\sqrt{2}} + \dfrac{1}{\sqrt{5}} - \dfrac{1}{\sqrt{4}} + \cdots$ 虽然 是交错级数,但是一般项的绝对值不单调,因此不能使用莱布尼茨 判别法. 记 $s_n = \sum\limits_{k=2}^{n} \dfrac{(-1)^k}{\sqrt{k+(-1)^k}}$,考虑

$$s_{2n+1} = \sum_{k=2}^{2n+1} \frac{(-1)^k}{\sqrt{k+(-1)^k}}$$
$$= \left(\frac{1}{\sqrt{3}} - \frac{1}{\sqrt{2}} \right) + \left(\frac{1}{\sqrt{5}} - \frac{1}{\sqrt{4}} \right) + \cdots + \left(\frac{1}{\sqrt{2n+1}} - \frac{1}{\sqrt{2n}} \right).$$

注意到
$$\left| \frac{1}{\sqrt{2n+1}} - \frac{1}{\sqrt{2n}} \right| = \frac{\sqrt{2n+1} - \sqrt{2n}}{\sqrt{2n+1}\sqrt{2n}} = \frac{1}{\sqrt{2n+1}\sqrt{2n}(\sqrt{2n+1} + \sqrt{2n})},$$

可得 $\lim\limits_{n\to\infty} \left| \dfrac{1}{\sqrt{2n+1}} - \dfrac{1}{\sqrt{2n}} \right| \Big/ \dfrac{1}{n\sqrt{n}} = \dfrac{1}{4\sqrt{2}}$,由于 $\sum_{n=1}^{\infty} \dfrac{1}{n\sqrt{n}}$ 收敛,知 $\{s_{2n+1}\}$ 收

敛,由于 $\lim\limits_{n\to\infty} \dfrac{(-1)^n}{\sqrt{n+(-1)^n}} = 0$,知 $\{s_{2n}\}$ 收敛,故级数 $\sum_{n=2}^{\infty} \dfrac{(-1)^n}{\sqrt{n+(-1)^n}}$ 收

敛. 综上,可得原级数条件收敛.

既然"绝对收敛"是更强的一种收敛性,是不是具有比一般收 敛更好的一些性质呢? 级数作为加法运算从有限到无限的延伸,在 1.3.1 小节讨论了它的"结合律"(加括号级数),下面继续讨论其 "交换律"和"分配律".

把正整数列 $\{1,2,3,\cdots,n,\cdots\}$ 到自身的一一映射 $f : n \to f(n)$ 称 为正整数列的**重排**. 相应地,数列 $\{a_{f(n)}\}$ 称为数列 $\{a_n\}$ 的重排,级数 $\sum_{n=1}^{\infty} a_{f(n)}$ 称为级数 $\sum_{n=1}^{\infty} a_n$ 的重排.

性质 1.10（级数的交换律 —— 重排级数） 若级数 $\sum\limits_{n=1}^{\infty} a_n$ 绝对收敛,则其任意重排级数 $\sum\limits_{n=1}^{\infty} a_{f(n)}$ 也绝对收敛,并且与原级数有相同的和.

证 首先假设 $\sum\limits_{n=1}^{\infty} a_n$ 为正项级数,和为 s,记 $s_n = a_1 + \cdots + a_n$,$\sigma_n = a_{f(1)} + \cdots + a_{f(n)}$,则 $s_n \leqslant s$. 记 $K(n) = \max\{f(1), \cdots, f(n)\}$,则 $\sigma_n \leqslant s_{K(n)} \leqslant s$,故 $\sum\limits_{n=1}^{\infty} a_{f(n)}$ 收敛,和 $\sigma = \lim\limits_{n\to\infty} \sigma_n \leqslant s$;同理,级数 $\sum\limits_{n=1}^{\infty} a_n$ 也可以看作 $\sum\limits_{n=1}^{\infty} a_{f(n)}$ 的重排,故 $\sum\limits_{n=1}^{\infty} a_n$ 的和 $s \leqslant \sigma$,因此 $\sigma = s$.

其次,若 $\sum\limits_{n=1}^{\infty} a_n$ 为绝对收敛的一般项级数,记 $a_n^+ = \dfrac{|a_n| + a_n}{2}, a_n^- = \dfrac{|a_n| - a_n}{2}$,则 $\sum\limits_{n=1}^{\infty} a_n^+$,$\sum\limits_{n=1}^{\infty} a_n^-$ 均为收敛的正项级数,记 $\sum\limits_{n=1}^{\infty} a_n$,$\sum\limits_{n=1}^{\infty} a_n^+$,$\sum\limits_{n=1}^{\infty} a_n^-$ 的和分别为 s, s_1, s_2,有 $s = s_1 - s_2$. 根据上段所证,$\sum\limits_{n=1}^{\infty} a_n^+$,$\sum\limits_{n=1}^{\infty} a_n^-$ 的重排 $\sum\limits_{n=1}^{\infty} a_{f(n)}^+$,$\sum\limits_{n=1}^{\infty} a_{f(n)}^-$ 也分别收敛于 s_1, s_2,故级数 $\sum\limits_{n=1}^{\infty} a_{f(n)} = \sum\limits_{n=1}^{\infty} a_{f(n)}^+ - \sum\limits_{n=1}^{\infty} a_{f(n)}^-$ 绝对收敛,和为 $s_1 - s_2 = s$.

注 1 从证明的过程中可以看出,绝对收敛的级数可以表示为两个收敛的正项级数之差,对于正项级数,有下面非常好的性质:

> 正项级数 $\sum\limits_{n=1}^{\infty} a_n$ 收敛 $\Leftrightarrow \sum\limits_{n=1}^{\infty} a_n$ 的任意重排级数收敛 $\Leftrightarrow \sum\limits_{n=1}^{\infty} a_n$ 的任意加括号级数收敛.

注 2 对于条件收敛的级数,上述结论不成立.（事实上,条件收敛的级数经过适当重排后,可以收敛于任意实数或 $\pm\infty$.）例如,设 $\sum\limits_{n=1}^{\infty} \dfrac{(-1)^{n-1}}{n} = s$,考虑其重排级数:

$$1 + \frac{1}{3} - \frac{1}{2} + \frac{1}{5} + \frac{1}{7} - \frac{1}{4} + \cdots,$$

级数 $\sum\limits_{n=1}^{\infty} \dfrac{(-1)^{n-1}}{n} = 1 - \dfrac{1}{2} + \dfrac{1}{3} - \dfrac{1}{4} + \dfrac{1}{5} - \dfrac{1}{6} + \cdots$ 与 $\dfrac{1}{2} \sum\limits_{n=1}^{\infty} \dfrac{(-1)^{n-1}}{n} = \dfrac{1}{2} - \dfrac{1}{4} + \dfrac{1}{6} - \dfrac{1}{8} + \cdots$ 相加后与上述重排级数各项一致,因此 $1 + \dfrac{1}{3} - \dfrac{1}{2} + \dfrac{1}{5} + \dfrac{1}{7} - \dfrac{1}{4} + \cdots = s + \dfrac{1}{2}s = \dfrac{3}{2}s$,与原级数的和不相等.

"分配律"是加法运算和乘法运算之间的运算律,由收敛级数的线性性可知,有限项和与收敛级数 $\sum\limits_{n=1}^{\infty} a_n$ 之间的乘积有如下"分配律":

$$(b_1 + b_2 + \cdots + b_m) \sum_{n=1}^{\infty} a_n = \sum_{n=1}^{\infty} a_n (b_1 + b_2 + \cdots + b_m) = \sum_{n=1}^{\infty} \sum_{k=1}^{m} a_n b_k.$$

那么,对于两个收敛级数 $\sum\limits_{n=1}^{\infty} a_n$ 与 $\sum\limits_{n=1}^{\infty} b_n$ 的乘积,是否也成立类似的"分配律"?

　　两个级数 $\sum\limits_{n=1}^{\infty} a_n$ 与 $\sum\limits_{n=1}^{\infty} b_n$ 的乘积的所有项可以记作 $\{a_i b_j\}_{i,j=1}^{\infty}$,它们可以按不同方式排成级数,例如以如图 1-1 所示两种方式(正方形顺序和对角线顺序):

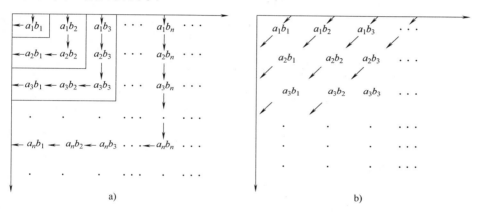

图　1-1

　　对应的级数分别可以表示为:

$$a_1 b_1 + a_1 b_2 + a_2 b_2 + a_2 b_1 + a_1 b_3 + a_2 b_3 + a_3 b_3 + a_3 b_2 + a_3 b_1 + \cdots$$

和

$$a_1 b_1 + a_1 b_2 + a_2 b_1 + a_1 b_3 + a_2 b_2 + a_3 b_1 + \cdots.$$

　　当两个级数都绝对收敛时,如下结论成立:

　　性质 1.11(**级数的乘积——分配律,柯西定理**)　若级数 $\sum\limits_{n=1}^{\infty} a_n$ 与 $\sum\limits_{n=1}^{\infty} b_n$ 绝对收敛,和分别为 A, B,则 $\{a_i b_j\}_{i,j=1}^{\infty}$ 的所有项按任意顺序排列所得的级数 $\sum\limits_{n=1}^{\infty} c_n$ 也绝对收敛,且和为 AB.

　　证　记 $s_n = |c_1| + \cdots + |c_n| = |a_{i_1} b_{j_1}| + \cdots + |a_{i_n} b_{j_n}|$,$K_n = \max\{i_1, j_1, \cdots, i_n, j_n\}$,$\sum\limits_{n=1}^{\infty} |a_n|$,$\sum\limits_{n=1}^{\infty} |b_n|$ 的和分别为 $\widetilde{A}, \widetilde{B}$,则 $s_n \leqslant (|a_1| + \cdots + |a_{K_n}|) \cdot (|b_1| + \cdots + |b_{K_n}|) \leqslant \widetilde{A}\,\widetilde{B}$,故 $\sum\limits_{n=1}^{\infty} c_n$ 绝对收敛.

由性质 1.10,按任意顺序排列 $\{a_i b_j\}_{i,j=1}^{\infty}$ 所得的级数 $\sum\limits_{n=1}^{\infty} c_n$ 的和相等,若采用正方形顺序,并将每一层加括号,则前 n 个括号之和正好为 $\sum\limits_{n=1}^{\infty} a_n$ 与 $\sum\limits_{n=1}^{\infty} b_n$ 的前 n 项和之积,故 $\sum\limits_{n=1}^{\infty} c_n = AB$.

注 若采用对角线顺序,第 n 条对角线为 $a_1 b_n + a_2 b_{n-1} + \cdots + a_{n-1} b_2 + a_n b_1$,其特点是下标和为 $n+1$,这样所得到的乘积称为**柯西乘积**,在实际中应用较多.

习题 1.3

1. 判断下列级数的敛散性:

(1) $\dfrac{1}{1 \cdot 6} + \dfrac{1}{6 \cdot 11} + \cdots + \dfrac{1}{(5n-4)(5n+1)} + \cdots$;

(2) $\left(\dfrac{1}{2} + \dfrac{1}{3}\right) + \left(\dfrac{1}{2^2} + \dfrac{1}{3^2}\right) + \cdots + \left(\dfrac{1}{2^n} + \dfrac{1}{3^n}\right) + \cdots$;

(3) $\dfrac{1}{\sqrt{2}-1} - \dfrac{1}{\sqrt{2}+1} + \dfrac{1}{\sqrt{3}-1} - \dfrac{1}{\sqrt{3}+1} + \cdots + \dfrac{1}{\sqrt{n}-1} - \dfrac{1}{\sqrt{n}+1} + \cdots$;

(4) $\dfrac{1}{3} + \dfrac{1}{\sqrt{3}} + \dfrac{1}{\sqrt[3]{3}} + \cdots + \dfrac{1}{\sqrt[n]{3}} + \cdots$.

2. 证明:

(1) $\sum\limits_{n=1}^{\infty} \dfrac{1}{4n^2-1} = \dfrac{1}{2}$;

(2) $\sum\limits_{n=1}^{\infty} (\sqrt{n} - 2\sqrt{n+1} + \sqrt{n+2}) = 1 - \sqrt{2}$;

(3) $\sum\limits_{n=1}^{\infty} \dfrac{1}{(a+n-1)(a+n)} = \dfrac{1}{a} (a > 0)$;

(4) $\sum\limits_{n=1}^{\infty} (-1)^{n+1} \dfrac{2a+2n-1}{(a+n-1)(a+n)} = \dfrac{1}{a} (a > 0)$.

3. 判断下列命题是否正确?若正确,给出证明;若不正确,举出反例:

(1) 若 $\sum\limits_{n=1}^{\infty} u_n$ 收敛,$\sum\limits_{n=1}^{\infty} v_n$ 发散,则 $\sum\limits_{n=1}^{\infty} (u_n + v_n)$ 发散;

(2) 若 $\sum\limits_{n=1}^{\infty} u_n$ 发散,$\sum\limits_{n=1}^{\infty} v_n$ 发散,则 $\sum\limits_{n=1}^{\infty} (u_n + v_n)$ 发散;

(3) 若 $\sum\limits_{n=1}^{\infty} u_n$ 收敛,且 $\lim\limits_{n \to \infty} \dfrac{u_n}{v_n} = l \neq 0$,则 $\sum\limits_{n=1}^{\infty} v_n$ 收敛;

(4) 若 $\sum\limits_{n=1}^{\infty} u_n$ 收敛,则 $\sum\limits_{n=1}^{\infty} \dfrac{1}{1+|u_n|}$ 发散.

4. 证明:若级数 $\sum\limits_{n=1}^{\infty} u_{2n-1}$ 与 $\sum\limits_{n=1}^{\infty} u_{2n}$ 都收敛,则级数 $\sum\limits_{n=1}^{\infty} u_n$ 收敛.

5. 证明:若级数 $\sum\limits_{n=1}^{\infty} (u_{2n-1} + u_{2n})$ 收敛,且 $\lim\limits_{n \to \infty} u_n = 0$,则级数 $\sum\limits_{n=1}^{\infty} u_n$

收敛.

6. 证明: 若数列 $\{nu_n\}$ 收敛, 且级数 $\sum\limits_{n=1}^{\infty} n(u_n - u_{n-1})$ 收敛, 则级数

$\sum\limits_{n=1}^{\infty} u_n$ 收敛.

7. 证明: 数列 $\{u_n\}$ 收敛当且仅当级数 $\sum\limits_{n=1}^{\infty} (u_{n+1} - u_n)$ 收敛.

8. 用级数收敛的柯西准则证明下列级数的敛散性:

(1) $\dfrac{\sin x}{2} + \dfrac{\sin 2x}{2^2} + \cdots + \dfrac{\sin nx}{2^n} + \cdots$;

(2) $a_0 + a_1 q + a_2 q^2 + \cdots + a_n q^n + \cdots$, $|q| < 1$, $|a_n| \leqslant A(n = 0, 1, 2, \cdots)$;

(3) $1 + \dfrac{1}{2} - \dfrac{1}{3} + \dfrac{1}{4} + \dfrac{1}{5} - \dfrac{1}{6} + \cdots$.

9. 用比较判别法及其极限形式判别下列级数的敛散性:

(1) $\sum\limits_{n=1}^{\infty} \dfrac{1}{n^2 + a^2}$; (2) $\sum\limits_{n=1}^{\infty} \dfrac{1}{\sqrt{n^2 + 1}}$;

(3) $\sum\limits_{n=1}^{\infty} \dfrac{1}{n \sqrt[n]{n}}$; (4) $\sum\limits_{n=1}^{\infty} \dfrac{1+n}{1+n^2}$;

(5) $\sum\limits_{n=1}^{\infty} \dfrac{1}{(4+n)(1+n)}$; (6) $\sum\limits_{n=1}^{\infty} \dfrac{1}{1+a^n}(a > 0)$;

(7) $\sum\limits_{n=2}^{\infty} \dfrac{1}{\ln n^{\ln n}}$; (8) $\sum\limits_{n=1}^{\infty} \left(1 - \cos \dfrac{\pi}{n}\right)$;

(9) $\sum\limits_{n=1}^{\infty} \dfrac{1}{3^{\ln n}}$.

10. 用比值判别法判别下列级数的敛散性:

(1) $\sum\limits_{n=1}^{\infty} \dfrac{1 \cdot 3 \cdot \cdots \cdot (2n-1)}{n!}$; (2) $\sum\limits_{n=1}^{\infty} \dfrac{(n+1)!}{10^n}$;

(3) $\sum\limits_{n=1}^{\infty} \dfrac{n!}{n^n}$; (4) $\sum\limits_{n=1}^{\infty} \dfrac{n^2}{2^n}$;

(5) $\sum\limits_{n=1}^{\infty} \dfrac{3^n \cdot n!}{n^n}$; (6) $\sum\limits_{n=1}^{\infty} \dfrac{3^n}{n \cdot 2^n}$;

(7) $\sum\limits_{n=1}^{\infty} \dfrac{2n-1}{(\sqrt{2})^n}$; (8) $\sum\limits_{n=1}^{\infty} \dfrac{n^n}{(n!)^2}$.

11. 用根值判别法判别下列级数的敛散性:

(1) $\sum\limits_{n=1}^{\infty} \left(\dfrac{n}{2n+1}\right)^n$; (2) $\sum\limits_{n=1}^{\infty} \dfrac{2 + (-1)^n}{2^n}$;

(3) $\sum\limits_{n=1}^{\infty} n \left(\dfrac{3}{4}\right)^n$; (4) $\sum\limits_{n=1}^{\infty} \dfrac{1}{[\ln(n+1)]^n}$;

(5) $\sum\limits_{n=1}^{\infty} \left(\dfrac{n}{n+1}\right)^{n^2}$; (6) $\sum\limits_{n=1}^{\infty} \left(\dfrac{1}{n} - e^{-n^2}\right)$.

12. 设 $u_1 = 2, u_{n+1} = \dfrac{1}{2}\left(u_n + \dfrac{1}{u_n}\right), n = 1, 2, \cdots$. 证明：

(1) $\lim\limits_{n \to \infty} u_n$ 存在；(2) 级数 $\sum\limits_{n=1}^{\infty}\left(\dfrac{u_n}{u_{n+1}} - 1\right)$ 收敛.

13. 用拉贝判别法判别下列级数的敛散性：

(1) $\sum\limits_{n=1}^{\infty}\left(\dfrac{1 \cdot 3 \cdot \cdots \cdot (2n-1)}{2 \cdot 4 \cdot \cdots \cdot (2n)} \cdot \dfrac{1}{2n+1}\right)$；

(2) $\sum\limits_{n=1}^{\infty} \dfrac{n!}{(a+1)(a+2)\cdots(a+n)} (a > 0)$.

14. 下列级数是否收敛?若收敛,是绝对收敛还是条件收敛?

(1) $1 - \dfrac{1}{\sqrt{2}} + \dfrac{1}{\sqrt{3}} - \dfrac{1}{\sqrt{4}} + \cdots$；　(2) $\sum\limits_{n=1}^{\infty} (-1)^{n-1} \dfrac{n}{3^{n-1}}$；

(3) $\dfrac{1}{\ln 2} - \dfrac{1}{\ln 3} + \dfrac{1}{\ln 4} - \dfrac{1}{\ln 5} + \cdots$；

(4) $\sum\limits_{n=1}^{\infty}\left(\dfrac{(-1)^n}{\sqrt{n}} + \dfrac{1}{n}\right)$；　(5) $\sum\limits_{n=1}^{\infty} \dfrac{(-1)^n}{\ln n}$；

(6) $\sum\limits_{n=1}^{\infty} \dfrac{(-1)^n}{n^s}$；　(7) $\sum\limits_{n=1}^{\infty} (-1)^{n+1} \dfrac{(n+1)^n}{2n^{n+1}}$；

(8) $\sum\limits_{n=1}^{\infty} (-1)^n \dfrac{1}{3^n + \ln n}$.

15. 问 α, β 取何值,使级数 $\dfrac{\alpha}{1} - \dfrac{\beta}{2} + \dfrac{\alpha}{3} - \dfrac{\beta}{4} + \cdots + \dfrac{\alpha}{2n-1} - \dfrac{\beta}{2n} + \cdots$ 收敛.

16. 讨论级数 $\dfrac{1}{1^p} - \dfrac{1}{2^q} + \dfrac{1}{3^p} - \dfrac{1}{4^q} + \cdots + \dfrac{1}{(2n-1)^p} - \dfrac{1}{(2n)^q} + \cdots$ $(p > 0, \quad q > 0)$ 的敛散性.

17. 用阿贝尔判别法或狄利克雷判别法判别下列级数的敛散性：

(1) $\sum\limits_{n=1}^{\infty} \dfrac{(-1)^n}{n^{\alpha + \frac{1}{n}}} (\alpha > 0)$；

(2) $\sum\limits_{n=1}^{\infty} (-1)^n \dfrac{\cos^2 n}{n}$；

(3) $\sum\limits_{n=2}^{\infty} \dfrac{\sin \frac{n\pi}{12}}{\ln n}$；

(4) $\sum\limits_{n=1}^{\infty} \dfrac{\sin nx}{n^{\alpha}} (x \in (0, 2\pi), \alpha > 0)$.

2

本章首先介绍函数以及函数极限的概念及性质,引出连续性的概念,进而讨论函数列与函数项级数的收敛性与连续性等问题.

2.1 函数

自 17 世纪"变量数学"产生以来,函数一直是数学中的核心概念. 在几何、物理和其他学科中,函数关系随处可见. 例如,球的体积和表面积是其半径的函数,流体膨胀的体积是温度的函数,运动物体的路程是时间的函数,等等.

17 世纪伽俐略(G. Galileo,1564—1642)在《关于两门新科学的对话》一书中,几乎从头到尾包含着函数或称为变量的关系这一概念,用文字和比例的语言表达函数的关系. 几乎同时,解析几何的创始人笛卡儿(R. Descartes,1596—1650)已经注意到了一个变量对于另一个变量的依赖关系. 由于当时尚未意识到需要提炼一般的函数概念,因此直到 17 世纪后期牛顿、莱布尼茨建立微积分的时候,数学家还没有明确函数的一般意义,绝大部分函数是被当作曲线来研究.

1718 年约翰·伯努利(J. Bernoulli,1667—1748)在莱布尼茨函数概念的基础上,对函数概念进行了明确定义:"由任一变量和常数的任一形式所构成的量". 18 世纪中叶欧拉给出的定义是:一个变量的函数是由这个变量和一些常数以任何方式组成的解析表达式. 他把约翰·伯努利给出的函数定义称为解析函数,并进一步把它区分为代数函数(只有自变量间的代数运算)和超越函数(三角函数、对数函数以及变量的无理数幂所表示的函数),还考虑了"随意函数"(表示任意画出曲线的函数),不难看出,欧拉给出的函数定义比约翰·伯努利的定义更普遍、更具有广泛意义.

1822 年傅里叶(Fourier,1768—1830)发现某些函数可用曲线表示,也可用一个式子表示,或用多个式子表示,从而结束了函数概念是否以唯一一个式子表示的争论,把对函数的认识又推进了一个层次. 1823 年柯西从定义变量开始给出了函数的定义,同时指出,虽然无穷级数是规定函数的一种有效方法,但是对函数来说不一定要有解析表达式. 不过他仍然认为函数关系可以用多个解析式来表示. 1837 年狄利克雷(Dirichlet,1805—1859)突破了这一局限,他认为怎样去建立 x 与 y 之间的关系无关紧要,指出:"对于在某区间上的每一个确定的 x 值,y 都有一个或多个确定的值,那么 y 叫作 x 的函数."狄利克雷的函数定义,出色地避免了以往函数定义中所有的关于依赖关系的描述,简明精确,以完全清晰的方式为所有数学家无条件地接受. 至此,可以说,函数概念、函数的本质定义已经形成,这就是人们常说的经典函数定义.

等到康托尔创立的集合论在数学中占有重要地位之后,维布伦(Veblen,1880—1960)用"集合"和"对应"的概念给出了现代函数定义,通过集合概念,把函数的对应关系、定义域及值域进一步具体化了,且打破了"变量是数"的局限,变量可以是数,也可以是其他对象(点、线、面、体、向量、矩阵等). 1914 年豪斯道夫(F. Hausdorff,1868—1942)在《集合论纲要》中用"序偶"来定义函数,其优点是避开了意义不明确的"变量"、"对应"概念,其不足之处是又引入了不明确的概念"序偶". 库拉托夫斯基(Kuratowski,1896—1980)于 1921 年用集合概念来定义"序偶",即序偶 (a,b) 为集合 $\{\{a\},\{b\}\}$,这样,就使豪斯道夫的定义很严谨了. 1930 年新的现代函数定义为,若对集合 M 的任意元素 x,总有集合 N 中确定的元素 y 与之对应,则称在集合 M 上定义一个函数,记为 $y=f(x)$,元素 x 称为自变元,元素 y 称为因变元.

由于本篇研究一元单值函数,因此采用类似狄利克雷的定义.

本节将介绍一元函数的定义、表示、运算、特性等,定义初等函数,并引入隐函数、参数方程、极坐标等函数的表示法,为后面的一元函数极限、连续、微积分等建立基础.

2.1.1　函数的定义与运算

定义 2.1(函数)　设 $D\subset\mathbb{R}$,若对任意 $x\in D$,都有确定的唯一实数 $y\in\mathbb{R}$ 与之对应,这种对应关系记作 $f:x\longmapsto y$,称 $y=f(x)$ 为 D 上的**函数**,D 称为**定义域**,x 称为**自变量**,y 称为**因变量**,$y=f(x)$ 称为 x 的**函数值**,$f(D)=\{y\in\mathbb{R}\mid y=f(x),x\in D\}$ 称为**值域**.

注 1　定义 2.1 所定义的函数一般称为"一元单值函数"或"一元数量值函数",是本书上篇的主要研究对象. 在下篇中,还将继续研究具有多个自变量一个因变量的"多元数量值函数",以及具有多个自变量多个因变量的"多元向量值函数".

注 2　若定义 2.1 中的 x,y 不限定取实数(或其他数集),则称 $f:x\longmapsto y$ 为映射,y 称为 x 的象,x 称为 y 的原象(或逆象). 在映射中,每一个 x 的象一定是唯一的,但每一个 y 的原象未必唯一.

注 3　从定义 2.1 可以看出,值域 $f(D)$ 可完全由定义域 D 和对应关系(或称为对应法则) f 来确定,因此定义域 D 和对应法则 f

成为确定函数的两要素. 两个函数是否相等完全取决于定义域和对应法则是否相同. 例如,

$$y = \sqrt{x}, x \in [0, +\infty), y = \sqrt{t}, t \in [0, +\infty) \text{ 和 } x = \sqrt{t}, t \in [0, +\infty),$$

三者是同一个函数, 因为它们的定义域和对应法则相同, 只是所用变量的记号不同而已.

表示函数的方法包括解析法、列表法和图像法. 解析法是指用数学公式(解析表达式)表示函数, 这是用数学方法研究函数的主要途径. 当函数用解析式表示时, 在不加限制的情况下, 其定义域一般指使解析表达式有意义的实数的全体. 下面回顾三种最基本的函数.

例 2.1(幂函数、指数函数、三角函数) 写出下列函数的定义域和值域:

(1) $y = x^n, n \in \mathbb{N}$; (2) $y = a^x, a > 0, a \neq 1$; (3) $y = \sin x$ 和 $y = \cos x$.

解 (1)定义域: $(-\infty, +\infty)$, 值域: 当 n 为正奇数时值域为 $(-\infty, +\infty)$, 当 n 为正偶数时值域为 $[0, +\infty)$, 当 $n = 0$ 时 $y \equiv 1$ 为常函数, 值域为 $\{1\}$;

(2)定义域: $(-\infty, +\infty)$, 值域: $(0, +\infty)$;

(3)定义域: $(-\infty, +\infty)$, 值域: $[-1, 1]$.

值得注意的是, 首先, 两个相同的函数, 其解析式的形式可能不同, 例如函数 $y = x$ 和 $y = \sqrt[3]{x^3}$; 其次, 解析式相同, 定义域不同的两个函数, 是两个不同的函数.

很多函数在定义域的不同部分需用不同的解析式表示, 这称为**分段函数**. 下面是一些常见的分段函数.

(1) 符号函数和绝对值函数:

符号函数也称为克罗内克(Kronecker)函数, 定义为

$$\text{sgn}(x) = \begin{cases} 1, & x > 0, \\ 0, & x = 0, \\ -1, & x < 0. \end{cases}$$

(注: sgn 源于拉丁文"符号": signum)

绝对值函数定义为 $|x| = \begin{cases} x, & x \geq 0, \\ -x, & x < 0. \end{cases}$ 两者之间成立关系式 $|x| = x \cdot \text{sgn}(x)$.

(2) 最大值函数和最小值函数: 对于任意两个函数 $f(x)$, $g(x)$,

最大值函数定义为 $\max\{f(x), g(x)\} = \begin{cases} f(x), & f(x) \geq g(x), \\ g(x), & f(x) < g(x). \end{cases}$

最小值函数定义为 $\min\{f(x), g(x)\} = \begin{cases} f(x), & f(x) \leq g(x), \\ g(x), & f(x) > g(x). \end{cases}$

（3）取整函数：

取整函数定义为 $[x] = \max\{k \in \mathbb{Z} \mid k \leqslant x\}$，也称为 x 的整数部分，为不超过 x 的最大整数. 类似地，可以定义 x 的小数部分 $\{x\} = x - [x]$.

（4）狄利克雷函数（定义在 $\mathbb{R}$ 上）：

$$D(x) = \begin{cases} 1, & x \in \mathbb{Q} \\ 0, & x \in \mathbb{Q}^c \end{cases}$$

（5）黎曼（Riemann）函数（定义在 $[0,1]$ 上）：

$$R(x) = \begin{cases} \dfrac{1}{q}, & x = \dfrac{p}{q}\left(p,q \in \mathbb{N}_+, \dfrac{p}{q}\text{为既约真分数}\right), \\ 0, & x = 0,1 \text{ 或 } x \in [0,1] \cap \mathbb{Q}^c. \end{cases}$$

对于函数 $y = f(x), x \in D$，称平面上的点集 $\{(x, f(x)) \mid x \in D\}$ 为 $f(x)$ 的**图像**（或**图形**），例 2.1 中的函数图像如图 2-1 所示：

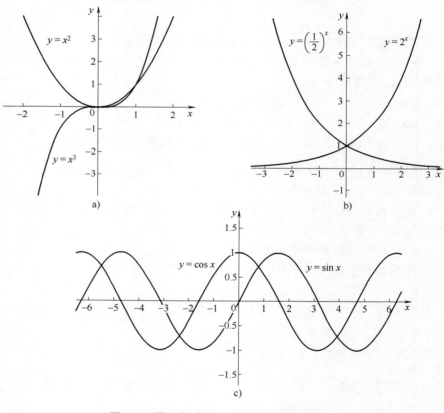

图 2-1　幂函数、指数函数和三角函数图像

a）幂函数 $(n=2, n=3)$　b）指数函数 $\left(a=2, a=\dfrac{1}{2}\right)$

c）三角函数 $y = \sin x$ 和 $y = \cos x$

符号函数和取整函数的图像分别如图 2-2 所示.

有些函数的图像难以准确画出，例如狄利克雷函数和黎曼函数（黎曼函数示意图如图 2-3 所示）.

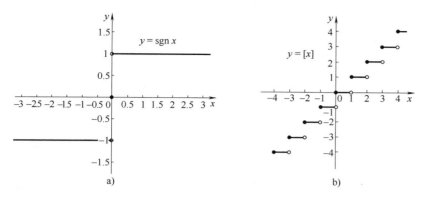

图 2-2　符号函数和取整函数图像

a）符号函数　b）取整函数

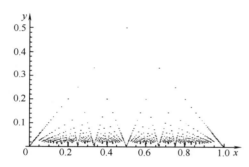

图 2-3　黎曼函数图像（示意图）

> **小知识:笛卡儿积集**
>
> 　　设 A,B 是两个集合，$x\in A,y\in B$，将有序对 (x,y) 的全体称为集合 A 和集合 B 的**笛卡儿积集**，记作 $A\times B$，即 $A\times B=\{(x,y)\mid x\in A,$ $y\in B\}$. 特别地，当 A,B 都是实数集 $\mathbb{R}$ 时，$\mathbb{R}\times\mathbb{R}$ 表示平面笛卡儿直角坐标系，一般记为 $\mathbb{R}^2$，函数的图像就是 $\mathbb{R}^2$ 的子集. 进一步，更多的集合也可以构成笛卡儿积集，例如 $\mathbb{R}\times\mathbb{R}\times\mathbb{R}=\mathbb{R}^3$ 表示空间笛卡儿直角坐标系.

　　函数之间的基本运算大体包括两类，一类是函数值之间的四则运算，这与实数的四则运算没有实质的差异；另一类是对应法则的复合与逆运算，这类运算是实数所不具备的.

　　首先，任意函数 $f(x),x\in D$ 以及实数 α，定义函数的数乘

$$(\alpha f)(x)=\alpha\cdot f(x),x\in D.$$

　　其次，定义两个函数的四则运算，其中"和"与"积"可以推广到任意有限个函数.

　　给定两个函数 $f(x),x\in D_1$ 和 $g(x),x\in D_2$，设 $D=D_1\cap D_2$，

$D^* = D \setminus \{x \in D_2 \mid g(x) = 0\}$，若 D 和 D^* 都非空，$f(x)$ 和 $g(x)$ 在 D 上的四则运算如下：

和：$(f+g)(x) = f(x) + g(x), x \in D$，

差：$(f-g)(x) = f(x) - g(x), x \in D$，

积：$(fg)(x) = f(x) \cdot g(x), x \in D$，

商：$\left(\dfrac{f}{g}\right)(x) = \dfrac{f(x)}{g(x)}, x \in D^*$.

注1 若 $D = \varnothing$（或 $D^* = \varnothing$），则和差积（或商）运算是无意义的.

注2 常函数 $y \equiv 1$ 和正整数幂函数 $y = x^n$ 的商可得到负整数幂函数 $y = x^{-n}$，定义域为 $x \neq 0$，当 n 为正奇数时值域为 $(-\infty, 0) \cup (0, +\infty)$，当 n 为正偶数时值域为 $(0, +\infty)$. 当 n 取 1 和 2 时，负整数幂函数 $y = x^{-n}$ 成为 $y = x^{-1}$ 和 $y = x^{-2}$，两函数的图像如图 2-4 所示.

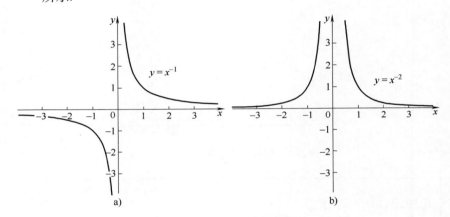

图 2-4 负整数幂函数图像

注3 常函数和有限个正整数幂函数的数乘、和运算得到的函数称为**多项式**（也称为**整式**），其一般形式为：

$$P_n(x) = a_n x^n + a_{n-1} x^{n-1} + \cdots + a_1 x + a_0 (a_n \neq 0), \quad x \in (-\infty, +\infty).$$

如 $y = x^3 + 3x^2 + x - 1$ 就是一个多项式，该函数的图像如图 2-5a 所示.

注4 两个多项式的商称为**分式**（或**有理式**），其一般形式为：

$$Q(x) = \frac{P_n^{(1)}(x)}{P_m^{(2)}(x)} = \frac{a_n x^n + a_{n-1} x^{n-1} + \cdots + a_1 x + a_0}{b_m x^m + b_{m-1} x^{m-1} + \cdots + b_1 x + b_0} (a_n, b_m \neq 0),$$

$$P_m^{(2)}(x) \neq 0.$$

如 $y = \dfrac{x^2 + x - 1}{x - 1}$ 就是一个分式，该函数的图像如图 2-5b 所示.

注5（切函数与割函数） 例 2.1 的（3）给出了两个三角函数：正弦函数 $y = \sin x$ 和余弦函数 $y = \cos x$，通过它们的运算可以得到另外四个三角函数：

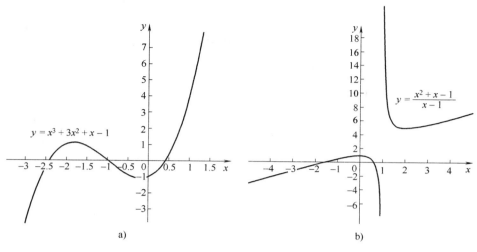

图 2-5　多项式和分式函数图像示例

正切函数：$\tan x = \dfrac{\sin x}{\cos x}, x \neq k\pi + \dfrac{\pi}{2}, k = 1, 2, \cdots$

余切函数：$\cot x = \dfrac{\cos x}{\sin x}, x \neq k\pi, k = 1, 2, \cdots$

正割函数：$\sec x = \dfrac{1}{\cos x}, x \neq k\pi + \dfrac{\pi}{2}, k = 1, 2, \cdots$

余割函数：$\csc x = \dfrac{1}{\sin x}, x \neq k\pi + \dfrac{\pi}{2}, k = 1, 2, \cdots .$

　　其中正切和余切函数的值域为 $(-\infty, +\infty)$，正割函数和余割函数的值域为 $(-\infty, -1] \cup [1, +\infty)$，它们的图像分别如图 2-6 和图 2-7 所示.

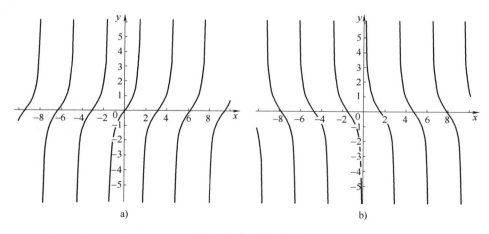

图 2-6　切函数图像

a）正切函数　　b）余切函数

　　下面介绍通过对应法则的复合与逆运算产生新函数的过程.

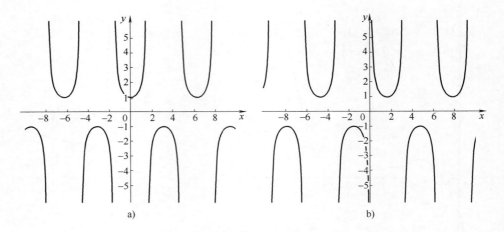

图 2-7 割函数图像

a) 正割函数 b) 余割函数

设两个函数
$$u = g(x), x \in D_1, y = f(u), u \in D_2,$$
当 $D_2 \cap g(D_1) \neq \varnothing$ 时,对任意的 $x \in D^* = \{x \mid g(x) \in D_2\} \cap D_1$,可以先通过 g 对应 D_2 内的函数值 u,再通过 f 对应函数值 y,记 $y = f(g(x)) = (f \circ g)(x), x \in D^*$,称为 g 与 f 的**复合函数**.

例 2.2 已知 $f(x) = \sqrt{x}, g(x) = 1 - x^2$,求复合函数 $f \circ g$ 和 $g \circ f$ 的表达式及定义域.

解 $(f \circ g)(x) = \sqrt{1 - x^2}$,定义域为 $x \in [-1, 1]$;$(g \circ f)(x) = 1 - x$,定义域为 $x \in [0, +\infty)$.

对于函数 $y = f(x), x \in D$,如果每一个 $y_0 \in f(D)$,都有唯一的 $x_0 \in D$ 满足 $y_0 = f(x_0)$,则称 f 是**可逆的**(或称为 D 到 $f(D)$ 的**一一映射**).这样,可以定义新的函数将 $y_0 \in f(D)$ 对应到 $x_0 \in D$,记作 $x_0 = f^{-1}(y_0)$,称为 $y = f(x), x \in D$ 的**反函数**.通常记 x 为自变量,y 为因变量,故 f 的反函数记为 $y = f^{-1}(x), x \in D(f^{-1})$.一般来说,$D(f^{-1}) = R(f)$.

注 1 同一个函数表达式,在不同的定义域上,有时具有反函数,有时没有反函数,即使有反函数,反函数的表达式也未必相同.例如以下三个函数:
$$f_1(x) = x^2, x \in \mathbb{R}, f_2(x) = x^2, x \in [0, +\infty), f_3(x) = x^2, x \in (-\infty, 0].$$
f_1 无反函数,f_2 的反函数为 $f_2^{-1}(x) = \sqrt{x}, x \in [0, +\infty)$,$f_3$ 的反函数为 $f_3^{-1}(x) = -\sqrt{x}, x \in [0, +\infty)$.

注 2 若 g 是 f 的反函数,则 f 是 g 的反函数,并且
$$(g \circ f)(x) = x, x \in D(f), \quad (f \circ g)(x) = x, x \in D(g) = f(D).$$

注 3 注意到,若点 (x_0, y_0) 在函数 $y = f(x)$ 的图像上,则点 (y_0, x_0) 在其反函数 $y = f^{-1}(x)$ 的图像上,因此 $y = f(x)$ 的图像与其

反函数的图像关于直线 $y = x$ 对称.

注 4　观察图 2-1b 可知指数函数是可逆的,其反函数称为**对数函数**,记作

$$y = \log_a x\,(a > 0, a \neq 1),$$

定义域为 $(0, +\infty)$,值域为 $(-\infty, +\infty)$,图像如图 2-8 所示.

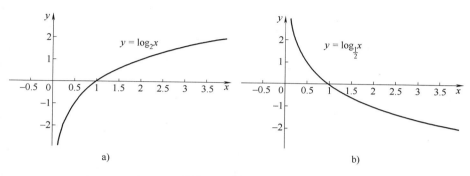

图 2-8　对数函数图像

当 $a = 10$,称为常用对数,记作 $y = \lg x$,当 $a = e = 2.71828\cdots$,称为自然对数,记作 $y = \ln x$.

注 5(一般幂函数)　前面引入了幂为整数(包括正整数和负整数)的幂函数,下面考虑其反函数.

首先,观察图 2-1a 和图 2-4 可知,当 n 为奇数时(无论正负),幂函数 $y = x^n$ 是可逆的,其反函数为 $y = x^{\frac{1}{n}} = \sqrt[n]{x}$,当 n 为正奇数时 $x \in (-\infty, +\infty)$,当 n 为负奇数时 $x \neq 0$;

其次,当 n 为偶数时(无论正负),幂函数 $y = x^n$ 是不可逆的,但若限制 $x \geqslant 0$,则满足可逆性,其反函数为 $y = x^{\frac{1}{n}} = \sqrt[n]{x}$,当 n 为正偶数时 $x \in [0, +\infty)$,当 n 为负偶数时 $x \in (0, +\infty)$.

这样可以通过它们的四则运算得到所有幂为有理数 $\dfrac{q}{p}$ 的幂函数 $y = x^{\frac{q}{p}}$,其定义域和值域根据 p, q 的奇偶性和正负号有所不同(见表 2-1).那么当 a 为无理数时,如何定义 $y = x^a$ 呢?这可以通过指数函数与对数函数的复合来实现,定义:

$$y = x^a = e^{a \ln x}\,(a \in \mathbb{Q}^c, x > 0).$$

这就定义了所有的幂函数.图 2-9 给出了几种有理数和无理数幂的幂函数图像,表 2-1 列出了各种幂函数的定义域和值域.

表 2-1　各种幂函数的定义域和值域

$y = x^a$			定义域	值域
$a = 0$(此时为常函数,以下均指 $a \neq 0$)			$(-\infty, +\infty)$	$\{1\}$
$a = \dfrac{q}{p}\,(p, q \in \mathbb{N}^+)$	p 为奇数	q 为奇数	$(-\infty, +\infty)$	$(-\infty, +\infty)$
		q 为偶数		$[0, +\infty)$
	p 为偶数		$[0, +\infty)$	$[0, +\infty)$

（续）

$y = x^a$			定义域	值域
$a = -\dfrac{q}{p}(p,q \in \mathbb{N}^+)$	p 为奇数	q 为奇数	$(-\infty,0) \cup (0,+\infty)$	$(-\infty,0) \cup (0,+\infty)$
		q 为偶数		$(0,+\infty)$
	p 为偶数		$(0,+\infty)$	$(0,+\infty)$
$a \in \mathbb{Q}^c$	$a > 0$		$[0,+\infty)$	$[0,+\infty)$
	$a < 0$		$(0,+\infty)$	$(0,+\infty)$

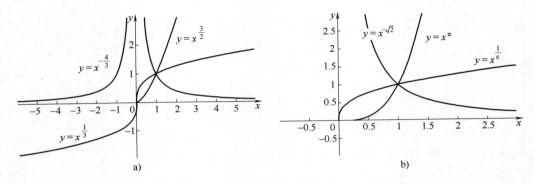

图 2-9　几种有理数和无理数幂的幂函数图像

注 6　观察图像可知三角函数在定义域内都不是可逆的，但是如果定义域限制在某个区间的话，可以满足可逆的条件，因此具有反函数，称为**反三角函数**，包括

（i）$y = \sin x, x \in \left[-\dfrac{\pi}{2}, \dfrac{\pi}{2}\right]$ 的反函数：

反正弦函数 $y = \arcsin x$，定义域为 $[-1,1]$，值域为 $\left[-\dfrac{\pi}{2}, \dfrac{\pi}{2}\right]$；

（ii）$y = \cos x, x \in [0,\pi]$ 的反函数：

反余弦函数 $y = \arccos x$，定义域为 $[-1,1]$，值域为 $[0,\pi]$；

（iii）$y = \tan x, x \in \left(-\dfrac{\pi}{2}, \dfrac{\pi}{2}\right)$ 的反函数：

反正切函数 $y = \arctan x$，定义域为 $(-\infty, +\infty)$，值域为 $\left(-\dfrac{\pi}{2}, \dfrac{\pi}{2}\right)$；

（iv）$y = \cot x, x \in (0,\pi)$ 的反函数：

反余切函数 $y = \text{arccot } x$，定义域为 $(-\infty, +\infty)$，值域为 $(0,\pi)$.

它们的图像如图 2-10 所示.

至此，引入了六种三角函数和四种反三角函数，它们的一些常用公式见 2.1 节附录.

2.1.2　函数的特性

本节研究函数的有界性、单调性、奇偶性以及周期性.

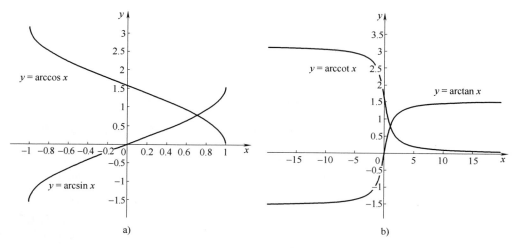

图 2-10 反三角函数图像

a）反正弦和反余弦函数　b）反正切和反余切函数

1. 有界函数

定义 2.2（有界函数） 若函数 $y = f(x)$，$x \in D$ 的值域 $f(D)$ 为有界数集，则称 $f(x)$ 为（D 上的）**有界函数**.

具体来说，若存在 $M' \in \mathbb{R}$，对任意 $x \in D$，都有 $f(x) \leqslant M'$，称函数 $f(x)$ 在 D 上有上界；若存在 $M'' \in \mathbb{R}$，对任意 $x \in D$，都有 $f(x) \geqslant M''$，称函数 $f(x)$ 在 D 上有下界；若存在 $M > 0$，对任意 $x \in D$，都有 $|f(x)| \leqslant M$，称函数 $f(x)$ 在 D 上有界.

注 若函数 $f(x)$ 在 D 上无上界，则对任意 $M' \in \mathbb{R}$，存在 $x \in D$，使得 $f(x) > M'$，当取 $M' = n(n = 1, 2, \cdots)$ 时，可以得到数列 $\{x_n\} \subset D$ 使 $f(x_n) > n$，因此有：

$f(x)$ 在 D 上无上界 $\Leftrightarrow \exists\, \{x_n\} \subset D$，$\{f(x_n)\}$ 为正无穷大量.
类似地，

$f(x)$ 在 D 上无下界 $\Leftrightarrow \exists\, \{x_n\} \subset D$，$\{f(x_n)\}$ 为负无穷大量.
综上可得，

$f(x)$ 在 D 上无界 $\Leftrightarrow \exists\, \{x_n\} \subset D$，$\{f(x_n)\}$ 为无穷大量.

在上节介绍的函数中，正弦函数和余弦函数以及四个反三角函数都是有界函数.

例 2.3 证明函数 $f(x) = x\sin\sqrt{x}$，$x \geqslant 0$ 在定义域上既无上界，也无下界.

证 取 $x_n^{(1)} = \left(2n\pi + \dfrac{\pi}{2}\right)^2$，由于

$$f(x_n^{(1)}) = \left(2n\pi + \frac{\pi}{2}\right)^2 \cdot \sin\left(2n\pi + \frac{\pi}{2}\right) = \left(2n\pi + \frac{\pi}{2}\right)^2 \to +\infty\ (n \to \infty),$$

故 $f(x)$ 在定义域上无上界；

取 $x_n^{(2)} = \left(2n\pi + \dfrac{3\pi}{2}\right)^2$，由于

$$f(x_n^{(2)}) = \left(2n\pi + \frac{3\pi}{2}\right)^2 \cdot \sin\left(2n\pi + \frac{3\pi}{2}\right)$$

$$= -\left(2n\pi + \frac{3\pi}{2}\right)^2 \to -\infty \ (n\to\infty),$$

故 $f(x)$ 在定义域上无下界.

2. 单调函数

> **定义 2.3（单调函数）**　对于函数 $y = f(x)$, $x \in D$, 如果 $\forall x_1 < x_2$, $x_1, x_2 \in D$, 分别有
>
> | | |
> |---|---|
> | $f(x_1) \leqslant f(x_2)$, | 单调增加, |
> | $f(x_1) \geqslant f(x_2)$, | 单调减少, |
> | $f(x_1) < f(x_2)$, | 严格单调增加, |
> | $f(x_1) > f(x_2)$, | 严格单调减少. |
>
> 则称函数 $f(x)$ 在 D 上

注 1　若函数在定义域中的某个区间 I 上满足单调性, 则称 I 为函数的单调区间, 例如 $\left[2n\pi - \frac{\pi}{2}, 2n\pi + \frac{\pi}{2}\right]$, $\left[(2n-1)\pi, 2n\pi\right]$ ($n \in \mathbb{Z}$) 分别为 $\sin x$ 和 $\cos x$ 的严格单调增加区间, $\left[2n\pi + \frac{\pi}{2}, 2n\pi + \frac{3\pi}{2}\right]$, $\left[2n\pi, (2n+1)\pi\right]$ ($n \in \mathbb{Z}$) 分别为 $\sin x$ 和 $\cos x$ 的严格单调减少区间.

注 2　I 上的严格单调函数一定存在反函数, 且反函数也具有相同的严格单调性. （证略）

例 2.4　证明函数 $f(x) = \sin x$ 在 $\left[-\frac{\pi}{2}, \frac{\pi}{2}\right]$ 上严格单调增加.

证　取 $-\frac{\pi}{2} \leqslant x_1 < x_2 \leqslant \frac{\pi}{2}$, 则 $0 < \frac{x_2 - x_1}{2} < \frac{\pi}{2}$, $-\frac{\pi}{2} < \frac{x_2 + x_1}{2} < \frac{\pi}{2}$, 因此

$$\sin x_2 - \sin x_1 = 2\sin\frac{x_2 - x_1}{2} \cdot \cos\frac{x_2 + x_1}{2} > 0,$$

故 $\sin x_2 > \sin x_1$, 得证.

3. 奇偶函数

> **定义 2.4（奇函数和偶函数）**　对于函数 $y = f(x)$, $x \in D$, 如果定义域 D 关于 $x = 0$ 对称, 并且对 $\forall x \in D$ 分别有
>
> | | |
> |---|---|
> | $f(x) = -f(-x)$, | 奇函数, |
> | $f(x) = f(-x)$, | 偶函数. |
>
> 则称函数 $f(x)$ 为 D 上的

注 1　讨论函数奇偶性的前提是定义域关于 $x = 0$ 对称, 奇函数的图像关于坐标原点中心对称, 偶函数的图像关于直线 $x = 0$ （y 坐标轴）轴对称.

注 2　对于幂为有理数的幂函数 $f(x) = x^{\frac{q}{p}}$, 当 p 为奇数时, 只

要 q 为奇数则 $f(x)$ 为奇函数, q 为偶数则 $f(x)$ 为偶函数(无论 p, q 正负如何).

注 3　若函数 $f(x)$ 的定义域关于 $x=0$ 对称,则它可写成一个奇函数与一个偶函数的和:

$$f(x) = \frac{f(x) - f(-x)}{2} + \frac{f(x) + f(-x)}{2}.$$

其中 $g(x) = \dfrac{f(x) - f(-x)}{2}$ 为奇函数, $h(x) = \dfrac{f(x) + f(-x)}{2}$ 为偶函数.

4. 周期函数

> **定义 2.5(周期函数)**　对于函数 $y = f(x)$, $x \in D$,如果存在 $T \neq 0$,使得 $\forall x \in D$,都有 $x \pm T \in D$,并且 $f(x \pm T) = f(x)$,则称函数 $f(x)$ 为 D 上的**周期函数**, T 称为 $f(x)$ 的**周期**.

注 1　如果 T 为 $f(x)$ 的周期,则对 $\forall n \in \mathbb{Z}$ 以及 $\forall x \in D$ 都有 $x \pm nT \in D$ 且 $f(x \pm nT) = f(x)$,因此 nT 也是 $f(x)$ 的周期.

注 2　如果 $f(x)$ 为周期函数,普遍意义下 $f(x)$ 的周期是指 $f(x)$ 的最小正周期,例如 $\sin x$ 和 $\cos x$ 的周期为 2π, $\tan x$ 和 $\cot x$ 的周期为 π 等. 但是并不是每一个周期函数都存在最小正周期,例如常函数的周期为任意非零实数,狄立克雷函数的周期为任意非零有理数,它们都没有最小正周期.

> 思考:
> (i)两个周期函数的和、差、积、商是否一定为周期函数?
> (ii)什么样的周期函数一定有最小正周期呢?

2.1.3　初等函数

在 2.1.1 小节中讨论的五类函数:幂函数、指数函数、对数函数、三角函数和反三角函数,以及常值函数称为**基本初等函数**. 由基本初等函数经过有限次四则运算和复合运算得到,可以表示为基本初等函数的有限形式,这种函数称为**初等函数**.

一般来说,初等函数是指可以用一个解析式表示的函数.

例 2.5(双曲函数与反双曲函数)　定义函数

$$\sinh x = \frac{e^x - e^{-x}}{2}, \cosh x = \frac{e^x + e^{-x}}{2}, \tanh x = \frac{e^x - e^{-x}}{e^x + e^{-x}},$$

做出它们的图像,并研究它们的反函数.

解　三个双曲函数的定义域均为 $(-\infty, +\infty)$;

双曲正弦函数 $\sinh x$ 的值域为 $(-\infty, +\infty)$,双曲余弦函数 $\cosh x$ 的值域为 $[1, +\infty)$,双曲正切函数 $\tanh x$ 的值域为 $(-1, 1)$.

图 2-11 给出了双曲函数的图像,可知双曲正弦函数 $\sinh x$ 和双曲正切函数 $\tanh x$ 在 $(-\infty, +\infty)$ 是可逆函数,双曲余弦函数 $\cosh x$

在$[0, +\infty)$上为可逆函数,反函数图像见图2-12.

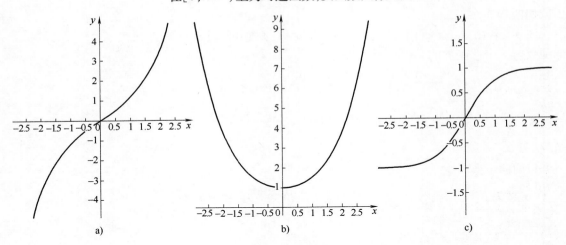

图 2-11　双曲函数图像

a) 双曲正弦 $\sinh x$　b) 双曲余弦 $\cosh x$　c) 双曲正切 $\tanh x$

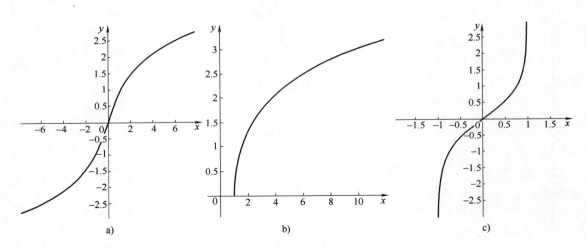

图 2-12　反双曲函数图像

a) 反双曲正弦 $\text{arcsinh}\, x$　b) 反双曲余弦 $\text{arccosh}\, x$　c) 反双正切 $\text{arctanh}\, x$

反双曲正弦函数:$\text{arcsinh}\, x = \ln\left(x + \sqrt{1+x^2}\right)$,定义域为$(-\infty, +\infty)$,值域为$(-\infty, +\infty)$;

反双曲余弦函数:$\text{arccosh}\, x = \ln\left(x - \sqrt{1+x^2}\right)$,定义域为$[1, +\infty)$,值域为$[0, +\infty)$;

反双曲正切函数:$\text{arctanh}\, x = \dfrac{1}{2}\ln\dfrac{1+x}{1-x}$,定义域为$(-1, 1)$,值域为$(-\infty, +\infty)$.

双曲函数和三角函数具有很多类似的性质,例如 $\tanh x = \dfrac{\sinh x}{\cosh x}$, $\quad \cosh^2 x - \sinh^2 x = 1$.

> **小知识：悬链线（Catenary）**
>
> 　　学识渊博、多才多艺的意大利著名艺术家达·芬奇（da Vinci，1452—1519）在绘制《抱银貂的女人》时，曾仔细思索女人脖子上的黑色项链的形状．固定项链的两端，使其在均匀重力下自然下垂（称为悬链线），应该是怎样的一条曲线呢？遗憾的是达·芬奇没有得到答案就去世了．
>
> 　　后来，伽利略认为是抛物线，但是惠更斯（Huyghens，1629—1695）用物理方法说明不是抛物线．1690 年（达·芬奇逝世 170 年后），雅各布·伯努利（Jakob Bernoulli，1654—1705，伯努利家族第一位著名数学家）在一篇论文中又提出了这个问题，并且试图去证明这是一条抛物线．一年之后，雅各布的证明毫无进展，而他的弟弟约翰·伯努利却在一晚上就解出了正确答案，同一时期的莱布尼茨也正确地给出了悬链线的方程，就是图 2-11b 中的双曲余弦曲线。他们的方法都是利用微积分，根据物理规律给出悬链线的二次微分方程然后再求解．
>
> 　　1965 年建造于美国圣路易斯的大拱门（Gateway Arch）便是著名的悬链线建筑．

　　若一个函数可以用一个解析式表示，则为初等函数，但是分段函数是否可以写成一个解析式的形式（从而为初等函数）呢？这是一个比较复杂的问题．一般来说，如果一个分为若干段的函数，每一段为初等函数，并且各段可以"连在一起"，那么它可以表示为一个解析式，为初等函数．例如

$$f(x) = \begin{cases} x^2, & x \leqslant 0, \\ x, & 0 < x \leqslant 1, \\ \dfrac{1}{x}, & 1 < x. \end{cases}$$

可以写成一个解析式：$f(x) = \left(\dfrac{x - \sqrt{x^2}}{2}\right)^2 + \dfrac{\sqrt{x^2} - \sqrt{(x-1)^2} - 1}{2} + \dfrac{2}{x + \sqrt{(x-1)^2 + 1}}$．

2.1.4　隐函数、参数方程与极坐标

　　除了形如 $y = f(x)$ 的解析式，本节将通过介绍其他表示函数的方法，认识一些平面曲线，很多曲线在数学上具有重要地位，它们的性质在以后会逐步研究．

1. 隐函数

　　如果二元方程 $F(x,y) = 0$ 能确定因变量 y 是自变量 x 的函数，

这种方式表示的函数称为**隐函数**,相应地,$y=f(x)$表示的函数称为**显函数**.

一般来说,方程$F(x,y)=0$表示的函数未必是一个,例如$x^2+y^2=a^2$,就表示两个函数(上下半圆):$y=\pm\sqrt{a^2-x^2}$.由方程$F(x,y)=0$得出解析式$y=f(x)$的过程称为隐函数的"显化",很多隐函数是难以显化的.下面给出几种常见的隐函数曲线的图像.

(1)**笛卡儿叶形线**:$x^3+y^3-3axy=0$,$a=\pm1$时的图像如图2-13所示;

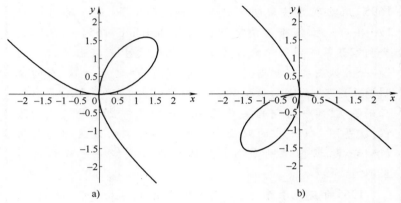

a)

b)

图2-13　笛卡儿叶形线图像

a)$a=1$　b)$a=-1$

(2)**双纽线**:$(x^2+y^2)^2=2a^2(x^2-y^2)$,$a=1$时的图像如图2-14所示;

(3)**超椭圆**:$\left|\dfrac{x}{a}\right|^{\mu}+\left|\dfrac{y}{b}\right|^{\mu}=1$　$(\mu>0)$,a,b,μ取某几个值时的图像如图2-15所示.

图2-14　双纽线图像($a=1$)

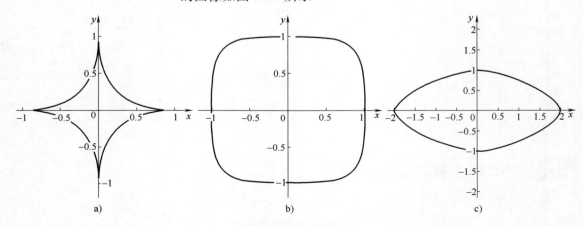

a)

b)

c)

图2-15　超椭圆图像

a)$a=b=1,\mu=\dfrac{1}{2}$　b)$a=b=1,\mu=4$　c)$a=2,b=1,\mu=\dfrac{3}{2}$

2. 参数方程

如果因变量 y 和自变量 x 的关系是通过某个参数 t 来确定的,即

$$\begin{cases} x = \varphi(t), \\ y = \psi(t) \end{cases} \quad (t \in T),$$

那么这种方式表示的函数称为**参数方程**. 如果可以从 $x = \varphi(t)$ 中解出 $t = \varphi^{-1}(x)$,代入 $y = \psi(t)$,从而消去参数,得显函数形式 $y = \psi(\varphi^{-1}(x))$,这个过程称为"消参".

很多隐函数方程可以引入参数,化为参数方程.

例如笛卡儿叶形线 $x^3 + y^3 - 3axy = 0$ 的参数方程为

$$\begin{cases} x = \dfrac{3at}{1+t^3}, \\ y = \dfrac{3at^2}{1+t^3} \end{cases} \quad (t \neq -1).$$

下面给出几种常见的参数方程曲线的图像.

（1）**旋轮线、摆线**：$\begin{cases} x = a(t - \sin t), \\ y = a(1 - \cos t) \end{cases}$,是一个圆在一条定直线上滚动时,圆周上定点的轨迹,当 $a = 1$ 时的图像如图 2-16 所示;

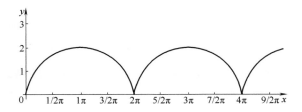

图 2-16　旋轮线图像（$a = 1$）

（2）**内摆线、外摆线**：动圆（半径 r）分别在定圆（半径 R）的内部和外部滚动,动圆的圆周上一个定点的轨迹分别称为内摆线和外摆线.（心形线为外摆线的一种）

内摆线的参数方程为 $\begin{cases} x = (R - r)\cos t + r\cos \dfrac{R-r}{r}t, \\ y = (R - r)\sin t - r\sin \dfrac{R-r}{r}t \end{cases}$　$(r, R > 0,$

$0 \leqslant t \leqslant 2\pi)$;

外摆线的参数方程为 $\begin{cases} x = (R + r)\cos t - r\cos \dfrac{R+r}{r}t, \\ y = (R + r)\sin t - r\sin \dfrac{R+r}{r}t \end{cases}$　$(r, R > 0,$

$0 \leqslant t \leqslant 2\pi)$.

取 $r = 1, R = 3$ 时内摆线和外摆线图像如图 2-17 所示.

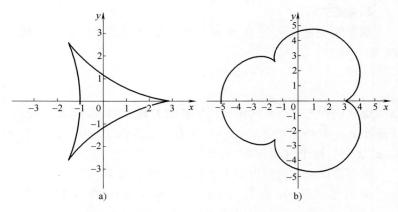

图 2-17　内摆线和外摆线图像$(r = 1, R = 3)$
a）内摆线　b）外摆线

小知识：最速降线

　　意大利科学家伽利略在 1630 年提出一个问题——"一个质点在重力作用下，从一个给定点到不在它垂直下方的另一点，如果不计摩擦力，问沿着什么曲线滑下所需时间最短"，这就是著名的"最速降线问题"。一开始伽利略认为这曲线是圆，可这是一个错误的答案。

　　1696 年，约翰·伯努利向全欧洲的数学家发出挑战，公开征解这个问题，这被认为是数学史上最激动人心的一次公开挑战。约翰挑战的主要对象，有人说是他的哥哥雅各布（毕竟在悬链线问题上，约翰获得完胜），有人说是远在英国的牛顿（作为莱布尼茨的学生，约翰·伯努利是莱布尼茨发现微积分的坚定支持者）。但是雅各布·伯努利和牛顿都给出了正确解答（据说牛顿是在收到来信后的当夜就完成了）。最后有五位数学家给出答案，他们分别为：牛顿、莱布尼茨、雅各布·伯努利、洛必达（L'Hôpital，1661—1704）以及约翰·伯努利自己。尽管五人的解法各不相同，但是答案都是旋轮线（摆线）。

　　这次挑战的影响极其巨大，一方面得出正确结果的人都是当时赫赫有名的数学家，一方面五人的解法都各有千秋。牛顿、莱布尼茨和洛必达都是使用不同的微积分技巧得出的答案，约翰·伯努利的解法最为漂亮，类比了费马（Fermat，1601—1665）原理，巧妙地将物理和几何方法结合在一起，雅各布·伯努利的解法体现了变分的思想，更具有一般性。后来，约翰的学生、大数学家欧拉也开始关注这个问题，并在 1744 年最先给出了这类问题的普遍解法，最终创立了变分法这一应用极为广泛的数学分支。

3. 极坐标

除了直角坐标,另一个应用广泛的平面坐标系就是**极坐标**,它与直角坐标的变换如下:

$$\begin{cases} x = \rho\cos\theta, \\ y = \rho\sin\theta \end{cases} (\rho \geqslant 0)$$

其中 ρ 称为极径,表示平面上一点与原点的距离,θ 称为极角,表示 x 正半轴逆时针旋转到该点时转动的角度. 在极坐标下,可以用 $\rho = \rho(\theta)$ 表示平面曲线,可化为参数方程:

$$\begin{cases} x = \rho(\theta) \cdot \cos\theta, \\ y = \rho(\theta) \cdot \sin\theta. \end{cases}$$

一些隐函数方程也可以化为极坐标的形式,例如双纽线 $(x^2 + y^2)^2 = 2a^2(x^2 - y^2)$ 的极坐标方程为 $\rho^2 = 2a^2\cos 2\theta$. 下面给出几种常见的极坐标曲线.

（1）**心形线:** $\rho = a(1 - \sin\theta)$（或 $\rho = a(1 - \cos\theta)$）,当 $a = 1$ 时,心形线图像如图 2-18 所示.

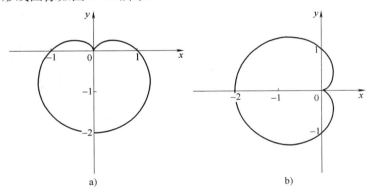

图 2-18　心形线图像

a) $\rho = 1 - \sin\theta$　b) $\rho = 1 - \cos\theta$

（2）**螺线:** 是指极径 ρ 随极角 θ 的增加而成比例增加(或减少)的曲线,主要包括:

（ⅰ）阿基米德螺线 $\rho = a\theta$;（ⅱ）对数螺线 $\rho = e^{a\theta}$;（ⅲ）双曲螺线(倒数螺线)$\rho = \dfrac{a}{\theta}$.

当 $a = 1$ 时,三种螺线的图像如图 2-19 所示.

（3）**玫瑰线:** $\rho = a\sin(n\theta)$（或 $\rho = a\cos(n\theta)$）,当 $a = 1$,θ 分别为 $3,2,\dfrac{2}{3}$ 时的玫瑰线图像如图 2-20 所示.

当 n 是奇数时,玫瑰线有 n 个花瓣,称为 n 叶玫瑰;当 n 是偶数时,玫瑰线有 $2n$ 个花瓣,为 $2n$ 叶玫瑰;当 n 是分数或无理数时,图像比较复杂.

从本节最后的两个例子(见图 2-21),可以看到使用参数方程或极坐标可以表示很多复杂神奇的曲线.

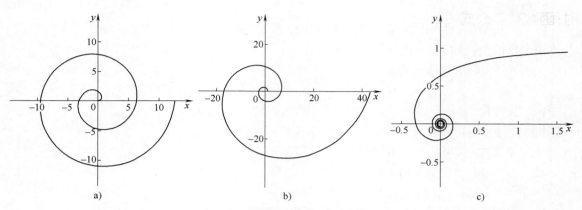

图 2-19   螺线图像

a) 阿基米德螺线 $\rho = \theta$ b) 对数螺线 $\rho = e^{\theta}$ c) 双曲螺线 $\rho = 1/\theta$

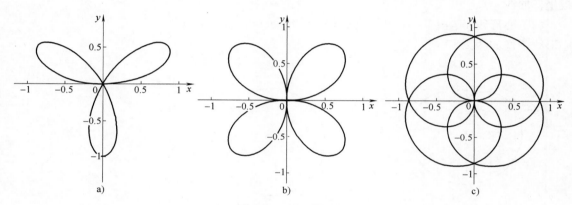

图 2-20   玫瑰线图像

a) 三叶玫瑰线 $\rho = \sin(3\theta)$ b) 四叶玫瑰线 $\rho = \sin(2\theta)$ c) $\rho = \sin(2\theta/3)$

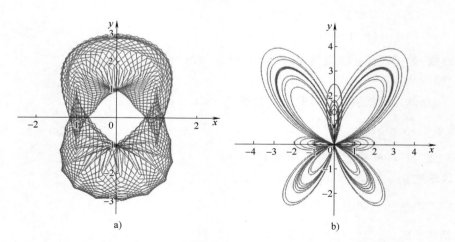

图 2-21   参数方程和极坐标曲线（右侧为著名的蝴蝶曲线）

a) $\begin{cases} x = \cos t - \cos(80t) \cdot \sin t, \\ y = 2\sin t - \sin(80t) \end{cases}$ $(0 \leqslant t \leqslant 2\pi)$ b) $\rho = e^{\sin \theta} - 2\cos(4\theta) + \sin^5\left(\dfrac{2\theta - \pi}{24}\right)$

附：函数基本公式

A. 三角函数

（1）同角三角函数基本关系

$$\tan \alpha = \frac{\sin \alpha}{\cos \alpha}, \quad \cot \alpha = \frac{\cos \alpha}{\sin \alpha}, \quad \csc \alpha = \frac{1}{\sin \alpha}, \quad \sec \alpha = \frac{1}{\cos \alpha},$$

$$\sin^2 \alpha + \cos^2 \alpha = 1, \quad \sec^2 \alpha - \tan^2 \alpha = 1, \quad \csc^2 \alpha - \cot^2 \alpha = 1.$$

（2）合一变换公式

$$a\sin \alpha + b\cos \alpha = \sqrt{a^2 + b^2} \sin(\alpha + \beta) \quad \left(\tan \beta = \frac{b}{a} \right).$$

（3）两角和与差公式

$$\sin(\alpha \pm \beta) = \sin \alpha \cos \beta \pm \cos \alpha \sin \beta,$$

$$\cos(\alpha \pm \beta) = \cos \alpha \cos \beta \mp \sin \alpha \sin \beta,$$

$$\tan(\alpha \pm \beta) = \frac{\tan \alpha \pm \tan \beta}{1 \mp \tan \alpha \tan \beta}.$$

（4）二倍角公式

$$\sin 2\alpha = 2\sin \alpha \cos \alpha,$$

$$\cos 2\alpha = \cos^2 \alpha - \sin^2 \alpha = 2\cos^2 \alpha - 1 = 1 - 2\sin^2 \alpha,$$

$$\tan 2\alpha = \frac{2\tan \alpha}{1 - \tan^2 \alpha}.$$

（5）半角公式

$$\sin^2 \frac{\alpha}{2} = \frac{1 - \cos \alpha}{2}, \quad \cos^2 \frac{\alpha}{2} = \frac{1 + \cos \alpha}{2}, \quad \tan^2 \frac{\alpha}{2} = \frac{1 - \cos \alpha}{1 + \cos \alpha},$$

$$\tan \frac{\alpha}{2} = \frac{1 - \cos \alpha}{\sin \alpha} = \frac{\sin \alpha}{1 + \cos \alpha}.$$

（6）万能公式（半角正切代换）

$$\sin \alpha = \frac{2\tan \frac{\alpha}{2}}{1 + \tan^2 \frac{\alpha}{2}}, \quad \cos \alpha = \frac{1 - \tan^2 \frac{\alpha}{2}}{1 + \tan^2 \frac{\alpha}{2}}, \quad \tan \alpha = \frac{2\tan \frac{\alpha}{2}}{1 - \tan^2 \frac{\alpha}{2}}.$$

（7）积化和差公式

$$\sin \alpha \cos \beta = \frac{1}{2}[\sin(\alpha + \beta) + \sin(\alpha - \beta)],$$

$$\cos \alpha \sin \beta = \frac{1}{2}[\sin(\alpha + \beta) - \sin(\alpha - \beta)],$$

$$\cos \alpha \cos \beta = \frac{1}{2}[\cos(\alpha + \beta) + \cos(\alpha - \beta)],$$

$$\sin \alpha \sin \beta = -\frac{1}{2}[\cos(\alpha + \beta) - \cos(\alpha - \beta)].$$

（8）和差化积公式

$$\sin \alpha + \sin \beta = 2\sin \frac{\alpha + \beta}{2} \cos \frac{\alpha - \beta}{2}, \quad \sin \alpha - \sin \beta = 2\cos \frac{\alpha + \beta}{2} \sin \frac{\alpha - \beta}{2},$$

$$\cos\alpha + \cos\beta = 2\cos\frac{\alpha+\beta}{2}\cos\frac{\alpha-\beta}{2}, \quad \cos\alpha - \cos\beta = -2\sin\frac{\alpha+\beta}{2}\sin\frac{\alpha-\beta}{2}.$$

（9）三角函数不等式：$\sin x < x < \tan x \quad \left(0 < x < \dfrac{\pi}{2}\right).$

B. 反三角函数

（1）反正弦和反余弦函数

$$x \in [-1,1], \quad \sin(\arcsin x) = \cos(\arccos x) = x,$$
$$\sin(\arccos x) = \cos(\arcsin x) = \sqrt{1-x^2},$$
$$\arcsin x + \arccos x = \frac{\pi}{2}.$$

$$k \in \mathbb{Z}, \quad x \in \left[-\frac{\pi}{2}, \frac{\pi}{2}\right], \quad \arcsin(\sin(x+2k\pi)) = x,$$
$$x \in \left[\frac{\pi}{2}, \frac{3\pi}{2}\right], \quad \arcsin(\sin(x+2k\pi)) = \pi - x,$$
$$x \in [0,\pi] \quad \arccos(\cos(x+2k\pi)) = x,$$
$$x \in [\pi,2\pi] \quad \arccos(\cos(x+2k\pi)) = 2\pi - x,$$

（2）反正切和反余切函数

$$x \in (-\infty, +\infty), \quad \tan(\arctan x) = \cot(\arccot x) = x,$$
$$\arctan x + \arccot x = \frac{\pi}{2},$$

$$x \in (-\infty,0) \cup (0,+\infty), \quad \tan(\arccot x) = \cot(\arctan x) = \frac{1}{x}.$$

$$k \in \mathbb{Z}, \quad x \in \left(-\frac{\pi}{2}, \frac{\pi}{2}\right), \quad \arctan(\tan(x+k\pi)) = x,$$
$$x \in (0,\pi) \quad \arccot(\cot(x+k\pi)) = x,$$

$$xy < 1, \quad \arctan x + \arctan y = \arctan\frac{x+y}{1-xy},$$
$$xy = 1, \quad \arctan x + \arctan y = \frac{\pi}{2}(x,y>0),$$
$$\arctan x + \arctan y = -\frac{\pi}{2}(x,y<0),$$
$$xy > 1, \quad \arctan x + \arctan y = \arctan\frac{x+y}{1-xy} + \pi.$$

习题 2.1

1. 确定下列函数的定义域：

（1）$y = \dfrac{x^2}{1+x}$；　　（2）$y = \sqrt{3x - x^3}$；　　（3）$y = \sin(\sin x)$；

（4）$y = \lg(\lg x)$；　（5）$y = \arcsin\dfrac{2x}{1+x}$；　（6）$y = \lg\left(\arcsin\dfrac{x}{10}\right)$.

2. 试作下列函数的图像：

（1）$y = x^2 + 1$；　　　　　（2）$y = (x+1)^2$；

（3）$y = \mathrm{sgn}(\sin x)$；　　　（4）$y = \begin{cases} 3x, & |x| > 1, \\ x^3, & |x| < 1, \\ 3, & |x| = 1. \end{cases}$

3. 设 $f(x) = \begin{cases} 1+x, & -\infty < x \leq 0 \\ 2^x, & 0 < x < +\infty \end{cases}$，求 $f(-2)$，$f(0)$，$f(1)$.

4. 设 $f(x) = \sqrt{x + \sqrt{x^2}}$，求：（1）$f(x)$ 的定义域和解析表达式；

（2）$\dfrac{1}{2}[f(f(x))]^2$.

5. 设 $f(x) = \dfrac{1}{1+x}$，求 $f(x+2)$，$f(2x)$，$f(x^2)$，$f(f(x))$，$f\left(\dfrac{1}{f(x)}\right)$.

6. 试问下列函数是由哪些基本初等函数复合而成的？

（1）$y = (\arcsin x^2)^2$；　　　（2）$y = 2^{\sin^2 x}$；

（3）$y = \lg\left(1 + \sqrt{1+x^2}\right)$.

7. 设 $f\left(x + \dfrac{1}{x}\right) = x^2 + \dfrac{1}{x^2} + 3$，求 $f(x)$.

8. 设函数 $f(x) = \begin{cases} 1, & |x| \leq 1 \\ 0, & |x| > 1 \end{cases}$，$g(x) = \begin{cases} 2 - x^2, & |x| \leq 2 \\ 2, & |x| > 2 \end{cases}$，

求 $f(f(x))$，$f(g(x))$，$g(f(x))$，$g(g(x))$.

9. 求分段函数 $f(x) = \begin{cases} x^2 - 1, & -1 \leq x < 0 \\ x^2 + 1, & 0 \leq x \leq 1 \end{cases}$ 的反函数表达式.

10. 证明：$f(x) = \dfrac{x}{x^2 + 1}$ 是 $\mathbb{R}$ 上的有界函数.

11. （1）叙述无界函数的定义；（2）证明 $f(x) = \dfrac{1}{x^2}$ 为 $(0,1)$ 上的

无界函数.

12. 证明：函数 $f(x) = \dfrac{1}{x}\cos\dfrac{1}{x}$ 在 $x = 0$ 的任一去心邻域内无界.

13. 证明下列函数在指定区间上的单调性.

（1）$y = 3x - 1$ 在 $(-\infty, +\infty)$ 上严格单调递增；

（2）$y = \cos x$ 在 $[0, \pi]$ 上严格单调递减；

（3）$y = 2x + \sin x$ 在 $(-\infty, +\infty)$ 上严格单调递增；

（4）$y = \cot x$ 在 $(0, \pi)$ 上严格单调递减.

14. 判别下列函数的奇偶性：

（1）$f(x) = 3x - x^3$；　　　　（2）$f(x) = a^x + a^{-x}$（$a > 0$）；

（3）$f(x) = \ln\dfrac{1-x}{1+x}$；　　　（4）$f(x) = \ln\left(x + \sqrt{1+x^2}\right)$.

15. 讨论狄利克雷函数的有界性、奇偶性、单调性和周期性.

16. 设 $a, b \in \mathbb{R}$，证明：（1）$\max\{a, b\} = \dfrac{1}{2}(a + b + |a - b|)$；

（2）$\min\{a,b\}=\dfrac{1}{2}(a+b-|a-b|)$.

17. 设 $f(x)$ 和 $g(x)$ 都是 D 上的初等函数,试问最大值函数 $\max\{f(x),g(x)\}$ 和最小值函数 $\min\{f(x),g(x)\}$ 是否为初等函数?

2.2　函数极限

　　数列可以看作一种特殊的函数(定义域为正整数集),从数列的极限可以推广到函数的极限.其中最大的区别在于数列的自变量只有一个变化趋势 $n\to\infty$(即 $n\to+\infty$),而函数的自变量的变化趋势可以分为两类:趋向无穷大和趋向有限值,并且有不同的方向(比如可以趋向 $+\infty$ 也可以趋向 $-\infty$).

　　本节将详细介绍函数极限的概念、性质、判定准则,以及无穷小量和无穷大量的阶.

2.2.1　函数极限的概念

　　本小节分为自变量趋向无穷大和趋向有限值两种情形引入函数的极限.

1. 自变量趋向无穷大时函数的极限

　　从数轴上看,函数的自变量 x 趋向无穷大时,有三种情形:向右趋向 $+\infty$,向左趋向 $-\infty$,以及同时向左右趋向 ∞. 在这三个过程中,如果函数值可以无限接近某定实数,该实数则为函数在此过程中的极限.因此可以建立与数列极限类似的定义.

　　为了方便,引入以下记号.(设 $a>0$)

　　$U(+\infty,a)=\{x\in\mathbb{R}\mid x>a\}$:表示 $+\infty$ 的邻域,简记为 $U(+\infty)$;

　　$U(-\infty,a)=\{x\in\mathbb{R}\mid x<-a\}$:表示 $-\infty$ 的邻域,简记为 $U(-\infty)$;

　　$U(\infty,a)=\{x\in\mathbb{R}\mid |x|>a\}$:表示 ∞ 的邻域,简记为 $U(\infty)$.

　　显然,考虑函数在上述三个过程中的极限时,函数的定义域要分别包含这三个邻域.

　　定义 2.6(自变量趋向无穷大的函数极限)　对于函数 $y=f(x),x\in D$ 及实数 A,

　　(i)若 $U(+\infty)\subset D$,对任意 $\varepsilon>0$,存在 $X>0$,当 $x>X$ 时 $|f(x)-A|<\varepsilon$,则称 A 为 $x\to+\infty$ 时函数 $f(x)$ 的极限,记作 $\lim\limits_{x\to+\infty}f(x)=A$;

　　(ii)若 $U(-\infty)\subset D$,对任意 $\varepsilon>0$,存在 $X>0$,当 $x<-X$ 时 $|f(x)-A|<\varepsilon$,则称 A 为 $x\to-\infty$ 时函数 $f(x)$ 的极限,记作 $\lim\limits_{x\to-\infty}f(x)=A$;

（ⅲ）若 $U(\infty)\subset D$，对任意 $\varepsilon>0$，存在 $X>0$，当 $|x|>X$ 时 $|f(x)-A|<\varepsilon$，则称 A 为 **$x\to\infty$ 时函数 $f(x)$ 的极限**，记作 $\lim\limits_{x\to\infty}f(x)=A$.

注1　函数的自变量趋向无穷大和数列中的 $n\to\infty$ 虽然类似，但是有两个不同：一是函数自变量趋向无穷大有三个方式（$x\to+\infty$，$-\infty$，∞），二是函数自变量是"连续地"变化，而数列的下标 n 只取正整数；

注2　用邻域描述上述定义如下：

$$\left.\begin{array}{l}\lim\limits_{x\to+\infty}f(x)=A\\[1mm]\lim\limits_{x\to-\infty}f(x)=A\\[1mm]\lim\limits_{x\to\infty}f(x)=A\end{array}\right\}\Leftrightarrow\forall\varepsilon>0,\text{存在 }X>0,\text{当}\begin{array}{c}x\in U(+\infty,X)\\[1mm]x\in U(-\infty,X)\\[1mm]x\in U(\infty,X)\end{array}\text{时,}|f(x)-A|<\varepsilon.$$

注3　用定义验证极限的方法与数列极限类似，也是从不等式 $|f(x)-A|<\varepsilon$ 中解出 x 的取值范围，由此确定的 X 值；

注4　由定义 2.6 可知 $\lim\limits_{x\to\infty}f(x)=A\Leftrightarrow\lim\limits_{x\to+\infty}f(x)=A$ 且 $\lim\limits_{x\to-\infty}f(x)=A$.

例2.6　用定义验证下述极限：

（1）$\lim\limits_{x\to+\infty}\arctan x=\dfrac{\pi}{2}$；（2）$\lim\limits_{x\to-\infty}\arctan x=-\dfrac{\pi}{2}$；（3）$\lim\limits_{x\to\infty}e^{-x^2}=0$.

解　（1）不妨设 $0<\varepsilon<\dfrac{\pi}{2}$，取 $X=\tan\left(\dfrac{\pi}{2}-\varepsilon\right)$，则当 $x>X$ 时，$\arctan x>\dfrac{\pi}{2}-\varepsilon$，同时 $\arctan x<\dfrac{\pi}{2}$，故 $\left|\arctan x-\dfrac{\pi}{2}\right|<\varepsilon$，因此 $\lim\limits_{x\to+\infty}\arctan x=\dfrac{\pi}{2}$；

（2）不妨设 $0<\varepsilon<\dfrac{\pi}{2}$，取 $X=\tan\left(\dfrac{\pi}{2}-\varepsilon\right)$，则当 $x<-X$ 时，$\arctan x<\varepsilon-\dfrac{\pi}{2}$，同时 $\arctan x>-\dfrac{\pi}{2}$，故 $\left|\arctan x+\dfrac{\pi}{2}\right|<\varepsilon$，因此 $\lim\limits_{x\to-\infty}\arctan x=-\dfrac{\pi}{2}$；

（3）不妨设 $0<\varepsilon<1$，取 $X=\sqrt{\ln\left(\dfrac{1}{\varepsilon}\right)}$，则当 $|x|>X$ 时，$e^{-x^2}<e^{-X^2}=e^{-\ln\frac{1}{\varepsilon}}=\varepsilon$，同时 $e^{-x^2}>0$，故 $\left|e^{-x^2}\right|<\varepsilon$，因此 $\lim\limits_{x\to\infty}e^{-x^2}=0$.

2. 自变量趋向有限值时函数的极限

与前面类似，函数的自变量 x 趋向有限值 x_0 时，也有三种情形：从右侧趋向 x_0，从左侧趋向 x_0，以及从左右两侧同时趋向 x_0. 为了方便，引入以下记号.（设 $a>0$）

$U^\circ(x_0+,a)=(x_0,x_0+a)$：表示 x_0 的右侧去心邻域，简记为 $U^\circ(x_0+)$；

$U^\circ(x_0-,a) = (x_0-a,x_0)$：表示 x_0 的左侧去心邻域，简记为 $U^\circ(x_0-)$；

$U^\circ(x_0,a) = (x_0-a,x_0) \bigcup (x_0,x_0+a)$：表示 x_0 的双侧去心邻域，简记为 $U^\circ(x_0)$.

显然，考虑函数在上述三个过程中的极限时，函数的定义域要分别包含这三个邻域.

> **定义 2.7（自变量趋向有限值的函数极限）** 对于函数 $y = f(x)$，$x \in D$ 及实数 A，
>
> （i）若 $U^\circ(x_0+) \subset D$，对任意 $\varepsilon > 0$，存在 $\delta > 0$，当 $x_0 < x < x_0 + \delta$ 时 $|f(x) - A| < \varepsilon$，则称 A 为 $x \to x_0+$ 时函数 $f(x)$ **的右极限**，记作 $\lim\limits_{x \to x_0+} f(x) = A$；
>
> （ii）若 $U^\circ(x_0-) \subset D$，对任意 $\varepsilon > 0$，存在 $\delta > 0$，当 $x_0 - \delta < x < x_0$ 时 $|f(x) - A| < \varepsilon$，则称 A 为 $x \to x_0-$ 时函数 $f(x)$ **的左极限**，记作 $\lim\limits_{x \to x_0-} f(x) = A$；
>
> （iii）若 $U^\circ(x_0) \subset D$，对任意 $\varepsilon > 0$，存在 $\delta > 0$，当 $0 < |x - x_0| < \delta$ 时 $|f(x) - A| < \varepsilon$，则称 A 为 $x \to x_0$ 时函数 $f(x)$ **的极限**，记作 $\lim\limits_{x \to x_0} f(x) = A$.

注 1 讨论自变量趋向有限值 x_0 时函数的极限，不要求 $x_0 \in D$，也就是说极限值与 $f(x)$ 在 x_0 的取值无关；

注 2 用邻域描述上述定义如下：

$$\left.\begin{array}{l} \lim\limits_{x \to x_0+} f(x) = A \\ \lim\limits_{x \to x_0-} f(x) = A \\ \lim\limits_{x \to x_0} f(x) = A \end{array}\right\} \Leftrightarrow \forall \varepsilon > 0, \text{存在} \delta > 0, \text{当} \begin{array}{l} x \in U^\circ(x_0+,\delta) \\ x \in U^\circ(x_0-,\delta) \\ x \in U^\circ(x_0,\delta) \end{array} \text{时，} |f(x) - A| < \varepsilon.$$

注 3 由定义 2.7 可知 $\lim\limits_{x \to x_0} f(x) = A \Leftrightarrow \lim\limits_{x \to x_0+} f(x) = A$ 且 $\lim\limits_{x \to x_0-} f(x) = A$；

注 4 定义 2.6 和定义 2.7 的六个极限过程可分为两类：**双侧极限**（$\lim\limits_{x \to \infty} f(x)$，$\lim\limits_{x \to x_0} f(x)$）**和单侧极限**（从左往右：$\lim\limits_{x \to +\infty} f(x)$，$\lim\limits_{x \to x_0-} f(x)$，从右往左：$\lim\limits_{x \to -\infty} f(x)$，$\lim\limits_{x \to x_0+} f(x)$）.

例 2.7 用定义验证下述极限：

（1）$\lim\limits_{x \to x_0} \sin x = \sin x_0$；（2）$\lim\limits_{x \to 0} \mathrm{e}^x = 1$；（3）$\lim\limits_{x \to 1} f(x) = 1$，其中

$$f(x) = \begin{cases} \dfrac{x^2 + x - 2}{2x^2 - x - 1}, & x < 1, \\ \mathrm{e}^{x-1}, & x > 1. \end{cases}$$

解 （1）由于 $\sin x - \sin x_0 = 2\cos \dfrac{x + x_0}{2} \sin \dfrac{x - x_0}{2}$ 以及

$|\sin x| \leqslant |x|$，对任意的 $\varepsilon > 0$，取 $\delta = \varepsilon$，则当 $x \in U°(x_0, \delta)$ 时，

$$\left| \sin x - \sin x_0 \right| = \left| 2\cos \frac{x + x_0}{2} \sin \frac{x - x_0}{2} \right| \leqslant |x - x_0| < \varepsilon，因此$$

$\lim\limits_{x \to x_0} \sin x = \sin x_0$.

（2）对任意 $0 < \varepsilon < 1$，取 $\delta = \min\{-\ln(1 - \varepsilon), \ln(1 + \varepsilon)\}$，当 $x \in U°(0, \delta)$ 时，$\ln(1 - \varepsilon) < x < \ln(1 + \varepsilon)$，于是 $1 - \varepsilon < e^x < 1 + \varepsilon$，因此 $\lim\limits_{x \to 0} e^x = 1$.

（3）当 $x < 1$ 时，对任意的 $0 < \varepsilon < 1$，取 $\delta = \varepsilon$，当 $1 - \delta < x < 1$ 时，有 $0 < x < 2 \Rightarrow 2x + 1 > 1$，于是 $\left| \dfrac{x^2 + x - 2}{2x^2 - x - 1} - 1 \right| = \left| \dfrac{x + 2}{2x + 1} - 1 \right| = \dfrac{|x - 1|}{|2x + 1|} < |x - 1| < \varepsilon$，故 $\lim\limits_{x \to 1^-} f(x) = 1$；

当 $x > 1$ 时，对任意的 $\varepsilon > 0$，取 $\delta = \ln(1 + \varepsilon)$，当 $1 < x < 1 + \delta$ 时，有 $0 < e^{x-1} - 1 < e^{\ln(1+\varepsilon)} - 1 = \varepsilon$，故 $\lim\limits_{x \to 1^+} f(x) = 1$；综上，可得 $\lim\limits_{x \to 1} f(x) = 1$.

注1 可用类似（1）的方法证明 $\lim\limits_{x \to x_0} \cos x = \cos x_0$；

注2 当计算分段函数的分段点，或定义域区间端点的极限时，需要求左、右极限.

> **思考**：如何用定义说明当 $x \to +\infty$（$x \to -\infty$，$x \to \infty$，$x \to x_0+$，$x \to x_0-$，$x \to x_0$）时，$f(x)$ 不以 A 为极限？

若函数 $f(x)$ 的值在某过程中不接近给定实数，而是绝对值无限增大，则可定义为某过程中的无穷大量. 只需将定义 2.6 和定义 2.7 中的"$\forall \varepsilon > 0$"改为"$\forall M > 0$"，"$|f(x) - A| < \varepsilon$"改为"$|f(x)| \geqslant M$（或 $f(x) \geqslant M, f(x) \leqslant -M$）"，即可定义该过程中的"**无穷大量**"（"**正无穷大量**"和"**负无穷大量**"），分别记作 $\lim f(x) = \infty$（$+\infty$，$-\infty$）（$\lim$ 下面的极限过程省略）.

2.2.2 函数极限的性质与两个重要极限

函数极限的性质与数列极限的性质类似，只是由于自变量变化趋势的不同，相应的性质也需要考虑不同的邻域. 上一小节中，引入了六种函数极限以及相应的六种邻域，分别为

> 六种极限：$\lim\limits_{x \to +\infty} f(x)$，$\lim\limits_{x \to -\infty} f(x)$，$\lim\limits_{x \to \infty} f(x)$，$\lim\limits_{x \to x_0+} f(x)$，$\lim\limits_{x \to x_0-} f(x)$，$\lim\limits_{x \to x_0} f(x)$；
> 六种邻域：$U(+\infty, X)$，$U(-\infty, X)$，$U(\infty, X)$，$U°(x_0+, \delta)$，$U°(x_0-, \delta)$，$U°(x_0, \delta)$.

为了方便，统一用 $\lim f(x)$ 表示六种不同的极限，用 U 表示相应的邻域，这样 $\lim f(x) = A$ 的定义可以统一写为"$\forall \varepsilon > 0$，存在邻域 U，当 $x \in U$ 时，$|f(x) - A| < \varepsilon$".

性质 2.1（唯一性） 若 $\lim f(x)$ 存在，则极限值一定唯一.

证 设 $\lim f(x) = A$ 以及 $\lim f(x) = B$，只需证 $A = B$.

对任意的 $\varepsilon > 0$，由 $\lim f(x) = A$，可知存在邻域 U_1，当 $x \in U_1$ 有 $|f(x) - A| < \varepsilon$；由 $\lim f(x) = B$，可知存在邻域 U_2，当 $x \in U_2$ 有 $|f(x) - B| < \varepsilon$. 于是当 $x \in U_1 \cap U_2$ 时，
$$|A - B| = |A - f(x) + f(x) - B| \leqslant |f(x) - A| + |f(x) - B| < 2\varepsilon.$$
由 $\varepsilon > 0$ 的任意性，可知 $A = B$.

性质 2.2（局部有界性） 若 $\lim f(x)$ 存在，则 $f(x)$ 在该极限过程中的某邻域 U 内有界.

证 不妨设 $\lim f(x) = A$. 取 $\varepsilon = 1$，则存在邻域 U，当 $x \in U$ 时，
$$|f(x) - A| < 1 \Rightarrow |f(x)| < 1 + |A|,$$
故 $f(x)$ 在邻域 U 内有界.

注 性质 2.2 只可得出局部有界性，不能得出有界性.

（例如：$\lim\limits_{x \to -\infty} e^x = 0$，只可以得出 $\exists M > 0$，e^x 在 $(-\infty, -M)$ 有界，但是在 $(-\infty, +\infty)$ 无界）.

性质 2.3（局部保号性和局部保序性） 设同一过程中的极限 $\lim f(x) = A$ 以及 $\lim g(x) = B$.

（1）若 $A > 0 \ (< 0)$，则对任意的 $0 < p < A \ (A < p < 0)$，存在邻域 U，当 $x \in U$ 时，
$$f(x) > p > 0 \quad (f(x) < p < 0);$$

（2）若存在邻域 U，当 $x \in U$ 时，$f(x) \geqslant 0 \quad (f(x) \leqslant 0)$，则 $A \geqslant 0$ $(\leqslant 0)$；

（3）若 $A > B \ (< B)$，则存在邻域 U，当 $x \in U$ 时，$f(x) > g(x)$ $(f(x) < g(x))$；

（4）若存在邻域 U，当 $x \in U$ 时，$f(x) \geqslant g(x)$ $(f(x) \leqslant g(x))$，则 $A \geqslant B \ (\leqslant B)$.

性质 2.4（四则运算法则） 设同一过程中的极限 $\lim f(x) = A$ 以及 $\lim g(x) = B$，则

（1）$\lim(f(x) \pm g(x)) = A \pm B$； （2）$\lim(f(x) \cdot g(x)) = A \cdot B$；

（3）若 $B \neq 0$，$\lim \dfrac{f(x)}{g(x)} = \dfrac{A}{B}$.

注1 性质 2.3 和性质 2.4 的证明类似数列极限相关性质的证明，本书从略.

注2 性质 2.4 可以得出函数极限的线性性：设 α, β 为常数，
$$\lim(\alpha f(x) + \beta g(x)) = \alpha \lim f(x) + \beta \lim g(x) = \alpha A + \beta B.$$

注3 性质 2.4 结合极限 $\lim\limits_{x \to x_0} x = x_0$，$\lim\limits_{x \to \infty} \dfrac{1}{x} = 0$，$\lim\limits_{x \to x_0} \sin x = \sin x_0$，$\lim\limits_{x \to x_0} \cos x = \cos x_0$，$\lim\limits_{x \to 0} e^x = 1$ 等可以得出下列函数极限：

（1）$\lim\limits_{x \to x_0} P_n(x) = P_n(x_0)$，$P_n(x) = a_n x^n + a_{n-1} x^{n-1} + \cdots + a_1 x + a_0 \ (a_n \neq 0)$ 为多项式（整式）；

（2）$\lim\limits_{x \to x_0} Q(x) = Q(x_0)$，$Q(x) = \dfrac{P_n^{(1)}(x)}{P_m^{(2)}(x)} = \dfrac{a_n x^n + a_{n-1} x^{n-1} + \cdots + a_1 x + a_0}{b_m x^m + b_{m-1} x^{m-1} + \cdots + b_1 x + b_0}$

$(a_n,b_m\neq0)$ 为有理式(分式),并且 $P_m^{(2)}(x_0)\neq0$;(若 $P_m^{(2)}(x_0)=0$,则需要因式分解后消去分母零因子后再代入)

此外,$\lim\limits_{x\to\infty}\dfrac{a_nx^n+a_{n-1}x^{n-1}+\cdots+a_1x+a_0}{b_mx^m+b_{m-1}x^{m-1}+\cdots+b_1x+b_0}=\begin{cases}0,&m>n,\\[2mm]\dfrac{a_n}{b_m},&m=n,\\[2mm]\infty,&m<n.\end{cases}$

(3) $\lim\limits_{x\to x_0}\tan x=\tan x_0,\lim\limits_{x\to x_0}\sec x=\sec x_0(x_0\neq k\pi+\dfrac{\pi}{2},k=1,2,\cdots)$;

$\lim\limits_{x\to x_0}\cot x=\cot x_0,\lim\limits_{x\to x_0}\csc x=\csc x_0(x_0\neq k\pi,k=1,2,\cdots)$;

此外,$\lim\limits_{x\to k\pi+\frac{\pi}{2}}\tan x=\lim\limits_{x\to k\pi+\frac{\pi}{2}}\sec x=\lim\limits_{x\to k\pi}\cot x=\lim\limits_{x\to k\pi}\csc x=\infty$;

(4) $\lim\limits_{x\to x_0}\mathrm{e}^x=\mathrm{e}^{x_0}$(由于 $\lim\limits_{x\to x_0}\mathrm{e}^x=\mathrm{e}^{x_0}\lim\limits_{x\to x_0}\mathrm{e}^{x-x_0}$ 以及 $\lim\limits_{x\to x_0}\mathrm{e}^{x-x_0}=1$);

$\lim\limits_{x\to-\infty}\mathrm{e}^x=0,\lim\limits_{x\to+\infty}\mathrm{e}^x=+\infty$.

性质 2.5(迫敛性)　设同一过程中的极限 $\lim f(x)=\lim g(x)=A$,且存在该过程的邻域 U,当 $x\in U$ 时有 $f(x)\leqslant h(x)\leqslant g(x)$,则 $\lim h(x)=A$.

证　对任意的 $\varepsilon>0$,由 $\lim f(x)=A$,可知存在邻域 U_1,当 $x\in U_1$ 时,有 $|f(x)-A|<\varepsilon\Rightarrow A-\varepsilon<f(x)$;由 $\lim g(x)=A$,可知存在邻域 U_2,当 $x\in U_2$ 有 $|g(x)-A|<\varepsilon\Rightarrow g(x)<A+\varepsilon$. 于是当 $x\in U_1\cap U_2$ 时,

$$A-\varepsilon<f(x)\leqslant h(x)\leqslant g(x)<A+\varepsilon\Rightarrow|h(x)-A|<\varepsilon.$$

故 $\lim h(x)=A$.

性质 2.6(复合运算法则)

(1) 设在某过程中 $\lim g(x)=u_0(g(x)\neq u_0)$ 且 $\lim\limits_{u\to u_0}f(u)=A$,则在上述过程中 $\lim f(g(x))=A$;

(2) 设在某过程中 $\lim g(x)=\infty$ $(+\infty,-\infty)$ 且 $\lim\limits_{u\to\infty}f(u)=A$ $(\lim\limits_{u\to+\infty}f(u)=A,\lim\limits_{u\to-\infty}f(u)=A)$,则在上述过程中 $\lim f(g(x))=A$.

证　(1) 由 $\lim\limits_{u\to u_0}f(u)=A$,则对 $\forall\varepsilon>0$,$\exists\delta>0$,当 $0<|u-u_0|<\delta$ 时,$|f(u)-A|<\varepsilon$. 又由于 $\lim g(x)=u_0(g(x)\neq u_0)$,故对上述 $\delta>0$ 存在邻域 U,当 $x\in U$ 有 $0<|g(x)-u_0|<\delta\Rightarrow|f(g(x))-A|<\varepsilon$. 因此 $\lim f(g(x))=A$.

(2) 只考虑 $\lim\limits_{u\to\infty}f(u)=A$ 的情形,$\exists X>0$,当 $|u|>X$ 时,$|f(u)-A|<\varepsilon$. 又由于 $\lim g(x)=\infty$,故对上述 $X>0$ 存在邻域 U,当 $x\in U$ 有 $|g(x)|>X\Rightarrow|f(g(x))-A|<\varepsilon$. 因此 $\lim f(g(x))=A$.

性质 2.7(反函数运算法则)　以下均假设函数 $f(x)$ 在相应过程的邻域内严格单调增加.

（1）若 $\lim\limits_{x\to a}f(x)=b$（或 $\lim\limits_{x\to a-}f(x)=b$，$\lim\limits_{x\to a+}f(x)=b$），则 $\lim\limits_{x\to b}f^{-1}(x)=a$；

（2）若 $\lim\limits_{x\to a+}f(x)=-\infty$（或 $\lim\limits_{x\to a-}f(x)=+\infty$），则 $\lim\limits_{x\to -\infty}f^{-1}(x)=a$（或 $\lim\limits_{x\to +\infty}f^{-1}(x)=a$）；

（3）若 $\lim\limits_{x\to +\infty}f(x)=b$（或 $\lim\limits_{x\to -\infty}f(x)=b$），则 $\lim\limits_{x\to b-}f^{-1}(x)=+\infty$（或 $\lim\limits_{x\to b+}f^{-1}(x)=-\infty$）；

（4）若 $\lim\limits_{x\to +\infty}f(x)=+\infty$（或 $\lim\limits_{x\to -\infty}f(x)=-\infty$），则 $\lim\limits_{x\to +\infty}f^{-1}(x)=+\infty$（或 $\lim\limits_{x\to -\infty}f^{-1}(x)=-\infty$）.

证　（1）若 $\lim\limits_{x\to a}f(x)=b$，由已知，$f(x)$ 在邻域 $U^{\circ}(a)$ 内严格单调增加. 如图 2-22 所示，对任意小的 $\varepsilon>0$，设 $a\pm\varepsilon\in U^{\circ}(a)$，记 $b_1=f(a-\varepsilon)$，$b_2=f(a+\varepsilon)$，由性质 2.3 以及 $f(x)$ 严格单调增加，可得 $b_1<b<b_2$，取 $\delta=\min(b-b_1,b_2-b)$，则 $f^{-1}(U^{\circ}(b,\delta))\subset U^{\circ}(a,\varepsilon)$. 故当 $0<|x-b|<\delta$ 时，$|f^{-1}(x)-a|<\varepsilon$ 成立，因此 $\lim\limits_{x\to b}f^{-1}(x)=a$.

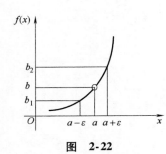

图　2-22

对于 $\lim\limits_{x\to a-}f(x)=b$，$\lim\limits_{x\to a+}f(x)=b$ 的情形类似可证.

（2）若 $\lim\limits_{x\to a+}f(x)=-\infty$，由已知，$f(x)$ 在邻域 $U^{\circ}(a+)$ 内严格单调增加. 如图 2-23 所示，对任意小的 $\varepsilon>0$，设 $a+\varepsilon\in U^{\circ}(a+)$，记 $X_1=f(a+\varepsilon)$，则 $f((a,a+\varepsilon))=(-\infty,X_1)\Rightarrow f^{-1}((-\infty,X_1))=U^{\circ}(a+,\varepsilon)$. 故当 $x<X_1$ 时，$|f^{-1}(x)-a|<\varepsilon$ 成立，因此 $\lim\limits_{x\to -\infty}f^{-1}(x)=a$.

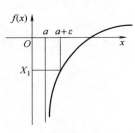

图　2-23

对于 $\lim\limits_{x\to a-}f(x)=+\infty$ 的情形类似可证.

（3）若 $\lim\limits_{x\to +\infty}f(x)=b$，由已知，$f(x)$ 在邻域 $U(+\infty)$ 内严格单调增加. 如图 2-24 所示，对充分大的 $M>0$，设 $M\in U(+\infty)$，记 $b_1=f(M)$，取 $\delta=b-b_1$，则 $f((M,+\infty))=(b-\delta,b)\Rightarrow f^{-1}((b-\delta,b))=(M,+\infty)$. 故当 $x\in U^{\circ}(b-,\delta)$ 时，$f^{-1}(x)>M$ 成立，因此 $\lim\limits_{x\to b-}f^{-1}(x)=+\infty$.

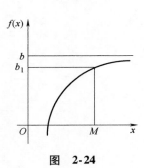

图　2-24

对于 $\lim\limits_{x\to -\infty}f(x)=b$ 的情形类似可证.

（4）若 $\lim\limits_{x\to +\infty}f(x)=+\infty$，由已知，$f(x)$ 在邻域 $U(+\infty)$ 内严格单调增加. 如图 2-25 所示，对充分大的 $M>0$，设 $X\in U(+\infty)$，取 $X_1=f(M)$，则 $f((M,+\infty))=(X_1,+\infty)\Rightarrow f^{-1}((X_1,+\infty))=(M,+\infty)$. 故当 $x>X_1$ 时，$f^{-1}(x)>M$ 成立，因此 $\lim\limits_{x\to +\infty}f^{-1}(x)=+\infty$.

对于 $\lim\limits_{x\to -\infty}f(x)=-\infty$ 的情形类似可证.

注 1　性质 2.7 只是给出了 $f(x)$ 严格单调增加的情形，严格单调减少时也有相应的结论，本书从略.

注 2　由性质 2.6、性质 2.7 以及三角函数和指数函数的极限，可得下述极限：

（1）$\lim\limits_{x\to x_0}\arcsin x=\arcsin x_0$，$\lim\limits_{x\to x_0}\arccos x=\arccos x_0$

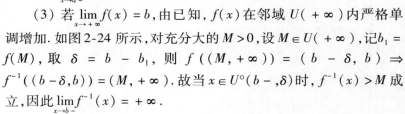

图　2-25

$(x_0 \in [-1,1])$（当 $x_0 = \pm 1$ 时分别为左、右极限）；

$$\lim_{x \to x_0} \arctan x = \arctan x_0, \lim_{x \to x_0} \text{arccot} x = \text{arccot} x_0 \quad (x_0 \in \mathbb{R});$$

$$\lim_{x \to +\infty} \arctan x = \frac{\pi}{2}, \lim_{x \to -\infty} \arctan x = -\frac{\pi}{2}, \lim_{x \to +\infty} \text{arccot} x = 0,$$

$$\lim_{x \to -\infty} \text{arccot} x = \pi;$$

（2）$\lim\limits_{x \to x_0} \ln x = \ln x_0 (x_0 \in (0, +\infty))$，$\lim\limits_{x \to 0+} \ln x = -\infty$

（由于 $\lim\limits_{x \to -\infty} e^x = 0$）；

（3）$\lim\limits_{x \to x_0} x^a = x_0^a \quad (x_0 \in (0, +\infty))$

（由于 $\lim\limits_{x \to x_0} x^a = \lim\limits_{x \to x_0} e^{a \ln x} = e^{a \lim\limits_{x \to x_0} \ln x} = e^{a \ln x_0} = x_0^a$）.

综上可得，对所有的基本初等函数以及它们的有限次四则运算及复合运算（也就是所有的初等函数）$f(x)$，只要存在 x_0 的邻域 $U(x_0) \subset D(f)$，都有 $\lim\limits_{x \to x_0} f(x) = f(x_0)$.

一类特殊的初等函数 $f(x) = u(x)^{v(x)}$，称为**幂指函数**. 若 $\lim\limits_{x \to x_0} u(x) = u(x_0) > 0$，$\lim\limits_{x \to x_0} v(x) = v(x_0) \in \mathbb{R}$，则 $\lim\limits_{x \to x_0} u(x)^{v(x)} = \lim\limits_{x \to x_0} e^{v(x) \cdot \ln u(x)} = e^{v(x_0) \cdot \ln u(x_0)} = u(x_0)^{v(x_0)}$.

下面，将借助函数极限的迫敛性来证明两个重要的极限.

例 2.8　证明下述极限：

（1）$\lim\limits_{x \to 0} \dfrac{\sin x}{x} = 1$；（2）$\lim\limits_{x \to \infty} \left(1 + \dfrac{1}{x} \right)^x = e$.

证　（1）先设 $0 < x < \dfrac{\pi}{2}$，考虑如图 2-26 所示的单位圆，设

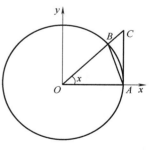

$\angle AOB = x$，由于 $S_{\triangle AOB} < S_{扇形 AOB} < S_{\triangle AOC}$，故 $\dfrac{1}{2} \sin x < \dfrac{1}{2} x < \dfrac{1}{2} \tan x$，于是可得

$$1 < \frac{x}{\sin x} < \frac{\tan x}{\sin x} = \frac{1}{\cos x} \Rightarrow \cos x < \frac{\sin x}{x} < 1.$$

若 $-\dfrac{\pi}{2} < x < 0$，令 $t = -x$，有 $\cos t < \dfrac{\sin t}{t} < 1$，

即 $\cos(-x) < \dfrac{\sin(-x)}{-x} < 1 \Rightarrow \cos x < \dfrac{\sin x}{x} < 1.$

图 2-26

由于 $\lim\limits_{x \to 0} \cos x = \cos 0 = 1$，故根据迫敛性可得 $\lim\limits_{x \to 0} \dfrac{\sin x}{x} = 1$.

（2）回顾类似的数列极限 $\lim\limits_{n \to \infty} \left(1 + \dfrac{1}{n} \right)^n = e$，考虑取整函数 $[x]$ 将连续变量离散化.

当 $x > 0$ 时，利用 $[x] \le x < [x] + 1$，可得 $\left(1 + \dfrac{1}{[x] + 1} \right)^{[x]} \le \left(1 + \dfrac{1}{x} \right)^x \le \left(1 + \dfrac{1}{[x]} \right)^{[x] + 1}.$

记 $n=[x]$，则 $x\to+\infty\Leftrightarrow n\to\infty$，于是分别有：

$$\lim_{x\to+\infty}\left(1+\frac{1}{[x]+1}\right)^{[x]}=\lim_{n\to\infty}\left(1+\frac{1}{n+1}\right)^{n}=\lim_{n\to\infty}\left(1+\frac{1}{n+1}\right)^{n+1}\cdot\left(1+\frac{1}{n+1}\right)^{-1}=\mathrm{e},$$

$$\lim_{x\to+\infty}\left(1+\frac{1}{[x]}\right)^{[x]+1}=\lim_{n\to\infty}\left(1+\frac{1}{n}\right)^{n+1}=\lim_{n\to\infty}\left(1+\frac{1}{n}\right)^{n}\cdot\left(1+\frac{1}{n}\right)=\mathrm{e}.$$

故由迫敛性可得 $\lim\limits_{x\to+\infty}\left(1+\frac{1}{x}\right)^{x}=\mathrm{e}.$

当 $x<0$ 时，令 $t=-x$，有

$$\lim_{x\to-\infty}\left(1+\frac{1}{x}\right)^{x}=\lim_{t\to+\infty}\left(1-\frac{1}{t}\right)^{-t}=\lim_{t\to+\infty}\left(1+\frac{1}{t-1}\right)^{t}=\lim_{t\to+\infty}\left(1+\frac{1}{t-1}\right)^{t-1}\cdot\left(1+\frac{1}{t-1}\right)=\mathrm{e}.$$

综上可得，$\lim\limits_{x\to-\infty}\left(1+\frac{1}{x}\right)^{x}=\mathrm{e}.$

注 1 例 2.8(1) 中的 x 可以改为任意的非零无穷小量，例 2.8(2) 中的 x 可以改为任意的无穷大量.

注 2 请读者完成以下推论：

由 $\lim\limits_{x\to0}\dfrac{\sin x}{x}=1$ 可以得出 $\lim\limits_{x\to0}\dfrac{\arcsin x}{x}=\lim\limits_{x\to0}\dfrac{\tan x}{x}=\lim\limits_{x\to0}\dfrac{\arctan x}{x}=1$，

$\lim\limits_{x\to0}\dfrac{1-\cos x}{x}=\dfrac{1}{2}$；

由 $\lim\limits_{x\to\infty}\left(1+\dfrac{1}{x}\right)^{x}=\mathrm{e}$ 可以得出 $\lim\limits_{x\to0}(1+x)^{\frac{1}{x}}=\mathrm{e}$，$\lim\limits_{x\to\infty}\left(1-\dfrac{1}{x}\right)^{x}=$

$\lim\limits_{x\to0}(1-x)^{\frac{1}{x}}=\dfrac{1}{\mathrm{e}}$.

注 3 例 2.8(2) 的证明思想提供了一种由数列极限得到函数极限的方法.

例 2.9 证明(1) $\lim\limits_{x\to+\infty}x^{\frac{1}{x}}=1$；(2) $\lim\limits_{x\to0+}x^{x}=1$.

证 (1) 利用 $\lim\limits_{n\to\infty}\sqrt[n]{n}=1$ 及 $[x]^{\frac{1}{[x]+1}}\leqslant x^{\frac{1}{x}}\leqslant([x]+1)^{\frac{1}{[x]}}$，记 $n=[x]$，则 $x\to+\infty\Leftrightarrow n\to\infty$，分别有：

$$\lim_{x\to+\infty}[x]^{\frac{1}{[x]+1}}=\lim_{n\to\infty}n^{\frac{1}{n+1}}=\lim_{n\to\infty}\left(\sqrt[n]{n}\right)^{\frac{n}{n+1}}=1 \ 与$$

$$\lim_{x\to+\infty}([x]+1)^{\frac{1}{[x]}}=\lim_{n\to\infty}(n+1)^{\frac{1}{n}}=\lim_{n\to\infty}\left(\sqrt[n+1]{n+1}\right)^{\frac{n+1}{n}}=1.$$

故由迫敛性可得 $\lim\limits_{x\to+\infty}x^{\frac{1}{x}}=1.$

(2) 令 $t=\dfrac{1}{x}$，则 $x\to+\infty\Leftrightarrow t\to0+$，因此 $\lim\limits_{x\to0+}x^{x}=\lim\limits_{t\to+\infty}\left(\dfrac{1}{t}\right)^{\frac{1}{t}}=$

$\lim\limits_{t\to+\infty}\dfrac{1}{t^{\frac{1}{t}}}=1.$

注 1 例 2.8(2) 和例 2.9 都是典型的幂指函数类型，分别记为"1^{∞}"，"∞^{0}"，"0^{0}"型，这些类型的函数极限不能直接使用前面的结论 $\lim\limits_{x\to x_{0}}u(x)^{v(x)}=u(x_{0})^{v(x_{0})}$（要求 $u(x_{0})>0,v(x_{0})\in\mathbb{R}$）；

注 2 对例 2.8(2) 和例 2.9 分别取对数，可以得下述常用的极限：

$$\lim_{x \to 0} \frac{\ln(1+x)}{x} = 1, \lim_{x \to +\infty} \frac{\ln x}{x} = 0, \lim_{x \to 0^+} x \ln x = 0.$$

例 2.10　确定 a, b, c 的值,使得 $\lim_{x \to 1} \dfrac{a(x-1)^2 + b(x-1) + c - \sqrt{x^2+3}}{(x-1)^2} = 0.$

解　首先,$\lim_{x \to 1} \left(a(x-1)^2 + b(x-1) + c - \sqrt{x^2+3} \right) = 0 \Rightarrow c = 2;$

其次,$\lim_{x \to 1} \dfrac{a(x-1)^2 + b(x-1) + 2 - \sqrt{x^2+3}}{x-1} = 0 \Rightarrow b = \lim_{x \to 1} \dfrac{\sqrt{x^2+3} - 2}{x-1} = \dfrac{1}{2};$

最后,

$$\lim_{x \to 1} \frac{a(x-1)^2 + \dfrac{1}{2}(x-1) + 2 - \sqrt{x^2+3}}{(x-1)^2} = 0$$

$$\Rightarrow a = \lim_{x \to 1} \frac{\sqrt{x^2+3} - 2 - \dfrac{1}{2}(x-1)}{(x-1)^2} = \lim_{x \to 1} \frac{\sqrt{x^2+3} - \dfrac{1}{2}(x+3)}{(x-1)^2}$$

$$= \lim_{x \to 1} \frac{\dfrac{3}{4}(x-1)^2}{(x-1)^2 \cdot \left(\sqrt{x^2+3} + \dfrac{1}{2}(x+3) \right)} = \frac{3}{16}.$$

如果当一个函数 $f(x)$ 在距离原点无限远时,其与一条直线无限接近,则称这条直线为 $f(x)$ 的**渐近线**. 由于直线有两种表示:$y = kx + b$(斜率有限,与 y 轴不平行)和 $x = a$(斜率为无穷大,与 y 轴平行),因此判断一条直线是否为 $f(x)$ 的渐近线有以下两种情形:

(1) 存在实数 k, b 使得 $\lim_{x \to \infty}(f(x) - (kx + b)) = 0$(极限过程 $x \to \infty$ 可改为 $x \to +\infty$, $x \to -\infty$),此时若 $k = 0$ 称为**水平渐近线**,$k \neq 0$ 称为**斜渐近线**;

(2) 存在实数 a 使得 $\lim_{x \to a} f(x) = \infty$(极限过程 $x \to a$ 可改为 $x \to a+$, $x \to a-$),此时称为**垂直渐近线**.

> 思考:说明 $y = kx + b$ 为 $f(x)$ 渐近线的充要条件为 $\lim_{x \to \infty} \dfrac{f(x)}{x} = k$ 且 $\lim_{x \to \infty}(f(x) - kx) = b.$

例 2.11　求下列函数的渐近线:

(1) $f(x) = \sqrt{x^2 - x + 1}$;(2) $f(x) = \dfrac{1}{x} + \ln(1 + e^x).$

解　(1) $f(x)$ 的定义域为 $(-\infty, +\infty)$,不存在垂直渐近线. 又

$$\lim_{x \to +\infty} \frac{\sqrt{x^2 - x + 1}}{x} = \lim_{x \to +\infty} \sqrt{1 - \frac{1}{x} + \frac{1}{x^2}} = 1 \text{ 且 } \lim_{x \to +\infty} \left(\sqrt{x^2 - x + 1} - x \right) = \lim_{x \to +\infty} \frac{-x+1}{\sqrt{x^2 - x + 1} + x} = -\frac{1}{2};$$

$$\lim_{x \to -\infty} \frac{\sqrt{x^2 - x + 1}}{x} = \lim_{x \to -\infty} -\sqrt{1 - \frac{1}{x} + \frac{1}{x^2}} = -1 \text{ 且 } \lim_{x \to -\infty} \left(\sqrt{x^2 - x + 1} + x \right) = \lim_{x \to -\infty} \frac{-x+1}{\sqrt{x^2 - x + 1} - x} = \frac{1}{2};$$

因此存在两条斜渐近线：$y = x - \dfrac{1}{2}, y = -x + \dfrac{1}{2}$.

（2）$f(x)$ 的定义域为 $x \neq 0$，并且 $\lim\limits_{x \to 0} f(x) = \infty$，故存在垂直渐近线 $x = 0$；

由于 $\lim\limits_{x \to -\infty} \left(\dfrac{1}{x} + \ln(1 + e^x) \right) = 0$，故存在水平渐近线 $y = 0$；

由于 $\lim\limits_{x \to +\infty} \dfrac{\dfrac{1}{x} + \ln(1 + e^x)}{x} = \lim\limits_{x \to +\infty} \dfrac{\ln(1 + e^x)}{x} = \lim\limits_{x \to +\infty} \dfrac{\ln\left[e^x \cdot (1 + e^{-x}) \right]}{x} = $

$\lim\limits_{x \to +\infty} \dfrac{x + \ln(1 + e^{-x})}{x} = 1$

且 $\lim\limits_{x \to +\infty} \left(\dfrac{1}{x} + \ln(1 + e^x) - x \right) = \lim\limits_{x \to +\infty} \ln(1 + e^{-x}) = 0$，故存在斜渐近线 $y = x$.

2.2.3　函数极限的存在准则

本节首先建立函数极限与数列极限的关系，然后讨论各种类型函数的存在准则.

定理 2.1（海涅（Heine）定理——双侧极限）

（1）$\lim\limits_{x \to x_0} f(x) = A$ 的充要条件是对任意数列 $\{x_n\} \subset U^\circ(x_0)$，若 $\lim\limits_{n \to \infty} x_n = x_0$，则 $\lim\limits_{n \to \infty} f(x_n) = A$；

（2）$\lim\limits_{x \to \infty} f(x) = A$ 的充要条件是对任意数列 $\{x_n\}$，若 $\lim\limits_{n \to \infty} x_n = \infty$，则 $\lim\limits_{n \to \infty} f(x_n) = A$.

证　（1）必要性：若 $\lim\limits_{x \to x_0} f(x) = A$，则对 $\forall \varepsilon > 0$，$\exists \delta > 0$，当 $x \in U^\circ(x_0, \delta)$ 时 $|f(x) - A| < \varepsilon$. 对于数列 $\{x_n\} \subset U^\circ(x_0)$，若 $\lim\limits_{n \to \infty} x_n = x_0$，$\exists N > 0$，当 $n > N$ 时 $0 < |x_n - x_0| < \delta$，即 $x_n \in U^\circ(x_0, \delta)$. 于是当 $n > N$ 时有 $|f(x_n) - A| < \varepsilon$，因此 $\lim\limits_{n \to \infty} f(x_n) = A$.

充分性：用反证法. 若 $\lim\limits_{x \to x_0} f(x) = A$ 不成立，则 $\exists \varepsilon_0 > 0$，对 $\forall \delta > 0$，$\exists x_\delta \in U^\circ(x_0, \delta)$，使得 $|f(x_\delta) - A| \geqslant \varepsilon_0$. 分别取 $\delta = 1, \dfrac{1}{2}, \cdots, \dfrac{1}{n}, \cdots$，这样得到数列 $\{x_n\}$，满足 $0 < |x_n - x_0| < \dfrac{1}{n}$ 且 $|f(x_n) - A| \geqslant \varepsilon_0$. 显然 $\lim\limits_{n \to \infty} x_n = x_0$，这与"对任意数列 $\{x_n\} \subset U^\circ(x_0)$，若 $\lim\limits_{n \to \infty} x_n = x_0$，则 $\lim\limits_{n \to \infty} f(x_n) = A$"矛盾，得证.

（2）必要性：若 $\lim\limits_{x \to \infty} f(x) = A$，则对 $\forall \varepsilon > 0$，$\exists X > 0$，当 $|x| > X$ 时 $|f(x) - A| < \varepsilon$. 对于数列 $\{x_n\}$，若 $\lim\limits_{n \to \infty} x_n = \infty$，$\exists N > 0$，当 $n > N$ 时 $|x_n| > X$. 于是当 $n > N$ 时有 $|f(x_n) - A| < \varepsilon$，因此 $\lim\limits_{n \to \infty} f(x_n) = A$.

充分性：用反证法. 若 $\lim\limits_{x \to \infty} f(x) = A$ 不成立，则 $\exists \varepsilon_0 > 0$，对 $\forall X > $

0，$\exists \, |x_X| > X$，使得 $|f(x_X) - A| \geqslant \varepsilon_0$．分别取 $X = 1, 2, \cdots, n, \cdots$，这样得到数列 $\{x_n\}$，满足 $|x_n| > n$ 且 $|f(x_n) - A| \geqslant \varepsilon_0$．显然 $\lim\limits_{n \to \infty} x_n = \infty$，这与"对任意数列 $\{x_n\}$，若 $\lim\limits_{n \to \infty} x_n = \infty$，则 $\lim\limits_{n \to \infty} f(x_n) = A$"矛盾，得证．

定理 2.2（海涅定理——单侧极限）

（1）$\lim\limits_{x \to x_0^-} f(x) = A$（或 $\lim\limits_{x \to x_0^+} f(x) = A$）的充要条件是对任意严格单调增加（或减少）的数列 $\{x_n\}$，若 $\lim\limits_{n \to \infty} x_n = x_0$，则 $\lim\limits_{n \to \infty} f(x_n) = A$；

（2）$\lim\limits_{x \to +\infty} f(x) = A$（或 $\lim\limits_{x \to -\infty} f(x) = A$）的充要条件是对任意严格单调增加（或减少）的数列 $\{x_n\}$，若 $\lim\limits_{n \to \infty} x_n = +\infty$（或 $\lim\limits_{n \to \infty} x_n = -\infty$），则 $\lim\limits_{n \to \infty} f(x_n) = A$．

证　只对（1）中 $\lim\limits_{x \to x_0^-} f(x) = A$ 的情形加以证明，其他情形类似可证．

必要性：若 $\lim\limits_{x \to x_0^-} f(x) = A$，则对 $\forall \varepsilon > 0$，$\exists \delta > 0$，当 $0 < x_0 - x < \delta$ 时 $|f(x) - A| < \varepsilon$．对于严格单调增加数列 $\{x_n\}$，若 $\lim\limits_{n \to \infty} x_n = x_0$，则 $x_n < x_0$ 且 $\exists N > 0$，当 $n > N$ 时 $|x_n - x_0| < \delta$，即 $0 < x_0 - x_n < \delta$．于是当 $n > N$ 时有 $|f(x_n) - A| < \varepsilon$，因此 $\lim\limits_{n \to \infty} f(x_n) = A$．

充分性：用反证法．若 $\lim\limits_{x \to x_0^-} f(x) = A$ 不成立，则 $\exists \varepsilon_0 > 0$，对 $\forall \delta > 0$，$\exists x_\delta$，$0 < x_0 - x_\delta < \delta$，使得 $|f(x_\delta) - A| \geqslant \varepsilon_0$．分别取 $\delta = 1, \dfrac{1}{2}, \cdots, \dfrac{1}{n}, \cdots$，这样得到数列 $\{x_n\}$，满足 $0 < x_0 - x_1 < 1$ 并且 $n \geqslant 2$ 时 $0 < x_0 - x_n < \min\left\{\dfrac{1}{n}, x_0 - x_{n-1}\right\}$（如此 $\{x_n\}$ 为严格增加数列），同时 $|f(x_n) - A| \geqslant \varepsilon_0$．显然 $\lim\limits_{n \to \infty} x_n = x_0$，这与假设矛盾，得证．

注 1　定理 2.1 和定理 2.2 建立了函数极限与数列极限的关系，经常可以用于判断某函数极限不存在，以 $\lim\limits_{x \to x_0} f(x) = A$ 为例（其他情形读者可以自行给出）：若存在数列 $\{x_n^{(1)}\}, \{x_n^{(2)}\} \subset U^\circ(x_0)$，$\lim\limits_{n \to \infty} x_n^{(1)} = \lim\limits_{n \to \infty} x_n^{(2)} = x_0$，且 $\lim\limits_{n \to \infty} f(x_n^{(1)}) \neq \lim\limits_{n \to \infty} f(x_n^{(2)})$，则 $\lim\limits_{x \to x_0} f(x)$ 不存在．

注 2　定理 2.1 和定理 2.2 中所有结论的充分性证明中，并不需要数列 $\{f(x_n)\}$ 的极限都为 A，只需要数列 $\{f(x_n)\}$ 收敛即可（可参见定理 2.3 的证明过程）．

例 2.12　证明极限 $\lim\limits_{x \to 0} \sin \dfrac{1}{x}$ 不存在．

证　分别取 $x_n^{(1)} = \dfrac{1}{2n\pi + \dfrac{\pi}{2}} \neq 0$，$x_n^{(2)} = \dfrac{1}{2n\pi} \neq 0$，则 $\lim\limits_{n \to \infty} x_n^{(1)} = \lim\limits_{n \to \infty} x_n^{(2)} = 0$，

由于 $\lim\limits_{n \to \infty} \sin \dfrac{1}{x_n^{(1)}} = \lim\limits_{n \to \infty} \sin\left(2n\pi + \dfrac{\pi}{2}\right) = 1$，$\lim\limits_{n \to \infty} \sin \dfrac{1}{x_n^{(2)}} =$

$\lim\limits_{n\to\infty}\sin 2n\pi=0$，故极限 $\lim\limits_{x\to 0}\sin\dfrac{1}{x}$ 不存在.

当考虑将数列的"单调有界准则"推广到函数极限的时候，发现对于双侧极限的情形，由于自变量的变化并不单调，因此无法建立"单调有界准则"；对于单侧极限的情形，结合定理 2.2，可以建立如下的"单调有界准则".

定理 2.3（单调有界准则）　若函数 $f(x)$ 在某个单侧邻域（$U^\circ(x_0+)$、$U^\circ(x_0-)$、$U(+\infty)$、$U(-\infty)$）内单调有界，则相应的单侧极限（$\lim\limits_{x\to x_0+}f(x)$、$\lim\limits_{x\to x_0-}f(x)$、$\lim\limits_{x\to+\infty}f(x)$、$\lim\limits_{x\to-\infty}f(x)$）存在且有限.

证　只对单侧邻域 $U^\circ(x_0-)$ 所对应的 $\lim\limits_{x\to x_0-}f(x)$ 的情形加以证明，其他情形类似.

不妨设 $f(x)$ 在邻域 $U^\circ(x_0-)$ 内单调增加且有界，设数列 $\{x_n\}$ 严格单调增加，$\lim\limits_{n\to\infty}x_n=x_0$，则 $x_n<x_{n+1}\Rightarrow f(x_n)\leqslant f(x_{n+1})$，可知数列 $\{f(x_n)\}$ 单调增加且有界，故 $\{f(x_n)\}$ 收敛，令 $\lim\limits_{n\to\infty}f(x_n)=A$.

若数列 $\{y_n\}$ 严格单调增加，$\lim\limits_{n\to\infty}y_n=x_0$，同上 $\{f(y_n)\}$ 收敛，令 $\lim\limits_{n\to\infty}f(y_n)=B$，下证 $A=B$.

由于 $\{x_n\},\{y_n\}$ 严格单调增加且 $\lim\limits_{n\to\infty}x_n=\lim\limits_{n\to\infty}y_n=x_0$，则对 $\forall n_k>0$，$\exists n_{k+1}>n_k$，使得
$$x_{n_k}<y_{n_{k+1}}<x_0\ (\text{或}\ y_{n_k}<x_{n_{k+1}}<x_0)$$
取 $n_1=1$，构造数列 $\{z_k\}=\{x_{n_1},y_{n_2},x_{n_3},y_{n_4},\cdots,x_{n_{2k-1}},y_{n_{2k}},\cdots\}$，由上式知数列 $\{z_n\}$ 严格单调增加，故 $\{f(z_n)\}$ 收敛. 由于 $\lim\limits_{k\to\infty}f(z_{2k-1})=\lim\limits_{k\to\infty}f(x_{n_{2k-1}})=A$，$\lim\limits_{k\to\infty}f(z_{2k})=\lim\limits_{k\to\infty}f(y_{n_{2k}})=B$，知 $A=B$. 由定理 2.2 可得 $\lim\limits_{x\to x_0-}f(x)=A$.

注 1　四种单侧极限又可以分为两类：从左往右的极限（$\lim\limits_{x\to x_0-}f(x)$ 与 $\lim\limits_{x\to-\infty}f(x)$）和从右往左的极限（$\lim\limits_{x\to x_0+}f(x)$ 与 $\lim\limits_{x\to-\infty}f(x)$）. 从左往右的极限对单调性的要求是"单调增加有上界或单调减少有下界"，从右往左的极限对单调性的要求是"单调增加有下界或单调减少有上界".

注 2　对于双侧极限（$\lim\limits_{x\to x_0}f(x)$ 与 $\lim\limits_{x\to\infty}f(x)$），单调有界准则不成立. 例如：$f(x)$ 在邻域 $U^\circ(x_0)$ 内单调有界，只能得出两个单侧极限 $\lim\limits_{x\to x_0-}f(x)$ 和 $\lim\limits_{x\to x_0+}f(x)$ 存在，$\lim\limits_{x\to x_0}f(x)$ 未必存在.

定理 2.4（柯西收敛准则）　极限 $\lim\limits_{x\to x_0}f(x)$ 存在且有限的充要条件为：任意的 $\varepsilon>0$，存在邻域 U，当 $x_1,x_2\in U$ 时，有 $|f(x_1)-f(x_2)|<\varepsilon$.

证　以 $\lim\limits_{x\to x_0}f(x)$ 为例进行证明，其他情形类似可证.

必要性：设 $\lim\limits_{x\to x_0}f(x)=A$，则 $\forall\varepsilon>0$，$\exists\delta>0$，当 $x\in U^\circ(x_0,\delta)$ 时，

$\left| f(x) - A \right| < \dfrac{\varepsilon}{2}$，于是对任意的 $x_1, x_2 \in U^{\circ}(x_0, \delta)$，有

$$\left| f(x_1) - f(x_2) \right| \leqslant \left| f(x_1) - A \right| + \left| f(x_2) - A \right| < \dfrac{\varepsilon}{2} + \dfrac{\varepsilon}{2} = \varepsilon;$$

充分性：由已知，$\forall \varepsilon > 0$，$\exists \delta > 0$，当 $x_1, x_2 \in U^{\circ}(x_0, \delta)$ 时有 $\left| f(x_1) - f(x_2) \right| < \varepsilon$. 对于任意数列 $\{x_n\} \subset U^{\circ}(x_0)$，$\lim\limits_{n \to \infty} x_n = x_0$，$\exists N > 0$，当 $n > N$ 时 $x_n \in U^{\circ}(x_0, \delta)$. 于是当 $n, m > N$ 时有 $\left| f(x_n) - f(x_m) \right| < \varepsilon$，因此数列 $\{f(x_n)\}$ 为柯西列，故收敛，由定理 2.2 后的注 2 可得 $\lim\limits_{x \to x_0} f(x)$ 存在.

注　定理 2.4 可以给出极限 $\lim\limits_{x \to x_0} f(x)$ 不存在的充要条件，例如：

$\lim\limits_{x \to x_0} f(x)$ 不存在 $\Leftrightarrow \exists \varepsilon_0 > 0$，$\{x_n^{(1)}\}, \{x_n^{(2)}\} \subset U^{\circ}(x_0)$，$\lim\limits_{n \to \infty} x_n^{(1)} = \lim\limits_{n \to \infty} x_n^{(2)} = x_0$ 且 $\left| f(x_n^{(1)}) - f(x_n^{(2)}) \right| \geqslant \varepsilon_0$.

$\lim\limits_{x \to \infty} f(x)$ 不存在 $\Leftrightarrow \exists \varepsilon_0 > 0$，$\{x_n^{(1)}\}, \{x_n^{(2)}\} \subset U(\infty)$，$\lim\limits_{n \to \infty} x_n^{(1)} = \lim\limits_{n \to \infty} x_n^{(2)} = \infty$ 且 $\left| f(x_n^{(1)}) - f(x_n^{(2)}) \right| \geqslant \varepsilon_0$.

2.2.4　无穷小量与无穷大量的阶

类似数列极限，同样可以定义函数的无穷小量（极限为零）和无穷大量（极限为 ∞，$\pm \infty$）. 同样是无穷小量，例如 $x, \sin x, 1 - \cos x$，$\sqrt[3]{x}\,(x \to 0)$，它们收敛到零的速度是否有快有慢？应该如何比较呢？

> **定义 2.8（无穷小量的比较）**　设 $u(x), v(x)$ 为 $x \to x_0$ 时的无穷小量.
>
> （ⅰ）若 $\lim\limits_{x \to x_0} \dfrac{u(x)}{v(x)} = 0$，称当 $x \to x_0$ 时，$u(x)$ 为 $v(x)$ 的**高阶无穷小量**，记作 $u(x) = o(v(x))\,(x \to x_0)$；
>
> （ⅱ）若存在 $m, M > 0$，当 $x \in U^{\circ}(x_0)$ 时 $m \leqslant \left| \dfrac{u(x)}{v(x)} \right| \leqslant M$，称当 $x \to x_0$ 时，$u(x)$ 与 $v(x)$ 是**同阶无穷小量**；若 $\lim\limits_{x \to x_0} \dfrac{u(x)}{v(x)} = 1$，称当 $x \to x_0$ 时，$u(x)$ 与 $v(x)$ 是**等价无穷小量**，记作 $u(x) \sim v(x)\,(x \to x_0)$；
>
> （ⅲ）若存在 $M > 0$，$x \in U^{\circ}(x_0)$ 时 $\left| \dfrac{u(x)}{v(x)} \right| \leqslant M$，记作 $u(x) = O(v(x))\,(x \to x_0)$.

注 1　记号"o"，"O"，"$\sim$"都是相对一定的极限过程而言的，必须要明确极限过程；

注 2　"$o(1)$，$O(1)$"分别表示某极限过程中的无穷小量和有界量；

注 3　若 $\lim\limits_{x \to x_0} \dfrac{u(x)}{v(x)} = A \neq 0$，根据函数极限的局部保号性，可知 $u(x)$ 与 $v(x)$ 是同阶无穷小量；

注 4 若 $u(x) \sim v(x)(x \to x_0)$，则 $\lim\limits_{x \to x_0} \dfrac{u(x) - v(x)}{v(x)} = 0$，故 $u(x) - v(x) = o(v(x))(x \to x_0)$；

注 5 若 $v(x) = o(u(x))(x \to x_0)$，则 $u(x) \pm v(x) \sim u(x)$ $(x \to x_0)$；（忽略高阶无穷小）

注 6 常用的等价无穷小量（$x \to 0$ 时）：（证明略，x 可以换成任意非零无穷小量）

$$\sin x \sim \tan x \sim \arcsin x \sim \arctan x \sim \ln(1 + x) \sim e^x - 1 \sim x;$$
$$1 - \cos x \sim \frac{1}{2}x^2; (1 + x)^a - 1 \sim ax$$

定义 2.9（无穷大量的比较） 设 $u(x), v(x)$ 为 $x \to x_0$ 时的无穷大量.

（ⅰ）若 $\lim\limits_{x \to x_0} \dfrac{u(x)}{v(x)} = \infty$，称当 $x \to x_0$ 时，$u(x)$ 为 $v(x)$ 的**高阶无穷大量**；

（ⅱ）若存在 $m, M > 0$，当 $x \in U^\circ(x_0)$ 时 $m \leqslant \left| \dfrac{u(x)}{v(x)} \right| \leqslant M$，称当 $x \to x_0$ 时，$u(x)$ 与 $v(x)$ 是**同阶无穷大量**；若 $\lim\limits_{x \to x_0} \dfrac{u(x)}{v(x)} = 1$，称当 $x \to x_0$ 时，$u(x)$ 与 $v(x)$ 是**等价无穷大量**，记作 $u(x) \sim v(x)(x \to x_0)$；

（ⅲ）若存在 $M > 0$，$x \in U^\circ(x_0)$ 时 $\left| \dfrac{u(x)}{v(x)} \right| \leqslant M$，记作 $u(x) = O(v(x))(x \to x_0)$.

注 1 无穷大量不用记号"o"，关于"同阶""等价""O"的定义同无穷小量；

注 2 若 $\lim\limits_{x \to x_0} \dfrac{u(x)}{v(x)} = A \neq 0$，同样可知 $u(x)$ 与 $v(x)$ 是同阶无穷大量；

注 3 若 $x \to x_0$ 时，$u(x)$ 为 $v(x)$ 的高阶无穷大量，则 $u(x) \pm v(x) \sim u(x)$.（忽略低阶无穷大）

分式型极限 $\lim \dfrac{f(x)}{g(x)}$，若分子分母同时为无穷小量（或无穷大量），称为"$\dfrac{0}{0}$"型（或"$\dfrac{\infty}{\infty}$"型）未定式. 等价无穷小量（或等价无穷大量）可以用于该类型极限计算.

定理 2.5（极限中的等价量替换） 设 $\lim \dfrac{f(x)}{g(x)}$ 为"$\dfrac{0}{0}$型"（或"$\dfrac{\infty}{\infty}$型"）未定式，极限存在且有限，若在该极限过程中 $f(x) \sim f_1(x)$，$g(x) \sim g_1(x)$，则 $\lim \dfrac{f(x)}{g(x)} = \lim \dfrac{f_1(x)}{g_1(x)}$.

证　由已知 $\lim \dfrac{f(x)}{f_1(x)} = \lim \dfrac{g(x)}{g_1(x)} = 1$,

故 $\lim \dfrac{f(x)}{g(x)} = \lim \dfrac{f(x)}{f_1(x)} \cdot \lim \dfrac{g_1(x)}{g(x)} \cdot \lim \dfrac{f_1(x)}{g_1(x)} = \lim \dfrac{f_1(x)}{g_1(x)}$.

注 1　"等价量替换"只适合分式型的未定式,可以只替换分子或分母;

注 2　若分子或分母是若干无穷小(大)量的和(差),不能分别替换;(只能替换积或商的因子,不能替换和或差的因子)

注 3　对于幂指函数的极限 $\lim u(x)^{v(x)}$,如果 $\lim u(x) = 1$, $\lim v(x) = \infty$(称为 1^{∞} 型),根据 $\ln u(x) = \ln(1 + (u(x) - 1)) \sim u(x) - 1$,可得 $\lim u(x)^{v(x)} = \lim e^{v(x)\ln u(x)} = e^{\lim(v(x)\ln u(x))} = e^{\lim(v(x)(u(x)-1))}$.

例 2.13　求下列极限:

(1) $\lim\limits_{x \to 0} \dfrac{\sinh(x)}{x}$;(2) $\lim\limits_{x \to 0} \dfrac{\cosh(x) - 1}{x^2}$;(3) $\lim\limits_{n \to \infty} n^2(\sqrt[n]{x} - \sqrt[n+1]{x})(x > 0)$.

解　(1) 根据 $e^x - 1 \sim x$, $e^{-x} - 1 \sim -x (x \to 0)$ 可得

$$\lim_{x \to 0} \frac{\sinh(x)}{x} = \lim_{x \to 0} \frac{e^x - e^{-x}}{2x} = \frac{1}{2}\lim_{x \to 0}\left(\frac{e^x - 1}{x} - \frac{e^{-x} - 1}{x}\right) = \frac{1}{2}\left(\lim_{x \to 0}\frac{e^x - 1}{x} - \lim_{x \to 0}\frac{e^{-x} - 1}{x}\right) = 1;$$

(2) 由于 $\cosh(x) = \sqrt{1 + \sinh^2(x)}$ 以及 $\sqrt{1 + \sinh^2(x)} - 1 \sim \dfrac{1}{2}\sinh^2(x)$,根据(1)的结论可得

$$\lim_{x \to 0} \frac{\cosh(x) - 1}{x^2} = \lim_{x \to 0} \frac{\sqrt{1 + \sinh^2(x)} - 1}{x^2} = \lim_{x \to 0} \frac{\frac{1}{2}\sinh^2(x)}{x^2} = \frac{1}{2}\left(\lim_{x \to 0}\frac{\sinh(x)}{x}\right)^2 = \frac{1}{2};$$

(3) 由于 $\sqrt[n]{x} - \sqrt[n+1]{x} = x^{\frac{1}{n}} - x^{\frac{1}{n+1}} = x^{\frac{1}{n+1}}(x^{\frac{1}{n} - \frac{1}{n+1}} - 1) = x^{\frac{1}{n+1}}(e^{\frac{1}{n(n+1)}\ln x} - 1) \sim \dfrac{1}{n(n+1)}\ln x (n \to \infty, x > 0)$,因此

$$\lim_{n \to \infty} n^2(\sqrt[n]{x} - \sqrt[n+1]{x}) = \ln x \lim_{n \to \infty} \frac{n^2}{n(n+1)} = \ln x.$$

注　由(1)、(2)可知:$\sinh(x) \sim x$, $\cosh(x) - 1 \sim \dfrac{1}{2}x^2 (x \to 0)$,这与三角函数的结果类似.

例 2.14　求下列极限:

(1) $\lim\limits_{x \to 0}\left(\cos x - \dfrac{x^2}{2}\right)^{\frac{1}{x^2}}$;(2) $\lim\limits_{x \to \infty}\left(e^{\frac{1}{x}} + \dfrac{1}{x}\right)^x$;(3) $\lim\limits_{n \to \infty} \tan^n\left(\dfrac{n+1}{4n}\pi\right)$;

(4) $\lim\limits_{n \to \infty}\left(\dfrac{\sqrt[n]{a} + \sqrt[n]{b}}{2}\right)^n (a, b > 0)$.

解　(1) 由于 $\lim\limits_{x \to 0}\left(\cos x - \dfrac{x^2}{2}\right) = 1$, $\lim\limits_{x \to 0}\dfrac{1}{x^2} = \infty$,故所求极限为 1^{∞} 型,因此

$$\lim_{x \to 0}\left(\cos x - \frac{x^2}{2}\right)^{\frac{1}{x^2}} = e^{\lim\limits_{x \to 0}\frac{\cos x - \frac{x^2}{2} - 1}{x^2}} = e^{\lim\limits_{x \to 0}\frac{\cos x - 1}{x^2} - \frac{1}{2}} = e^{-1}.$$

（2）由于 $\lim\limits_{x\to\infty}\left(e^{\frac{1}{x}}+\frac{1}{x}\right)=1$，故所求极限为 1^{∞} 型，因此

$$\lim_{x\to\infty}\left(e^{\frac{1}{x}}+\frac{1}{x}\right)^{x}=e^{\lim\limits_{x\to\infty}x\left(e^{\frac{1}{x}}+\frac{1}{x}-1\right)}=e^{\lim\limits_{x\to\infty}\frac{e^{\frac{1}{x}}-1}{\frac{1}{x}}+1}=e^{2}.$$

（3）由于 $\lim\limits_{n\to\infty}\tan\left(\frac{n+1}{4n}\pi\right)=\tan\frac{\pi}{4}=1$，所求极限为 1^{∞} 型，

故 $\lim\limits_{n\to\infty}\tan^{n}\left(\frac{n+1}{4n}\pi\right)=e^{\lim\limits_{n\to\infty}n\left(\tan\left(\frac{n+1}{4n}\pi\right)-1\right)}$，又由于 $\tan\alpha-\tan\beta=(1+\tan\alpha\tan\beta)\tan(\alpha-\beta)$，因此

$$\tan\left(\frac{n+1}{4n}\pi\right)-1=\tan\left(\frac{n+1}{4n}\pi\right)-\tan\frac{\pi}{4}=\left[1+\tan\left(\frac{n+1}{4n}\pi\right)\cdot\tan\frac{\pi}{4}\right]\cdot\tan\frac{\pi}{4n},$$

可得

$$\lim_{n\to\infty}n\left[\tan\left(\frac{n+1}{4n}\pi\right)-1\right]=\lim_{n\to\infty}n\left\{\left[1+\tan\left(\frac{n+1}{4n}\pi\right)\cdot\tan\frac{\pi}{4}\right]\cdot\tan\frac{\pi}{4n}\right\}=2\lim_{n\to\infty}n\tan\frac{\pi}{4n}=\frac{\pi}{2},$$

故 $\lim\limits_{n\to\infty}\tan^{n}\left(\frac{n+1}{4n}\pi\right)=e^{\frac{\pi}{2}}.$

（4）由于 $\lim\limits_{n\to\infty}\sqrt[n]{a}=\lim\limits_{n\to\infty}e^{\frac{\ln a}{n}}=e^{\lim\limits_{n\to\infty}\frac{\ln a}{n}}=e^{0}=1$，同理 $\lim\limits_{n\to\infty}\sqrt[n]{b}=1$，所求极限为 1^{∞} 型，故

$$\lim_{n\to\infty}\left(\frac{\sqrt[n]{a}+\sqrt[n]{b}}{2}\right)^{n}=e^{\lim\limits_{n\to\infty}n\left(\frac{\sqrt[n]{a}+\sqrt[n]{b}}{2}-1\right)}=e^{\frac{1}{2}\left[\lim\limits_{n\to\infty}n\left(\sqrt[n]{a}-1\right)+\lim\limits_{n\to\infty}n\left(\sqrt[n]{b}-1\right)\right]},$$

由于 $n\to\infty$ 时 $\sqrt[n]{a}-1=e^{\frac{\ln a}{n}}-1\sim\dfrac{\ln a}{n}$，故 $\lim\limits_{n\to\infty}n\left(\sqrt[n]{a}-1\right)=\ln a$，同理 $\lim\limits_{n\to\infty}n\left(\sqrt[n]{b}-1\right)=\ln b$，因此

$$\lim_{n\to\infty}\left(\frac{\sqrt[n]{a}+\sqrt[n]{b}}{2}\right)^{n}=e^{\frac{1}{2}(\ln a+\ln b)}=\sqrt{ab}.$$

思考：指出下述解法中的错误：

（1） $\lim\limits_{x\to0}\dfrac{\tan x-\sin x}{x^{3}}=\lim\limits_{x\to0}\left(\dfrac{\tan x}{x^{3}}-\dfrac{\sin x}{x^{3}}\right)=\lim\limits_{x\to0}\left(\dfrac{x}{x^{3}}-\dfrac{x}{x^{3}}\right)=0$；

（2） $\lim\limits_{x\to0}\dfrac{\sin\left(x^{2}\sin\dfrac{1}{x}\right)}{x}=\lim\limits_{x\to0}\dfrac{x^{2}\sin\dfrac{1}{x}}{x}=\lim\limits_{x\to0}x\sin\dfrac{1}{x}=0.$

例 2.15 确定当 $x\to0$ 和 $x\to\infty$ 时，与下述 $f(x)$ 等价的函数 $g(x)=ax^{b}$ 中的 a 与 b 的值.

（1） $f(x)=\dfrac{x^{4}}{2x^{2}+x+5}$；　（2） $f(x)=\sqrt[3]{x^{4}+3x+4\sqrt{x}}$.

解　（1）当 $x\to0$ 时，由于 $\lim\limits_{x\to0}\dfrac{f(x)}{\dfrac{1}{5}x^{4}}=\lim\limits_{x\to0}\dfrac{5}{2x^{2}+x+5}=\dfrac{5}{5}=1$，故

$f(x)$ 与函数 $g(x)=\dfrac{1}{5}x^{4}$ 为等价无穷小量，因此 $a=\dfrac{1}{5},b=4$；

当 $x \to \infty$ 时, 由于 $\lim\limits_{x \to \infty} \dfrac{f(x)}{\frac{1}{2}x^2} = \lim\limits_{x \to \infty} \dfrac{2x^2}{2x^2 + x + 5} = 1$, 故 $f(x)$ 与函数

$g(x) = \dfrac{1}{2}x^2$ 为等价无穷大量, 因此 $a = \dfrac{1}{2}, b = 2$.

（2）当 $x \to 0$ 时, 由于 $\lim\limits_{x \to 0} \dfrac{f(x)}{\sqrt[3]{4}x^{\frac{1}{6}}} = \lim\limits_{x \to 0} \dfrac{\sqrt[3]{x^4 + 3x + 4\sqrt{x}}}{\sqrt[3]{4}\sqrt[6]{x}} = $

$\lim\limits_{x \to 0} \dfrac{\sqrt[3]{x^{\frac{7}{2}} + 3x^{\frac{1}{2}} + 4}}{\sqrt[3]{4}} = \lim\limits_{x \to 0} \dfrac{\sqrt[3]{4}}{\sqrt[3]{4}} = 1$, 故 $f(x)$ 与函数 $g(x) = \sqrt[3]{4}x^{\frac{1}{6}}$ 为等价无

穷小量, 因此 $a = \sqrt[3]{4}, b = \dfrac{1}{6}$；

当 $x \to \infty$ 时, 由于 $\lim\limits_{x \to \infty} \dfrac{f(x)}{x^{\frac{4}{3}}} = \lim\limits_{x \to \infty} \sqrt[3]{1 + \dfrac{3}{x^3} + \dfrac{4}{x^3\sqrt{x}}} = 1$, 故 $f(x)$ 与函

数 $g(x) = x^{\frac{4}{3}}$ 为等价无穷大量, 因此 $a = 1, b = \dfrac{4}{3}$.

习题 2.2

1. 按定义证明下列极限：

（1）$\lim\limits_{x \to +\infty} \dfrac{6x + 5}{x} = 6$；　　（2）$\lim\limits_{x \to 2} (x^2 - 6x + 10) = 2$；

（3）$\lim\limits_{x \to \infty} \dfrac{x^2 - 5}{x^2 - 1} = 1$；　　（4）$\lim\limits_{x \to 2^-} \sqrt{4 - x^2} = 0$；

（5）$\lim\limits_{x \to x_0} \cos x = \cos x_0$；　　（6）$\lim\limits_{x \to 0^+} \sqrt{x} \sin \dfrac{1}{x} = 0$.

2. 叙述 $\lim\limits_{x \to x_0} f(x) \neq A$.

3. 证明：若 $\lim\limits_{x \to x_0} f(x) = A$, 则 $\lim\limits_{x \to x_0} |f(x)| = |A|$. 当且仅当 A 为何值时反之也成立?

4. 讨论下列函数在 $x \to 0$ 时的极限或左、右极限：

（1）$f(x) = \dfrac{|x|}{x}$；　　（2）$f(x) = [x]$；

（3）$f(x) = \begin{cases} x\sin\dfrac{1}{x}, & -\infty < x < 0, \\ \sin\dfrac{1}{x}, & 0 < x < +\infty; \end{cases}$

（4）$f(x) = \begin{cases} 3^x, & x > 0, \\ 0, & x = 0, \\ 1 + x^3, & x < 0. \end{cases}$

5. 设 $f(x) > 0$, $\lim\limits_{x \to x_0} f(x) = A$. 证明 $\lim\limits_{x \to x_0} \sqrt[n]{f(x)} = \sqrt[n]{A}$, 其中 $n \geqslant 2$ 为正整数.

6. 求下列极限:

(1) $\lim\limits_{x\to\frac{\pi}{2}}2(\sin x - \cos x - x^2)$; (2) $\lim\limits_{x\to 0}\dfrac{x^2-1}{2x^2-x-1}$;

(3) $\lim\limits_{x\to+\infty}\sqrt{x}(\sqrt{a+x}-\sqrt{x})\,(a\in\mathbb{R})$;

(4) $\lim\limits_{x\to 0}\dfrac{(x-1)^3+(1-3x)}{x^2+2x^3}$;

(5) $\lim\limits_{x\to 1}\dfrac{x^n-1}{x^m-1}\,(n,m\ \text{为正整数})$; (6) $\lim\limits_{x\to 4}\dfrac{\sqrt{1+2x}-3}{\sqrt{x}-2}$;

(7) $\lim\limits_{x\to 0}\dfrac{x}{\sqrt{2+x}-\sqrt{2-x}}$; (8) $\lim\limits_{x\to 0}\dfrac{\sqrt[n]{1+x}-1}{x}\,(n\in\mathbb{N}_+)$.

7. 利用迫敛性求极限:

(1) $\lim\limits_{x\to-\infty}\dfrac{x-\cos x}{x}$; (2) $\lim\limits_{x\to+\infty}\dfrac{x\sin x}{x^2-4}$; (3) $\lim\limits_{x\to\infty}\dfrac{[x]}{x}$.

8. 利用重要极限求下列极限:

(1) $\lim\limits_{x\to 0}x\cot 2x$; (2) $\lim\limits_{x\to 0}\dfrac{\sin x^3}{(\sin x)^2}$;

(3) $\lim\limits_{x\to\frac{\pi}{2}}\dfrac{\cos x}{x-\dfrac{\pi}{2}}$; (4) $\lim\limits_{x\to\infty}2^x\sin\dfrac{\pi}{2^x}$;

(5) $\lim\limits_{x\to 0}\dfrac{\tan x-\sin x}{x^3}$; (6) $\lim\limits_{x\to 0}\dfrac{\arctan x}{x}$;

(7) $\lim\limits_{x\to a}\dfrac{\sin^2 x-\sin^2 a}{x-a}\,(a\in\mathbb{R})$; (8) $\lim\limits_{x\to 2}\dfrac{\sin(x-2)}{x^2-4}$;

(9) $\lim\limits_{x\to 0}\dfrac{\sqrt{1+x\sin x}-\cos x}{x\sin x}$.

9. 利用重要极限求下列极限:

(1) $\lim\limits_{x\to\infty}\left(1-\dfrac{2}{x}\right)^{-x}$; (2) $\lim\limits_{x\to 0}(1+\alpha x)^{\frac{1}{x}}\,(\alpha\in\mathbb{R})$;

(3) $\lim\limits_{x\to 0}(1+\tan x)^{\cot x}$; (4) $\lim\limits_{x\to 0}\left(\dfrac{1+x}{1-x}\right)^{\frac{1}{x}}$;

(5) $\lim\limits_{x\to+\infty}\left(\dfrac{3x+2}{3x-1}\right)^{2x-1}$; (6) $\lim\limits_{x\to 0}(1+x^2)^{\cot^2 x}$;

(7) $\lim\limits_{x\to\frac{\pi}{4}}(\tan x)^{\tan 2x}$; (8) $\lim\limits_{x\to 0}\cos x^{\frac{1}{1-\cos x}}$;

(9) $\lim\limits_{x\to 0^+}\sqrt[x]{\cos\sqrt{x}}$.

10. 求下列曲线的渐近线:

(1) $y=\dfrac{x^2}{x^2+x-2}$; (2) $y=x+\arccos\dfrac{1}{x}$;

(3) $y=\ln(1+e^x)$.

11. 分别求出满足下列条件的常数 a 和 b:

（1）$\lim\limits_{x\to+\infty}\left(\dfrac{x^2+1}{x+1}-ax-b\right)=0$；

（2）$\lim\limits_{x\to-\infty}\left(\sqrt{x^2-x+1}-ax-b\right)=0$.

12. 用海涅定理证明下列极限不存在：

　　（1）$\lim\limits_{x\to0}\cos\dfrac{1}{x}$；　　　　　　（2）$\lim\limits_{x\to+\infty}x(1+\sin x)$.

13. 利用海涅定理计算下列极限：

　　（1）$\lim\limits_{n\to\infty}\sqrt{n}\sin\dfrac{\pi}{n}$；　　　　（2）$\lim\limits_{n\to\infty}\left(1+\dfrac{1}{n}+\dfrac{1}{n^2}\right)^n$.

14.（1）叙述极限 $\lim\limits_{x\to-\infty}f(x)$ 存在的柯西准则；

　　（2）根据柯西准则叙述极限 $\lim\limits_{x\to-\infty}f(x)$ 不存在的充要条件，并应用它证明 $\lim\limits_{x\to-\infty}\sin x$ 不存在.

15. 设 $D(x)$ 为狄利克雷函数，$x_0\in\mathbb{R}$. 证明：$\lim\limits_{x\to x_0}D(x)$ 不存在.

16. 证明下列各式：

　　（1）$\arcsin x-x=o(x)\,(x\to0)$；

　　（2）$\arctan x-x=o(x)\,(x\to0)$；

　　（3）$(1+x)^n=1+nx+o(x)\,(x\to0)\,(n\in\mathbb{N}_+)$；

　　（4）$\sqrt{x+\sqrt{x+\sqrt{x}}}\sim\sqrt{x}\,(x\to+\infty)$；

　　（5）$\sqrt[n]{1+x}-1\sim\dfrac{1}{n}x\,(x\to0)\,(n\in\mathbb{N}_+)$.

17. 利用等价无穷小替换性质，求下列极限：

　　（1）$\lim\limits_{x\to0}\dfrac{1-\cos x}{\sin^2x}$；　　　　　（2）$\lim\limits_{x\to0}\dfrac{\tan(\tan x)}{\sin 2x}$；

　　（3）$\lim\limits_{x\to0}\dfrac{\left(\sqrt[3]{1+\tan x}-1\right)\left(\sqrt{1+x^2}-1\right)}{\tan x-\sin x}$；

　　（4）$\lim\limits_{x\to0}\dfrac{\sqrt{1+\sin^2x}-1}{x\tan x}$；　　（5）$\lim\limits_{x\to0^+}\dfrac{1-\sqrt{\cos x}}{x\left(1-\cos\sqrt{x}\right)}$.

18. 试确定 α 的值，使下列函数与 x^α 当 $x\to0$ 时为同阶无穷小量：

　　（1）$\sin 2x-2\sin x$；　　　　　（2）$\dfrac{1}{1+x}-(1-x)$；

　　（3）$\sqrt{1+\tan x}-\sqrt{1-\sin x}$；　　（4）$\sqrt[5]{3x^2-4x^3}$.

19. 已知 $\lim\limits_{x\to1}\dfrac{x^3+ax^2+b}{x-1}=5$，求 a,b 的值.

2.3　函数的连续性

　　从前面的很多函数例子中可以看出，函数图像大多呈现一种"连续不断"的特征，那么如何严格地定义这种直观上的"连续不断"呢？与函数极限有什么关系？这种函数又具有什么样的性质？

这将是本节研究的问题.

2.3.1 函数连续性的概念及间断点分类

自然界中各种变量的变化,大体可分为渐变和突变两大类型.比如某地气温随时间的变化,当时间间隔很短时,一般情况下气温变化也是很小的,但如果寒流突袭,就会在很短的时间,温度骤然下降.再比如某地区某种昆虫的数量,一般情况下短时间的变化是缓慢的,但是在某些外界因素干预下(比如大规模喷洒杀虫剂),数量会在短时间内发生剧烈变化.

函数就是刻画了"自变量"和"因变量"之间变化的关系,如前示例,"渐变"可以理解为"当自变量变化很小时,因变量也变化很小",而"突变"则为"当自变量变化很小时,因变量变化较大".所谓"连续",就是"渐变"的数学化概念,"突变"则对应了函数的"间断".那么,利用自变量和因变量的变化量(称为"增量")之间的关系,可以定义连续与间断.

> **定义 2.10(增量、连续、间断点)**   设函数 $y = f(x)$,定义域为 D,若 $U(x_0) \subset D$ 且 $x \in D$,记 $\Delta x = x - x_0$,$\Delta y = f(x) - f(x_0)$,分别称为自变量和因变量在点 x_0 的**增量**;如果 $\lim\limits_{\Delta x \to 0} \Delta y = 0$,称**函数 $f(x)$ 在点 x_0 处连续**,否则称**函数 $f(x)$ 在点 x_0 处不连续**,x_0 称为函数 $f(x)$ 的**间断点**.

注 1   连续是函数在点 x_0 处的性质,为局部性概念,只要求函数在 x_0 的邻域内有定义;

注 2   从定义 2.10 可知,函数 $f(x)$ 在点 x_0 处连续等价于 $\lim\limits_{x \to x_0} f(x) = f(x_0)$,即

$f(x)$ 在 x_0 连续 $\Leftrightarrow \forall \varepsilon > 0, \exists \delta > 0$,当 $x \in U(x_0, \delta)$ 时,$|f(x) - f(x_0)| < \varepsilon$.
与定义 2.7 相比,空心邻域 $U^{\circ}(x_0, \delta)$ 变成了实心邻域 $U(x_0, \delta)$;

注 3   若 $\lim\limits_{x \to x_0-} f(x) = f(x_0)$,称 $f(x)$ 在点 x_0 处**左连续**,若 $\lim\limits_{x \to x_0+} f(x) = f(x_0)$,称 $f(x)$ 在点 x_0 处**右连续**,显然 $f(x)$ 在点 x_0 处连续 $\Leftrightarrow f(x)$ 在点 x_0 处左连续且右连续;

注 4   若 $\forall x \in (a, b)$,$f(x)$ 在点 x 处连续,称 $f(x)$ 在**开区间 (a, b) 连续**,若 $f(x)$ 在开区间 (a, b) 连续,同时 $f(x)$ 在左端点 a 处右连续,在右端点 b 处左连续,称 $f(x)$ 在**闭区间 $[a, b]$ 连续**;

注 5   若 $\lim\limits_{x \to x_0} f(x) = f(x_0)$ 不成立,x_0 为间断点,可分为如下三种情形:

(1) 若 $\lim\limits_{x \to x_0} f(x) = A$,但是 $f(x_0) \neq A$ 或 $f(x)$ 在 x_0 处无定义,称 x_0 为 $f(x)$ 的**可去间断点**;

(2) 若 $\lim\limits_{x \to x_0-} f(x)$ 和 $\lim\limits_{x \to x_0+} f(x)$ 都存在,但是 $\lim\limits_{x \to x_0-} f(x) \neq \lim\limits_{x \to x_0+} f(x)$,

称 x_0 为 $f(x)$ 的**跳跃间断点**,可去间断点和跳跃间断点都称为**第一类间断点**;

（3）若 $\lim\limits_{x \to x_0^-} f(x)$ 和 $\lim\limits_{x \to x_0^+} f(x)$ 至少有一个不存在,称 x_0 为 $f(x)$ 的**第二类间断点**.

既然函数的连续性是利用函数极限定义的,那么可以由函数极限的运算性质得到连续函数的运算性质.（可由性质 2.4、性质 2.6 和性质 2.7 直接证明,过程从略）

性质 2.8（连续函数的四则运算法则）　设函数 $f(x)$,$g(x)$ 在点 x_0 处连续,则

（1）$f(x) \pm g(x)$,$f(x) \cdot g(x)$ 及 $af(x)$（a 为常数）在点 x_0 处连续;

（2）若 $g(x_0) \neq 0$,$\dfrac{f(x)}{g(x)}$ 在点 x_0 处连续.

性质 2.9（连续函数的复合运算法则）　设函数 $g(x)$ 在点 x_0 处连续,$f(u)$ 在 $u_0 = g(x_0)$ 处连续,则复合函数 $f[g(x)]$ 在 x_0 处连续.

性质 2.10（反函数的连续性）　设函数 $f(x)$ 在点 x_0 处连续且在 x_0 的邻域内严格单调,则 $f(x)$ 的反函数 $f^{-1}(x)$ 在 $y_0 = f(x_0)$ 处连续.

注　根据 2.2 节关于函数极限的结论,包括性质 2.4 之后的注 3、性质 2.7 之后的注 2 等,可知**基本初等函数在定义域内连续**（若定义域包含区间端点,则为单侧连续）,再根据性质 2.8、2.9,可知对任意的初等函数（定义域为 I）,只要存在 x_0 的邻域 $U(x_0) \subset I$,则函数一定在点 x_0 处连续. 由于初等函数的定义域可能包含单个的"孤立点"（例如 $\sqrt{-x^2}$）,无法讨论连续性,若记"定义区间"为定义域中的任意区间,则有"**初等函数在定义区间上连续**".

例 2.16　讨论下述函数 $f(x)$ 的连续性（指出连续区间以及间断点的类型）:

（1）$f(x) = \dfrac{x}{\tan x}$;　（2）$f(x) = \arctan \dfrac{1}{x}$;

（3）$f(x) = \sin \dfrac{1}{x}$;　（4）$f(x) = \dfrac{1}{1 - e^{\frac{x}{x-1}}}$.

解　（1）定义域为 $x \neq k\pi$,$k\pi + \dfrac{\pi}{2}$（$x \in \mathbb{Z}$）,连续区间为 $\left(k\pi, k\pi + \dfrac{\pi}{2}\right)$（$k \in \mathbb{Z}$）,间断点为 $x = k\pi$,$k\pi + \dfrac{\pi}{2}$,（$k \in \mathbb{Z}$）.

由于 $\lim\limits_{x \to 0} \dfrac{x}{\tan x} = 1$,$\lim\limits_{x \to k\pi + \frac{\pi}{2}} \dfrac{x}{\tan x} = 0$,故 $x = 0$ 和 $x = k\pi + \dfrac{\pi}{2}$（$k \in \mathbb{Z}$）为 $f(x)$ 的可去间断点;

当 $k \neq 0$（$k \in \mathbb{Z}$）时,$\lim\limits_{x \to k\pi} \dfrac{x}{\tan x} = \infty$,即左、右极限都不存在,因此

$x = k\pi\,(k \neq 0,\ k \in \mathbb{Z})$ 为 $f(x)$ 的第二类间断点(这种第二类间断点也称为"无穷间断点").

(2) 定义域为 $x \neq 0$,连续区间为 $(-\infty, 0),\ (0, +\infty)$,间断点为 $x = 0$.

由于 $\lim\limits_{x \to -\infty} \arctan x = -\dfrac{\pi}{2}$,$\lim\limits_{x \to +\infty} \arctan x = \dfrac{\pi}{2}$,故 $\lim\limits_{x \to 0-} \arctan \dfrac{1}{x} = -\dfrac{\pi}{2}$,$\lim\limits_{x \to 0+} \arctan \dfrac{1}{x} = \dfrac{\pi}{2}$,因此 $x = 0$ 为 $f(x)$ 的跳跃间断点.

(3) 定义域为 $x \neq 0$,连续区间为 $(-\infty, 0),\ (0, +\infty)$,间断点为 $x = 0$.

由于当 $x \to 0-(0+)$ 时,$f(x) = \sin\dfrac{1}{x}$ 的值在 $[-1, 1]$ 震荡无极限,因此 $x = 0$ 为 $f(x)$ 的第二类间断点(这种第二类间断点也称为"震荡间断点").

(4) 定义域为 $x \neq 0, 1$,连续区间为 $(-\infty, 0),\ (0, 1),\ (1, +\infty)$,间断点为 $x = 0, 1$.

由于 $\lim\limits_{x \to 0} \dfrac{1}{1 - e^{\frac{x}{x-1}}} = \infty$,因此 $x = 0$ 为 $f(x)$ 的第二类间断点(无穷间断点);

由于 $\lim\limits_{x \to 1-} e^{\frac{x}{x-1}} = 0$,$\lim\limits_{x \to 1+} e^{\frac{x}{x-1}} = +\infty$,故 $\lim\limits_{x \to 1-} \dfrac{1}{1 - e^{\frac{x}{x-1}}} = 1$,$\lim\limits_{x \to 1+} \dfrac{1}{1 - e^{\frac{x}{x-1}}} = 0$,因此 $x = 1$ 为跳跃间断点.

例 2.17 设函数 $f(x)$ 在 x_0 的邻域 $U(x_0)$ 上单调,证明 x_0 要么为 $f(x)$ 的连续点,要么为 $f(x)$ 的跳跃间断点.

证 不妨设函数 $f(x)$ 在 x_0 的邻域 $U(x_0)$ 上单调增加.

当 $x < x_0$ 时,$f(x) \leqslant f(x_0)$,故 $f(x)$ 在 x_0 的左邻域 $U^\circ(x_0 -)$ 上单调增加有上界,根据定理 2.3(函数极限的单调有界准则)以及性质 2.3(函数极限的局部保序性),可知 $\lim\limits_{x \to x_0-} f(x)$ 存在且 $\lim\limits_{x \to x_0-} f(x) \leqslant f(x_0)$;同理亦有 $\lim\limits_{x \to x_0+} f(x)$ 存在且 $\lim\limits_{x \to x_0+} f(x) \geqslant f(x_0)$.

若 $\lim\limits_{x \to x_0-} f(x) = \lim\limits_{x \to x_0+} f(x)$,必有 $\lim\limits_{x \to x_0-} f(x) = \lim\limits_{x \to x_0+} f(x) = f(x_0)$,于是 x_0 为 $f(x)$ 的连续点;若 $\lim\limits_{x \to x_0-} f(x) \neq \lim\limits_{x \to x_0+} f(x)$,则 x_0 为 $f(x)$ 的跳跃间断点.

除了初等函数,现代数学还研究很多非初等函数,最常见的是分段函数,以及利用初等函数的极限(或级数和)表示的函数.

例 2.18 讨论下述函数 $f(x)$ 的连续性,并判断其间断点类型:

(1) $f(x) = \lim\limits_{n \to \infty} \dfrac{(1 - x^{2n})x}{1 + x^{2n}}$; (2) $D(x) = \begin{cases} 1, & x \in \mathbb{Q}, \\ 0, & x \in \mathbb{Q}^c; \end{cases}$

(3) $D(x) = \begin{cases} x, & x \in \mathbb{Q}, \\ -x, & x \in \mathbb{Q}^c; \end{cases}$

(4) $R(x) = \begin{cases} \dfrac{1}{q}, & x = \dfrac{p}{q}\left(p, q \in \mathbb{N}_+, \dfrac{p}{q} \text{为既约真分数}\right), \\ 0, & x = 0, 1 \text{ 或 } x \in [0, 1] \cap \mathbb{Q}^c. \ (x \in [0, 1]) \end{cases}$

解 （1）求极限可得 $f(x) = \begin{cases} -x, & |x| > 1, \\ 0, & |x| = 1, \\ x, & |x| < 1. \end{cases}$ 因此 $f(x)$ 在

$(-\infty, -1), (-1, 1), (1, +\infty)$ 连续，$x = \pm 1$ 为 $f(x)$ 的第一类跳跃间断点.

（2）对任意的 $x_0 \in \mathbb{R}$，都存在有理数列 $\{x_n^{(1)}\}$ 和无理数列 $\{x_n^{(2)}\}$ 满足 $\lim\limits_{n \to \infty} x_n^{(1)} = \lim\limits_{n \to \infty} x_n^{(2)} = x_0$，由于 $D(x_n^{(1)}) = 1, D(x_n^{(2)}) = 0$，故 $D(x)$ 在任意的 $x_0 \in \mathbb{R}$ 都不连续，x_0 为 $D(x)$ 的第二类间断点.

（3）对任意的 $x_0 \neq 0$，都存在有理数列 $\{x_n^{(1)}\}$ 和无理数列 $\{x_n^{(2)}\}$ 满足 $\lim\limits_{n \to \infty} x_n^{(1)} = \lim\limits_{n \to \infty} x_n^{(2)} = x_0$，由于 $\lim\limits_{n \to \infty} D(x_n^{(1)}) = \lim\limits_{n \to \infty} x_n^{(1)} = x_0$，$\lim\limits_{n \to \infty} D(x_n^{(2)}) = \lim\limits_{n \to \infty} x_n^{(2)} = -x_0$，故 $x_0 \neq 0$ 为 $D(x)$ 的第二类间断点；若 $x_0 = 0$，由于 $\lim\limits_{x \to 0} D(x) = 0$，故 $x_0 = 0$ 为 $D(x)$ 的连续点.

（4）首先证明，$\forall x_0 \in (0, 1)$，都有 $\lim\limits_{x \to x_0} R(x) = 0$：$\forall \varepsilon > 0$，取 $N = \left[\dfrac{1}{\varepsilon}\right] + 1$，令集合

$$I(N) = \left\{\dfrac{n}{m}\,\middle|\, m = 2, \cdots, N; n = 1, \cdots m-1\right\} \subset (0, 1),$$

显然集合 $I(N)$ 为有限集，且 $\forall x \notin I(N), R(x) < \dfrac{1}{N} < \varepsilon$. 对 $\forall x_0 \in (0, 1)$，若 $x_0 \in I(N)$，记 $\delta = \min\limits_{x \in I(N) \backslash x_0} |x - x_0| > 0$，若 $x_0 \notin I(N)$，记 $\delta = \min\limits_{x \in I(N)} |x - x_0| > 0$，则当 $x \in U^o(x_0, \delta)$ 时，$x \notin I(N) \Rightarrow R(x) < \varepsilon$，故 $\lim\limits_{x \to x_0} R(x) = 0$. 同理可以证明 $\lim\limits_{x \to 0^+} R(x) = \lim\limits_{x \to 1^-} R(x) = 0$.

因此，若 $x_0 \in (0, 1) \cap \mathbb{Q}^c$，$\lim\limits_{x \to x_0} R(x) = 0 = R(x_0)$，$f(x)$ 在点 x_0 处连续；若 $x_0 = 0, 1$，$f(x)$ 在点 x_0 处单侧连续；若 $x_0 \in (0, 1) \cap \mathbb{Q}$，$\lim\limits_{x \to x_0} R(x) = 0 \neq R(x_0)$，$f(x)$ 在点 x_0 处不连续，x_0 为 $f(x)$ 的可去间断点.

2.3.2 区间上的连续函数

记 $C(I)$ 为某区间 I 上连续函数的集合，$f(x) \in C(I)$ 表示 $f(x)$ 在区间 I 上连续. 本节将研究区间上连续函数的性质.

定理 2.6（零点定理） 设 $f(x) \in C(I), a, b \in I$，若 $f(a) \cdot f(b) < 0$，则存在 $c \in (a, b), f(c) = 0$.

证 不妨设 $f(a) < 0, f(b) > 0$，令 $d = \dfrac{a+b}{2}$，若 $f(d) = 0$，则 $c = d$，证毕.

若 $f(d) > 0$，记 $a_1 = a, b_1 = d$，若 $f(d) < 0$，记 $a_1 = d, b_1 = b$. 这样

得到区间 $[a_1,b_1]$，其长度为 $\dfrac{b-a}{2}$，并且 $f(a_1)<0$，$f(b_1)>0$. 继续

令 $d_1=\dfrac{a_1+b_1}{2}$，若 $f(d_1)=0$，则 $c=d_1$，证毕，否则如前构造区间

$[a_2,b_2]$，其长度为 $\dfrac{b-a}{2^2}$，并且 $f(a_2)<0$，$f(b_2)>0$. 归纳地，如果每

次所取的中点都不是 $f(x)$ 的零点，可构造区间列 $\{[a_n,b_n]\}_{n=1}^{\infty}$，使

$[a_{n+1},b_{n+1}]\subset[a_n,b_n]$，$b_n-a_n=\dfrac{b-a}{2^n}$，且 $f(a_n)<0$，$f(b_n)>0$.

于是有 $a\leqslant a_n\leqslant a_{n+1}<b_{n+1}\leqslant b_n\leqslant b$，可知数列 $\{a_n\}$ 单调增加有

上界，$\{b_n\}$ 单调减少有下界，故收敛. 同时 $\lim\limits_{n\to\infty}(b_n-a_n)=\lim\limits_{n\to\infty}\dfrac{b-a}{2^n}=$

0，故 $\{a_n\}$，$\{b_n\}$ 极限相等，记 $\lim\limits_{n\to\infty}a_n=\lim\limits_{n\to\infty}b_n=c$.

首先 $a_n\leqslant b\Rightarrow c\leqslant b$，$b_n\geqslant a\Rightarrow c\geqslant a$，故 $c\in[a,b]\subset I$，可知 $f(x)$ 在

点 c 处连续，有

$$f(c)=\lim\limits_{n\to\infty}f(a_n)=\lim\limits_{n\to\infty}f(b_n).$$

由 $f(a_n)<0$，$f(b_n)>0$ 可得 $f(c)\leqslant 0$ 且 $f(c)\geqslant 0$，因此 $f(c)=0$. 又

$c\neq a$，$c\neq b$，故 $c\in(a,b)$.

注1 区间 I 可以是任意区间，也可以就是闭区间 $[a,b]$.

注2 若条件改为 $f(a)\cdot f(b)\leqslant 0$，则存在 $c\in[a,b]$，$f(c)=0$.

注3 若条件改为 $f(a)\neq f(b)$，实数 k 介于 $f(a)$ 和 $f(b)$ 之间，

则令 $F(x)=f(x)-k$，亦满足 $F(a)\cdot F(b)<0$，故存在 $c\in[a,b]$，

使得 $F(c)=k$，即在定义域内的任何闭区间上，连续函数可以取遍

介于区间端点函数值之间的一切实数，这称为连续函数的**介值定**

理. 由此可知连续函数在任何区间上的值域仍然为一个区间.

小知识：连续性与介值性

连续性可以导致介值性，那么由介值性是不是可以得到连续性呢？答案是否定的，例如：

$$f(x)=\begin{cases}\sin(1/x), & x\neq 0,\\ 0, & x=0;\end{cases}$$

$f(x)$ 在任何区间都满足介值性，但是在 $x=0$ 处不连续.

下面是一个满足介值性但处处不连续的例子：

$$g(x)=\begin{cases}0\cdot a_{2n}a_{2n+2}a_{2n+4}a_{2n+6}\cdots, & \text{若 } 0\cdot a_1a_3a_5a_7\cdots\in\mathbb{Q},\\ & \qquad\qquad\text{（循环节从 }a_{2n+1}\text{ 开始）}\\ 0, & \text{若 } 0\cdot a_1a_3a_5a_7\cdots\in\mathbb{Q}^c.\end{cases}$$

（记 $x=0\cdot a_1a_2a_3a_4a_5\cdots\in[0,1]$）

由定义可知,满足介值性的函数没有第一类间断点,并且在定义域中任何点的单侧极限不可能是无穷大,因此单调函数以及原象唯一的函数(单射),如果满足介值性那么它一定连续.其他情况下如何由介值性可以得到连续性呢? 下面列出两个充分条件:

　　ⅰ.如果函数满足介值性,并且值域中被无限次取到的点不构成区间,那么函数连续;

　　ⅱ.如果函数满足介值性,并且任何有理数的原象为闭集,那么函数连续.

　　例 2.19　设函数 $f(x) \in C(-\infty, +\infty)$, $f[f(x)] = x$, 求证: $\exists \xi \in (-\infty, +\infty)$, 使得 $f(\xi) = \xi$.

　　证　用反证法,若结论不成立,令
$$F(x) = f(x) - x,$$
则 $F(x)$ 在 $(-\infty, +\infty)$ 上没有零点,由定理 2.6 可知 $F(x)$ 在 $(-\infty, +\infty)$ 上恒正或恒负:

　　(1) 若 $\forall x \in (-\infty, +\infty)$, $F(x) > 0$, 则 $F[f(x)] = f[f(x)] - f(x) = x - f(x) = -F(x) < 0$, 矛盾;

　　(2) 若 $\forall x \in (-\infty, +\infty)$, $F(x) < 0$, 则 $F[f(x)] = f[f(x)] - f(x) = x - f(x) = -F(x) > 0$, 矛盾.

　　综上,可知 $\exists \xi \in (-\infty, +\infty)$, 使得 $f(\xi) = \xi$.

　　定理 2.6 中的区间 I 可以是任何类型的区间,但是讨论零点存在或介值性的时候,是在区间 I 内的闭区间 $[a, b]$ 上进行的.闭区间 $[a, b]$ 上连续函数还有如下重要结论:

　　定理 2.7(有界性和最值定理)　设函数 $f(x)$ 在闭区间 $[a, b]$ 上连续 $(f(x) \in C[a, b])$, 则

　　(1) $f(x)$ 在闭区间 $[a, b]$ 上有界;

　　(2) 存在 $c, d \in [a, b]$, 对任意 $x \in [a, b]$, 有 $f(c) \leqslant f(x) \leqslant f(d)$.

　　$(m = f(c), M = f(d)$ 分别称为 $f(x)$ 在闭区间 $[a, b]$ 上的最小值和最大值)

　　证　(1) 用反证法.若 $f(x)$ 在 $[a, b]$ 无界,则对任意的 $n \in \mathbb{N}^+$, 存在 $x_n \in [a, b]$, 使 $|f(x_n)| > n$. 数列 $\{x_n\} \subset [a, b]$ 有界,根据定理 1.4,存在收敛的子数列 $\{x_{n_k}\}$, 设 $\lim\limits_{k \to \infty} x_{n_k} = x_0 \in [a, b]$. 由于 $f(x)$ 在 $x_0 \in [a, b]$ 连续,故 $\lim\limits_{k \to \infty} f(x_{n_k}) = f(x_0)$, 可知数列 $\{f(x_{n_k})\}$ 有界,这与 $|f(x_n)| > n$ 矛盾,得证.

　　(2) 由于 $f(x)$ 在闭区间 $[a, b]$ 上有界,记其值域为 $R(f) = \{f(x) \,|\, x \in [a, b]\}$, 则 $R(f)$ 为有界数集,由定理 1.1(确界存在定理), $R(f)$ 存在上、下确界,记 $m = \inf R(f)$, $M = \sup R(f)$, 只需证存在 $c, d \in [a, b]$ 使得 $f(c) = m$, $f(d) = M$.

由于 $m = \inf R(f)$，由定义 1.5，$\forall x \in [a, b]$，$f(x) \geqslant m$ 并且 $\forall m' > m$，$\exists x' \in [a, b]$ 使得 $f(x') < m'$. 于是对任意正整数 n，取 $m' = m + 1/n > m$，则 $\exists x_n \in [a, b]$ 使得 $m \leqslant f(x_n) < m + 1/n$，可知 $\lim\limits_{n \to \infty} f(x_n) = m$. 与 (1) 类似，有界数列 $\{x_n\}$ 存在收敛子列 $\{x_{n_k}\}$，设 $\lim\limits_{k \to \infty} x_{n_k} = c \in [a, b]$. 由于 $f(x)$ 在 $c \in [a, b]$ 连续，故 $\lim\limits_{k \to \infty} f(x_{n_k}) = f(c)$，又 $\lim\limits_{n \to \infty} f(x_n) = m$，可知 $f(c) = m$. 同理可证存在 $d \in [a, b]$ 使得 $f(d) = M$.

注 1　定理 2.7 告诉我们，$[a, b]$ 上连续函数的最大值和最小值一定存在而且唯一；

注 2　结合定理 2.6 和定理 2.7，可知 $[a, b]$ 上连续函数的值域仍然为一有界闭区间 $[m, M]$.

定理 2.6 和定理 2.7 研究的函数的连续性是指在区间内的每一点都连续，这种连续称为"逐点连续"，下面定义一种更强的连续性——"一致连续".

> **定义 2.11(一致连续)**　设函数 $y = f(x)$ 定义在区间 I 上，若任意 $\varepsilon > 0$，存在 $\delta > 0$，对任何 $x', x'' \in I$，只要 $|x' - x''| < \delta$，就有 $|f(x') - f(x'')| < \varepsilon$，称函数 $f(x)$ 在区间 I 上一致连续.

注 1　若 $f(x)$ 在区间 I 上一致连续，则对任意区间 $I' \subset I$，$f(x)$ 在区间 I' 上也一致连续；

注 2　$f(x)$ 在 I 上一致连续意味着：无论在 I 中的什么位置，只要自变量的增量小于 δ，函数的增量一定小于 ε，其中的 δ 相对于整个区间而言是统一的，而"逐点连续"中的 δ 则与连续点的位置有关，因此一致连续为函数的整体性质，逐点连续为局部性质：

$f(x)$ 在 I 上连续 $\Leftrightarrow \forall x_0 \in I$，$\forall \varepsilon > 0$，$\exists \delta > 0$，当 $x \in U(x_0, \delta) \cap I$ 时，$|f(x) - f(x_0)| < \varepsilon$；

$f(x)$ 在 I 上一致连续 $\Leftrightarrow \forall \varepsilon > 0$，$\exists \delta > 0$，对 $\forall x_0 \in I$ 当 $x \in U(x_0, \delta) \cap I$ 时，$|f(x) - f(x_0)| < \varepsilon$.

注 3　$f(x)$ 在 I 上不一致连续等价于：
$\exists \varepsilon_0 > 0$ 及数列 $\{x_n^{(1)}\}$，$\{x_n^{(2)}\} \subset I$，满足 $\lim\limits_{n \to \infty} (x_n^{(1)} - x_n^{(2)}) = 0$，且 $|f(x_n^{(1)}) - f(x_n^{(2)})| \geqslant \varepsilon_0$.

注 4　若 $f(x)$ 在 I 上满足：存在 $L > 0$，对任何 $x', x'' \in I$ 都有 $|f(x') - f(x'')| \leqslant L|x' - x''|$，则称 $f(x)$ 在 I 上**满足利普希茨(Lipschitz)条件**(或称 $f(x)$ 在 I 上**利普希茨连续**，简称为 **L 连续**). 此时对 $\forall \varepsilon > 0$，取 $\delta = \dfrac{\varepsilon}{L}$，当 $|x' - x''| < \delta$ 时，有 $|f(x') - f(x'')| < \varepsilon$，可得 $f(x)$ 在 I 上一致连续.

例 2.20　讨论下列函数在给定区间的一致连续性：

(1) $f(x) = \sin x$，$x \in (-\infty, +\infty)$；(2) $f(x) = \sin x^2$，$x \in (-\infty, +\infty)$；(3) $f(x) = \dfrac{1}{x}$，$x \in (0, 1)$.

解　（1）对 $\forall x', x'' \in (-\infty, +\infty)$，$|\sin x' - \sin x''| = 2$ $\left| \cos \dfrac{x'+x''}{2} \sin \dfrac{x'-x''}{2} \right| \leqslant 2 \left| \sin \dfrac{x'-x''}{2} \right| \leqslant |x'-x''|$，于是 $\sin x$ 在 $(-\infty, +\infty)$ 满足利普希茨条件，故 $\sin x$ 在 $(-\infty, +\infty)$ 上一致连续.

（2）取 $\varepsilon_0 = 1, x_n^{(1)} = \sqrt{n\pi}, x_n^{(2)} = \sqrt{n\pi + \dfrac{\pi}{2}}$，则

$$|x_n^{(1)} - x_n^{(2)}| = \left| \sqrt{n\pi} - \sqrt{n\pi + \dfrac{\pi}{2}} \right| = \dfrac{\dfrac{\pi}{2}}{\sqrt{n\pi} + \sqrt{n\pi + \dfrac{\pi}{2}}} \to 0 \, (n \to \infty),$$

但是 $|f(x_n^{(1)}) - f(x_n^{(2)})| = \left| \sin(n\pi) - \sin\left(n\pi + \dfrac{\pi}{2}\right) \right| = 1$，故 $\sin x^2$ 在 $(-\infty, +\infty)$ 上不一致连续.

（3）取 $\varepsilon_0 = 1, x_n^{(1)} = \dfrac{1}{n}, x_n^{(2)} = \dfrac{1}{n+1}$，则 $|x_n^{(1)} - x_n^{(2)}| = \dfrac{1}{n} - \dfrac{1}{n+1} \to 0$ $(n \to \infty)$，但是 $\left| \dfrac{1}{x_n^{(1)}} - \dfrac{1}{x_n^{(2)}} \right| = 1$，故 $f(x) = \dfrac{1}{x}$ 在 $(0, 1)$ 上不一致连续.

例 2.20 中的（2）、（3），都是在给定的区间上处处连续，但是不一致连续，那么，什么样的连续函数一定一致连续呢？下面的定理给出了一种情况.

定理 2.8（康托尔（Cantor）定理）　若函数 $f(x)$ 在闭区间 $[a, b]$ 上连续，则 $f(x)$ 在 $[a, b]$ 上一致连续.

证　用反证法. 若结论不成立，$f(x)$ 在闭区间 $[a, b]$ 上不一致连续，则 $\exists \varepsilon_0 > 0$ 及数列 $\{x_n^{(1)}\}$，$\{x_n^{(2)}\} \subset [a, b]$，满足 $\lim\limits_{n\to\infty}(x_n^{(1)} - x_n^{(2)}) = 0$，且 $|f(x_n^{(1)}) - f(x_n^{(2)})| \geqslant \varepsilon_0$.

对于有界数列 $\{x_n^{(1)}\}$，根据定理 1.4，存在收敛的子数列 $\{x_{n_k}^{(1)}\}$，设 $\lim\limits_{k\to\infty} x_{n_k}^{(1)} = x_0 \in [a, b]$，此时亦有 $\lim\limits_{k\to\infty} x_{n_k}^{(2)} = \lim\limits_{k\to\infty} [x_{n_k}^{(1)} - (x_{n_k}^{(1)} - x_{n_k}^{(2)})] = x_0 - 0 = x_0$. 由于 $f(x)$ 在 $x_0 \in [a, b]$ 连续，故 $\lim\limits_{k\to\infty} f(x_{n_k}^{(1)}) = f(x_0)$ 且 $\lim\limits_{k\to\infty} f(x_{n_k}^{(2)}) = f(x_0)$，可得 $\lim\limits_{k\to\infty} |f(x_{n_k}^{(1)}) - f(x_{n_k}^{(2)})| = 0$，这与 $|f(x_n^{(1)}) - f(x_n^{(2)})| \geqslant \varepsilon_0$ 矛盾，得证.

例 2.21　若函数 $f(x)$ 在开区间 (a, b) 上连续，则 $f(x)$ 在 (a, b) 上一致连续的充要条件是极限 $\lim\limits_{x\to a^+} f(x)$ 和 $\lim\limits_{x\to b^-} f(x)$ 都存在.

证　充分性：若极限 $\lim\limits_{x\to a^+} f(x)$ 和 $\lim\limits_{x\to b^-} f(x)$ 都存在，令

$$F(x) = \begin{cases} \lim\limits_{x\to a^+} f(x), & x = a, \\ f(x), & a < x < b, \\ \lim\limits_{x\to b^-} f(x), & x = b. \end{cases}$$ 则 $F(x)$ 在闭区间 $[a, b]$ 上连续，由定理 2.8，$F(x)$ 在 $[a, b]$ 上一致连续，故 $f(x)$ 在 (a, b) 上一致连续.

必要性:若 $f(x)$ 在 (a,b) 上一致连续,则 $\forall \varepsilon > 0$, $\exists \delta > 0$,对 $\forall x', x'' \in (a,b)$,当 $|x' - x''| < \delta$ 时,$|f(x') - f(x'')| < \varepsilon$. 由于当 x_1, $x_2 \in U^\circ(a+, \delta)$ 或 $x_1, x_2 \in U^\circ(b-, \delta)$ 时都有 $|x_1 - x_2| < \delta$,则 $|f(x_1) - f(x_2)| < \varepsilon$. 故由定理 2.4(函数极限的柯西收敛准则),可知极限 $\lim\limits_{x \to a+} f(x)$ 和 $\lim\limits_{x \to b-} f(x)$ 都存在.

> 思考:函数 $f(x)$ 在区间 $[a, +\infty)$ 上连续,则 $f(x)$ 在 $[a, +\infty)$ 上一致连续的充要条件是不是极限 $\lim\limits_{x \to +\infty} f(x)$ 存在呢?

习题 2.3

1. 证明:若 f 连续,则 $|f|$ 也连续. 逆命题成立吗?

2. 求复合函数 $f \circ g$ 与 $g \circ f$ 的解析表达式,并讨论其连续性. 设
   (1) $f(x) = \mathrm{sgn}\, x$, $g(x) = 1 + x^2$;
   (2) $f(x) = \mathrm{sgn}\, x$, $g(x) = (1 - x^2)x$.

3. 指出下列函数的间断点并说明其类型:
   (1) $f(x) = x + \dfrac{1}{x}$; (2) $f(x) = \dfrac{\sin x}{|x|}$;
   (3) $f(x) = \mathrm{sgn}(\cos x)$; (4) $f(x) = \begin{cases} x, & x \text{ 为有理数}, \\ -x, & x \text{ 为无理数}. \end{cases}$

4. 设 $f(x) = \sin x$, $g(x) = \begin{cases} x - \pi, & x \leqslant 0 \\ x + \pi, & x > 0 \end{cases}$. 证明:复合函数 $f \circ g$ 在 $x = 0$ 处连续,但 g 在 $x = 0$ 处不连续.

5. 求下列函数的极限:
   (1) $\lim\limits_{x \to \frac{\pi}{4}} (\pi - x) \tan x$; (2) $\lim\limits_{x \to 0} \dfrac{\ln(1 + 2x)}{\sin 3x}$;
   (3) $\lim\limits_{x \to 1^+} \dfrac{x \sqrt{1 + 2x} - \sqrt{x^2 - 1}}{x + 1}$; (4) $\lim\limits_{x \to 0} \left(\cot x - \dfrac{\mathrm{e}^{2x}}{\sin x} \right)$.

6. 确定常数 a, b 使下列函数在 $x = 0$ 处连续.
   (1) $f(x) = \begin{cases} \arctan \dfrac{1}{x}, & x < 0, \\ a + \sqrt{x}, & x \geqslant 0; \end{cases}$
   (2) $f(x) = \begin{cases} \dfrac{\sin ax}{x}, & x > 0, \\ 2, & x = 0, \\ \dfrac{\ln(1 - 3x)}{bx}, & x < 0. \end{cases}$

7. 设 $f(x) = \dfrac{\mathrm{e}^x - b}{(x - a)(x - 1)}$ 有无穷间断点 $x = 0$,有可去间断点 $x = 1$,求 a, b.

8. 设 $f(x) = \lim\limits_{n \to \infty} \dfrac{x^{2n-1} + ax^2 + bx}{x^{2n} + 1}$，$-\infty < x < +\infty$ 为连续函数，求 a, b.

9. 求 $f(x) = \lim\limits_{t \to x} \left(\dfrac{\sin t}{\sin x} \right)^{\frac{x}{\sin t - \sin x}}$ 的间断点，并指出类型.

10. 证明：若 f 在 $[a, b]$ 上连续，且无零点，则 f 在 $[a, b]$ 上恒正或恒负.

11. 设函数 $f(x)$ 在 $[0, 2a]$ 上连续，且 $f(0) = f(2a)$. 证明：在 $[0, a]$ 上至少存在一点 ξ 使得 $f(\xi) = f(x + a)$.

12. 设 f 在 $[a, b]$ 上连续，$x_1, x_2, \cdots, x_n \in [a, b]$. 证明：

    (1) 存在 $\xi \in [a, b]$ 使得 $f(\xi) = \dfrac{1}{n}[f(x_1) + f(x_2) + \cdots + f(x_n)]$；

    (2) 存在 $\xi \in [a, b]$ 使得 $f(\xi) = \lambda_1 f(x_1) + \lambda_2 f(x_2) + \cdots + \lambda_n f(x_n)$，其中 $\lambda_i > 0 (i = 1, 2, \cdots, n)$ 且满足 $\lambda_1 + \lambda_2 + \cdots \lambda_n = 1$.

13. 设 f 在 $[a, +\infty)$ 上连续，且 $\lim\limits_{x \to +\infty} f(x)$ 存在. 证明：f 在 $[a, +\infty)$ 上有界.

14. 设 f 在 $[a, +\infty)$ 上连续，且 $\lim\limits_{x \to +\infty} f(x)$ 存在. 证明：f 在 $[a, +\infty)$ 上一致连续.

15. 证明：

    (1) $f(x) = \sqrt{x}$ 在 $[0, +\infty)$ 上一致连续；

    (2) $f(x) = \sin \sqrt{x}$ 在 $[0, +\infty)$ 上一致连续；

    (2) $f(x) = \cos \sqrt{x}$ 在 $[0, +\infty)$ 上一致连续.

16. 证明：$f(x) = x^2$ 在 $[a, b]$ 上一致连续，但在 $(-\infty, +\infty)$ 上不一致连续.

2.4 函数列与函数项级数

  在上节中，知道有限个连续函数的和（差）仍然是连续函数，那么无限多个连续函数的和（差）是否还连续呢？本节将通过引入"一致收敛性"来研究这个问题.

2.4.1 函数列及其一致收敛性

  类似于数列，函数列是指一列（无限多个）有序的函数，它们定义在同一个数集 D 上，记作 $\{f_n(x)\}$，$x \in D$. 显然，对任意取定的 $x \in D$，$\{f_n(x)\}$ 都是一个数列.

  若 $x_0 \in D$ 使得数列 $\{f_n(x)\}$ 收敛，称 x_0 为 $\{f_n(x)\}$ 的**收敛点**，否则称 x_0 为 $\{f_n(x)\}$ 的**发散点**，收敛点和发散点的全体分别称为 $\{f_n(x)\}$ 的**收敛域**和**发散域**.

  在考虑函数列收敛性的时候，类似于考虑函数的连续性，也有两种，一种是对每个固定的 $x_0 \in D$，考虑数列 $\{f_n(x_0)\}$ 的"逐点收敛性",一种是对整个数集 D,考虑 $\{f_n(x)\}$ 在 D 上的"一致收敛性".

> **定义 2.12(函数列的处处收敛与一致收敛)**　设函数列 $\{f_n(x)\}$ 和函数 $f(x)$ 定义在同一数集 D 上,若任意 $x \in D$,都有 $\lim\limits_{n \to \infty} f_n(x) = f(x)$,则称函数列 $\{f_n(x)\}$ 在 D 上**处处收敛于** $f(x)$;
>
> 若任意 $\varepsilon > 0$,存在 $N \in \mathbb{N}_+$,当 $n > N$ 时,对任何 $x \in D$,都有 $|f_n(x) - f(x)| < \varepsilon$,称函数列 $\{f_n(x)\}$ **在 D 上一致收敛于** $f(x)$.

注 1　$\{f_n(x)\}$ 在 D 上处处收敛于 $f(x)$ 和一致收敛于 $f(x)$,都要求对任意给定的 $x_0 \in D$,数列 $\{f_n(x_0)\}$ 收敛于 $f(x_0)$,即 " $\forall \varepsilon > 0$,存在 $N \in \mathbb{N}^+$,当 $n > N$ 时,$|f_n(x_0) - f(x_0)| < \varepsilon$". 区别在于其中的 "$N$",在"处处收敛"时随着 x_0 的不同取值可能会不同,在"一致收敛"时则对所有的 $x_0 \in D$ 取同一个 N,具体表述为:

$\{f_n(x)\}$ 在 D 上处处收敛于 $f(x) \Leftrightarrow \forall x_0 \in D, \forall \varepsilon > 0, \exists N \in \mathbb{N}^+$,当 $n > N$ 时,$|f_n(x_0) - f(x_0)| < \varepsilon$;

$\{f_n(x)\}$ 在 D 上一致收敛于 $f(x) \Leftrightarrow \forall \varepsilon > 0, \exists N \in \mathbb{N}^+$,当 $n > N$ 时,$\forall x_0 \in D, |f_n(x_0) - f(x_0)| < \varepsilon$.

注 2　"一致收敛"与"一致连续"定义中的"一致"含义类似,都是指在刻画收敛或连续过程中的"尺度"——"N 与 δ"——与自变量的取值无关,都属于"整体性质","处处收敛"和"逐点连续"则属于"局部性质".

注 3　若存在无穷小数列 a_n,$\lim\limits_{n \to \infty} a_n = 0$,使得 $\forall x \in D$,$|f_n(x) - f(x)| \leqslant a_n$,则 $\{f_n(x)\}$ 在 D 上一致收敛于 $f(x)$.

注 4　(函数列一致收敛的柯西准则)$\{f_n(x)\}$ 在 D 上一致收敛的充要条件是:

$\forall \varepsilon > 0$,$\exists N \in \mathbb{N}_+$,当 $n, m > N$ 时,$\forall x \in D$,$|f_n(x) - f_m(x)| < \varepsilon$.

例 2.22　证明 $\{f_n(x)\}$ 在 D 上不一致收敛于 $f(x)$ 的充分必要条件为:$\exists \varepsilon_0 > 0$ 以及 $\{f_n(x)\}$ 的子函数列 $\{f_{n_k}(x)\}$,使得对任意的 $f_{n_k}(x)$ 都有 $\sup\limits_{x \in D} |f_{n_k}(x) - f(x)| \geqslant \varepsilon_0$.

证　充分性:用反证法,若 $\{f_n(x)\}$ 在 D 上一致收敛于 $f(x)$,则 $\exists N \in \mathbb{N}^+$,当 $n > N$ 时,$|f_n(x) - f(x)| < \dfrac{\varepsilon_0}{2}$ 对 $\forall x \in D$ 成立,则 $\sup\limits_{x \in D} |f_n(x) - f(x)| \leqslant \dfrac{\varepsilon_0}{2}$,取 $n_k > N$,前式与条件矛盾.

必要性:若 $\{f_n(x)\}$ 在 D 上不一致收敛于 $f(x)$,则 $\exists \varepsilon_0 > 0$,$\forall N \in \mathbb{N}_+$,都存在 $n' > N$ 及 $x' \in D$,使得 $|f_{n'}(x') - f(x')| \geqslant \varepsilon_0$,则 $\sup\limits_{x \in D} |f_{n'}(x) - f(x)| \geqslant \varepsilon_0$.

令 $N = 1$,可得 $n_1 > 1$,使 $\sup\limits_{x \in D} |f_{n_1}(x) - f(x)| \geqslant \varepsilon_0$,取 $N = n_1$,可

得 $n_2 > n_1$，使 $\sup\limits_{x \in D} |f_{n_2}(x) - f(x)| \geq \varepsilon_0$，依次可得 $n_k > n_{k-1} > \cdots > n_1$，使 $\sup\limits_{x \in D} |f_{n_k}(x) - f(x)| \geq \varepsilon_0$，即 $\{f_n(x)\}$ 的子函数列 $\{f_{n_k}(x)\}$ 满足条件.

注　若 $\{f_n(x)\}$ 在 D 上收敛于 $f(x)$，令 $\delta(n) = \sup\limits_{x \in D} |f_n(x) - f(x)|$，根据定义 2.12 以及例 2.22 可知：$\{f_n(x)\}$ 在 D 上一致收敛于 $f(x)$ 的充要条件为 $\lim\limits_{n \to \infty} \delta(n) = 0$.

例 2.23　求以下定义在 $(-\infty, +\infty)$ 上的函数列的收敛域，并判断在收敛域内是否一致收敛.

(1) $\left\{\dfrac{\sin nx}{n}\right\}$；　(2) $\{x^n\}$.

解　(1) 由于对任意的 $x \in (-\infty, +\infty)$，都有 $\left|\dfrac{\sin nx}{n}\right| \leq \dfrac{1}{n} \to 0 \, (n \to \infty)$，则根据定义 2.12 注 3，函数列在收敛域 $(-\infty, +\infty)$ 上一致收敛于 0.

(2) 由于 $\lim\limits_{n \to \infty} x^n = \begin{cases} 0, & -1 < x < 1, \\ 1, & x = 1, \\ \text{不存在}, & \text{其他}. \end{cases}$，故函数列 $\{x^n\}$ 的收敛域为 $(-1, 1]$；

记 $f(x) = \begin{cases} 0, & -1 < x < 1, \\ 1, & x = 1, \end{cases}$ 则 $x^n - f(x) = \begin{cases} x^n, & -1 < x < 1, \\ 0, & x = 1. \end{cases}$

因此 $\sup\limits_{x \in (-1, 1]} |x^n - f(x)| = \sup\limits_{x \in (-1, 1)} |x|^n = 1$，由例 2.22 可知，函数列 $\{x^n\}$ 在收敛域 $(-1, 1]$ 上不一致收敛于极限函数 $f(x)$.

对于一个函数列 $\{f_n(x)\}$，除了 x 固定时的数列极限 $\lim\limits_{n \to \infty} f_n(x)$，还有 n 固定时的函数极限 $\lim\limits_{x \to x_0} f_n(x)$. 那么，在对一个函数列做这两种极限运算时，顺序是否可以交换？答案是否定的.

例如 $f_n(x) = x^n$，若 $0 < x < 1$，则 $\lim\limits_{n \to \infty} f_n(x) = \lim\limits_{n \to \infty} x^n = 0$，$\lim\limits_{x \to 1^-} f_n(x) = \lim\limits_{x \to 1^-} x^n = 1$，因此

$$0 = \lim\limits_{x \to 1^-} \lim\limits_{n \to \infty} f_n(x) \neq \lim\limits_{n \to \infty} \lim\limits_{x \to 1^-} f_n(x) = 1.$$

在什么条件下上述两种极限可以换序呢？下面的定理给出了一个充分条件.

定理 2.9　设函数列 $\{f_n(x)\}$ 在 x_0 的去心邻域 $U^\circ(x_0)$ 上一致收敛于函数 $f(x)$，且对任意的自然数 $n \in \mathbb{N}_+$，$\lim\limits_{x \to x_0} f_n(x) = a_n$，则极限 $\lim\limits_{n \to \infty} a_n$ 和 $\lim\limits_{x \to x_0} f(x)$ 都存在且二者相等.

证　根据定义 2.12 的注 4（函数列一致收敛的柯西准则），$\forall \varepsilon > 0$，$\exists N \in \mathbb{N}_+$，当 $n, m > N$ 时，$\forall x \in U^\circ(x_0)$，$|f_n(x) - f_m(x)| < \varepsilon$. 于是 $|a_n - a_m| = \lim\limits_{x \to x_0} |f_n(x) - f_m(x)| \leq \varepsilon$，则数列 $\{a_n\}$ 为柯西列，因此 $\{a_n\}$ 收敛. 令 $\lim\limits_{n \to \infty} a_n = A$，下证 $\lim\limits_{x \to x_0} f(x) = A$.

由于 $\{f_n(x)\}$ 在 $U^\circ(x_0)$ 上一致收敛于函数 $f(x)$，则 $\forall \varepsilon > 0$，$\exists N_1 \in \mathbb{N}_+$，当 $n > N_1$ 时，$\forall x \in U^\circ(x_0)$，$|f_n(x) - f(x)| < \varepsilon/3$. 又 $\lim\limits_{n\to\infty} a_n = A$，对上述 $\varepsilon > 0$，$\exists N_2 \in \mathbb{N}_+$，当 $n > N_2$ 时，$|a_n - A| < \varepsilon/3$. 取 $N > N_1$ 且 $N > N_2$，由于 $\lim\limits_{x\to x_0} f_N(x) = a_N$，故上述 $\varepsilon > 0$，$\exists \delta > 0$，当 $x \in U^\circ(x_0, \delta)$ 时，$|f_N(x) - a_N| < \varepsilon/3$，此时

$$|f(x) - A| \leqslant |f(x) - f_N(x)| + |f_N(x) - a_N| + |a_N - A|$$
$$< \varepsilon/3 + \varepsilon/3 + \varepsilon/3 = \varepsilon. \ \text{即} \lim\limits_{x\to x_0} f(x) = A，\text{得证}.$$

注 1　定理 2.9 中的极限过程 $x \to x_0$ 和邻域 $U^\circ(x_0)$ 可以改为其他极限过程及相应邻域；

注 2　若 $\{f_n(x)\}$ 在区间 I 上一致收敛于 $f(x)$，并且每个 $f_n(x)$ 都在区间 I 上处处连续，则由定理 2.9，$\forall x_0 \in I$，$\lim\limits_{x\to x_0} f(x) = \lim\limits_{n\to\infty} a_n = \lim\limits_{n\to\infty} f_n(x_0) = f(x_0)$，因此 $f(x)$ 也在区间 I 上处处连续. 于是可知："**连续函数列一致收敛的极限一定连续**".

注 3　根据注 2，若连续函数列 $\{f_n(x)\}$ 在区间 I 上处处收敛于 $f(x)$，但是 $f(x)$ 在区间 I 上不连续，则 $\{f_n(x)\}$ 在区间 I 上不一致收敛于函数 $f(x)$（如例 2.23(2)）.

2.4.2　函数项级数及其一致收敛性

数项级数是无限多个数的和，函数项级数则为无限多个函数（定义在同一个数集 D 上）的和：$f_1(x) + f_2(x) + \cdots + f_n(x) + \cdots = \sum\limits_{n=1}^{\infty} f_n(x)$，$x \in D$. 显然，对任意固定的 $x \in D$，$\sum\limits_{n=1}^{\infty} f_n(x)$ 都是一个数项级数.

若 $x_0 \in D$ 使得数项级数 $\sum\limits_{n=1}^{\infty} f_n(x_0)$ 收敛，称 x_0 为 $\sum\limits_{n=1}^{\infty} f_n(x)$ 的**收敛点**，否则称 x_0 为 $\sum\limits_{n=1}^{\infty} f_n(x)$ 的**发散点**，收敛点和发散点的全体分别称为函数项级数 $\sum\limits_{n=1}^{\infty} f_n(x)$ 的**收敛域**和**发散域**.

类似于数项级数，称函数 $s_n(x) = f_1(x) + f_2(x) + \cdots + f_n(x)$ 为函数项级数 $\sum\limits_{n=1}^{\infty} f_n(x)$ 的**部分和**，事实上，函数项级数 $\sum\limits_{n=1}^{\infty} f_n(x)$ 的收敛问题等价于函数列 $\{s_n(x)\}$ 的收敛问题. 因此，函数项级数 $\sum\limits_{n=1}^{\infty} f_n(x)$ 的收敛性也有两种，一种是对每个固定的 $x_0 \in D$，考虑数项级数 $\sum\limits_{n=1}^{\infty} f_n(x_0)$ 的"逐点收敛性"，一种是对整个数集 D，考虑 $\sum\limits_{n=1}^{\infty} f_n(x)$ 在 D 上的"一致收敛性".

定义 2.13(函数项级数的处处收敛与一致收敛)　设函数项级数 $\sum\limits_{n=1}^{\infty} f_n(x)$ 中的每一项以及函数 $s(x)$ 定义在同一数集 D 上,若任意 $x \in D$, 数项级数 $\sum\limits_{n=1}^{\infty} f_n(x)$ 的和均为 $s(x)$, 则称 $s(x)$ 为 $\sum\limits_{n=1}^{\infty} f_n(x)$ 的和函数,并称 $\sum\limits_{n=1}^{\infty} f_n(x)$ 在 D 上处处收敛于 $s(x)$;若任意 $\varepsilon > 0$, 存在 $N \in \mathbb{N}_+$, 当 $n > N$ 时,对任何 $x \in D$, 都有 $\left| \sum\limits_{k=1}^{n} f_k(x) - s(x) \right| < \varepsilon$, 称 $\sum\limits_{n=1}^{\infty} f_n(x)$ 在 D 上一致收敛于 $s(x)$.

注 1　$\sum\limits_{n=1}^{\infty} f_n(x)$ 在 D 上一致收敛于 $s(x)$, 等价于 $\sum\limits_{n=1}^{\infty} f_n(x)$ 的部分和函数列 $\{s_n(x)\}$ 在 D 上一致收敛于 $s(x)$, 因此有关函数列一致收敛的结论适用于函数项级数的一致收敛.

注 2　设 $\sum\limits_{n=1}^{\infty} f_n(x)$ 在 D 上处处收敛于 $s(x)$, $s_n(x)$ 为部分和,称 $r_n(x) = s(x) - s_n(x) = \sum\limits_{k=n+1}^{\infty} f_k(x)$ 为 $\sum\limits_{n=1}^{\infty} f_n(x)$ 的余项,记 $\delta(n) = \sup\limits_{x \in D} |r_n(x)|$, 则 $\sum\limits_{n=1}^{\infty} f_n(x)$ 一致收敛于 $s(x)$ 的充要条件是: $\lim\limits_{n \to \infty} \delta(n) = 0$.

注 3　若存在数列 $\{x_n\} \subset D$ 使得数项级数 $\sum\limits_{n=1}^{\infty} f_n(x_n)$ 发散,则 $\sum\limits_{n=1}^{\infty} f_n(x)$ 在 D 上不一致收敛.

注 4　(函数项级数一致收敛的柯西准则) $\sum\limits_{n=1}^{\infty} f_n(x)$ 在 D 上一致收敛的充要条件是:
$\forall \varepsilon > 0, \exists N \in \mathbb{N}_+$, 当 $n > N$ 时, $\forall x \in D, p \in \mathbb{N}_+, |s_{n+p}(x) - s_n(x)| < \varepsilon$.

例 2.24　研究下列函数项级数在给定区间上的一致收敛性:

(1) $\sum\limits_{n=1}^{\infty} \dfrac{x^2}{(1+x^2)^{n-1}}, x \in (-\infty, +\infty)$;

(2) $\sum\limits_{n=1}^{\infty} \dfrac{(-1)^{n-1} x^2}{(1+x^2)^{n-1}}, x \in (-\infty, +\infty)$.

解　(1) 取 $x_n = \dfrac{1}{\sqrt{n}} \in (-\infty, +\infty)$, 则 $\dfrac{x_n^2}{(1+x_n^2)^{n-1}} = \dfrac{\dfrac{1}{n}}{\left(1 + \dfrac{1}{n}\right)^{n-1}}$, 由于 $\sum\limits_{n=1}^{\infty} \dfrac{1}{n}$ 发散, $\lim\limits_{n \to \infty} \left(1 + \dfrac{1}{n}\right)^{n-1} = \mathrm{e}$, 根据级数收敛的

比较判别法,可知 $\sum\limits_{n=1}^{\infty} \dfrac{x_n^2}{(1+x_n^2)^{n-1}}$ 发散,由定义 2.13 的注 3,故不一致收敛.

(2) 显然函数项级数 $\sum\limits_{n=1}^{\infty} \dfrac{(-1)^n x^2}{(1+x^2)^{n-1}}$ 在 $(-\infty,+\infty)$ 上处处收敛,则

$$|r_n(x)| = \left| \sum_{k=n}^{\infty} \frac{(-1)^k x^2}{(1+x^2)^k} \right|$$

$$= \frac{x^2}{(1+x^2)^n} \left[1 - \frac{1}{1+x^2} + \frac{1}{(1+x^2)^2} - \cdots \right] \leqslant \frac{x^2}{(1+x^2)^n}.$$

由于 $\forall x \in (-\infty,+\infty),(1+x^2)^n \geqslant nx^2$,故 $\dfrac{x^2}{(1+x^2)^n} \leqslant \dfrac{1}{n}$,因此

$\sup\limits_{x \in (-\infty,+\infty)} |r_n(x)| \leqslant \dfrac{1}{n} \to 0$,由定义 2.13 的注 2,可知函数项级数一致收敛.

根据函数项级数一致收敛的定义、柯西准则以及数项级数的收敛判别法,可以建立一致收敛的判别法.

函数项级数一致收敛判别法 1(魏尔斯特拉斯判别法、M-判别法） 设定义在 D 上的函数项级数 $\sum\limits_{n=1}^{\infty} f_n(x)$ 满足 $|f_n(x)| \leqslant M_n (x \in D)$,若正项级数 $\sum\limits_{n=1}^{\infty} M_n$ 收敛,则 $\sum\limits_{n=1}^{\infty} f_n(x)$ 在 D 上一致收敛.

证 由于级数 $\sum\limits_{n=1}^{\infty} M_n$ 收敛,根据数项级数收敛的柯西准则,$\forall \varepsilon > 0,\exists N$,当 $n > N$ 时对任意 $p \in \mathbb{N}_+$ 有 $|M_{n+1} + \cdots + M_{n+p}| = M_{n+1} + \cdots + M_{n+p} < \varepsilon$. 又由于 $|f_n(x)| \leqslant M_n (x \in D)$,故

$$|f_{n+1}(x) + \cdots + f_{n+p}(x)| \leqslant |f_{n+1}(x)| + \cdots + |f_{n+p}(x)| \leqslant M_{n+1} + \cdots + M_{n+p} < \varepsilon.$$

根据函数项级数一致收敛的柯西准则,$\sum\limits_{n=1}^{\infty} f_n(x)$ 在 D 上一致收敛.

例 2.25 证明下列函数项级数在给定区间上一致收敛:

(1) $\sum\limits_{n=1}^{\infty} \dfrac{\sin nx}{n^2},x \in (-\infty,+\infty)$;

(2) $\sum\limits_{n=1}^{\infty} \dfrac{nx+1}{x^2+n^3},x \in [-1,1]$.

证 (1) 由于 $\forall x \in (-\infty,+\infty)$,$\left| \dfrac{\sin nx}{n^2} \right| \leqslant \dfrac{1}{n^2}$,级数 $\sum\limits_{n=1}^{\infty} \dfrac{1}{n^2}$ 收敛,则由 M-判别法,$\sum\limits_{n=1}^{\infty} \dfrac{\sin nx}{n^2}$ 在 $(-\infty,+\infty)$ 上一致收敛;

(2) 由于 $\forall x \in [-1,1]$,$\left| \dfrac{nx+1}{x^2+n^3} \right| \leqslant \dfrac{n+1}{n^3}$,级数 $\sum\limits_{n=1}^{\infty} \dfrac{n+1}{n^3}$ 收

敛,则由 M- 判别法,$\displaystyle\sum_{n=1}^{\infty} \frac{nx+1}{x^2+n^3}$ 在 $[-1,1]$ 上一致收敛.

显然,满足 M- 判别法的函数项级数,不仅是一致收敛,而且是"绝对一致收敛"(即 $\displaystyle\sum_{n=1}^{\infty} |f_n(x)|$ 一致收敛),下面的阿贝尔 - 狄利克雷判别法,可以处理符号不确定的函数项级数的一致收敛性,其证明过程类似于 1.3.3 小节的"级数收敛判别法 5"的证明,本节从略.

函数项级数一致收敛判别法 2(阿贝尔-狄利克雷判别法)　设函数列 $\{f_n(x)\}$ 和 $\{g_n(x)\}$ 定义在数集 D 上,并且任意的 $x \in D$,数列 $\{g_n(x)\}$ 单调,则分别满足以下两组条件时,函数项级数 $\displaystyle\sum_{n=1}^{\infty} f_n(x)g_n(x)$ 在 D 上一致收敛:

阿贝尔判别法条件 ——

(1) 函数项级数 $\displaystyle\sum_{n=1}^{\infty} f_n(x)$ 在 D 上一致收敛;

(2) 函数列 $\{g_n(x)\}$ 在 D 上一致有界,即存在 M,使得 $|g_n(x)| \leq M (\forall x \in D, \forall n \in \mathbb{N}_+)$;

狄利克雷判别法条件 ——

(1) 函数项级数 $\displaystyle\sum_{n=1}^{\infty} f_n(x)$ 的部分和 $\{s_n(x)\}$ 在 D 上一致有界,即存在 M,使得

$$|s_n(x)| = \left|\sum_{k=1}^{n} f_k(x)\right| \leq M (\forall x \in D, \forall n \in \mathbb{N}_+);$$

(2) 函数列 $\{g_n(x)\}$ 在 D 上一致收敛于 0.

例 2.26　证明下列函数项级数在给定区间上一致收敛:

(1) $\displaystyle\sum_{n=1}^{\infty} \frac{(-1)^n(x+n)^n}{n^{n+1}}, x \in [0,1]$;　(2) $\displaystyle\sum_{n=1}^{\infty} \frac{x^n}{\sqrt{n}}, x \in [-1,0]$.

证　(1) 令 $f_n(x) = \dfrac{(-1)^n}{n}, g_n(x) = \dfrac{(x+n)^n}{n^n} = \left(1+\dfrac{x}{n}\right)^n$,

则对 $\forall x \in [0,1], g_n(x) = \left(1+\dfrac{x}{n}\right)^n$ 单调增加. 由于 $\displaystyle\sum_{n=1}^{\infty} \frac{(-1)^n}{n}$ 收敛(注意到一般项与 x 无关),故 $\displaystyle\sum_{n=1}^{\infty} f_n(x)$ 在 $[0,1]$ 上一致收敛;又由于 $|g_n(x)| = \left|1+\dfrac{x}{n}\right|^n \leq \left(1+\dfrac{1}{n}\right)^n \leq \mathrm{e}$,则满足了阿贝尔判别法的两个条件,因此一致收敛.

(2) 令 $f_n(x) = x^n, g_n(x) = \dfrac{1}{\sqrt{n}}$,由于 $\left\{\dfrac{1}{\sqrt{n}}\right\}$ 单调减少趋于 0,与 x 无关,故函数列 $\{g_n(x)\}$ 在 $[-1,0]$ 上一致收敛于 0;又由于

$$|s_n(x)| = |x + x^2 + \cdots + x^n|$$

$$= \frac{|x - x^{n+1}|}{1 - x} \leq |x| \leq 1 (\forall x \in [-1, 0], \forall n \in \mathbb{N}_+),$$

因此满足了狄利克雷判别法的两个条件,因此一致收敛.

如果函数项级数的每一项都连续,那么其部分和函数(有限个连续函数的和)也连续,根据定理 2.9 的注 2,有如下定理.

定理 2.10(和函数的连续性) 设函数项级数 $\sum\limits_{n=1}^{\infty} f_n(x)$ 在区间 I 上一致收敛于和函数 $s(x)$,其每一项 $f_n(x)$ 都在 $x_0 \in I$ 处连续,则 $s(x)$ 也在 $x_0 \in I$ 处连续.

注 1 定理 2.10 中的连续可以改为左连续或右连续;

注 2 由定理 2.10 可知,在一致收敛的条件下,无限项求和运算和求极限运算可以交换顺序,即 $\sum\limits_{n=1}^{\infty} \lim\limits_{x \to x_0} f_n(x) = \lim\limits_{x \to x_0} \sum\limits_{n=1}^{\infty} f_n(x)$.

2.4.3 幂级数的收敛性

由幂函数组成的函数项无穷级数,称为**幂级数**,其一般形式为

$$\sum_{n=0}^{\infty} a_n(x - x_0)^n \text{ 或 } \sum_{n=0}^{\infty} a_n x^n.$$

由于前者中令 $u = x - x_0$ 可以变为后者的形式,因此只需考虑形如 $\sum\limits_{n=0}^{\infty} a_n x^n$ 的幂级数.

由于幂级数的部分和为 n 阶多项式,可以说是一种最简单的函数项级数,它在函数逼近和近似计算中有重要应用.

显然对于幂级数 $\sum\limits_{n=0}^{\infty} a_n x^n$,当 $x = 0$ 时一定收敛,因此幂级数一定有收敛点.如何确定幂级数的收敛域以及幂级数在收敛域内是否一致收敛呢?阿贝尔的两个定理给出了答案.

定理 2.11(阿贝尔第一定理)

如果幂级数 $\sum\limits_{n=0}^{\infty} a_n x^n$ 在 $x = x_0 (x_0 \neq 0)$ 处收敛,则它在满足不等式 $|x| < |x_0|$ 的一切 x 处都绝对收敛;如果级数 $\sum\limits_{n=0}^{\infty} a_n x^n$ 在 $x = x_0$ 处发散,则它在满足不等式 $|x| > |x_0|$ 的一切 x 处都发散.

证 若 $\sum\limits_{n=0}^{\infty} a_n x_0^n (x_0 \neq 0)$ 收敛,则 $\lim\limits_{n \to \infty} a_n x_0^n = 0$,因此数列 $\{a_n x_0^n\}$ 有界,故 $\exists M > 0$ 使 $|a_n x_0^n| \leq M$. 于是当 $|x| < |x_0|$ 时,$|a_n x^n| \leq |a_n x_0^n| \cdot \left|\dfrac{x}{x_0}\right|^n \leq M \left|\dfrac{x}{x_0}\right|^n$. 由于 $\left|\dfrac{x}{x_0}\right| < 1$,故级数 $\sum\limits_{n=0}^{\infty} \left|\dfrac{x}{x_0}\right|^n$ 收敛,根据比较判别法,可知当 $|x| < |x_0|$ 时,$\sum\limits_{n=0}^{\infty} a_n x^n$ 绝对收敛.

若级数 $\sum\limits_{n=0}^{\infty} a_n x^n$ 在 $x = x_0$ 处发散，如果存在 $|x_1| > |x_0|$ 使得 $\sum\limits_{n=0}^{\infty} a_n x_1^n$ 收敛，由前所证，知 $\sum\limits_{n=0}^{\infty} a_n x_0^n$ 一定绝对收敛，故任意满足 $|x| > |x_0|$ 的 x 都使得 $\sum\limits_{n=0}^{\infty} a_n x^n$ 发散.

注 1　由定理可知，幂级数 $\sum\limits_{n=0}^{\infty} a_n x^n$ 的收敛域关于原点具有对称性，有以下几种情形：

（1）$\sum\limits_{n=0}^{\infty} a_n x^n$ 只在 $x = 0$ 处收敛，则收敛域为 $x = 0$（例如级数 $\sum\limits_{n=0}^{\infty} n! x^n$）；

（2）$\sum\limits_{n=0}^{\infty} a_n x^n$ 对 $\forall x \in \mathbb{R}$ 都收敛，则收敛域为 $(-\infty, +\infty)$（例如级数 $\sum\limits_{n=0}^{\infty} \dfrac{x^n}{n!}$）；

（3）其他情形，则存在 $R > 0$，收敛域可写为 $\langle -R, R \rangle$（包括 $(-R, R)$，$(-R, R]$，$[-R, R)$，$[-R, R]$ 四种情形），其中 R 称为**收敛半径**，一般称开区间 $(-R, R)$ 为**收敛区间**.

对任意的 $|x| < R$，总存在 x_0 使得 $|x| < |x_0| < R$，由于 $\sum\limits_{n=0}^{\infty} a_n x^n$ 在 x_0 处收敛，故在 x 处绝对收敛，因此**幂级数在收敛区间内一定绝对收敛**.

注 2　对于两个幂级数 $\sum\limits_{n=0}^{\infty} a_n x^n$ 和 $\sum\limits_{n=0}^{\infty} b_n x^n$，设二者收敛半径分别为 R_1, R_2，$R = \min\{R_1, R_2\}$，根据级数绝对收敛的性质，对任意的 $|x| < R$ 以及常数 λ, μ，以下等式成立：

$$\lambda \sum_{n=0}^{\infty} a_n x^n + \mu \sum_{n=0}^{\infty} b_n x^n = \sum_{n=0}^{\infty} (\lambda a_n + \mu b_n) x^n;$$

$$\sum_{n=0}^{\infty} a_n x^n \cdot \sum_{n=0}^{\infty} b_n x^n = \sum_{n=0}^{\infty} c_n x^n，其中 c_n = \sum_{k=0}^{n} a_k b_{n-k}$$

如何计算幂级数的收敛半径是得到收敛域的关键，在知道收敛半径的情况下，只需要判断收敛区间的两个端点处是否收敛就可以了.

利用正项级数的比值判别法，可以知道当 $\lim\limits_{n \to \infty} \left| \dfrac{a_{n+1} x^{n+1}}{a_n x^n} \right| = |x| \cdot \lim\limits_{n \to \infty} \left| \dfrac{a_{n+1}}{a_n} \right| < 1$ 时，$\sum\limits_{n=0}^{\infty} a_n x^n$ 收敛，当 $\lim\limits_{n \to \infty} \left| \dfrac{a_{n+1} x^{n+1}}{a_n x^n} \right| = |x| \cdot \lim\limits_{n \to \infty} \left| \dfrac{a_{n+1}}{a_n} \right| > 1$ 时，$\sum\limits_{n=0}^{\infty} a_n x^n$ 发散.

若极限 $\lim\limits_{n\to\infty}\left|\dfrac{a_{n+1}}{a_n}\right|$ 存在，设 $\lim\limits_{n\to\infty}\left|\dfrac{a_{n+1}}{a_n}\right|=\rho$，可知当 $|x|\cdot\rho<1$ 时

$\sum\limits_{n=0}^{\infty}a_nx^n$ 收敛，当 $|x|\cdot\rho>1$ 时 $\sum\limits_{n=0}^{\infty}a_nx^n$ 发散. 因此可得如下结论：

（1）若 $\rho=+\infty$，则 $\sum\limits_{n=0}^{\infty}a_nx^n$ 只在 $x=0$ 处收敛，此时记 $R=0$；

（2）若 $\rho=0$，则 $\sum\limits_{n=0}^{\infty}a_nx^n$ 在 $\forall x\in\mathbb{R}$ 处都收敛，此时记 $R=\infty$；

（3）若 $0<\rho<+\infty$，则 $R=\dfrac{1}{\rho}$.

类似地，利用正项级数的根值判别法，可知当 $\lim\limits_{n\to\infty}\sqrt[n]{|a_nx^n|}=|x|\cdot$ $\lim\limits_{n\to\infty}\sqrt[n]{|a_n|}<1$ 时，$\sum\limits_{n=0}^{\infty}a_nx^n$ 收敛，当 $\lim\limits_{n\to\infty}\sqrt[n]{|a_nx^n|}=|x|\cdot\lim\limits_{n\to\infty}\sqrt[n]{|a_n|}>$ 1 时，$\sum\limits_{n=0}^{\infty}a_nx^n$ 发散. 若极限 $\lim\limits_{n\to\infty}\sqrt[n]{|a_n|}$ 存在，记 $\lim\limits_{n\to\infty}\sqrt[n]{|a_n|}=\rho$，同样有上面的结论.

值得注意的是，无论是比值的极限 $\lim\limits_{n\to\infty}\left|\dfrac{a_{n+1}}{a_n}\right|$，还是根植的极限 $\lim\limits_{n\to\infty}\sqrt[n]{|a_n|}$，都有可能不存在，此时利用上极限可以给出任意情形收敛半径的计算公式（柯西-哈达玛（Hadamard）公式）：

$$\rho=\varlimsup_{n\to\infty}\sqrt[n]{|a_n|}\Rightarrow R=\begin{cases}0,&\rho=+\infty,\\\dfrac{1}{\rho},&0<\rho<+\infty,\\\infty,&\rho=0.\end{cases}$$

由于非负数列的上极限一定存在（或为 $+\infty$），因此上述公式总有效.（关于上极限的知识本书从略，读者可参看文献[1]）

例 2.27 求下列幂级数的收敛半径、收敛区间和收敛域：

（1）$\sum\limits_{n=1}^{\infty}\dfrac{x^n}{(n+2)3^n}$；   （2）$\sum\limits_{n=1}^{\infty}\dfrac{3^n+(-2)^n}{n}(x-1)^n$；

（3）$\sum\limits_{n=1}^{\infty}\dfrac{x^{2n}}{n-3^{2n}}$.

解 （1）记 $a_n=\dfrac{1}{(n+2)3^n}$，由于 $\lim\limits_{n\to\infty}\sqrt[n]{a_n}=\lim\limits_{n\to\infty}\sqrt[n]{\dfrac{1}{(n+2)3^n}}=$ $\dfrac{1}{3}\dfrac{1}{\lim\limits_{n\to\infty}\sqrt[n]{n+2}}=\dfrac{1}{3}$，故收敛半径 $R=3$，收敛区间为 $(-3,3)$.

当 $x=-3$ 时，级数 $\sum\limits_{n=1}^{\infty}\dfrac{(-3)^n}{(n+2)3^n}=\sum\limits_{n=1}^{\infty}\dfrac{(-1)^n}{n+2}$ 收敛；当 $x=3$ 时，级数 $\sum\limits_{n=1}^{\infty}\dfrac{3^n}{(n+2)3^n}=\sum\limits_{n=1}^{\infty}\dfrac{1}{n+2}$ 发散. 故收敛域为 $[-3,3)$.

（2）记 $a_n=\dfrac{3^n+(-2)^n}{n}$，注意到幂级数的收敛区间应以 $x=1$

为中心. 由于

$$\lim_{n \to \infty} \left| \frac{a_{n+1}}{a_n} \right| = \lim_{n \to \infty} \left| \frac{\dfrac{3^{n+1} + (-2)^{n+1}}{n+1}}{\dfrac{3^n + (-2)^n}{n}} \right|$$

$$= \lim_{n \to \infty} \frac{n}{n+1} \cdot \frac{3 + (-2) \cdot \left(-\dfrac{2}{3} \right)^n}{1 + \left(-\dfrac{2}{3} \right)^n} = 3,$$

故 $R = \dfrac{1}{3}$ ，收敛区间为 $\left(1 - \dfrac{1}{3}, 1 + \dfrac{1}{3} \right) = \left(\dfrac{2}{3}, \dfrac{4}{3} \right)$.

当 $x = \dfrac{2}{3}$ 时，对于级数 $\displaystyle\sum_{n=1}^{\infty} \frac{3^n + (-2)^n}{n} \left(-\frac{1}{3} \right)^n =$

$\displaystyle\sum_{n=1}^{\infty} \left[\frac{(-1)^n}{n} + \frac{1}{n} \left(\frac{2}{3} \right)^n \right]$ ，由于 $\displaystyle\sum_{n=1}^{\infty} \frac{(-1)^n}{n}$ 和 $\displaystyle\sum_{n=1}^{\infty} \frac{1}{n} \left(\frac{2}{3} \right)^n$ 都收敛，故

其收敛；

当 $x = \dfrac{4}{3}$ 时，对于级数 $\displaystyle\sum_{n=1}^{\infty} \frac{3^n + (-2)^n}{n} \left(\frac{1}{3} \right)^n =$

$\displaystyle\sum_{n=1}^{\infty} \left[\frac{1}{n} + \frac{(-1)^n}{n} \left(\frac{2}{3} \right)^n \right]$ ，由于和 $\displaystyle\sum_{n=1}^{\infty} \frac{(-1)^n}{n} \left(\frac{2}{3} \right)^n$ 收敛，$\displaystyle\sum_{n=1}^{\infty} \frac{1}{n}$ 发

散，故其发散. 最终可得收敛域为 $\left[\dfrac{2}{3}, \dfrac{4}{3} \right)$.

（3）注意该幂级数没有 x 的奇数幂（称为缺项幂级数），对于这类幂级数，前面计算收敛半径的公式不适用，需要对幂级数本身直接使用比值或根植判别法.

记 $u_n(x) = \dfrac{x^{2n}}{n - 3^{2n}}$ ，则 $\lim_{n \to \infty} \left| \dfrac{u_{n+1}(x)}{u_n(x)} \right| = x^2 \lim_{n \to \infty} \left| \dfrac{n - 3^{2n}}{n+1 - 3^{2n+2}} \right| =$

$x^2 \lim_{n \to \infty} \left| \dfrac{n \cdot 3^{-2n} - 1}{(n+1) \cdot 3^{-2n} - 9} \right| = \dfrac{x^2}{9}$.

于是当 $\dfrac{x^2}{9} < 1 \Rightarrow -3 < x < 3$ 时，幂级数收敛；当 $\dfrac{x^2}{9} > 1 \Rightarrow |x| > 3$

时，幂级数发散.

当 $x = \pm 3$ 时，由于 $\lim_{n \to \infty} |u_n(x)| = \lim_{n \to \infty} \left| \dfrac{(\pm 3)^{2n}}{n - 3^{2n}} \right| = 1$ ，幂级数

发散.

综上可得收敛域为 $(-3, 3)$.

定理 2.12（阿贝尔第二定理）　设幂级数 $\displaystyle\sum_{n=0}^{\infty} a_n x^n$ 的收敛半径

为 R ，则

（1）若 $[a, b] \subset (-R, R)$ ，则 $\displaystyle\sum_{n=0}^{\infty} a_n x^n$ 在 $[a, b]$ 上一致收敛；

（2）若 $\displaystyle\sum_{n=0}^{\infty} a_n x^n$ 在 $x = R$ （或 $x = -R$ ）处收敛，则 $\displaystyle\sum_{n=0}^{\infty} a_n x^n$ 在

$[0,R]$(或$[-R,0]$)上一致 收敛.

证 (1) 令 $x_1 = \max\{|a|,|b|\}$,则 $x_1 \in (-R,R)$,级数 $\sum\limits_{n=0}^{\infty} a_n x_1^n$ 绝对收敛.对任意的 $x \in [a,b]$,都有 $|a_n x^n| \leqslant |a_n x_1^n|$.根据 M- 判别法,可知 $\sum\limits_{n=0}^{\infty} a_n x^n$ 在 $[a,b]$ 上一致收敛.

(2) 设 $\sum\limits_{n=0}^{\infty} a_n x^n$ 在 $x = R$ 处收敛,对于 $x \in [0,R]$,$a_n x^n = a_n R^n \cdot \left(\dfrac{x}{R}\right)^n$.由于 $0 \leqslant \dfrac{x}{R} \leqslant 1$,可知 $\left(\dfrac{x}{R}\right)^n$ 单调有界,同时 $\sum\limits_{n=0}^{\infty} a_n R^n$ 一致收敛,由阿贝尔判别法,$\sum\limits_{n=0}^{\infty} a_n x^n$ 在 $[0,R]$ 上一致收敛.

注 定理 2.12 的(1) 称为"内闭一致收敛性".

由于幂级数的每一项都是幂函数,在任意区间均连续.根据定理 2.10,在一致收敛的区间内,幂级数的和函数连续.由定理 2.12 的(1),和函数在收敛区间$(-R,R)$的任意闭子区间$[a,b]$上连续,由于 $\forall x \in (-R,R)$,总存在$[a,b] \subset (-R,R)$使得 $x \in [a,b]$,因此幂级数的和函数在收敛区间$(-R,R)$上处处连续.再根据定理 2.12 的(2),当幂级数在 $x = R$(或 $x = -R$)处收敛时,其和函数在$[0,R]$(或$[-R,0]$)上连续.这样有如下结论:

任意幂级数的和函数均在其收敛域上处处连续.

习题 2.4

1. 研究下列函数项级数的敛散性,并求其和函数:

(1) $\sum\limits_{n=0}^{\infty} a x^n = a + ax + \cdots + ax^n + \cdots (a \neq 0)$;

(2) $x + (x^2 - x) + \cdots + (x^n - x^{n-1}) + \cdots$.

2. 求出下列函数项级数的收敛区域:

(1) $\sum\limits_{n=1}^{\infty} \dfrac{\sin nx}{2^n}$;   (2) $\sum\limits_{n=1}^{\infty} \dfrac{(-1)^n}{n} \left(\dfrac{1}{1+x}\right)^n$;

(3) $\sum\limits_{n=1}^{\infty} x^n \sin \dfrac{x}{2^n}$;   (4) $\sum\limits_{n=1}^{\infty} n e^{-nx}$.

3. 证明下列函数项级数在所示区间上的一致收敛性:

(1) $\sum\limits_{n=2}^{\infty} \dfrac{x^n}{(n-1)!}, x \in [-r,r](r > 0)$;

(2) $\sum\limits_{n=1}^{\infty} \dfrac{x^n}{n^2}, x \in [0,1]$;

(3) $\sum\limits_{n=1}^{\infty} \dfrac{(-1)^{n-1}}{x^2 + n}, x \in (-\infty, +\infty)$;

（4）$\displaystyle\sum_{n=1}^{\infty}\left(1-\cos\dfrac{x}{n}\right),x\in[-r,r](r>0)$.

4. 讨论下列函数列在所给区间 D 上是否一致收敛, 并说明理由:

（1）$f_n(x)=\dfrac{x}{1+n^2x^2},n=1,2,\cdots,D=(-\infty,+\infty)$;

（2）$f_n(x)=\dfrac{x}{n},n=1,2,\cdots,D=[0,1000]$;

（3）$f_n(x)=\sin\dfrac{x}{n},n=1,2,\cdots,(\mathrm{i})D=[-l,l],(\mathrm{ii})D=(-\infty,+\infty)$.

5. 讨论下列函数项级数的一致收敛性:

（1）$\displaystyle\sum_{n=0}^{\infty}(1-x)x^n,\quad x\in[0,1]$;

（2）$\displaystyle\sum_{n=1}^{\infty}\dfrac{(-1)^{n-1}x^2}{(1+x^2)^n},\quad x\in(-\infty,+\infty)$.

6. 证明: 若级数 $\displaystyle\sum_{n=1}^{\infty}a_n$ 收敛, 则级数 $\displaystyle\sum_{n=1}^{\infty}\dfrac{a_n}{n^x}$ 在 $[0,+\infty)$ 上一致收敛.

7. 求证 $f(x)=\displaystyle\sum_{n=1}^{\infty}\dfrac{\sin nx}{n^3}$ 在 $(-\infty,+\infty)$ 内连续, 并有连续导函数.

8. 求下列幂级数的收敛半径与收敛域:

（1）$\displaystyle\sum_{n=0}^{\infty}\dfrac{n!}{2n+1}x^n$;　　（2）$\displaystyle\sum_{n=1}^{\infty}\dfrac{x^n}{n^2\cdot2^n}$;　　（3）$\displaystyle\sum_{n=0}^{\infty}\dfrac{(n!)^2}{(2n)!}x^n$;

（4）$\displaystyle\sum_{n=0}^{\infty}r^{n^2}x^n(0<r<1)$;　　（5）$\displaystyle\sum_{n=1}^{\infty}\dfrac{(x-2)^{2n-1}}{(2n-1)!}$;

（6）$\displaystyle\sum_{n=1}^{\infty}\dfrac{3^n+(-2)^n}{n}(x+1)^n$;

（7）$\displaystyle\sum_{n=0}^{\infty}\dfrac{x^{n^2}}{2^n}$;　　　　　　　（8）$\displaystyle\sum_{n=1}^{\infty}\dfrac{(-1)^{n-1}}{n+\sqrt{n}}x^n$

9. 设 $\displaystyle\sum_{n=1}^{\infty}a_n\left(\dfrac{x-1}{2}\right)^n$ 在 $x=-2$ 处条件收敛, 求其收敛半径.

10. 求幂级数 $\displaystyle\sum_{n=1}^{\infty}\dfrac{x^n}{n^p}$ 的收敛半径、收敛区间和收敛域.

11. 设 $S(x)=\displaystyle\sum_{n=0}^{\infty}a_nx^n,x\in(-1,1),a_n\geqslant0$ 且 $\displaystyle\lim_{x\to1^-}S(x)=S$, 证明:

$$\sum_{n=0}^{\infty}a_n=S.$$

第 3 章
函数的导数与微分

本章将介绍一元函数微分学的核心概念——导数与微分,以及它们的运算.

3.1 导数的概念

导数的概念最早源于曲线切线的计算以及求函数极大极小值的过程中.

1637 年,法国数学家费马在给梅森(M. Mersenne,1588—1648)的信中,提到他大约在 1629 年发现了一种求函数切线的方法,他称之为"等同法(adequade)". 在该方法中考虑了如下形式的比值: $\dfrac{f(x+e)-f(x)}{e}$,虽然当时并没有极限的概念,但费马的方法已经非常接近现代微分学处理类似问题的思路. 后来,牛顿建立了微积分理论,其中"流数"表示变量的变化率,也就是导数,微积分也被称为"流数术".

1750 年,达朗贝尔(d'Alembert,1717—1783)在为法国科学院出版的《百科全书》第 4 版写的"微分"条目中,提出了关于导数的一种观点,用现代符号表示为 $\dfrac{\mathrm{d}y}{\mathrm{d}x}=\lim\limits_{\Delta x\to 0}\dfrac{\Delta y}{\Delta x}$. 100 多年后,一直到十九世纪六十年代,魏尔斯特拉斯创造了极限的"$\varepsilon-\delta$"语言,导数定义才有了如今教科书里的形式.

本节将介绍一元函数导数的概念和意义.

3.1.1 导数的定义

有两个常见的问题,一个源于运动学,一个源于几何学,它们分别在牛顿和莱布尼茨手中获得圆满解决. 值得注意的是,二者将得到类似的一种极限,正是这个极限引出了导数.

1. 瞬时速度

设一个质点做直线运动,其在 t 时刻的位移可用函数 $s=s(t)$ 来描述,那么如何确定它在该时刻的瞬时速度 $v(t)$ 呢?

由于该质点在时间段 $[t,t+\Delta t]$ 内的位移为 $\Delta s=s(t+\Delta t)-$

$s(t)$,因此在上述时间段内的平均速度为
$$\bar{v} = \frac{\Delta s}{\Delta t} = \frac{s(t + \Delta t) - s(t)}{\Delta t},$$
随着 Δt 越来越小,上面的平均速度越来越接近瞬时速度,因此 $v(t)$ 应为上式的极限:
$$v(t) = \lim_{\Delta t \to 0} \frac{\Delta s}{\Delta t} = \lim_{\Delta t \to 0} \frac{s(t + \Delta t) - s(t)}{\Delta t}.$$

一般意义上的速度衡量了位移的变化快慢,如果将"速度"的概念加以推广,凡是涉及某个量的变化快慢都可以定义速度,例如物质密度、比热、电流强度、光(电、磁等)的传导率,化学中的反应速率,经济学中成本(利润、资金等)的变化率,人口学中人口增长速率等,它们都可以得到与瞬时速度类似的极限.

2. 切线的斜率

如图 3-1 所示,如何求曲线 $f(x)$ 在某点 $(x, f(x))$ 处的切线呢?可以考虑过点 $(x, f(x))$ 和 $(x + \Delta x, f(x + \Delta x))$ 的割线,随着 Δx 越来越接近零,割线的位置也越来越接近切线的位置.注意割线斜率为 $\frac{\Delta y}{\Delta x} = \frac{f(x + \Delta x) - f(x)}{\Delta x}$,因此切线斜率应为其极限:
$$k = \lim_{\Delta x \to 0} \frac{\Delta y}{\Delta x} = \lim_{\Delta x \to 0} \frac{f(x + \Delta x) - f(x)}{\Delta x}.$$

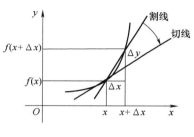

图　3-1

可以看出,计算瞬时速度和切线斜率所得到的极限形式相近,都可以看作"因变量的增量与自变量的增量比值的极限",于是有下述定义:

> **定义 3.1**　设函数 $y = f(x)$ 在点 x 的邻域内有定义,若极限 $\lim_{\Delta x \to 0} \frac{\Delta y}{\Delta x} = \lim_{\Delta x \to 0} \frac{f(x + \Delta x) - f(x)}{\Delta x}$ 存在且有限,称函数 $f(x)$ **在 x 处可导**,极限值称为 $f(x)$ 的**导数**,记作 $f'(x)$ 或 $\frac{df(x)}{dx}, \frac{dy}{dx}$,若上述极限不存在,则称 $f(x)$ **在 x 处不可导**.

注 1　导数的实质是"**增量比值的极限**",相应地,上述左、右极限可以定义**左、右导数**:
$$f'_+(x) = \lim_{\Delta x \to 0^+} \frac{\Delta y}{\Delta x} = \lim_{\Delta x \to 0^+} \frac{f(x + \Delta x) - f(x)}{\Delta x},$$
$$f'_-(x) = \lim_{\Delta x \to 0^-} \frac{\Delta y}{\Delta x} = \lim_{\Delta x \to 0^-} \frac{f(x + \Delta x) - f(x)}{\Delta x}.$$
可知 $f(x)$ 在 x 处可导的充要条件是:$f(x)$ 在 x 处左、右导数存在且相等.

注 2　$f(x)$ 在 x 处可导等价于极限 $\lim_{\Delta x \to 0} \frac{\Delta y}{\Delta x}$ 存在且有限,此时必有 $\lim_{\Delta x \to 0} \Delta y = 0$,可知 $f(x)$ 在 x 处连续,即"**可导必连续**";类似地,若 $f(x)$ 在 x 处左导数(右导数)存在,则 $f(x)$ 在 x 处左连续(右连续),

因此 $f(x)$ 在 x 处左、右导数都存在时（未必相等），$f(x)$ 在 x 处一定连续.

注3 连续函数未必可导，例如 $f(x) = |x|$ 在 $x = 0$ 处连续，但是

$$f'_+(0) = \lim_{\Delta x \to 0+} \frac{|\Delta x|}{\Delta x} = \lim_{\Delta x \to 0+} \frac{\Delta x}{\Delta x} = 1 \neq f'_-(0) = \lim_{\Delta x \to 0-} \frac{|\Delta x|}{\Delta x} = \lim_{\Delta x \to 0-} \frac{-\Delta x}{\Delta x} = -1.$$

事实上，存在函数"处处连续，但是处处不可导"（见例3.3）.

注4 可导性与连续性类似，都是函数的"局部性质"，若函数 $f(x)$ 在任意 $x \in (a, b)$ 处都可导，则称 $f(x)$ 在 (a, b) 可导；若 $f(x)$ 在 (a, b) 可导且在 $x = a, b$ 处分别存在右导数和左导数，则称 $f(x)$ 在 $[a, b]$ 上可导；$f(x)$ 在区间 I 上的导数称为 $f(x)$ 的**导函数**，也记作 $f'(x)$.

注5 若 $f(x)$ 的导函数 $f'(x)$ 在 x 处可导，称 $f'(x)$ 的导数为 $f(x)$ 的**二阶导数**，记作 $f''(x)$ 或 $\dfrac{\mathrm{d}^2 f(x)}{\mathrm{d} x^2}$；类似地，可以定义 $f''(x)$ 的导数为 $f(x)$ 的**三阶导数**，记作 $f'''(x)$ 或 $\dfrac{\mathrm{d}^3 f(x)}{\mathrm{d} x^3}$；一般地，$f(x)$ 的 **n 阶导数**记作 $f^{(n)}(x)$ 或 $\dfrac{\mathrm{d}^n f(x)}{\mathrm{d} x^n}$；二阶及二阶以上的导数都称为 $f(x)$ 的**高阶导数**.

例3.1 证明下面的导函数公式：

(1) $(\sin x)' = \cos x, (\cos x)' = -\sin x$；

(2) $(a^x)' = a^x \ln a \,(a > 0, a \neq 1), (\mathrm{e}^x)' = \mathrm{e}^x$；

(3) $(\log_a x)' = \dfrac{1}{x \ln a} \,(a > 0, a \neq 1), (\ln x)' = \dfrac{1}{x}$；

(4) $(x^a)' = a x^{a-1} \,(a \in \mathbb{R})$.

证 (1) $(\sin x)' = \lim_{\Delta x \to 0} \dfrac{\sin(x + \Delta x) - \sin x}{\Delta x}$

$$= \lim_{\Delta x \to 0} \frac{2\cos \dfrac{2x + \Delta x}{2} \sin \dfrac{\Delta x}{2}}{\Delta x}$$

$$= \cos x \lim_{\Delta x \to 0} \frac{2\sin \dfrac{\Delta x}{2}}{\Delta x} = \cos x；$$

同理，$(\cos x)' = \lim_{\Delta x \to 0} \dfrac{\cos(x + \Delta x) - \cos x}{\Delta x}$

$$= \lim_{\Delta x \to 0} \frac{-2\sin \dfrac{2x + \Delta x}{2} \sin \dfrac{\Delta x}{2}}{\Delta x}$$

$$= -\sin x \lim_{\Delta x \to 0} \frac{2\sin \dfrac{\Delta x}{2}}{\Delta x} = -\sin x.$$

(2) $(a^x)' = \lim\limits_{\Delta x \to 0} \dfrac{a^{x+\Delta x} - a^x}{\Delta x} = a^x \lim\limits_{\Delta x \to 0} \dfrac{\mathrm{e}^{\Delta x \cdot \ln a} - 1}{\Delta x} = a^x \ln a$，令 $a = \mathrm{e}$

可得 $(\mathrm{e}^x)' = \mathrm{e}^x$.

(3) $(\log_a x)' = \lim\limits_{\Delta x \to 0} \dfrac{\log_a(x + \Delta x) - \log_a x}{\Delta x} = \lim\limits_{\Delta x \to 0} \dfrac{\ln\left(1 + \dfrac{\Delta x}{x}\right)}{\Delta x \cdot \ln a} = $

$\dfrac{1}{x \ln a}$，令 $a = \mathrm{e}$ 可得 $(\ln x)' = \dfrac{1}{x}$.

(4) $(x^a)' = \lim\limits_{\Delta x \to 0} \dfrac{(x + \Delta x)^a - x^a}{\Delta x} = x^a \lim\limits_{\Delta x \to 0} \dfrac{\left(1 + \dfrac{\Delta x}{x}\right)^a - 1}{\Delta x} = $

$x^a \lim\limits_{\Delta x \to 0} \dfrac{a \dfrac{\Delta x}{x}}{\Delta x} = a x^{a-1}$.

注　观察 (1) 和 (4)，可以发现周期函数"$\sin x$"，"$\cos x$"的导函数"$\cos x$"，"$-\sin x$"是周期函数，奇函数"$\sin x$"，"x^{2n+1}"的导函数"$\cos x$"，"$(2n+1)x^{2n}$"是偶函数，偶函数"$\cos x$"，"x^{2n}"的导函数"$-\sin x$"，"$2nx^{2n-1}$"是奇函数，那么，这是否具有一般性呢？

思考：设函数 $f(x)$ 在 $\mathbb{R}$ 上有导函数 $f'(x)$，下述是否成立？

ⅰ. 若 $f(x)$ 是周期函数，则 $f'(x)$ 也是周期函数，并且与 $f(x)$ 有相同的周期；

ⅱ. 若 $f(x)$ 是奇函数，则 $f'(x)$ 是偶函数；

ⅲ. 若 $f(x)$ 是偶函数，则 $f'(x)$ 是奇函数；

ⅳ. 上面三条的逆命题成立吗？

例 3.2　判断下列函数在 $x = 0$ 处的可导性：

(1) $f(x) = \begin{cases} -x, & x \leqslant 0, \\ 1 - \cos x, & x > 0; \end{cases}$　(2) $f(x) = \sqrt[3]{x}$；

(3) $f(x) = \begin{cases} x \sin \dfrac{1}{x}, & x \neq 0, \\ 0, & x = 0. \end{cases}$

解　(1) $f'_-(0) = \lim\limits_{\Delta x \to 0^-} \dfrac{-\Delta x}{\Delta x} = -1$，$f'_+(0) = \lim\limits_{\Delta x \to 0^+} \dfrac{1 - \cos \Delta x}{\Delta x} = $

$\dfrac{1}{2} \lim\limits_{\Delta x \to 0^+} \dfrac{\Delta x^2}{\Delta x} = 0$，由于 $f'_+(0) \neq f'_-(0)$，故在 $x = 0$ 处不可导；

(2) 由于 $\lim\limits_{\Delta x \to 0} \dfrac{f(\Delta x)}{\Delta x} = \lim\limits_{\Delta x \to 0} \dfrac{1}{\sqrt[3]{\Delta x^2}} = \infty$，故在 $x = 0$ 处不可导；

(3) 由于 $\lim\limits_{\Delta x \to 0} \dfrac{f(\Delta x)}{\Delta x} = \lim\limits_{\Delta x \to 0} \sin \dfrac{1}{\Delta x}$ 不存在，故在 $x = 0$ 处不可导.

注　例 3.2 给出了几种典型的"连续不可导点"实例，其中 (1) 中的函数在 $x = 0$ 处"左、右导数都存在但不相等"，此时称 $x = 0$ 为函数的"**角点**"；(2) 中的函数在 $x = 0$ 处"增量比值为无穷大量"，此时称函数在 $x = 0$ 处有"**无穷导数**"；(3) 中的函数在 $x = 0$ 处呈现一种

"剧烈摆动"的非光滑特征(如图3-2所示).

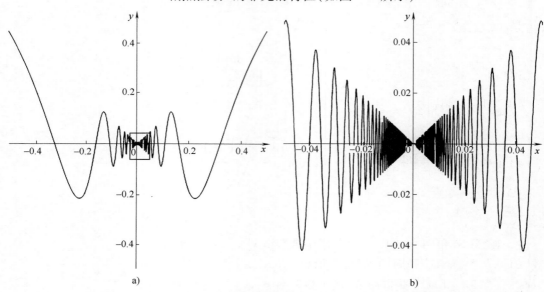

图3-2 例3.2(3)在 $x=0$ 附近的函数图像(b 图为 a 图中方框区域的放大)

例3.2 给出的函数只是在 $x=0$ 处连续不可导,那么是否存在一个函数在每点附近都呈现图3-2所示的"剧烈摆动"的情形呢? 也就是说处处连续,但是处处不可导. 这种函数是存在的,最早由魏尔斯特拉斯在1872年构造,称之为"魏尔斯特拉斯函数"(见图3-3).

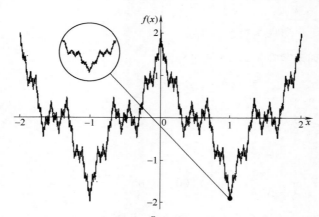

图3-3 魏尔斯特拉斯函数 $f(x) = \sum_{n=0}^{\infty} a^n \sin(b^n x) (0 < a < 1 < b, ab > 1)$ 示意图

但是证明魏尔斯特拉斯函数"处处连续处处不可导"的过程非常繁琐,下面本书给出范·德瓦尔登(Van der Waerden)在1930年构造的例子.[8]

例3.3 讨论函数 $f(x) = \sum_{n=0}^{\infty} \dfrac{\varphi(10^n x)}{10^n}$ 的连续性与可导性.

(其中 $\varphi(x) = \min(\{x\}, 1 - \{x\})$,$\{x\}$ 表示实数 x 的小数部分,即 $\{x\} = x - [x]$)

解　首先，$\varphi(x) = \min(\{x\}, 1 - \{x\})$ 为 $\mathbb{R}$ 上的连续函数，对任意 $n \in \mathbb{N}$，记 $f_n(x) = \dfrac{\varphi(10^n x)}{10^n}$，则 $f_n(x)$ 在 $\mathbb{R}$ 上处处连续. 又由于

$$|f_n(x)| = \left| \frac{\varphi(10^n x)}{10^n} \right| \leqslant \frac{1}{10^n},\text{级数}\sum_{n=0}^{\infty} \frac{1}{10^n} \text{ 收敛，由函数项级数一致}$$

收敛判别法 1（M-判别法），$\displaystyle\sum_{n=0}^{\infty} \dfrac{\varphi(10^n x)}{10^n}$ 在 $\mathbb{R}$ 上一致收敛，因此和函数 $f(x)$ 在 $\mathbb{R}$ 上处处连续.

由于 $\varphi(x)$ 以 1 为周期，对所有 $n \in \mathbb{N}$，1 都是 $f_n(x) = \dfrac{\varphi(10^n x)}{10^n}$ 的周期，因此 $f(x)$ 也以 1 为周期，故只需考虑 $f(x)$ 在 $x \in [0, 1)$ 的可导性. 将 $x \in [0, 1)$ 表示为无限小数（若为有限小数，则后面添加无限个 0），记 $x = 0.\, a_1\, a_2\, a_3\, \cdots\, a_m\, \cdots$，取 $h_m = $

$$\begin{cases} 10^{-m}, & a_m = 0, 1, 2, 3, 5, 6, 7, 8, \\ -10^{-m}, & a_m = 4, 9, \end{cases}\text{则}\lim_{m \to \infty} h_m = 0,\text{若极限}\lim_{m \to \infty}$$

$\dfrac{f(x + h_m) - f(x)}{h_m}$ 不存在，则说明 $f(x)$ 在 x 处不可导. 注意到

$$\frac{f(x + h_m) - f(x)}{h_m} = \sum_{n=0}^{m-1} \frac{\varphi[10^n(x + h_m)] - \varphi(10^n x)}{10^n h_m} + \sum_{n=m}^{\infty} \frac{\varphi[10^n(x + h_m)] - \varphi(10^n x)}{10^n h_m},$$

当 $n \geqslant m$ 时 $\varphi[10^n(x + h_m)] = \varphi(10^n x \pm 10^{n-m}) = \varphi(10^n x)$，

$$\text{故}\quad\frac{f(x + h_m) - f(x)}{h_m} = \sum_{n=0}^{m-1} \frac{\varphi(10^n(x + h_m)) - \varphi(10^n x)}{10^n h_m}.$$

当 $n = 0, 1, \cdots, m - 1$ 时，$10^n x = a_1 \cdots a_n.\, a_{n+1} \cdots a_m \cdots$，$10^n(x + h_m) = a_1 \cdots a_n.\, a_{n+1} \cdots (a_m \pm 1) \cdots$. 注意到 h_m 的取法，可知 a_m 和 $a_m \pm 1$ 同时属于 $\{0, 1, 2, 3, 4\}$ 或 $\{5, 6, 7, 8, 9\}$，则 $\varphi[10^n(x + h_m)]$ 和 $\varphi(10^n x)$ 要么同时取 $\{10^n(x + h_m)\}$ 与 $\{10^n x\}$，要么同时取 $1 - \{10^n(x + h_m)\}$ 与 $1 - \{10^n x\}$，故 $\varphi[10^n(x + h_m)] - \varphi(10^n x) = \pm 10^n h_m$. 于是 $\dfrac{f(x + h_m) - f(x)}{h_m} = \displaystyle\sum_{n=0}^{m-1} \pm 1$，这是奇偶性与 m 相同的整数，故 $\displaystyle\lim_{m \to \infty} \dfrac{f(x + h_m) - f(x)}{h_m}$ 不存在，$f(x)$ 在 $x \in [0, 1)$ 不可导，从而 $f(x)$ 在 $\mathbb{R}$ 上处处不可导.

3.1.2　导数的意义

1. 导数的几何意义

由于 $f(x)$ 在 $x = x_0$ 的切线斜率 k 为割线斜率的极限，即

$$k = \lim_{\Delta x \to 0} \frac{f(x_0 + \Delta x) - f(x_0)}{\Delta x} = \lim_{x \to x_0} \frac{f(x) - f(x_0)}{x - x_0}.$$

故 $k = f'(x_0)$，因此曲线 $y = f(x)$ 在点 (x_0, y_0) 的切线方程为

$$y - y_0 = f'(x_0)(x - x_0).$$

由于过同一点的法线与切线垂直,故过点(x_0, y_0)的法线方程为

$$y - y_0 = -\frac{1}{f'(x_0)}(x - x_0).$$

如果$f(x)$在x_0存在单侧导数,则其左导数$f'_-(x)$和右导数$f'_+(x)$分别为$f(x)$在点(x_0, y_0)的左侧切线斜率和右侧切线斜率;如果$f(x)$在x_0处不可导,但是有无穷导数,意味着$f(x)$在点(x_0, y_0)的切线垂直于x轴,即切线方程为$x = x_0$.

如例3.2(1):$f(x) = \begin{cases} -x, & x \leqslant 0 \\ 1 - \cos x, & x > 0 \end{cases}$在点$(0, 0)$的左侧切线为$y = -x$,右侧切线为$y = 0$;例3.2(2):$f(x) = \sqrt[3]{x}$在点$(0, 0)$有垂直的切线$x = 0$.

2. 导数与数列极限

根据函数极限的海涅定理,如果$f(x)$在x_0点可导,则对任意的$x_n \to x_0 (x_n \neq x_0)$都有

$$\lim_{n \to \infty} \frac{f(x_n) - f(x_0)}{x_n - x_0} = f'(x_0).$$

例如若$f(x)$在$x = 0$可导,$\lim_{n \to \infty} n\left[f\left(\frac{1}{n}\right) - f(0)\right] = f'(0)$,可用于计算某些数列极限.

例3.4 设曲线$y = f(x)$在原点与$y = \sin x$相切,求极限$\lim_{n \to \infty} n^{\frac{1}{2}} \sqrt{f\left(\frac{2}{n}\right)}$.

解 由$y = f(x)$经过原点,知$f(0) = 0$,又$(\sin x)'\big|_{x=0} = \cos 0 = 1$,故$f'(0) = 1$.

由导数定义,$f'(0) = \lim_{\Delta x \to 0} \frac{f(\Delta x) - f(0)}{\Delta x} = \lim_{\Delta x \to 0} \frac{f(\Delta x)}{\Delta x}$,取$\Delta x = \frac{2}{n}$,则$\lim_{n \to \infty} \frac{f\left(\frac{2}{n}\right)}{\frac{2}{n}} = 1$. 因此

$$\lim_{n \to \infty} n^{\frac{1}{2}} \sqrt{f\left(\frac{2}{n}\right)} = \lim_{n \to \infty} \sqrt{nf\left(\frac{2}{n}\right)} = \sqrt{\lim_{n \to \infty} 2 \cdot \frac{f\left(\frac{2}{n}\right)}{\frac{2}{n}}} = \sqrt{2}.$$

3. 导数在科学技术中的含义——变化率

一般来说,导数定义中的$\frac{\Delta y}{\Delta x}$(因变量与自变量增量的比值)反映了因变量$y$随自变量$x$变化的快慢程度,称为$y$关于$x$在长为$\Delta x$的区间上的**平均变化率**,其极限$\lim_{\Delta x \to 0} \frac{\Delta y}{\Delta x}$则为因变量$y$关于自变量$x$的**瞬时变化率**.因此导数就是因变量关于自变量的瞬时变

化率,简称变化率.

在科学技术中,有各种类型的变化率问题,都可以归结为导数的计算,例如:

电流强度——电量 q 对时间 t 的变化率,表示为

$$i(t) = \lim_{\Delta t \to 0} \frac{\Delta q}{\Delta t} = \lim_{\Delta t \to 0} \frac{q(t + \Delta t) - q(t)}{\Delta t} = q'(t).$$

细杆的线密度——质量 m 对长度 x 的变化率,表示为

$$\rho(x) = \lim_{\Delta x \to 0} \frac{\Delta m}{\Delta x} = \lim_{\Delta x \to 0} \frac{m(x + \Delta x) - m(x)}{\Delta x} = m'(x).$$

生物种群的增长率——种群个体数目 N 对时间 t 的变化率,表示为

$$\lim_{\Delta t \to 0} \frac{\Delta N}{\Delta t} = \lim_{\Delta t \to 0} \frac{N(t + \Delta t) - N(t)}{\Delta t} = N'(t).$$

经济学中的边际成本——总成本 p 对产品数量 n 的变化率,表示为

$$\lim_{\Delta n \to 0} \frac{\Delta p}{\Delta n} = \lim_{\Delta n \to 0} \frac{p(n + \Delta n) - p(n)}{\Delta n} = p'(n).$$

值得注意的是,生物种群的个体数目 $N(t)$ 和经济学中的产品数量 n 都只能取正整数(称为离散量),因此严格地讲,这两种情形下的因变量并不是自变量的连续函数! 在用数学方法解决实际问题的时候,往往需要建立问题的近似模型或理想模型. 事实上,如果生物种群数量或者产品数量足够大,那么就可以把它们看作连续量,并且这在生态学和经济学中取得了满意的结果.

习题 3.1

1. 已知直线运动方程为 $s = 10t + 5t^2$,分别令 $\Delta t = 1, 0.1, 0.01$,求从 $t = 4$ 至 $t = 4 + \Delta t$ 这一段时间内运动的平均速度及 $t = 4$ 时的瞬时速度.

2. 设 $f(x_0) = 0$, $f'(x_0) = 4$,试求极限 $\lim\limits_{\Delta x \to 0} \dfrac{f(x_0 + \Delta x)}{\Delta x}$.

3. 已知 $f(x)$ 在 x_0 处可导,求下列极限:

(1) $\lim\limits_{\Delta x \to 0} \dfrac{f(x_0 - \Delta x) - f(x_0)}{\Delta x}$;　　　(2) $\lim\limits_{h \to 0} \dfrac{f(x_0 + h) - f(x_0 - h)}{h}$;

(3) $\lim\limits_{n \to \infty} n\left[f\left(x_0 + \dfrac{1}{n} \right) - f(x_0) \right]$.

4. 设 $f(x)$ 在 x_0 处可导,求极限 $\lim\limits_{h \to 0} \dfrac{f(x_0 + h^4) - f(x_0)}{1 - \cos(h^2)}$.

5. 设 f 是偶函数,且 $f'(0)$ 存在,证明:$f'(0) = 0$.

6. 设 $f(x) = \begin{cases} x^2, & x \geqslant 3, \\ ax + b, & x < 3, \end{cases}$ 试确定 a, b 的值,使 f 在 $x = 3$ 处可导.

7. 试确定曲线 $y = \ln x$ 上哪些点的切线平行于下列直线：

(1) $y = x - 1$; (2) $y = 2x - 3$.

8. 求下列曲线在指定点 P 的切线方程与法线方程：

(1) $y = \dfrac{x^2}{4}, P(2,1)$; (2) $y = \cos x, P(0,1)$.

9. 求下列函数的导函数：

(1) $y = |x|^3$; (2) $f(x) = \begin{cases} x+1, & x \geqslant 0, \\ 1, & x < 0. \end{cases}$

10. 设函数 $f(x) = \begin{cases} x^m \sin \dfrac{1}{x}, & x \neq 0, \\ 0, & x = 0 \end{cases}$ （m 为正整数），试问：

(1) m 等于何值时，f 在 $x = 0$ 连续；

(2) m 等于何值时，f 在 $x = 0$ 可导；

(3) m 等于何值时，f' 在 $x = 0$ 连续.

11. 设函数 f 在点 x_0 存在左、右导数，试证 f 在点 x_0 连续.

12. 设 f 是定义在 $\mathbb{R}$ 上的函数，且对任何 $x_1, x_2 \in \mathbb{R}$，都有 $f(x_1 + x_2) = f(x_1) \cdot f(x_2)$. 若 $f'(0) = 1$，证明对任何 $x \in \mathbb{R}$，都有 $f'(x) = f(x)$.

13. 证明：狄利克雷函数在 $\mathbb{R}$ 上处处不可导.

14. 设 $f(x)$ 在 $(0, +\infty)$ 上有定义，且对任何 $x, y \in (0, +\infty)$，都有 $f(xy) = f(x) + f(y)$. 已知 $f'(1)$ 存在，求 $f'(x)$.

15. 在曲线 $y = x^3$ 上取一点 P，过 P 的切线与该曲线交于 Q，证明：曲线在 Q 处的切线斜率正好是在 P 处切线斜率的四倍.

3.2 求导的运算

　　从一个可导函数 $f(x)$ 得到其导函数 $f'(x)$ 的过程，简称"求导"，可以看作从可导函数集到导函数集的映射，或者看作关于可导函数的一个运算. 那么，求导这个运算与读者所熟知的函数运算（如四则运算、复合运算等）之间有什么关系呢？具体地说，函数的和差积商以及复合运算之后应该如何求导呢？

　　本节将介绍求导的若干运算法则.

3.2.1 四则运算法则与反函数求导公式

　　由于导数的定义源于函数极限，因此可利用函数极限的运算法则得到导数运算法则，本书从最基本的四则运算开始.

　　定理 3.1（导数四则运算法则） 设两个函数 $f(x), g(x)$ 都在 x 处可导，则二者的和、差、积、商（分母不为零）也都在 x 处可导，并且

(1) $(f(x) \pm g(x))' = f'(x) \pm g'(x)$;

(2) $(f(x) \cdot g(x))' = f'(x) \cdot g(x) + f(x) \cdot g'(x)$;

（3） $\left(\dfrac{f(x)}{g(x)}\right)' = \dfrac{f'(x)\cdot g(x)-f(x)\cdot g'(x)}{g^2(x)}$ 　$(g(x)\neq 0)$.

证　（1）由导数定义

$$(f(x)\pm g(x))' = \lim_{\Delta x\to 0}\frac{(f(x+\Delta x)\pm g(x+\Delta x))-(f(x)\pm g(x))}{\Delta x}$$

$$=\lim_{\Delta x\to 0}\frac{f(x+\Delta x)-f(x)}{\Delta x}\pm\lim_{\Delta x\to 0}\frac{g(x+\Delta x)-g(x)}{\Delta x}=f'(x)\pm g'(x).$$

（2）$f(x+\Delta x)\cdot g(x+\Delta x)-f(x)\cdot g(x)=[f(x+\Delta x)-f(x)]\cdot$
$g(x+\Delta x)+f(x)\cdot[g(x+\Delta x)-g(x)]$,

于是

$$(f(x)\cdot g(x))' = \lim_{\Delta x\to 0}\frac{f(x+\Delta x)\cdot g(x+\Delta x)-f(x)\cdot g(x)}{\Delta x}$$

$$=\lim_{\Delta x\to 0}\frac{f(x+\Delta x)-f(x)}{\Delta x}\cdot\lim_{\Delta x\to 0}g(x+\Delta x)+f(x)\cdot$$

$$\lim_{\Delta x\to 0}\frac{g(x+\Delta x)-g(x)}{\Delta x}$$

$$=f'(x)\cdot g(x)+f(x)\cdot g'(x).$$

（3）若 $g(x)\neq 0$,则,

$$\frac{f(x+\Delta x)}{g(x+\Delta x)}-\frac{f(x)}{g(x)}=\frac{f(x+\Delta x)\cdot g(x)-f(x)\cdot g(x+\Delta x)}{g(x+\Delta x)\cdot g(x)}$$

$$=\frac{[f(x+\Delta x)-f(x)]\cdot g(x)-f(x)\cdot[g(x+\Delta x)-g(x)]}{g(x+\Delta x)\cdot g(x)},$$

于是

$$\left(\frac{f(x)}{g(x)}\right)' = \lim_{\Delta x\to 0}\frac{\dfrac{f(x+\Delta x)}{g(x+\Delta x)}-\dfrac{f(x)}{g(x)}}{\Delta x}$$

$$=\lim_{\Delta x\to 0}\frac{1}{g(x+\Delta x)\cdot g(x)}\cdot\left(\lim_{\Delta x\to 0}\frac{f(x+\Delta x)-f(x)}{\Delta x}\cdot g(x)-f(x)\cdot\lim_{\Delta x\to 0}\frac{g(x+\Delta x)-g(x)}{\Delta x}\right)$$

$$=\frac{f'(x)\cdot g(x)-f(x)\cdot g'(x)}{g^2(x)}\quad(g(x)\neq 0).$$

注1　若 C 为常数,由（2）可得 $(Cf(x))'=Cf'(x)$,再结合
（1）,可得对 $\forall\,\alpha,\beta\in\mathbb{R}$ 有

$$(\alpha f(x)+\beta g(x))' = \alpha f'(x)+\beta g'(x),$$

即求导运算具有线性性,可看作一个"线性算子"（见 1.2.2 小节）.

进一步,若 $f_1(x),f_2(x),\cdots,f_n(x)$ 都在 x 处可导,则对 $\forall\,\alpha_1,$
$\alpha_2,\cdots,\alpha_n\in\mathbb{R}$ 有

$$\left(\sum_{k=1}^{n}\alpha_k f_k(x)\right)' = \sum_{k=1}^{n}\alpha_k f_k'(x).$$

注2　利用数学归纳法,可将（2）推广到任意有限个的情形,
若 $f_1(x),f_2(x),\cdots,f_n(x)$ 都在 x 处可导,则它们的乘积 $\prod\limits_{k=1}^{n}f_k(x)=$
$f_1(x)\cdot f_2(x)\cdot\cdots\cdot f_n(x)$ 也在 x 处可导,并且有

$$\left(\prod_{k=1}^{n}f_k(x)\right)' = (f_1(x)\cdot f_2(x)\cdot\cdots\cdot f_n(x))' = \sum_{k=1}^{n}f_k'(x)\prod_{\substack{l=1\\l\neq k}}^{n}f_l(x)$$

$$= \sum_{k=1}^{n}f_1(x)\cdot\cdots\cdot f_k'(x)\cdot\cdots\cdot f_n(x).$$

注3　根据注1可知有限个可导函数的和 $f_1(x)+\cdots+f_n(x)$ 仍然可导,并且和函数的导数等于导函数的和,即 $(f_1(x)+\cdots+f_n(x))' = f_1'(x)+\cdots+f_n'(x)$;但是对于无穷多个可导函数,如果它们构成的函数级数处处收敛,其和函数却未必收敛,如图3-3所示的魏尔斯特拉斯函数,每一项 $a^n\sin(b^n x)$ 都是处处可导,但是和函数却处处不可导!

那么在什么条件下可以得出"无穷个可导函数的和仍然可导,并且和函数的导数等于导函数的和"呢?在学习微分中值定理之后(第4章)将证明如下结论:

逐项求导公式:设 $\{f_n(x)\}$ 为 $[a,b]$ 上的可微函数列,存在 $x_0\in[a,b]$ 使得 $\sum_{n=1}^{\infty}f_n(x_0)$ 收敛,若函数项级数 $\sum_{n=1}^{\infty}f_n'(x_0)$ 在 $[a,b]$ 上一致收敛,则 $\sum_{n=1}^{\infty}f_n(x)$ 也在 $[a,b]$ 上一致收敛,并且

$$\left(\sum_{n=1}^{\infty}f_n(x)\right)' = \sum_{n=1}^{\infty}f_n'(x).$$

(证明见第4章)

例3.5　证明下面的导函数公式:

(1) $(\tan x)' = \sec^2 x$;　　　　(2) $(\cot x)' = -\csc^2 x$;

(3) $(\sec x)' = \sec x\cdot\tan x$;　　(4) $(\csc x)' = -\csc x\cdot\cot x$;

(5) $(\sinh x)' = \cosh x$;　　　　(6) $(\cosh x)' = \sinh x$;

(7) $(\tanh x)' = \dfrac{1}{\cosh^2 x}$.

证　(1) $(\tan x)' = \left(\dfrac{\sin x}{\cos x}\right)' = \dfrac{(\sin x)'\cdot\cos x - \sin x\cdot(\cos x)'}{\cos^2 x}$

$$= \frac{\cos^2 x + \sin^2 x}{\cos^2 x} = \frac{1}{\cos^2 x} = \sec^2 x;$$

(2) $(\cot x)' = \left(\dfrac{\cos x}{\sin x}\right)' = \dfrac{(\cos x)'\cdot\sin x - \cos x\cdot(\sin x)'}{\sin^2 x}$

$$= \frac{-\sin^2 x - \cos^2 x}{\sin^2 x} = \frac{-1}{\sin^2 x} = -\csc^2 x;$$

(3) $(\sec x)' = \left(\dfrac{1}{\cos x}\right)' = \dfrac{-(\cos x)'}{\cos^2 x} = \dfrac{\sin x}{\cos^2 x} = \sec x\cdot\tan x$;

(4) $(\csc x)' = \left(\dfrac{1}{\sin x}\right)' = \dfrac{-(\sin x)'}{\sin^2 x} = \dfrac{-\cos x}{\sin^2 x} = -\csc x\cdot\cot x$;

(5) $(\sinh x)' = \left(\dfrac{e^x - e^{-x}}{2}\right)' = \dfrac{1}{2}(e^x)' - \dfrac{1}{2}\left[\left(\dfrac{1}{e}\right)^x\right]' = \dfrac{1}{2}e^x -$

$$\frac{1}{2}\left(\frac{1}{e}\right)^x \cdot \ln\frac{1}{e} = \frac{e^x + e^{-x}}{2} = \cosh x;$$

（6）$(\cosh x)' = \left(\frac{e^x + e^{-x}}{2}\right)' = \frac{1}{2}(e^x)' + \frac{1}{2}\left[\left(\frac{1}{e}\right)^x\right]'$

$$= \frac{1}{2}e^x + \frac{1}{2}\left(\frac{1}{e}\right)^x \cdot \ln\frac{1}{e}$$

$$= \frac{e^x - e^{-x}}{2} = \sinh x;$$

（7）$(\tanh x)' = \left(\frac{\sinh x}{\cosh x}\right)' = \frac{(\sinh x)' \cdot \cosh x - \sinh x \cdot (\cosh x)'}{\cosh^2 x}$

$$= \frac{\cosh^2 x - \sinh^2 x}{\cosh^2 x} = \frac{1}{\cosh^2 x}.$$

定理 3.2（反函数求导公式） 设函数 $y = f(x)$ 为 $x = \varphi(y)$ 的反函数，若 $\varphi(y)$ 在点 y_0 的某邻域内连续，严格单调，在 y_0 处可导且 $\varphi'(y_0) \neq 0$，则 $f(x)$ 在点 $x_0 = \varphi(y_0)$ 可导，且 $f'(x_0) = \dfrac{1}{\varphi'(y_0)}$。

证 设 $\Delta x = \varphi(y_0 + \Delta y) - \varphi(y_0)$，$\Delta y = f(x_0 + \Delta x) - f(x_0)$。由于 $\varphi(y)$ 在点 y_0 的某邻域内连续严格单调，则 $f(x)$ 在点 $x_0 = \varphi(y_0)$ 的某邻域内连续严格单调，从而当且仅当 $\Delta y = 0$ 时，$\Delta x = 0$，并且当且仅当 $\Delta y \to 0$ 时 $\Delta x \to 0$。由 $\varphi'(y_0) = \lim\limits_{\Delta y \to 0}\dfrac{\Delta x}{\Delta y} \neq 0$ 可得

$$f'(x_0) = \lim\limits_{\Delta x \to 0}\frac{\Delta y}{\Delta x} = \lim\limits_{\Delta y \to 0}\frac{\Delta y}{\Delta x} = \frac{1}{\lim\limits_{\Delta y \to 0}\dfrac{\Delta x}{\Delta y}} = \frac{1}{\varphi'(y_0)}.$$

例 3.6 证明下面的导函数公式：

（1）$(\arcsin x)' = \dfrac{1}{\sqrt{1-x^2}}, x \in [-1, 1]$；

（2）$(\arccos x)' = -\dfrac{1}{\sqrt{1-x^2}}, x \in [-1, 1]$；

（3）$(\arctan x)' = \dfrac{1}{1+x^2}, x \in \mathbb{R}$；

（4）$(\operatorname{arccot} x)' = -\dfrac{1}{1+x^2}, x \in \mathbb{R}$；

（5）$(\operatorname{arcsinh} x)' = \dfrac{1}{\sqrt{x^2+1}}, x \in \mathbb{R}$；

（6）$(\operatorname{arccosh} x)' = \dfrac{1}{\sqrt{x^2-1}}, x \in (1, +\infty)$。

证（1）设 $x \in [-1, 1]$，$y = \arcsin x \in \left[-\dfrac{\pi}{2}, \dfrac{\pi}{2}\right]$，故 $\cos y \geqslant 0$，于是

$$(\arcsin x)' = \frac{1}{(\sin y)'} = \frac{1}{\cos y} = \frac{1}{\sqrt{1-\sin^2 y}} = \frac{1}{\sqrt{1-x^2}};$$

（2）设 $x \in [-1,1]$，$y = \arccos x \in [0,\pi]$，故 $\sin y \geq 0$，于是

$$(\arccos x)' = \frac{1}{(\cos y)'} = -\frac{1}{\sin y} = -\frac{1}{\sqrt{1-\cos^2 y}} = -\frac{1}{\sqrt{1-x^2}};$$

$$(3)\ (\arctan x)' = \frac{1}{(\tan y)'} = \frac{1}{\sec^2 y} = \frac{1}{1+\tan^2 y} = \frac{1}{1+x^2}, x \in \mathbb{R};$$

$$(4)\ (\text{arccot}\ x)' = \frac{1}{(\cot y)'} = \frac{1}{\csc^2 y} = -\frac{1}{1+\cot^2 y} = -\frac{1}{1+x^2}, x \in \mathbb{R};$$

$$(5)\ (\text{arcsinh}\ x)' = \frac{1}{(\sinh y)'} = \frac{1}{\cosh y} = \frac{1}{\sqrt{1+\sinh^2 y}} = \frac{1}{\sqrt{x^2+1}},$$

$x \in \mathbb{R};$

$$(6)\ (\text{arccosh}\ x)' = \frac{1}{(\cosh y)'} = \frac{1}{\sinh y} = \frac{1}{\sqrt{\cosh^2 y - 1}} =$$

$\dfrac{1}{\sqrt{x^2-1}}, x \in (1, +\infty).$

这样，所有基本初等函数（以及双曲、反双曲函数）的导函数都可以求出，列表如下

基本初等函数导函数表

（1）$(C)' = 0;$　　　　　　　　（2）$(x^a)' = ax^{a-1};$

（3）$(a^x)' = a^x \ln a\ (a > 0, a \neq 1), (e^x)' = e^x;$

（4）$(\log_a x)' = \dfrac{1}{x\ln a}\ (a > 0, a \neq 1), (\ln x)' = \dfrac{1}{x};$

（5）$(\sin x)' = \cos x;$　　　　　（6）$(\cos x)' = -\sin x;$

（7）$(\tan x)' = \sec^2 x;$　　　　（8）$(\cot x)' = -\csc^2 x;$

（9）$(\sec x)' = \sec x \cdot \tan x;$　　（10）$(\csc x)' = -\csc x \cdot \cot x;$

（11）$(\arcsin x)' = \dfrac{1}{\sqrt{1-x^2}}, x \in [-1,1];$

（12）$(\arccos x)' = -\dfrac{1}{\sqrt{1-x^2}}, x \in [-1,1];$

（13）$(\arctan x)' = \dfrac{1}{1+x^2}, x \in \mathbb{R};$

（14）$(\text{arccot}\ x)' = -\dfrac{1}{1+x^2}, x \in \mathbb{R};$

（15）$(\sinh x)' = \cosh x;$　　　　（16）$(\cosh x)' = \sinh x;$

（17）$(\tanh x)' = \dfrac{1}{\cosh^2 x};$

（18）$(\text{arcsinh}\ x)' = \dfrac{1}{\sqrt{x^2+1}}, x \in \mathbb{R};$

（19）$(\text{arccosh}\ x)' = \dfrac{1}{\sqrt{x^2-1}}, x \in (1, +\infty).$

3.2.2 复合函数的链式法则及其应用

为了得到初等函数的导函数,本节考虑复合函数的求导问题.

定理 3.3(链式法则)　设函数 $u = g(x)$ 在 $x = x_0$ 可导,函数 $y = f(u)$ 在 $u = u_0 = g(x_0)$ 可导,则复合函数 $y = f(g(x))$ 在 $x = x_0$ 可导,且 $\dfrac{\mathrm{d}y}{\mathrm{d}x}\Big|_{x = x_0} = [f(g(x))]'_{x = x_0} = f'(u_0) \cdot g'(x_0) = f'(g(x_0)) \cdot g'(x_0)$.

证　若 x 在 x_0 处产生增量 Δx,设 $u = g(x)$ 产生增量 $\Delta u = g(x_0 + \Delta x) - g(x_0)$,此 Δu 又引起 $y = f(u)$ 产生增量 $\Delta y = f(u_0 + \Delta u) - f(u_0)$(其中 $u_0 = g(x_0)$). 根据 $y = f(u)$ 在 $u = u_0 = g(x_0)$ 可导,

$$\lim_{\Delta u \to 0} \frac{\Delta y}{\Delta u} = f'(u_0) = f'(g(x_0)).$$

于是 $\dfrac{\Delta y}{\Delta u} = f'(g(x_0)) + \alpha$,其中 α 为 $\Delta u \to 0$ 时的无穷小量,即 $\Delta y = f'(g(x_0)) \cdot \Delta u + \alpha \cdot \Delta u$,该式无论 Δu 是否为零都成立,于是

$$\lim_{\Delta x \to 0} \frac{\Delta y}{\Delta x} = \lim_{\Delta x \to 0} \left(f'(g(x_0)) \cdot \frac{\Delta u}{\Delta x} \right) + \lim_{\Delta x \to 0} \left(\alpha \cdot \frac{\Delta u}{\Delta x} \right).$$

注意到 $u = g(x)$ 在 $x = x_0$ 可导,故 $\lim\limits_{\Delta x \to 0} \dfrac{\Delta u}{\Delta x} = g'(x_0)$;同时也在 $x = x_0$ 连续,因此 $\Delta x \to 0$ 时,$\Delta u \to 0$,则 $\lim\limits_{\Delta x \to 0} \alpha = 0$. 于是可得 $\dfrac{\mathrm{d}y}{\mathrm{d}x}\Big|_{x = x_0} = [f(g(x))]'_{x = x_0} = \lim\limits_{\Delta x \to 0} \dfrac{\Delta y}{\Delta x} = f'(g(x_0)) \cdot g'(x_0)$,得证.

注　由定理 3.3,复合函数对其自变量的导数等于它对中间变量的导数乘以中间变量对自变量的导数. 该求导法则"由外及内、逐层处理",可以从两层的复合结构推广到任意有限次复合,整个求导过程如同一条链子,一环扣一环,故称为"链式法则".

例如,$y = \arctan \sqrt{1 + \sin^2 x}$,可令 $y = \arctan u, u = \sqrt{v}, v = 1 + w^2, w = \sin x$,于是

$$y' = \left(\arctan \sqrt{1 + \sin^2 x} \right)' = (\arctan u)' \cdot (\sqrt{v})' \cdot (1 + w^2)' \cdot (\sin x)'$$

$$= \frac{1}{1 + u^2} \cdot \frac{1}{2\sqrt{v}} \cdot 2w \cdot \cos x = \frac{1}{2 + \sin^2 x} \cdot \frac{1}{2\sqrt{1 + \sin^2 x}} \cdot 2\sin x \cdot \cos x$$

$$= \frac{\sin x \cos x}{(2 + \sin^2 x)\sqrt{1 + \sin^2 x}}.$$

对链式法则熟练之后,可以不需要自定义中间变量,直接写出求导结果.

例 3.7　求下列函数的导数:

(1) $y = \mathrm{e}^{-x^2}$;　　(2) $y = \ln\left(\sqrt{x^2 + 1} + x \right)$;

(3) $y = \tan^2 \dfrac{1}{x}$;　(4) $y = \arcsin \sqrt{1 - x^2}$.

解 （1）$y' = (e^{-x^2})' = e^{-x^2} \cdot (-x^2)' = -2xe^{-x^2}$；

（2）$y' = \left(\ln\left(\sqrt{x^2+1}+x\right)\right)' = \dfrac{1}{\sqrt{x^2+1}+x} \cdot \left(\sqrt{x^2+1}+x\right)'$

$\qquad = \dfrac{1}{\sqrt{x^2+1}+x} \cdot \left(\dfrac{(x^2+1)'}{2\sqrt{x^2+1}}+1\right) = \dfrac{1}{\sqrt{x^2+1}}$；

（3）$y' = \left(\tan^2\dfrac{1}{x}\right)' = 2\tan\dfrac{1}{x} \cdot \left(\tan\dfrac{1}{x}\right)'$

$\qquad = 2\tan\dfrac{1}{x} \cdot \sec^2\dfrac{1}{x} \cdot \left(\dfrac{1}{x}\right)' = -\dfrac{2}{x^2}\tan\dfrac{1}{x}\sec^2\dfrac{1}{x}$；

（4）$y' = \left(\arcsin\sqrt{1-x^2}\right)' = \dfrac{1}{\sqrt{1-(1-x^2)}} \cdot \left(\sqrt{1-x^2}\right)'$

$\qquad = \dfrac{1}{|x|} \cdot \dfrac{(1-x^2)'}{2\sqrt{1-x^2}} = \mathrm{sgn}(x) \cdot \dfrac{-1}{\sqrt{1-x^2}}$.

利用链式法则，结合基本初等函数求导公式以及四则运算求导法则，可以求出任意初等函数的导数. 链式法则还可以应用于其他类型的函数求导，下面给出链式法则的应用.

链式法则应用 1：对数求导法

有两类函数，虽然是初等函数，但是直接求导非常繁琐：一类是幂指函数（形式为 $y = u(x)^{v(x)}$）；一类是很多项函数的积或商. 由于对数运算将幂、积、商运算变成积、和、差运算，因此对这两类函数，可以先取对数再求导，这种方法称为"对数求导法".

例 3.8 求下列函数的导数：

（1）$y = x^{\sin x}$；　（2）$y = x^{x^x}$；　（3）$y = \dfrac{(x+5)^2(x-4)^{\frac{1}{3}}}{(x+2)^5(x+4)^{\frac{1}{2}}}$.

解 （1）两边取对数得 $\ln y = \sin x\ln x$，然后两边对 x 求导，其中 $y = y(x)$ 为 x 的函数，则

$$\dfrac{1}{y} \cdot y' = \cos x\ln x + \dfrac{\sin x}{x},$$

于是 $y' = y \cdot \left(\cos x\ln x + \dfrac{\sin x}{x}\right) = x^{\sin x}\left(\cos x\ln x + \dfrac{\sin x}{x}\right)$.

（2）两边取对数得 $\ln y = x^x\ln x$，然后两边对 x 求导得 $\dfrac{1}{y} \cdot y' = (x^x)' \cdot \ln x + \dfrac{x^x}{x}$，下面求 $(x^x)'$.

令 $u(x) = x^x$，两边取对数得 $\ln u(x) = x\ln x$，两边对 x 求导得 $\dfrac{1}{u(x)} \cdot u'(x) = \ln x + \dfrac{x}{x} = \ln x + 1$，于是 $(x^x)' = x^x(\ln x + 1)$，最终可得 $y' = x^{x^x}\left[x^x(\ln x + 1)\ln x + x^{x-1}\right]$.

（3）两边取对数得 $\ln y = 2\ln(x+5) + \dfrac{1}{3}\ln(x-4) - 5\ln(x+2) -$

$\dfrac{1}{2}\ln(x+4)$, 然后两边对 x 求导得

$$\frac{1}{y}\cdot y'=\frac{2}{x+5}+\frac{1}{3(x-4)}-\frac{5}{x+2}-\frac{1}{2(x+4)},$$

于是 $y'=\dfrac{(x+5)^2(x-4)^{\frac{1}{3}}}{(x+2)^5(x+4)^{\frac{1}{2}}}\Big(\dfrac{2}{x+5}+\dfrac{1}{3(x-4)}-\dfrac{5}{x+2}-\dfrac{1}{2(x+4)}\Big).$

链式法则应用 2:隐函数求导法

隐函数的显化往往比较困难,那么如何求导呢? 可以类比对数求导法的过程,借助链式法则,方程两边同时对 x 求导,将隐函数中的 y 视为 x 的函数.

例 3.9　求下列方程确定的隐函数的导数:

（1）$x^3+y^3-3xy=0$;　　　　　　（2）$e^{xy}+\sin\dfrac{x}{y}=1$.

解　（1）两边对 x 求导,将方程中的 y 视为 x 的函数,得

$$3x^2+3y^2\cdot y'-3(y+xy')=0,$$

因此 $(y^2-x)\cdot y'+x^2-y=0$, 故 $y'=\dfrac{y-x^2}{y^2-x}$.

（2）两边对 x 求导,将方程中的 y 视为 x 的函数,得

$$e^{xy}(y+xy')+\cos\frac{x}{y}\cdot\frac{xy'-y}{y^2}=0$$

因此 $\Big(xe^{xy}+\dfrac{x}{y^2}\cos\dfrac{x}{y}\Big)y'+ye^{xy}-\dfrac{1}{y}\cos\dfrac{x}{y}=0,$

故 $y'=\dfrac{\dfrac{1}{y}\cos\dfrac{x}{y}-ye^{xy}}{xe^{xy}+\dfrac{x}{y^2}\cos\dfrac{x}{y}}.$

链式法则应用 3:参数方程求导法

下面考虑求参数方程表示的函数 $\begin{cases}x=\varphi(t)\\y=\psi(t)\end{cases}$ 的导数 $\dfrac{\mathrm{d}y}{\mathrm{d}x}$.

首先考虑的方法是"消参",即由 $x=\varphi(t)$ 解出 $t=\varphi^{-1}(x)$, 代入 $y=\psi(t)$ 得到 $y=\psi(\varphi^{-1}(x))$, 从而消去参数"t".

显然,并不是每种参数方程都容易"消参",在无法消参的情况下,如何计算导数 $\dfrac{\mathrm{d}y}{\mathrm{d}x}$ 呢?

事实上,可以假设通过消参得到 $y=\psi(\varphi^{-1}(x))$, 由链式法则和反函数求导法则,得

$$\frac{\mathrm{d}y}{\mathrm{d}x}=\psi'(\varphi^{-1}(x))\cdot(\varphi^{-1}(x))'=\psi'(t)\cdot\frac{1}{\varphi'(t)}=\frac{\psi'(t)}{\varphi'(t)}.$$

即

$$\frac{\mathrm{d}y}{\mathrm{d}x}=\frac{\psi'(t)}{\varphi'(t)}=\frac{\dfrac{\mathrm{d}y}{\mathrm{d}t}}{\dfrac{\mathrm{d}x}{\mathrm{d}t}}.$$

这就是参数方程求导公式,并不需要消参过程.

例 3.10 已知摆线的参数方程为 $\begin{cases} x = a(t - \sin t) \\ y = a(1 - \cos t) \end{cases}$,求摆线上 $t = \dfrac{\pi}{3}$ 处的切线与法线方程.

解 首先,根据参数方程求导公式 $\dfrac{dy}{dx} = \dfrac{a\sin t}{a(1 - \cos t)} = \dfrac{\sin t}{1 - \cos t}$.

当 $t = \dfrac{\pi}{3}$ 时, $x = a\left(\dfrac{\pi}{3} - \dfrac{\sqrt{3}}{2}\right)$, $y = \dfrac{a}{2}$, 切线斜率为 $\dfrac{dy}{dx}\Big|_{t = \frac{\pi}{3}} = \dfrac{\sin t}{1 - \cos t}\Big|_{t = \frac{\pi}{3}} = \sqrt{3}$,法线斜率为 $-\dfrac{\sqrt{3}}{3}$.

切线方程为: $y - \dfrac{a}{2} = \sqrt{3}\left(x - \left(\dfrac{\pi}{3} - \dfrac{\sqrt{3}}{2}\right)a\right)$, 即 $y - \sqrt{3}x = \left(2 - \dfrac{\sqrt{3}}{3}\pi\right)a$;

法线方程为: $y - \dfrac{a}{2} = -\dfrac{\sqrt{3}}{3}\left(x - \left(\dfrac{\pi}{3} - \dfrac{\sqrt{3}}{2}\right)a\right)$, 即 $y + \dfrac{\sqrt{3}}{3}x = \dfrac{\sqrt{3}}{9}\pi a$.

对于极坐标方程表示的函数 $\rho = \rho(\theta)$,可以化为以 θ 为参数的参数方程 $\begin{cases} x = \rho(\theta)\cos\theta \\ y = \rho(\theta)\sin\theta \end{cases}$,之后,利用参数方程求导公式得

$$\frac{dy}{dx} = \frac{(\rho(\theta)\sin\theta)'}{(\rho(\theta)\cos\theta)'} = \frac{\rho'(\theta)\sin\theta + \rho(\theta)\cos\theta}{\rho'(\theta)\cos\theta - \rho(\theta)\sin\theta}.$$

例 3.11 证明对数螺线 $\rho = e^{\frac{\theta}{2}}$ 上任一点的切线与向径的夹角 φ 为常量.

解 如图 3-4 所示,设 $M(\rho, \theta)$ 为对数螺线 $\rho = e^{\frac{\theta}{2}}$ 上的任一点. 首先,过点 $M(\rho, \theta)$ 的切线 MT 的斜率为

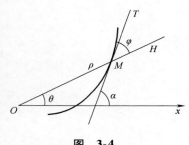

图 3-4

$$k = \frac{dy}{dx} = \frac{(e^{\frac{\theta}{2}}\sin\theta)'}{(e^{\frac{\theta}{2}}\cos\theta)'} = \frac{\sin\theta + 2\cos\theta}{\cos\theta - 2\sin\theta}.$$

设切线 MT 的倾斜角为 α,则 $\tan\alpha = \dfrac{\sin\theta + 2\cos\theta}{\cos\theta - 2\sin\theta} = \dfrac{\tan\theta + 2}{1 - 2\tan\theta}$.

由于 $\varphi = \alpha - \theta$,故 $\tan\varphi = \tan(\alpha - \theta) = \dfrac{\tan\alpha - \tan\theta}{1 + \tan\alpha \cdot \tan\theta} =$

$$\frac{\dfrac{\tan\theta + 2}{1 - 2\tan\theta} - \tan\theta}{1 + \dfrac{\tan\theta + 2}{1 - 2\tan\theta} \cdot \tan\theta} = 2,$$

因此 φ 为常量.

链式法则应用 4:相关变化率问题

在很多实际应用中,需要研究这样一类问题:在某变化过程中,变量 x 和 y 都随另一变量 t 变化,即 $x = x(t)$, $y = y(t)$,同时变量 x 和 y 之间存在相互依赖关系,这样它们的变化率 $x'(t)$ 和 $y'(t)$ 也相

互联系,研究这两个变化率之间关系的问题称为**相关变化率问题**.

解决这类问题的步骤如下:首先建立变量 x 和 y 之间的关系式 $F(x,y)=0$;然后将 x 和 y 都视为变量 t 的函数,两边对 t 求导,利用链式法则得到变化率 $x'(t)$ 和 $y'(t)$ 之间的关系式;最后从中解出所需要的变化率.

例 3.12　一气球从离开观察员 500m 处从地面垂直上升,其速率为 140m/s,当气球高度为 500m 时,观察员视线的仰角增加率是多少?

解　需要建立气球高度 h 和观察员仰角 α 之间的关系式,进而二者关于时间变化率(上升速率与仰角增加率)之间的关系.

气球上升 ts 时,高度 h 和仰角 α 满足: $\tan \alpha = \dfrac{h}{500}$.

等式两边同时对 t 求导(h 和 α 均视为 t 的函数)得: $\sec^2 \alpha \cdot \dfrac{\mathrm{d}\alpha}{\mathrm{d}t} = \dfrac{1}{500} \cdot \dfrac{\mathrm{d}h}{\mathrm{d}t}$.

由于 $\dfrac{\mathrm{d}h}{\mathrm{d}t}=140$,当 $h=500$ 时 $\sec \alpha = \sqrt{2}$,故此时观察员视线的仰角增加率为 $\dfrac{\mathrm{d}\alpha}{\mathrm{d}t}=0.14(\mathrm{rad/s})$.

例 3.13　设有一深为 18cm、顶部直径为 12cm 的正圆锥形漏斗装满水,下面接一个直径为 10cm 的圆柱形水桶,水由漏斗流入桶中,如图 3-5 所示,问当漏斗中水深为 12cm、水面下降速度为 1cm/s 时,桶中水面上升的速度是多少?

解　设 t 时刻漏斗和水桶水面的高度分别为 $h(t)$ 和 $H(t)$,漏斗水面的半径为 $r(t)$.

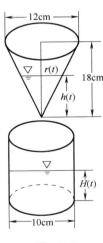

图　3-5

首先,对于正圆锥形漏斗,有 $\dfrac{r(t)}{h(t)} = \dfrac{6}{18} = \dfrac{1}{3}$.

其次,由于水的总体积不变,故 $\dfrac{1}{3}\pi r^2(t)h(t) + 25\pi H(t) = \dfrac{1}{3}\pi \cdot 6^2 \cdot 18$. 代入 $r(t) = \dfrac{1}{3}h(t)$ 可得 $\dfrac{1}{27}\pi h^3(t) + 25\pi H(t) = 216\pi$.

上述等式两边同时对 t 求导得: $\dfrac{1}{9}\pi h^2(t) \cdot \dfrac{\mathrm{d}h}{\mathrm{d}t} + 25\pi \cdot \dfrac{\mathrm{d}H}{\mathrm{d}t} = 0$,

代入 $h(t)=12, \dfrac{\mathrm{d}h}{\mathrm{d}t}=-1$ 可得 $\dfrac{\mathrm{d}H}{\mathrm{d}t}=\dfrac{16}{25}\mathrm{cm/s}$.

3.2.3　高阶导数的计算与莱布尼茨公式

本节考虑二阶及其以上高阶导数的计算问题.根据定义 3.1 的注 5,二阶导数就是导函数的导数,所以一般初等函数(显函数)计算二阶导数没有特别之处.

例如,对于复合函数 $y=f(g(x))$,由于 $y'=f'(g(x)) \cdot g'(x)$,

因此
$$y'' = [f'(g(x))]' \cdot g'(x) + f'(g(x)) \cdot g''(x)$$
$$= f''(g(x)) \cdot (g'(x))^2 + f'(g(x)) \cdot g''(x).$$

下面举例说明隐函数、参数方程等函数形式的二阶导数计算问题.

例 3.14 求由方程 $e^{xy} + x^2 y - 1 = 0$ 确定的函数 $y = y(x)$ 的二阶导数在 $x = 1, y = 0$ 处的值.

解 首先方程两边对 x 求导,视 $y = y(x)$ 为 x 的函数,有 $e^{xy}(y + xy') + 2xy + x^2 y' = 0$;代入 $x = 1, y = 0$ 可得 $y' = 0$.

上式两边继续对 x 求导,视 y, y' 均为 x 的函数,有
$$e^{xy}(y + xy')^2 + e^{xy}(2y' + xy'') + 2y + 2xy' + 2xy' + x^2 y'' = 0,$$
于是可解出
$$y'' = -\frac{e^{xy}(y^2 + 2xyy' + x^2 y'^2 + 2y') + 2y + 4xy'}{x(x + e^{xy})},$$
代入 $x = 1, y = 0, y' = 0$,可得 $y'' = 0$.

例 3.15 (1) 推导参数方程 $\begin{cases} x = \varphi(t), \\ y = \psi(t) \end{cases}$ 表示的函数 $y = y(x)$ 的二阶求导公式;

(2) 求椭圆 $\begin{cases} x = a\cos t, \\ y = b\sin t \end{cases}$ 的二阶导数 $\dfrac{d^2 y}{dx^2}$.

解 (1) 首先 $\dfrac{dy}{dx} = \dfrac{\psi'(t)}{\varphi'(t)}$,根据链式法则及反函数求导法则,以 t 为中间变量,可得

$$\frac{d^2 y}{dx^2} = \frac{d}{dx}\left(\frac{dy}{dx}\right) = \frac{d}{dt}\left(\frac{dy}{dx}\right) \cdot \frac{dt}{dx} = \frac{\dfrac{d}{dt}\left(\dfrac{\psi'(t)}{\varphi'(t)}\right)}{\dfrac{dx}{dt}} = \frac{\psi''(t)\varphi'(t) - \psi'(t)\varphi''(t)}{[\varphi'(t)]^3}.$$

(2) 由于 $\varphi(t) = a\cos t, \varphi'(t) = -a\sin t, \varphi''(t) = -a\cos t$ 和 $\psi(t) = b\sin t, \psi'(t) = b\cos t, \psi''(t) = -b\sin t$,故 $\dfrac{d^2 y}{dx^2} = $
$$\frac{(-b\sin t)(-a\sin t) - b\cos t(-a\cos t)}{(-a\sin t)^3} = -\frac{b}{a^2 \sin^3 t}.$$

注 例 3.15(1) 所推导的公式并不需要记,只需掌握参数方程求导的一般方法即可:

$$\frac{dy}{dx} = \frac{\dfrac{dy}{dt}}{\dfrac{dx}{dt}}, \frac{d^2 y}{dx^2} = \frac{\dfrac{d}{dt}\left(\dfrac{dy}{dx}\right)}{\dfrac{dx}{dt}}, \frac{d^3 y}{dx^3} = \frac{\dfrac{d}{dt}\left(\dfrac{d^2 y}{dx^2}\right)}{\dfrac{dx}{dt}}, \cdots, \frac{d^n y}{dx^n} = \frac{\dfrac{d}{dt}\left(\dfrac{d^{n-1} y}{dx^{n-1}}\right)}{\dfrac{dx}{dt}}.$$

思考:设严格单调函数 $x = \varphi(y)$ 二阶可导,求反函数 $y = f(x)$ 的二阶导数.

对于一些常见的基本初等函数,可以通过逐次求导的方法,得

到它的任意阶导函数.

例 3.16　求下列函数的 n 阶导函数：

（1）$y = a^x (a > 0, a \neq 1)$；　　　（2）$y = \sin x$；　　　（3）$y = x^a$.

解　（1）$y' = a^x \ln a, y'' = a^x \ln^2 a, \cdots, y^{(n)} = a^x \ln^n a$.

（2）$y' = \cos x = \sin\left(x + \dfrac{\pi}{2}\right), y'' = -\sin x = \sin(x + \pi) = \sin\left(x + 2 \cdot \dfrac{\pi}{2}\right)$，归纳地，可得

$$y^{(n)} = \sin\left(x + \frac{n\pi}{2}\right).$$

（3）若 a 不是正整数，$y' = ax^{a-1}, y'' = a(a-1)x^{a-2}, \cdots, y^{(n)} = a(a-1)\cdots(a-n+1)x^{a-n}$；

若 $a = k \in \mathbb{N}^+$ 为正整数，则

$$y^{(n)} = \begin{cases} a(a-1)\cdots(a-n+1)x^{k-n}, & n \leqslant k, \\ 0, & n > k. \end{cases}$$

注 1　由例 3.16（2），$(\cos x)^{(n)} = (\sin x)^{(n+1)} = \sin\left(x + \dfrac{n\pi}{2} + \dfrac{\pi}{2}\right) = \cos\left(x + \dfrac{n\pi}{2}\right)$；

注 2　由例 3.16（3），$(\ln x)^{(n)} = (x^{-1})^{(n-1)} = (-1)(-2)\cdots(-n+1)x^{-n} = (-1)^{n-1}(n-1)! x^{-n}$.

于是可以得出如下的 n 阶求导公式：

> （1）$(a^x)^{(n)} = a^x \ln^n a, (e^x)^{(n)} = e^x$；
>
> （2）$(\sin x)^{(n)} = \sin\left(x + \dfrac{n\pi}{2}\right), (\cos x)^{(n)} = \cos\left(x + \dfrac{n\pi}{2}\right)$；
>
> （3）$(x^a)^{(n)} = a(a-1)\cdots(a-n+1)x^{a-n}, (x^k)^{(n)}$
> $$= \begin{cases} a(a-1)\cdots(a-n+1)x^{k-n}, & n \leqslant k, \\ 0, & n > k. \end{cases}$$
>
> （4）$(\ln x)^{(n)} = (-1)^{n-1}(n-1)! x^{-n}$

定理 3.4（高阶求导法则）　设函数 $f(x), g(x)$ 都在区间 I 上 n 阶可导，

（1）对任意的常数 a, b，若 $ax + b \in I$，则 $(f(ax+b))^{(n)} = a^n f^{(n)}(ax+b)$；

（2）对任意的常数 a, b，$af(x) + bg(x)$ 在区间 I 上 n 阶可导，且

$$(af(x) + bg(x))^{(n)} = af^{(n)}(x) + bg^{(n)}(x)；$$

（3）莱布尼茨公式：$f(x) \cdot g(x)$ 在区间 I 上 n 阶可导，且

$$(f(x) \cdot g(x))^{(n)} = \sum_{k=0}^{n} C_n^k f^{(n-k)}(x) \cdot g^{(k)}(x)，$$

其中 $C_n^k = \dfrac{n!}{k!(n-k)!}$ 为组合数，$f^{(0)}(x) = f(x), f^{(1)}(x) = f'(x), \cdots$.

证 （1）（2）可由逐次求导简单验证.

（3）用数学归纳法. 当 $n = 1$ 时，$(f(x) \cdot g(x))' = f'(x) \cdot g(x) + f(x) \cdot g'(x)$，成立.

假设当 $n = m$ 时公式成立，即 $(f(x) \cdot g(x))^{(m)} = \sum_{k=0}^{m} C_m^k f^{(m-k)}(x) \cdot g^{(k)}(x)$，则当 $n = m+1$ 时，有

$$(f(x) \cdot g(x))^{(m+1)} = ((f(x) \cdot g(x))^{(m)})' = \sum_{k=0}^{m} C_m^k (f^{(m-k)}(x) \cdot g^{(k)}(x))'$$

$$= \sum_{k=0}^{m} C_m^k f^{(m-k+1)}(x) \cdot g^{(k)}(x) + \sum_{k=0}^{m} C_m^k f^{(m-k)}(x) \cdot g^{(k+1)}(x).$$

注意到上式两项和式可以分别改写成

$$\sum_{k=0}^{m} C_m^k f^{(m-k+1)}(x) \cdot g^{(k)}(x) = f^{(m+1)}(x) \cdot g^{(0)}(x) + \sum_{k=1}^{m} C_m^k f^{(m-k+1)}(x) \cdot g^{(k)}(x)$$

以及

$$\sum_{k=0}^{m} C_m^k f^{(m-k)}(x) \cdot g^{(k+1)}(x) = \sum_{k=1}^{m+1} C_m^{k-1} f^{(m-k+1)}(x) \cdot g^{(k)}(x)$$

$$= \sum_{k=1}^{m} C_m^{k-1} f^{(m-k+1)}(x) \cdot g^{(k)}(x) + f^{(0)}(x) \cdot g^{(m+1)}(x).$$

两式合并后可得

$$(f(x) \cdot g(x))^{(m+1)} = f^{(m+1)}(x) \cdot g^{(0)}(x) + \sum_{k=1}^{m} (C_m^k + C_m^{k-1}) f^{(m-k+1)}(x) \cdot g^{(k)}(x) + f^{(0)}(x) \cdot g^{(m+1)}(x)$$

利用组合恒等式 $C_m^{k-1} + C_m^k = C_{m+1}^k$ 以及 $C_{m+1}^0 = C_{m+1}^{m+1} = 1$，有

$$(f(x) \cdot g(x))^{(m+1)} = \sum_{k=0}^{m+1} C_{m+1}^k f^{(m-k+1)}(x) \cdot g^{(k)}(x).$$

即当 $n = m+1$ 时公式成立.

注 莱布尼茨公式可以类比牛顿二项展开式：$(a+b)^n = \sum_{k=0}^{n} C_n^k a^{n-k} b^k.$

思考：若函数 $f(x) = (x-x_0)^n g(x), g(x) n$ 阶可导，则对任意的 $k < n, f^{(k)}(x_0) = ?$

例 3.17 求下列函数的 n 阶导函数：

（1）$y = \dfrac{x}{x^2 - x - 2}$；　　　（2）$y = \ln \dfrac{1-x}{1+x}$；　　　（3）$y = x^2 \sin x.$

解 （1）由于 $y = \dfrac{x}{x^2 - x - 2} = \dfrac{1}{3} \left(\dfrac{2}{x-2} + \dfrac{1}{x+1} \right)$，故

$$y^{(n)} = \frac{1}{3} \left(2 \left(\frac{1}{x-2} \right)^{(n)} + \left(\frac{1}{x+1} \right)^{(n)} \right)$$

$$= \frac{(-1)^n \cdot n!}{3} \left(\frac{2}{(x-2)^{n+1}} + \frac{1}{(x+1)^{n+1}} \right).$$

（2）由于 $y = \ln \dfrac{1-x}{1+x} = \ln(1-x) - \ln(1+x)$，故

$$y^{(n)} = (\ln(1-x))^{(n)} - (\ln(1+x))^{(n)} = (-1)^{n-1} \cdot (n-1)\left(\frac{(-1)^n}{(1-x)^n} - \frac{1}{(1+x)^n}\right)$$

$$= -\frac{(n-1)!}{(1-x)^n} - \frac{(-1)^{n-1} \cdot (n-1)!}{(1+x)^n}.$$

（3）根据莱布尼茨公式，可得

$$y^{(n)} = x^2(\sin x)^{(n)} + n \cdot 2x(\sin x)^{(n-1)} + \frac{n(n-1)}{2} \cdot 2(\sin x)^{(n-2)}$$

$$= x^2 \sin\left(x + \frac{n\pi}{2}\right) + 2nx\sin\left(x + \frac{(n-1)\pi}{2}\right) + n(n-1)\sin\left(x + \frac{(n-2)\pi}{2}\right).$$

例 3.18　设 $f(x) = \arctan x$，求 $f^{(n)}(0)$.

解　由于 $f'(x) = \dfrac{1}{1+x^2}$，可得 $(1+x^2)f'(x) = 1$，两边同时求 n 阶导数，根据莱布尼茨公式有

$$(1+x^2)f^{(n+1)}(x) + n \cdot 2xf^{(n)}(x) + \frac{n(n-1)}{2} \cdot 2f^{(n-1)}(x) = 0.$$

令 $x = 0$，可得 $f^{(n+1)}(0) = -n(n-1)f^{(n-1)}(0)$.

由于 $f^{(0)}(0) = f(0) = 0$，当 $n = 2k$ 时，

$$f^{(n)}(0) = f^{(2k)}(0) = -(2k-1)(2k-2)f^{(2k-2)}(0) = \cdots = (-1)^k (2k-1)!f^{(0)}(0) = 0;$$

由于 $f^{(1)}(0) = f'(0) = 1$，当 $n = 2k+1$ 时，

$$f^{(n)}(0) = f^{(2k+1)}(0) = -2k(2k-1)f^{(2k-1)}(0) = \cdots = (-1)^k (2k)!f^{(1)}(0) = (-1)^k (2k)!.$$

综上可得 $f^{(n)}(0) = \begin{cases} 0, & n = 2k, \\ (-1)^k(2k)!, & n = 2k+1. \end{cases}$

习题 3.2

1. 求下列函数的导数：

（1）$y = 3x^2 - 2$；　（2）$y = \dfrac{1-x^2}{1+x+x^2}$；　（3）$y = x^3 \log_3 x$；

（4）$y = e^x \cos x$；　（5）$y = \dfrac{\tan x}{x}$；　（6）$y = \dfrac{x}{1-\cos x}$；

（7）$y = \dfrac{1 + \ln x}{1 - \ln x}$；　（8）$y = (\sqrt{x} + 1)\arctan x$.

2. 以 $\mathrm{sh}^{-1}x, \mathrm{ch}^{-1}x$ 分别表示双曲正弦函数和双曲余弦函数的反函数. 试求下列函数的导数：

（1）$y = \mathrm{sh}^{-1}x$；　（2）$y = \mathrm{ch}^{-1}x$.

3. 求下列函数的导数：

（1）$y = x\sqrt{1-x^2}$；　　（2）$y = (x^2-1)^3$；　　（3）$y = \left(\dfrac{1+x^2}{1-x}\right)^3$；

（4）$y = \ln(\ln x)$；　　（5）$y = \ln(\sin x)$；

（6）$y = \ln\left(x + \sqrt{1+x^2}\right)$；　　（7）$y = \ln\dfrac{\sqrt{1+x} - \sqrt{1-x}}{\sqrt{1+x} + \sqrt{1-x}}$；

（8）$y = (\sin x + \cos x)^2$；　　　　（9）$y = \cos^3 4x$；

（10）$y = \sin \sqrt{1 + x^2}$；　　　　（11）$y = (\sin x^2)^3$；

（12）$y = \arcsin \dfrac{1}{x}$；　　　　（13）$y = (\arctan x^3)^2$；

（14）$y = e^{x+1}$；　　　　　　（15）$y = \arcsin(\sin^2 x)$；

（16）$y = \operatorname{arccot} \dfrac{1+x}{1-x}$；　　（17）$y = 2^{\sin x}$；（18）$y = \dfrac{10^x - 1}{10^x + 1}$；

（19）$y = e^{-x} \sin 2x$；　　　　（20）$y = \sqrt{x + \sqrt{x + \sqrt{x}}}$；

（21）$y = \sin(\sin(\sin x))$.

4. 求下列函数在指定点的导数：

（1）设 $f(x) = 3x^4 + 2x^3 + 5$，求 $f'(0)$，$f'(1)$；

（2）设 $f(x) = \dfrac{x}{\cos x}$，求 $f'(0)$，$f'(\pi)$.

5. 设 f 为可导函数，求下列各函数的一阶导函数：

（1）$y = f(e^x) e^{f(x)}$；　　　　　　（2）$y = f(f(f(x)))$.

6. 设 φ, ψ 为可导函数，求 y'：

（1）$y = \sqrt{(\varphi(x))^2 + (\psi(x))^2}$；　（2）$y = \arctan \dfrac{\varphi(x)}{\psi(x)}$.

7. 求函数 $f(x) = \begin{cases} x^2 e^{-x^2}, & |x| \leqslant 1, \\ \dfrac{1}{e}, & |x| > 1 \end{cases}$ 的导函数.

8. 设 $f(x) = x|x^2 - x|$，讨论 $f'(1)$ 是否存在.

9. 设 $f(x) = \begin{cases} \dfrac{1}{x}(1 - \cos ax), & x < 0 \\ 0, & x = 0 \\ \dfrac{1}{x}\ln(b + x^2), & x > 0, \end{cases}$ 问 a, b 为何值时，$f(x)$ 在

$(-\infty, +\infty)$ 内处处可导，并求 $f'(x)$.

10. 设 $f(x) = \lim\limits_{n \to \infty} \dfrac{x^2 e^{n(x-1)} + ax + b}{1 + e^{n(x-1)}}$，问 a, b 为何值时，$f(x)$ 在

$(-\infty, +\infty)$ 上连续且可导？

11. 证明：可导偶函数的导函数是奇函数，可导奇函数的导函数是偶函数.

12. 证明：可导周期函数的导函数仍是周期函数，且周期不变.

13. 设周期 $T = 4$ 的函数 $f(x)$ 在 $(-\infty, +\infty)$ 上可导，且 $\lim\limits_{x \to 0} \dfrac{f(1) - f(1-x)}{2x} = -1$，求曲线 $y = f(x)$ 在点 $(5, f(5))$ 处切线的斜率.

14. 利用对数求导法求下列函数的导数：

（1）$y = \dfrac{(3-x)^4 \cdot \sqrt{x+2}}{(x+1)^5}$；　（2）$y = (\tan 2x)^{\cot \frac{x}{2}}$；

(3) $y = \left(\dfrac{b}{a}\right)^x \left(\dfrac{b}{x}\right)^a \left(\dfrac{a}{x}\right)^b \ (a, b > 0)$.

15. 求下列方程确定的隐函数的导数:

(1) $y \sin x - \cos(x - y) = 0$,求$\dfrac{\mathrm{d}y}{\mathrm{d}x}$;

(2) $\ln(x^2 + y) = x^3 y + \sin x$,求$\dfrac{\mathrm{d}y}{\mathrm{d}x}\bigg|_{x=0}$;

(3) $xy = \mathrm{e}^{x+y}$,求$\dfrac{\mathrm{d}y}{\mathrm{d}x}$.

16. 求由方程 $y = x + \varepsilon \sin y\,(0 < \varepsilon < 1)$ 所确定的曲线在$(0,0)$处的切线方程.

17. 求下列由参数方程所确定的函数的导数$\dfrac{\mathrm{d}y}{\mathrm{d}x}$:

(1) $\begin{cases} x = \cos^4 t, \\ y = \sin^4 t \end{cases}$ 在 $t = 0$ 处;

(2) $\begin{cases} x = a(t - \sin t), \\ y = a(1 - \cos t) \end{cases}$ 在 $t = \dfrac{\pi}{2}$, $\quad \pi$ 处.

18. 设曲线方程为 $\begin{cases} x = 1 - t^2, \\ y = t - t^2, \end{cases}$ 求它在下列点处的切线方程与法线方程:

(1) $t = 1$; (2) $t = \dfrac{\sqrt{2}}{2}$.

19. 求对数螺线 $\rho = \mathrm{e}^\theta$ 在点 $(\rho, \theta) = \left(\mathrm{e}^{\frac{\pi}{2}}, \dfrac{\pi}{2}\right)$ 处的切线的直角坐标方程.

20. 求下列函数在指定点的高阶导数:
(1) $f(x) = 3x^3 + 4x^2 - 5x - 9$,求$f''(1)$, $\quad f'''(1)$, $\quad f^{(4)}(1)$;
(2) $f(x) = \dfrac{x}{\sqrt{1 + x^2}}$,求$f''(0)$, $\quad f''(1)$, $\quad f''(-1)$.

21. 求下列函数指定阶的导数:
(1) $f(x) = \mathrm{e}^x \cos x$,求$f^{(4)}(x)$; $\quad$ (2) $f(x) = x^3 \mathrm{e}^x$,求$f^{(10)}(x)$;
(3) $f(x) = x^2 \sin 2x$,求$f^{(50)}(x)$.

22. 求下列函数的 n 阶导数:

(1) $y = \ln x$; $\qquad\qquad$ (2) $y = \dfrac{1}{x(1 - x)}$;

(3) $y = \cos^2 2x$; $\qquad\qquad$ (4) $y = \sin^4 x + \cos^4 x$.

23. 求下列方程确定的隐函数的二阶导数:

(1) $y = \sin(x + y)$,求$\dfrac{\mathrm{d}^2 y}{\mathrm{d}x^2}$; $\qquad$ (2) $y = 1 + x\mathrm{e}^y$,求$\dfrac{\mathrm{d}^2 y}{\mathrm{d}x^2}$.

24. 求由下列参数方程所确定的函数的二阶导数$\dfrac{\mathrm{d}^2 y}{\mathrm{d}x^2}$:

$$(1)\begin{cases} x = t^3 - 3t, \\ y = 2t^3 - 3t^2 - 12t; \end{cases} \qquad (2)\begin{cases} x = e^t\cos t, \\ y = e^t\sin t. \end{cases}$$

25. 设 $y = y(x)$ 由方程 $\begin{cases} x = 3t^2 + 2t + 3, \\ e^y\sin t - y + 1 = 0 \end{cases}$ 所确定，求 $\dfrac{dy}{dx}\Big|_{t=0}$.

26. 设 $y = \arctan x$. （1）证明它满足方程 $(1 + x^2)y'' + 2xy' = 0$；

（2）求 $y^{(n)}\big|_{x=0}$.

3.3 微分

3.3.1 微分的概念

微分的概念源于对函数增量的估计. 人们希望当函数的自变量有微小的改变时，寻找一种方法，能够简便又精确地估计此时因变量的改变.

下面通过第一宇宙速度（不考虑空气阻力，维持物体沿地球表面做匀速圆周运动的运行速度）的推导来说明微分的意义.（本例源于参考文献[9]）

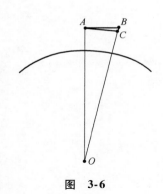

图 3-6

如图 3-6 所示，设物体当前时刻在地球表面附近的 A 点沿着水平方向飞行，假如没有外力影响的话，那么它一秒钟后本应到达 B 点. 但事实上，它要受到地球的引力，因而实际到达的并非是 B 点而是 C 点，由运动的独立性，$BC = 4.9\mathrm{m}$，是自由落体在重力加速度作用下第一秒钟所走过的距离.

容易看出，若 C 点与地心 O 的距离与 A 点到 O 的距离相等，那么物体就在地球表面做匀速圆周运动. 此时，直角三角形 AOB 的边 AB 的长度即为第一宇宙速度每秒钟应走的距离. OA 可以近似取为地球的平均半径 $6371000\mathrm{m}$，OB 的长度则为 $(6371000 + 4.9)\mathrm{m}$，于是由勾股定理

$$AB^2 = (6371000 + 4.9)^2 - 6371000^2.$$

显然，按上式计算 AB^2 的值并不方便，计算复杂且误差较大. 注意到

$$(6371000 + 4.9)^2 - 6371000^2 = 2 \times 6371000 \times 4.9 + 4.9^2.$$

其中第二项与第一项相比可以忽略不计，因此

$$AB^2 \approx 2 \times 6371000 \times 4.9 \Rightarrow AB \approx 7902.$$

即第一宇宙速度约为每秒 $7.9\mathrm{km}$.

在上面计算 AB^2 的过程中，就是求函数 $y = x^2$ 在 $x = 6371000$ 处，自变量有微小的改变量 4.9 之后，函数值的相应改变量. 在计算过程中，只取了第一项，忽略了第二项，得到了足够精确的近似值，这种思想方法和处理过程，就是微分概念的作用.

定义 3.2 设函数 $y = f(x)$ 在 x 的邻域 $U(x)$ 上有定义,存在常数 A,使得当自变量 x 产生增量 Δx 时,函数的增量 $\Delta y = f(x + \Delta x) - f(x)$ 满足 $\Delta y = A \cdot \Delta x + o(\Delta x)$,称函数 $f(x)$ **在 x 处可微**,$A \cdot \Delta x$ 称为 $f(x)$ **在 x 处的微分**,记作 $\mathrm{d}y = A \cdot \Delta x$ 或 $\mathrm{d}f(x) = A \cdot \Delta x$,否则,称 $f(x)$ **在 x 处不可微**.

注 1 函数的微分与函数的增量仅相差一个关于 Δx 的高阶无穷小量,由于 $\mathrm{d}y$ 是 Δx 的线性函数,当 $A \neq 0$ 时,称微分 $\mathrm{d}y$ 是函数增量 Δy 的"**线性主部**",这就是**微分的实质**.

注 2 事实上,$f(x)$ 在 x **处可导**与 $f(x)$ 在 x **处可微**是等价的:当 $f(x)$ 在 x 处可导时,设 $f'(x) = \lim\limits_{\Delta x \to 0} \dfrac{\Delta y}{\Delta x} = A$,则 $\dfrac{\Delta y}{\Delta x} = A + o(1) \Rightarrow \Delta y = A \cdot \Delta x + o(\Delta x)$;当 $f(x)$ 在 x 处可微时,由 $\Delta y = A \cdot \Delta x + o(\Delta x)$ 可得极限 $\lim\limits_{\Delta x \to 0} \dfrac{\Delta y}{\Delta x} = \lim\limits_{\Delta x \to 0} \dfrac{A \cdot \Delta x + o(\Delta x)}{\Delta x} = A + \lim\limits_{\Delta x \to 0} \dfrac{o(\Delta x)}{\Delta x} = A$,即 $f'(x) = A$.

一般记自变量 x 的微分 $\mathrm{d}x = \Delta x$,对于可导函数(也称为可微函数)$y = f(x)$,成立微分计算公式

$$\mathrm{d}y = \mathrm{d}f(x) = f'(x)\mathrm{d}x.$$

微分的几何意义

如图 3-7 所示,当自变量由 x_0 增加到 $x_0 + \Delta x$ 时,函数增量 $\Delta y = f(x_0 + \Delta x) - f(x_0) = RQ$,而微分 $\mathrm{d}y = f'(x_0) \cdot \Delta x = RQ'$,即为在点 P 处的切线上与 Δx 对应的增量. 因此,**微分的几何意义为函数切线上的增量**.

可以注意到

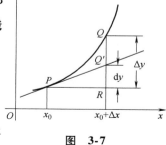

图 3-7

$$\lim_{x \to x_0} \frac{\Delta y - \mathrm{d}y}{\Delta x} = \lim_{x \to x_0} \frac{Q'Q}{PR} = f'(x_0) \cdot \lim_{x \to x_0} \frac{Q'Q}{RQ'} = 0,$$

因此,当 $f'(x_0) \neq 0$ 时,$\lim\limits_{x \to x_0} \dfrac{Q'Q}{RQ'} = 0$,这说明当 $x \to x_0$ 时,线段 $Q'Q$ 的长度比 RQ' 的长度要小得多.

微分的运算法则

由导数运算法则,可推出如下的微分运算法则:

微分运算法则
$(1)\ \mathrm{d}(u(x) \pm v(x)) = \mathrm{d}u(x) \pm \mathrm{d}v(x)$;
$(2)\ \mathrm{d}(u(x) \cdot v(x)) = v(x)\mathrm{d}u(x) + u(x)\mathrm{d}v(x)$;
$(3)\ \mathrm{d}\left(\dfrac{u(x)}{v(x)}\right) = \dfrac{v(x)\mathrm{d}u(x) - u(x)\mathrm{d}v(x)}{v^2(x)}$;
$(4)\ \mathrm{d}(f \circ g(x)) = f'(g(x)) \cdot g'(x)\mathrm{d}x$.

注意到其中的第四个法则(复合运算法则),若记 $u = g(x)$,并注意到 $\mathrm{d}u = g'(x)\mathrm{d}x$,可得

$$\mathrm{d}(f(u)) = f'(u)\mathrm{d}u.$$

这称为一阶微分的**形式不变性**. 也就是说不管对于自变量 x 还是中

间变量 u,微分的计算具有相同的形式,这在计算复合函数的微分时经常使用.

例 3.19 求下面函数的微分 $\mathrm{d}y$:

(1) $y = x^2 \ln x + \sin x^2$;　　　　(2) $y = \ln(1 + a^{x^2})$.

解 (1) $\mathrm{d}y = \mathrm{d}(x^2 \ln x) + \mathrm{d}(\sin x^2)$

$\qquad\qquad = \ln x \cdot \mathrm{d}(x^2) + x^2 \cdot \mathrm{d}(\ln x) + \cos x^2 \cdot \mathrm{d}(x^2)$

$\qquad\qquad = 2x\ln x \cdot \mathrm{d}x + x \cdot \mathrm{d}x + 2x\cos x^2 \cdot \mathrm{d}x$

$\qquad\qquad = x(2\ln x + 2\cos x^2 + 1)\mathrm{d}x.$

(2) $\mathrm{d}y = \mathrm{d}(\ln(1 + a^{x^2})) = \dfrac{1}{1 + a^{x^2}}\mathrm{d}(1 + a^{x^2}) = \dfrac{a^{x^2}\ln a}{1 + a^{x^2}}\mathrm{d}(x^2)$

$\qquad\qquad = \dfrac{2xa^{x^2}\ln a}{1 + a^{x^2}}\mathrm{d}x.$

高阶微分

对于函数的微分 $\mathrm{d}y = f'(x)\mathrm{d}x$,可以视为相互独立的量 x 和 $\mathrm{d}x$ 的函数. 由于在考察微分时,并不关心 $\mathrm{d}x$ 的变化,因此可将 $\mathrm{d}x$ 看作常数,这样微分 $\mathrm{d}y = f'(x)\mathrm{d}x$ 可以看作 x 的函数. 如果该函数可微,可以继续进行微分运算,那么其微分

$$\mathrm{d}^2 y = \mathrm{d}(\mathrm{d}y) = \mathrm{d}(f'(x)\mathrm{d}x) = \mathrm{d}(f'(x)) \cdot \mathrm{d}x = f''(x)\mathrm{d}x \cdot \mathrm{d}x = f''(x)\mathrm{d}x^2$$

称为 y 的二阶微分.

> 辨析:符号 $\mathrm{d}^2 x$,$\mathrm{d}x^2$,$\mathrm{d}(x^2)$ 的区别.

类似地,可以定义 y 的三阶微分 $\mathrm{d}^3 y = \mathrm{d}(\mathrm{d}^2 y) = f'''(x)\mathrm{d}x^3$,一般地,$y$ 的 n 阶微分为:

$$\mathrm{d}^n y = \mathrm{d}(\mathrm{d}^{n-1} y) = \mathrm{d}(f^{(n-1)}(x)\mathrm{d}x^{n-1}) = f^{(n)}(x)\mathrm{d}x^n.$$

我们知道,一阶微分具有形式不变性,那么对于高阶微分,是否具有形式不变性呢?

以二阶微分为例:设 $y = f(u)$,$u = g(x)$,那么 $\mathrm{d}y = f'(u)\mathrm{d}u$,两边继续微分可得

$$\mathrm{d}^2 y = \mathrm{d}(f'(u)\mathrm{d}u) = \mathrm{d}(f'(u)) \cdot \mathrm{d}u + f'(u) \cdot \mathrm{d}^2 u.$$

注意到,对于自变量 x,将其微分 $\mathrm{d}x$ 看作常数,这样 $\mathrm{d}^2 x = 0$,但是对于中间变量 $u = g(x)$,其微分 $\mathrm{d}u = g'(x)\mathrm{d}x$ 不是常数,此时 $\mathrm{d}^2 u = g''(x)\mathrm{d}x^2$,这样

$$\mathrm{d}^2 y = f''(u) \cdot \mathrm{d}u^2 + f'(u) \cdot g''(x)\mathrm{d}x^2$$

$$= (f''(u) \cdot g'(x)^2 + f'(u) \cdot g''(x))\mathrm{d}x^2.$$

因此,高阶微分不具有形式不变性.

3.3.2 微分与近似计算

1. 函数的近似计算

函数 $y = f(x)$ 在 $x = x_0$ 处的增量与其微分具有如下关系:

$$\Delta y = \mathrm{d}y + o(\Delta x) = f'(x_0)\Delta x + o(\Delta x).$$

由于 $\Delta y = f(x_0 + \Delta x) - f(x_0)$，则
$$f(x_0 + \Delta x) = f(x_0) + f'(x_0)\Delta x + o(\Delta x).$$
当 Δx 很小时，有 $\Delta y \approx \mathrm{d}y$，即
$$f(x_0 + \Delta x) \approx f(x_0) + f'(x_0)\Delta x,$$
或当 x 接近 x_0 时有
$$f(x) \approx f(x_0) + f'(x_0)(x - x_0).$$
注意到 $y = f(x)$ 在 $x = x_0$ 处的切线方程为
$$y = f(x_0) + f'(x_0)(x - x_0).$$
因此上述约等式的几何意义就是当 x 接近 x_0 时，用切线近似代替曲线，这种"**以直代曲**"的线性近似思想是现代数学处理复杂问题的基本思想之一.

在实际应用中，经常取 $x_0 = 0$，当 $|x|$ 充分小时，可以得到一些常用的近似公式：

> **近似公式**
>
> （1）$\mathrm{e}^x \approx 1 + x$；　　（2）$\sin x \approx x$；　　（3）$\tan x \approx x$；
> （4）$\ln(1+x) \approx x$；（5）$(1+x)^\alpha \approx 1 + \alpha x$.

例 3.20　求下面函数的近似值：

（1）$\tan 134°$；　　　　（2）$\sqrt[5]{246}$.

解　（1）转化为弧度制，$134° = 135° - 1° = \dfrac{3\pi}{4} - \dfrac{\pi}{180}$，因此

$$\tan\left(\frac{3\pi}{4} - \frac{\pi}{180}\right) \approx \tan\frac{3\pi}{4} + \sec^2\frac{3\pi}{4}\cdot\left(-\frac{\pi}{180}\right)$$

$$= -1 + 2\cdot\left(-\frac{\pi}{180}\right) \approx -1.0349.$$

（2）由于 $246 = 243 + 3 = 3^5 + 3$，这样

$$\sqrt[5]{246} = \sqrt[5]{3^5 + 3} = 3\cdot\sqrt[5]{1 + \frac{1}{81}} \approx 3\left(1 + \frac{1}{5}\cdot\frac{1}{81}\right) = 3 + \frac{1}{135} \approx 3.0074.$$

2. 误差估计

设量 x 由测量得到，量 y 由函数 $y = f(x)$ 计算得出. 在测量时，由于存在测量误差，测量得到的 x 只是精确值 $\tilde{x}$ 的近似，因此计算得出的 $y = f(x)$ 也只是精确值 $\tilde{y} = f(\tilde{x})$ 的近似. 若已知测量值 x 的误差为 δ（它与测量工具的精度有关），即 $|\Delta x| = |\tilde{x} - x| \leqslant \delta$，则当 δ 很小时，绝对误差

$$|\Delta y| = |f(\tilde{x}) - f(x)| \approx |f'(x)|\cdot|\Delta x| \leqslant |f'(x)|\cdot\delta,$$

而相对误差则为

$$\left|\frac{\Delta y}{y}\right| \leqslant \left|\frac{f'(x)}{f(x)}\right|\cdot\delta.$$

例 3.21　设测得一球体的直径为 $42\mathrm{cm}$，测量工具的精度为 $0.05\mathrm{cm}$，求以此直径所得到球体积的绝对误差和相对误差.

解　设直径为 x，体积为 y，则 $y = \dfrac{1}{6}\pi x^3$，由已知 $x = 42$，

$\delta = 0.05$，可得 $y = \dfrac{1}{6}\pi \cdot 42^3 = 38729.386$. 于是绝对误差为

$$|\Delta y| \leqslant |f'(x)| \cdot \delta = \frac{1}{2}\pi \cdot 42^2 \cdot 0.05 \approx 138.544.$$

相对误差为

$$\left| \frac{\Delta y}{y} \right| \leqslant \left| \frac{f'(x)}{f(x)} \right| \cdot \delta = \frac{\frac{1}{2}\pi \cdot 42^2}{\frac{1}{6}\pi \cdot 42^3} \cdot 0.05 \approx 0.00357 = 0.357\%.$$

习题 3.3

1. 若 $x = 1$，而 $\Delta x = 0.1, 0.01$. 问对于 $y = x^2$，Δy 与 $\mathrm{d}y$ 之差分别是多少?

2. 求下列函数的微分：

　　(1) $y = x + 2x^2 - \dfrac{1}{3}x^3 + x^4$;　　　　(2) $y = x\ln x - x$;

　　(3) $y = x^2\cos 2x$;　　　　(4) $y = \dfrac{x}{1 - x^2}$;

　　(5) $y = \mathrm{e}^{ax}\sin bx$;　　　　(6) $y = x^{\sin x}$.

3. 设 $u(x) = \ln x, v(x) = \mathrm{e}^x$，求 $\mathrm{d}^3(uv), \mathrm{d}^3\left(\dfrac{u}{v}\right)$.

4. 利用微分求近似值：

　　(1) $\cos 29°$;　　　(2) $\ln 1.01$;　　　(3) $\sqrt[3]{1.02}$.

5. 设函数 $y = y(x)$ 由方程 $2^{xy} = x + y$ 确定，求 $\mathrm{d}y\big|_{x=0}$.

第4章

微分中值定理与应用

本章研究非常重要的微分中值定理,并应用于各类问题中.

4.1 微分中值定理

微分中值定理是一系列定理的总称,刻画了函数的局部性与整体性之间的关系,是研究函数的有力工具.

17 世纪,法国数学家费马研究了求函数极大极小值的问题,提出了判断极值的必要条件(称为费马定理或费马引理);

18 世纪初,法国数学家罗尔(Rolle M,1652—1719)对多项式叙述了一个结论,后来在 1846 年被尤托斯·伯拉维提斯证明,并命名为罗尔定理;

1797 年,法国数学家拉格朗日在其著作《解析函数论》第六章中提出了拉格朗日中值定理,并进行了初步证明. 19 世纪初,柯西在其著作《无穷小计算教程概论》中给出了导函数连续情形下拉格朗日中值定理的严格证明,现代形式的拉格朗日中值定理是由法国数学家博内(O. Bonnet)给出并证明的;

19 世纪初,柯西在其著作《微分计算教程》中将拉格朗日中值定理推广为柯西中值定理.

本节将从费马定理出发,引入罗尔、拉格朗日、柯西所提出的重要结论,并研究它们的若干应用.

4.1.1 函数的极值与费马定理

定义 4.1 设函数 $y = f(x)$ 在 x_0 的邻域 $U(x_0)$ 上有定义,若任意 $x \in U(x_0)$ 都有 $f(x) \leqslant f(x_0)$,则称 x_0 为函数 $f(x)$ 的**极大值点**,$f(x_0)$ 称为相应的**极大值**;若任意 $x \in U(x_0)$ 都有 $f(x) \geqslant f(x_0)$,则称 x_0 为函数 $f(x)$ 的**极小值点**,$f(x_0)$ 称为相应的**极小值**;极大值点和极小值点统称为**极值点**,极大值和极小值统称为**极值**.

注 函数的极值(极大值、极小值)只关心在一点邻域内的情况,是函数的局部性概念;函数的最值(最大值、最小值)则考虑整个区间(或定义域)的取值,是函数的整体性概念. 由定义可知,函数的最大(小)值点要么是区间的端点,要么就是函数的极大(小)值点;而函数的极大(小)值点只可以在区间内部,不能取在区间端点上. 不在区间端点的最值点一定是极值点.

如图 4-1 所示,点 x_1,x_3,x_5 是函数 $y=f(x)$ 的极大值点,其中 x_3 是函数 $y=f(x)$ 的最大值点;点 x_2,x_4 是函数 $y=f(x)$ 的极小值点,其中 x_2 是函数 $y=f(x)$ 的最小值点. 可以发现,函数的最大值一定大于等于其最小值,但是极大值未必大于极小值(极大值 $f(x_1)$ 小于极小值 $f(x_4)$).

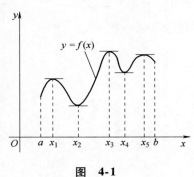

图 4-1

在图 4-1 中可以看到,函数 $f(x)$ 在每个极值点处的切线都是水平的,这个事实最早被天文学家开普勒发现,他在研究行星运动规律时观测到,行星运动到它的椭圆轨道长轴端点附近时,切向加速度会趋于零. 费马将这一事实上升到理论,分析了一个函数在极值点附近的变化情况,进而得到了寻找函数极值的一种方法,他的理论经后人完善后,就是下面的定理.

定理 4.1(费马定理) 若 x_0 是函数 $y=f(x)$ 的极值点,且 $f(x)$ 在 x_0 处可导,则 $f'(x_0)=0$.

证 不妨设 x_0 为函数 $f(x)$ 的极大值点,则存在 x_0 的邻域 $U(x_0)$,对任意 $x\in U(x_0)$ 都有 $f(x)\leqslant f(x_0)$. 这样当 $x\to x_0$ 时,始终有 $f(x)-f(x_0)\leqslant 0$.

由于 $f(x)$ 在 x_0 处可导,则左导数 $f'_-(x_0)$ 和右导数 $f'_+(x_0)$ 存在且相等,注意到

$$f'_-(x_0)=\lim_{x\to x_0^-}\frac{f(x)-f(x_0)}{x-x_0}\geqslant 0,\quad f'_+(x_0)=\lim_{x\to x_0^+}\frac{f(x)-f(x_0)}{x-x_0}\leqslant 0,$$

因此 $f'(x_0)=f'_-(x_0)=f'_+(x_0)=0$.

注 费马定理也称为**函数极值的必要条件**,满足 $f'(x_0)=0$ 的点 x_0 称为 $f(x)$ 的**驻点**. 费马定理告诉我们,可导函数只有在驻点才有可能取得极值,因此只有驻点或不可导点才会是函数的极值点. 但需要注意的是,并不是每个驻点都是极值点,例如 $x=0$ 为 $f(x)=x^3$ 的驻点,但并不是 $f(x)$ 的极值点.

例 4.1 判断下列函数的极值点是否满足费马定理:

(1) $f(x)=\sin\dfrac{1}{x}$, $x\in(0,1)$; (2) $f(x)=|x|$, $x\in(-1,1)$.

解 (1) 当 $x=\dfrac{1}{2k\pi+\dfrac{\pi}{2}}$, $k=0,1,2,\cdots$ 时, $f(x)$ 取得极大值;当 $x=$

$\dfrac{1}{2k\pi+\dfrac{3\pi}{2}}$, $k=0,1,2,\cdots$ 时, $f(x)$ 取得极小值;此时均有 $f'(x)=$

$-\dfrac{1}{x^2}\cos\dfrac{1}{x}=0$,满足费马定理.

（2）当 $x=0$ 时，$f(x)=|x|$ 取得极小值，$f(x)=|x|$ 在区间 $(-1,1)$ 上没有极大值；在 $x=0$ 处，$f(x)=|x|$ 不可导，因此不满足费马定理.

费马定理一个重要的应用是得到了导函数的基本性质——介值性（达布定理）.

定理 4.2（达布定理） 函数 $f(x)$ 在区间 I 上可导，$a,b\in I$，

（1）若 $f'(a)\cdot f'(b)<0$，则存在 $\xi\in(a,b)$，使 $f'(\xi)=0$；

（2）若 $f'(a)\neq f'(b)$，则对介于 $f'(a)$，$f'(b)$ 之间的任意实数 c，存在 $\xi\in(a,b)$，使 $f'(\xi)=c$.

证 （1）不妨设 $f'(a)>0$，$f'(b)<0$，于是

$$f'_+(a)=\lim_{x\to a+}\frac{f(x)-f(a)}{x-a}>0,\quad f'_-(b)=\lim_{x\to b-}\frac{f(b)-f(x)}{b-x}<0.$$

由极限的保号性，存在 $x_1\in(a,b)$，使得 $\dfrac{f(x_1)-f(a)}{x_1-a}>0$，知 $f(x_1)>f(a)$；同理，存在 $x_2\in(a,b)$，使得 $\dfrac{f(b)-f(x_2)}{b-x_2}<0$，知 $f(x_2)>f(b)$. 又由于 $f(x)$ 在区间 $[a,b]$ 上可导，故连续，由连续函数的最值定理，存在 $\xi\in[a,b]$ 使 $f(\xi)$ 为 $f(x)$ 在区间 $[a,b]$ 上的最大值. 由前所述，$f(a)$，$f(b)$ 都不可能为最大值，因此 $\xi\in(a,b)$ 为极大值点，根据费马定理，$f'(\xi)=0$.

（2）引入辅助函数 $F(x)=f(x)-cx$，由于 c 介于 $f'(a)$，$f'(b)$ 之间，则

$$F'(a)\cdot F'(b)=(f'(a)-c)\cdot(f'(b)-c)<0.$$

根据（1）的结论可知，存在 $\xi\in(a,b)$，使 $F'(\xi)=f'(\xi)-c=0$，即 $f'(\xi)=c$.

注 达布定理也称为**导函数的介值定理**，注意这不能由连续函数的介值定理推出，因为导函数未必连续.

（例如 $f(x)=\begin{cases}x^2\sin\dfrac{1}{x}, & x\neq0,\\ 0, & x=0,\end{cases}$ $f'(x)=\begin{cases}2x\sin\dfrac{1}{x}-\cos\dfrac{1}{x}, & x\neq0,\\ 0, & x=0\end{cases}$ 在 $x=0$ 处不连续.）

由于函数在第一类间断点的附近必然不满足介值性，因此具有第一间断点的函数不可能是任何函数的导函数（在任意包含该间断点的区间上）！

4.1.2 罗尔定理及其应用与推广

几乎所有的微分中值定理都源于这样一个明显的几何事实：在一条光滑的平面曲线段 $\overset{\frown}{AB}$ 上，至少有一点的切线与连接曲线两端点的弦 AB 平行，一般来说曲线弧上距离弦 AB 最远的点就是如此.

罗尔定理就是上述事实的简单情形.

定理 4.3（罗尔定理） 若函数 $f(x)$ 在闭区间 $[a,b]$ 上连续，在

开区间 (a,b) 内可导,且 $f(a)=f(b)$,则至少存在一点 $\xi\in(a,b)$,使得 $f'(\xi)=0$.

证　根据连续函数的最值定理(定理 2.7),存在 $\xi,\eta\in[a,b]$,对任意 $x\in[a,b]$ 都有

$$M=f(\xi)\geqslant f(x)\geqslant f(\eta)=m.$$

若 $M=m$,则 $f(x)$ 为常函数,此时任意的 $x\in(a,b)$ 都有 $f'(x)=0$;

若 $M>m$,不妨设 $M>f(a)=f(b)$,这样 $\xi\in(a,b)$ 为 $f(x)$ 的极大值点. 由于 $f(x)$ 在 (a,b) 可导,根据费马定理可得 $f'(\xi)=0$.

注　罗尔定理经常用来讨论一个函数及其导函数在某范围内的实零点问题,例如:

$f(x)$ 的任意两个零点之间必然有 $f'(x)$ 的一个零点;

反之,有:

若 $f'(x)$ 在某区间上没有零点,则 $f(x)$ 在该区间不可能有两个或两个以上的零点.

下面,通过若干例子说明罗尔定理的应用.

例 4.2　证明方程 $x^3+x+1=0$ 在区间 $(-1,0)$ 上有且仅有一个实根.

证　设 $f(x)=x^3+x+1$,则 $f(-1)=-1<0$,$f(0)=1>0$,由连续函数的零点定理,存在 $\xi\in(-1,0)$ 使得 $f(\xi)=0$.

若 $f(x)$ 在 $(-1,0)$ 上还存在零点 ξ',不妨设 $-1<\xi<\xi'<0$,则在区间 $[\xi,\xi']$,$f(x)$ 满足罗尔定理的条件,存在 $\eta\in[\xi,\xi']$ 使得 $f'(\eta)=0$,这与 $f'(x)=3x^2+1\geqslant1$ 矛盾,因此 $f(x)$ 在 $(-1,0)$ 上只有一个零点,即方程 $x^3+x+1=0$ 在区间 $(-1,0)$ 上有且仅有一个实根.

注　如果导函数 $f'(x)$ 没有零点,那么 $f(x)$ 的零点最多只有一个.

例 4.3　设函数 $f(x)$ 在 $[0,1]$ 上连续,在 $(0,1)$ 上可导,$f(1)=0$,证明:存在 $c\in(0,1)$ 使

$$f'(c)=-\frac{f(c)}{c}.$$

证　证明存在 $c\in(0,1)$ 使 $f'(c)=-\dfrac{f(c)}{c}$,等价于证明函数 $g(x)=xf'(x)+f(x)$ 在区间 $(0,1)$ 上存在零点. 注意到 $g(x)=xf'(x)+f(x)=(xf(x))'$,令 $G(x)=xf(x)$.

由于 $G(0)=G(1)=0$,$G'(x)=g(x)$,对 $G(x)$ 在区间 $[0,1]$ 上使用罗尔定理,可得存在 $c\in(0,1)$ 使 $G'(c)=g(c)=0$,可得 $cf'(c)+f(c)=0$,即 $f'(c)=-\dfrac{f(c)}{c}$.

注　将所证明的等式化为函数的零点问题,通过寻找其原函数,并对原函数使用罗尔定理,是这一类问题的基本证明方法.

例 4.4　n 次勒让德（Legendre）多项式定义为 $p_n(x) = \dfrac{1}{2^n n!}$ $\dfrac{\mathrm{d}^n}{\mathrm{d}x^n}(x^2-1)^n$，证明：它在 $(-1,1)$ 上恰好有 n 个不同的实根.

证　定义 $q_0(x) = (x^2-1)^n = (x+1)^n \cdot (x-1)^n$，$q_k(x) = \dfrac{\mathrm{d}^k}{\mathrm{d}x^k} q_0(x)$ 为其 k 阶导函数，当 $k < n$ 时，由莱布尼茨公式，可知 $q_k(-1) = q_k(1) = 0$.

由于 $q_0(x)$ 在 $[-1,1]$ 上连续，在 $(-1,1)$ 上可导，$q_0(-1) = q_0(1) = 0$，由罗尔定理（定理 4.3），$q_1(x)$ 在 $(-1,1)$ 上至少存在一个零点，即存在 $\xi \in (-1,1)$ 使得 $q_1(\xi) = 0$. 注意到 $q_1(-1) = q_1(1) = 0$，对 $q_1(x)$ 在 $(-1,\xi)$ 和 $(\xi,1)$ 上分别使用罗尔定理，可得存在 $\eta_1 \in (-1,\xi)$ 以及 $\eta_2 \in (\xi,1)$ 使得 $q_2(\eta_1) = q_2(\eta_2) = 0$，即 $q_2(x)$ 在 $(-1,1)$ 上至少存在两个不同的零点. 归纳地，可得 $q_3(x)$ 在 $(-1,1)$ 上至少存在三个不同的零点，……，$q_{n-1}(x)$ 在 $(-1,1)$ 上至少存在 $n-1$ 个不同的零点，同时注意到 $q_{n-1}(-1) = q_{n-1}(1) = 0$，在 $q_{n-1}(x)$ 的 $n+1$ 个零点两两之间使用罗尔定理可得 $q_n(x)$ 在 $(-1,1)$ 上至少存在 n 个不同的零点.

由于 $q_0(x) = (x^2-1)^n$ 为 $2n$ 阶多项式，故 $q_n(x) = q_0^{(n)}(x)$ 为 n 阶多项式，其至多有 n 个不同的零点，因此 $q_n(x)$ 在 $(-1,1)$ 上恰存在 n 个不同的零点. n 次勒让德多项式 $p_n(x)$ 与 $q_n(x)$ 只相差非零常数倍，故结论得证.

注　反复使用罗尔定理，可以解决高阶导函数的零点问题.

在应用罗尔定理的时候，要注意其三个条件，缺一不可：

条件一：$f(x)$ 在闭区间 $[a,b]$ 连续；

条件二：$f(x)$ 在开区间 (a,b) 可导；

条件三：$f(a) = f(b)$.

请读者自行给出在不满足其中一个条件时，导致罗尔定理结论不成立的例子.

那么，罗尔定理能否推广到更一般的情形呢？下述定理给出了罗尔定理的推广.

定理 4.4（罗尔定理的推广）　函数 $f(x)$ 在区间 I 上可导，若满足以下条件之一，则至少存在一点 $\xi \in I$，使得 $f'(\xi) = 0$.

（1）当 $I = (a,b)$ 时，$\lim\limits_{x\to a+} f(x) = \lim\limits_{x\to b-} f(x) = A$（或 $\lim\limits_{x\to a+} f(x) = \lim\limits_{x\to b-} f(x) = +\infty\,(-\infty)$）；

（2）当 $I = (-\infty,b)$ 时，$\lim\limits_{x\to -\infty} f(x) = \lim\limits_{x\to b-} f(x) = A$（或 $\lim\limits_{x\to -\infty} f(x) = \lim\limits_{x\to b-} f(x) = +\infty\,(-\infty)$）；

（3）当 $I = (a,+\infty)$ 时，$\lim\limits_{x\to a+} f(x) = \lim\limits_{x\to +\infty} f(x) = A$（或 $\lim\limits_{x\to a+} f(x) = \lim\limits_{x\to +\infty} f(x) = +\infty\,(-\infty)$）；

（4）当 $I = (-\infty,+\infty)$ 时，$\lim\limits_{x\to -\infty} f(x) = \lim\limits_{x\to +\infty} f(x) = A$（或 $\lim\limits_{x\to -\infty} f(x) = $

$$\lim_{x \to +\infty} f(x) = +\infty \ (-\infty)).$$

证　首先证明 I 为有限区间 (a,b) 的情形. 若 $\lim\limits_{x \to a^+} f(x) = \lim\limits_{x \to b^-} f(x) = A$（有限值），令

$$F(x) = \begin{cases} A, & x = a, \\ f(x), & a < x < b, \\ A, & x = b, \end{cases}$$

则 $F(x)$ 在闭区间 $[a,b]$ 连续，开区间 (a,b) 可导，且 $F(a) = F(b) = A$，由罗尔定理，至少存在一点 $\xi \in (a,b)$，使得 $F'(\xi) = f'(\xi) = 0$（如此定义的 $F(x)$ 称为 $f(x)$ 的**连续延拓**）.

若 $\lim\limits_{x \to a^+} f(x) = \lim\limits_{x \to b^-} f(x)$ 为 $+\infty$ 或 $-\infty$，不妨设 $\lim\limits_{x \to a^+} f(x) = \lim\limits_{x \to b^-} f(x) = +\infty$，令

$$F(x) = \arctan(f(x)),$$

则 $\lim\limits_{x \to a^+} F(x) = \lim\limits_{x \to b^-} F(x) = \dfrac{\pi}{2}$，由前所证，存在 $\xi \in (a,b)$，使得 $F'(\xi) = \dfrac{f'(\xi)}{1 + f^2(\xi)} = 0$，则 $f'(\xi) = 0$.

最后证明 I 为无穷区间的情形. 分为三种情况，若 $I = (-\infty, b)$，令

$$F(t) = f(b + \tan t),$$

则 $F(t)$ 为区间 $\left(-\dfrac{\pi}{2}, 0\right)$ 上的可导函数，且 $\lim\limits_{t \to -\frac{\pi}{2}^+} F(t) = \lim\limits_{x \to -\infty} f(x) = \lim\limits_{x \to b^-} f(x) = \lim\limits_{t \to 0^-} F(t)$，不管极限值为有限值还是 $+\infty$ 或 $-\infty$，由前述有限区间情形的证明，可得存在 $\eta \in \left(-\dfrac{\pi}{2}, 0\right)$，使得 $F'(\eta) = f'(b + \tan \eta) \cdot \sec^2 \eta = 0$，取 $\xi = b + \tan \eta \in (-\infty, b)$，可知 $f'(\xi) = 0$，得证.

若 $I = (a, +\infty)$ 或 $I = (-\infty, +\infty)$，分别令

$$F(t) = f(a + \tan t), \ 或 \ F(t) = f(\tan t),$$

二者分别定义在 $\left(0, \dfrac{\pi}{2}\right)$、$\left(-\dfrac{\pi}{2}, \dfrac{\pi}{2}\right)$ 上，同理可得证.

注　该定理的证明中，使用了三种不同的构造函数技巧：第一种是**连续延拓**，是将较小范围内的连续函数延拓到较大范围，仍保持连续性（例如从开区间到闭区间）；第二种是将**值域的无穷区间转化为有限区间**，可以通过外层的反正切函数构造复合函数；第三种是将**定义域的无穷区间转化为有限区间**，可以通过内层的正切函数构造复合函数. 其中第二、三种都是将无穷化为有限的技巧，这在实际应用中经常遇到.

定理 4.4 推广了罗尔定理的适用范围，最大的特点是取消了区间端点连续的条件，代之以区间端点的单侧极限相等，这样无论是无限的区间，还是正负无穷大的极限值，都可以使用罗尔定理，得出

区间内存在导函数零点的结论.

4.1.3　拉格朗日中值定理及其应用

拉格朗日中值定理可以说是最重要的微分中值定理,利用其可以研究可导函数的很多重要性质.

定理 4.5(拉格朗日中值定理)　若函数 $f(x)$ 在闭区间 $[a,b]$ 上连续,在开区间 (a,b) 内可导,则至少存在一点 $\xi \in (a,b)$,使得 $f(b) - f(a) = f'(\xi)(b-a)$.

证　与例 4.3 同样的思想,证明存在一点 $\xi \in (a,b)$,使得 $f(b) - f(a) = f'(\xi)(b-a)$,等价于证明函数 $g(x) = f(b) - f(a) - f'(x)(b-a)$ 在区间 (a,b) 上存在零点.

令 $G(x) = (f(b) - f(a))x - f(x)(b-a)$,则 $G'(x) = g(x)$.由于 $f(x)$ 在 $[a,b]$ 上连续,在 (a,b) 内可导,则 $G(x)$ 也在 $[a,b]$ 上连续,在 (a,b) 内可导.同时注意到

$$G(a) = (f(b) - f(a))a - f(a)(b-a) = af(b) - bf(a),$$
$$G(b) = (f(b) - f(a))b - f(b)(b-a) = af(b) - bf(a),$$

可知 $G(a) = G(b)$.于是 $G(x)$ 在 $[a,b]$ 上满足罗尔定理的条件,故 $\xi \in (a,b)$,使得

$$G'(\xi) = g(\xi) = f(b) - f(a) - f'(\xi)(b-a) = 0.$$

得证.

注 1　拉格朗日中值定理的结论经常写为 $f'(\xi) = \dfrac{f(b) - f(a)}{b-a}$,其几何意义为:曲线弧上至少存在一点 $P_1(\xi, f(\xi))$ 的切线斜率,等于连接曲线弧两个端点的直线 AB(称为曲线的弦或割线)的斜率,如图 4-2 所示.

注 2　定理中的 ξ 经常写为 $\xi = a + \theta(b-a)$,其中 $\theta \in (0,1)$,拉格朗日中值定理可以写为:

$$f(b) - f(a) = f'(a + \theta(b-a)) \cdot (b-a).$$

如果 a, b 分别记作 $x, x + \Delta x$,则有

$$\Delta y = f(x + \Delta x) - f(x) = f'(x + \theta \Delta x) \cdot \Delta x, \quad \theta \in (0,1),$$

上述称为**有限增量公式**,为函数增量的精确表达式.

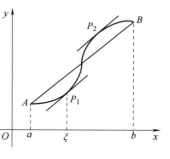

图　4-2

注 3　根据注 2,若在某区间上导函数恒为零,则函数的增量也恒为零,这样可知在某区间上函数为常函数与其导函数恒为零互为充要条件:

$$\forall x \in I, \quad f(x) \equiv C \Leftrightarrow \forall x \in I, \quad f'(x) \equiv 0.$$

于是若在区间 I 上 $F'(x) = G'(x)$,则 $F(x) - G(x) \equiv C$,因此同一个函数的两个原函数最多相差一个常数.

例 4.5　证明:$\arctan \dfrac{1+x}{1-x} - \arctan x = \begin{cases} \dfrac{\pi}{4}, & x < 1, \\ -\dfrac{3\pi}{4}, & x > 1. \end{cases}$

证 设 $f(x)=\arctan\dfrac{1+x}{1-x}-\arctan x$，当 $x\neq 1$ 时，

$$f'(x)=\frac{\dfrac{2}{(1-x)^2}}{1+\left(\dfrac{1+x}{1-x}\right)^2}-\frac{1}{1+x^2}=\frac{2}{(1-x)^2+(1+x)^2}-\frac{1}{1+x^2}=0.$$

因此，当 $x<1$ 以及 $x>1$ 时，$f(x)$ 均恒为常数. 当 $x<1$ 时，$f(x)=f(0)=\arctan 1-\arctan 0=\dfrac{\pi}{4}$；当 $x>1$ 时，$f(x)=\lim\limits_{x\to+\infty}f(x)=$

$\lim\limits_{x\to+\infty}\arctan\dfrac{1+x}{1-x}-\lim\limits_{x\to+\infty}\arctan x=\arctan(-1)-\dfrac{\pi}{2}=-\dfrac{3\pi}{4}$，得证.

下面，我们将利用拉格朗日中值定理对函数增量的精确刻画，研究可导函数的若干重要性质.

拉格朗日中值定理的应用一：区间端点的可导性——导函数极限定理

函数 $f(x)$ 在区间 $[a,b]$ 上连续，(a,b) 内可导，若 $\lim\limits_{x\to a+}f'(x)=A$，则 $f(x)$ 在 $x=a$ 处右可导，且 $f'_+(a)=A$；若 $\lim\limits_{x\to b-}f'(x)=B$，则 $f(x)$ 在 $x=b$ 处左可导，且 $f'_-(b)=B$.

证 由导数定义，$f'_+(a)=\lim\limits_{x\to a+}\dfrac{f(x)-f(a)}{x-a}$，在区间 $[a,x]$ 上函数 $f(x)$ 满足拉格朗日中值定理，故存在 $\xi\in(a,x)$ 使得 $f(x)-f(a)=f'(\xi)(x-a)$，当 $x\to a+$ 时，自然有 $\xi\to a+$，于是

$$f'_+(a)=\lim\limits_{x\to a+}\frac{f(x)-f(a)}{x-a}=\lim\limits_{x\to a+}\frac{f'(\xi)(x-a)}{x-a}=\lim\limits_{\xi\to a+}f'(\xi)=A.$$

对于右端点的情形同理可证.

注 导函数极限定理可用于研究区间端点或分段点处的可导性问题，只要满足条件，利用该定理的结论来讨论比用导数定义更加简便.

例 4.6 设 $f(x)=\begin{cases}x^2, & x<0,\\ 0, & x=0,\\ x\sin x, & x>0.\end{cases}$ 求 $f'(x)$.

解 当 $x<0$ 时，$f'(x)=2x$，当 $x>0$ 时，$f'(x)=\sin x+x\cos x$，由于 $f(x)$ 时在 $x=0$ 处连续，且 $\lim\limits_{x\to 0-}f'(x)=\lim\limits_{x\to 0+}f'(x)=0$，故由导函数极限定理可知，$f'(0)=0$，因此

$$f'(x)=\begin{cases}2x, & x<0,\\ 0, & x=0,\\ \sin x+x\cos x, & x>0.\end{cases}$$

拉格朗日中值定理的应用二：可导函数列极限函数的可导性

设 $\{f_n(x)\}$ 为 $[a,b]$ 上的可导函数列，存在 $x_0\in[a,b]$ 使得 $\{f_n(x_0)\}$ 收敛，若 $\{f'_n(x)\}$ 在 $[a,b]$ 上一致收敛，则 $\{f_n(x)\}$ 也在 $[a,b]$ 上一致收敛于某函数 $f(x)$，并且 $f'(x)=\lim\limits_{n\to\infty}f'_n(x)$.

证　由于 $\{f_n(x_0)\}$ 收敛以及 $\{f_n'(x)\}$ 在 $[a,b]$ 上一致收敛,对任意给定的 $\varepsilon >0$,存在自然数 N,$\forall n>N, m>N$ 有 $|f_n(x_0)-f_m(x_0)|<\dfrac{\varepsilon}{2}$ 以及 $|f_n'(t)-f_m'(t)|<\dfrac{\varepsilon}{2(b-a)}$（$\forall t\in[a,b]$）.

显然函数 $f_n(x)-f_m(x)$ 在区间 $[a,b]$ 上满足拉格朗日中值定理的条件,则任意的 $x\in[a,b]$,存在 t 介于 x_0 和 x 之间,使得

$$[f_n(x)-f_m(x)]-[f_n(x_0)-f_m(x_0)]=[f_n'(t)-f_m'(t)](x-x_0).$$

根据上面的不等式,可得

$$|f_n(x)-f_m(x)|\leqslant |f_n(x_0)-f_m(x_0)|+|f_n'(t)-f_m'(t)||x-x_0|$$

$$\leqslant \frac{\varepsilon}{2}+\frac{\varepsilon}{2(b-a)}(b-a)=\varepsilon.$$

可知函数列 $\{f_n(x)\}$ 在 $[a,b]$ 上一致收敛,设 $f(x)=\lim\limits_{n\to\infty}f_n(x)$,下证 $f'(x)=\lim\limits_{n\to\infty}f_n'(x)$.

对固定的 $x\in[a,b]$,令 $\varphi(t)=\dfrac{f(t)-f(x)}{t-x}$,$\varphi_n(t)=\dfrac{f_n(t)-f_n(x)}{t-x}$（$t\neq x$）,显然 $\lim\limits_{n\to\infty}\varphi_n(t)=\varphi(t)$. 由拉格朗日中值定理,存在 ξ 介于 t 和 x 之间,使得

$$|\varphi_n(t)-\varphi_m(t)|=\frac{|[f_n(t)-f_m(t)]-[f_n(x)-f_m(x)]|}{|t-x|}$$

$$=|f_n'(\xi)-f_m'(\xi)|.$$

设 $\{f_n'(x)\}$ 在 $[a,b]$ 上一致收敛于 $g(x)$,则 $\{\varphi_n(t)\}$ 在 $[a,b]\backslash\{x\}$ 上一致收敛于 $\varphi(t)$,对任意给定的 $\varepsilon >0$,$\exists N$,对 $\forall t,x\in[a,b]$（$t\neq x$）有 $|f_N'(x)-g(x)|<\dfrac{\varepsilon}{3}$,$|\varphi_N(t)-\varphi(t)|<\dfrac{\varepsilon}{3}$；由于 $f_N'(x)=\lim\limits_{t\to x}\varphi_N(t)$,对上述 N,$\exists \delta >0$,当 $t\in U^{\circ}(x,\delta)$ 时,$|\varphi_N(t)-f_N'(x)|<\dfrac{\varepsilon}{3}$. 因此当 $t\in U^{\circ}(x,\delta)$ 时,

$$|\varphi(t)-g(x)|\leqslant |\varphi(t)-\varphi_N(t)|+|\varphi_N(t)-f_N'(x)|+|f_N'(x)-g(x)|$$

$$<\frac{\varepsilon}{3}+\frac{\varepsilon}{3}+\frac{\varepsilon}{3}=\varepsilon.$$

故 $\lim\limits_{t\to x}\varphi(t)=g(x)$,而 $f'(x)=\lim\limits_{t\to x}\varphi(t)$,$g(x)=\lim\limits_{n\to\infty}f_n'(x)$,则 $f'(x)=\lim\limits_{n\to\infty}f_n'(x)$.

注　上述结论可以写为 $\left(\lim\limits_{n\to\infty}f_n(x)\right)'=\lim\limits_{n\to\infty}f_n'(x)$,即 **求导运算与极限运算的换序**；若将 $f_n(x)$ 视为函数项级数 $\sum\limits_{n=1}^{\infty}u_n(x)$ 的前 n 项和,$f_n(x)=u_1(x)+\cdots+u_n(x)$,即可得到 3.2.1 小节中的"逐项求导公式".

拉格朗日中值定理的应用三：单调性判定

函数 $f(x)$ 在区间 I 上可导,则

(1) $f(x)$ 在区间 I 上单调增加当且仅当 $f'(x) \geqslant 0 (\forall x \in I)$;

(2) $f(x)$ 在区间 I 上单调减少当且仅当 $f'(x) \leqslant 0 (\forall x \in I)$;

(3) 若 $f'(x) > 0 (\forall x \in I)$,则 $f(x)$ 在区间 I 上严格单调增加;

(4) 若 $f'(x) < 0 (\forall x \in I)$,则 $f(x)$ 在区间 I 上严格单调减少.

证 只证(1),其他类似. 若 $f'(x) \geqslant 0 (\forall x \in I)$,设 $x_1, x_2 \in I$,$x_1 < x_2$,则 $\exists \xi \in (x_1, x_2)$,
$$f(x_2) - f(x_1) = f'(\xi)(x_2 - x_1) \geqslant 0.$$

故 $f(x)$ 在区间 I 上单调增加.

若 $f(x)$ 在区间 I 上单调增加,设 $\exists x_1 \in I$,使 $f'(x_1) < 0$. 由于 $f'(x_1) = \lim\limits_{x \to x_1} \dfrac{f(x) - f(x_1)}{x - x_1}$,根据极限的局部保号性,$\exists x_2 \in I, x_2 > x_1$,使得 $\dfrac{f(x_2) - f(x_1)}{x_2 - x_1} < 0$,可知 $f(x_2) < f(x_1)$,这与 $f(x)$ 在区间 I 上单调增加矛盾,因此 $f'(x) \geqslant 0 (\forall x \in I)$ 成立.

利用导函数的符号判定函数的单调性,不仅可以得到函数单调区间,还可以利用单调性证明不等式.

例 4.7 求函数 $f(x) = \dfrac{\ln x}{x}$ 的单调区间,并证明 $e^{\pi} > \pi^e$.

解 由于 $f'(x) = \dfrac{1 - \ln x}{x^2}$,因此当 $0 < x < e$ 时,$f'(x) > 0$,$f(x)$ 单调增加,单调增加区间为 $(0, e]$;当 $x > e$ 时,$f'(x) < 0$,$f(x)$ 单调减少,单调减少区间为 $[e, +\infty)$.

由于 $\pi > e$,$f(x)$ 在 $[e, +\infty)$ 上单调减少,因此 $f(\pi) < f(e)$,即 $\dfrac{\ln \pi}{\pi} < \dfrac{\ln e}{e}$,可得 $e \ln \pi < \pi \ln e$,有 $\ln \pi^e < \ln e^{\pi}$,由于 $\ln x$ 为单调增加函数,故 $e^{\pi} > \pi^e$.

例 4.8 当 $x > 0$ 时,证明不等式 $\sin x > x - \dfrac{x^3}{6}$.

证 令 $f(x) = \sin x - x + \dfrac{x^3}{6}$,只需证 $x > 0$ 时 $f(x) > 0$.

首先 $f(0) = 0$,$f'(x) = \cos x - 1 + \dfrac{x^2}{2}$,无法判断 $f'(x)$ 的符号. 注意到 $f'(0) = 0$,$f''(x) = x - \sin x$,当 $x > 0$ 时,$f''(x) > 0$,因此 $f'(x)$ 单调增加. 于是当 $x > 0$ 时,$f'(x) > f'(0) = 0$,故此时 $f(x)$ 单调增加,这样当 $x > 0$ 时,$f(x) > f(0) = 0$,得证.

拉格朗日中值定理的应用四:凸性判定

曲线的凸性是指曲线的弯曲方向,如图 4-3 所示,一种情形曲线弧始终位于连接曲线上任意两点直线段的下方,称为**下凸**,一种情形曲线弧始终位于连接曲线上任意两点直线段的上方,称为**上凸**. 注意到连接曲线弧两点 $(x_1, f(x_1))$ 和 $(x_2, f(x_2))$ 的直线段上的点的横坐标可以表示为 $x = \lambda x_1 + (1 - \lambda) x_2 (0 \leqslant \lambda \leqslant 1)$,于是有如下定义：

> **定义 4.2**　设 $f(x)$ 为定义在区间 I 上的函数，若任意的 x_1，
> $x_2 \in I, 0 < \lambda < 1$，都有
> $$f(\lambda x_1 + (1-\lambda)x_2) \leqslant \lambda f(x_1) + (1-\lambda)f(x_2),$$
> 则称 $f(x)$ 为区间 I 上的**下凸函数**（若不等号是严格的，称为**严格下凸函数**）；
>
> 　　反之，若任意的 $x_1, x_2 \in I, 0 \leqslant \lambda \leqslant 1$，都有
> $$f(\lambda x_1 + (1-\lambda)x_2) \geqslant \lambda f(x_1) + (1-\lambda)f(x_2),$$
> 则称 $\boldsymbol{f(x)}$ 为区间 I 上的**上凸函数**（若不等号是严格的，称为**严格上凸函数**）.

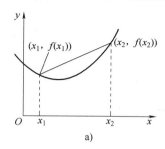
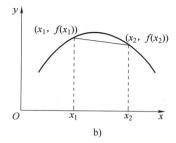

图　4-3

a) 下凸　b) 上凸

利用拉格朗日中值定理，可以建立如下结论：

函数 $f(x)$ 在区间 I 上二阶可导，则

（1） $f(x)$ 是区间 I 上的下凸函数当且仅当 $f''(x) \geqslant 0 (\forall x \in I)$；

（2） $f(x)$ 是区间 I 上的上凸函数当且仅当 $f''(x) \leqslant 0 (\forall x \in I)$；

（3） 若 $f''(x) > 0 (\forall x \in I)$，则 $f(x)$ 是区间 I 上的严格下凸函数；

（4） 若 $f''(x) < 0 (\forall x \in I)$，则 $f(x)$ 是区间 I 上的严格上凸函数.

证　只证（1），其他类似.

若 $f''(x) \geqslant 0 (\forall x \in I)$，设 $x_1, x_2 \in I, x_1 < x_2, 0 < \lambda < 1$，记 $x = \lambda x_1 + (1-\lambda)x_2$，则

$$f(\lambda x_1 + (1-\lambda)x_2) - \lambda f(x_1) - (1-\lambda)f(x_2) = \lambda[f(x) - f(x_1)] - (1-\lambda)[f(x_2) - f(x)].$$

根据拉格朗日中值定理，$\exists \xi_1 \in (x_1, x), \xi_2 \in (x, x_2)$，使得

$$f(x) - f(x_1) = f'(\xi_1)(x - x_1), \quad f(x_2) - f(x) = f'(\xi_2)(x_2 - x).$$

注意到 $x - x_1 = (1-\lambda)(x_2 - x_1), x_2 - x = \lambda(x_2 - x_1)$，因此

$$f(\lambda x_1 + (1-\lambda)x_2) - \lambda f(x_1) - (1-\lambda)f(x_2) = \lambda(1-\lambda)(x_2 - x_1)[f'(\xi_1) - f'(\xi_2)].$$

由于 $f''(x) \geqslant 0 (\forall x \in I)$，则 $f'(x)$ 单调增加，$\xi_1 < \xi_2$，因此 $f'(\xi_1) \leqslant f'(\xi_2)$，于是有

$$f(\lambda x_1 + (1-\lambda)x_2) - \lambda f(x_1) - (1-\lambda)f(x_2) \leqslant 0,$$

故 $f(x)$ 是区间 I 上的上凸函数.

若 $f(x)$ 是区间 I 上的上凸函数,由定义,任意的 $x_1, x_2, x_3 \in I$, $x_1 < x_2 < x_3$,都有

$$f(x_2) \leqslant \frac{x_3 - x_2}{x_3 - x_1}f(x_1) + \frac{x_2 - x_1}{x_3 - x_1}f(x_3) \Rightarrow \frac{f(x_2) - f(x_1)}{x_2 - x_1} \leqslant \frac{f(x_3) - f(x_2)}{x_3 - x_2}$$

即连接两点 $(x_1, f(x_1))$, $(x_2, f(x_2))$ 直线的斜率不大于连接两点 $(x_2, f(x_2))$, $(x_3, f(x_3))$ 直线的斜率. 若有 $\eta \in I$,使 $f''(\eta) < 0$. 由于 $f''(\eta) = \lim\limits_{x \to \eta} \dfrac{f'(x) - f'(\eta)}{x - \eta}$,根据极限的局部保号性,$\exists \xi \in I, \xi > \eta$,使得 $\dfrac{f'(\xi) - f'(\eta)}{\xi - \eta} < 0$,可知 $f'(\xi) < f'(\eta)$. 又由于 $f'(\eta) = \lim\limits_{x \to \eta} \dfrac{f(x) - f(\eta)}{x - \eta} > f'(\xi) = \lim\limits_{x \to \xi} \dfrac{f(x) - f(\xi)}{x - \xi}$,再由极限的局部保号性,存在 $\eta', \xi' \in I, \eta < \eta' < \xi < \xi'$,使得 $\dfrac{f(\eta') - f(\eta)}{\eta' - \eta} > \dfrac{f(\xi') - f(\xi)}{\xi' - \xi}$. 注意,由前所证,$\dfrac{f(\eta') - f(\eta)}{\eta' - \eta} \leqslant \dfrac{f(\xi) - f(\eta')}{\xi - \eta'} \leqslant \dfrac{f(\xi') - f(\xi)}{\xi' - \xi}$,矛盾,故对任意的 $x \in I$,都有 $f''(x) \geqslant 0$,证毕.

例4.9 分析函数 $\ln x$ 与 e^x 的凸性,并说明为何当 $x \to +\infty$ 时函数值趋向无穷大的速率后者远远大于前者.

解 由于 $(\ln x)'' = -\dfrac{1}{x^2} < 0$, $(e^x)'' = e^x > 0$,因此函数 $\ln x$ 严格上凸,函数 e^x 严格下凸.

由于 e^x 严格下凸,因此其一阶导函数严格单调增加趋于 $+\infty$,故其函数值的增加速率随着 x 的增加越来越快;而 $\ln x$ 严格上凸,其一阶导函数严格单调减小趋于0,故其函数值的增加速率随着 x 的增加越来越慢. 由此可知,当 $x \to +\infty$ 时函数值趋向无穷大的速率二者大相径庭,e^x 趋向无穷大的速率远远大于 $\ln x$ 趋向无穷大的速率.

例4.10 当 $a, b > 0$ 时,证明不等式 $a\ln a + b\ln b > (a+b)[\ln(a+b) - \ln 2]$.

证 原不等式等价于 $\dfrac{a\ln a + b\ln b}{2} > \dfrac{a+b}{2}\ln\dfrac{a+b}{2}$. 考虑函数 $f(x) = x\ln x$ 的凸性.

由于 $f'(x) = 1 + \ln x$, $f''(x) = \dfrac{1}{x} > 0 \ (x > 0)$,故 $f(x)$ 在 $(0, +\infty)$ 上为严格下凸函数,因此

$$f\left(\frac{a+b}{2}\right) < \frac{f(a) + f(b)}{2}$$

代入 $f(x) = x\ln x$ 之后即为所证不等式.

4.1.4　柯西中值定理与洛必达法则

柯西给出了如下更为一般的中值定理：

定理 4.6（柯西中值定理）　若函数 $f(x)$ 和 $g(x)$ 在闭区间 $[a,b]$ 连续，在开区间 (a,b) 可导，并且 $g'(x) \neq 0$，则至少存在一点 $\xi \in (a,b)$，使得 $\dfrac{f(b)-f(a)}{g(b)-g(a)} = \dfrac{f'(\xi)}{g'(\xi)}$.

证　将所证明的结论转化为函数的零点问题，即证明函数
$$h(x) = g'(x)(f(b)-f(a)) - f'(x)(g(b)-g(a))$$
在区间 (a,b) 上存在零点. 令
$$H(x) = g(x)(f(b)-f(a)) - f(x)(g(b)-g(a)),$$
则 $H'(x) = h(x)$，且 $H(a) = g(a)f(b) - f(a)g(b) = H(b)$，由罗尔定理，存在 $\xi \in (a,b)$，使得
$$H'(\xi) = h(\xi) = g'(\xi)(f(b)-f(a)) - f'(\xi)(g(b)-g(a)) = 0.$$
由于 $g'(x) \neq 0$，所以 $g(a) \neq g(b)$ 故 $\dfrac{f(b)-f(a)}{g(b)-g(a)} = \dfrac{f'(\xi)}{g'(\xi)}$，得证.

注 1　如果分别对 $f(x)$ 和 $g(x)$ 在 $[a,b]$ 上使用拉格朗日中值定理，有
$$f(b)-f(a) = f'(\xi)(b-a), \quad g(b)-g(a) = g'(\eta)(b-a), \quad \xi,\eta \in (a,b),$$
可得 $\dfrac{f(b)-f(a)}{g(b)-g(a)} = \dfrac{f'(\xi)}{g'(\eta)}$，注意 ξ,η 未必相同，这与柯西中值定理不同.

注 2　若将函数 $f(x)$ 和 $g(x)$ 的变量 x 看作参数 t，则描述了一条参数曲线 $\begin{cases} x = f(t) \\ y = g(t) \end{cases}$，柯西中值定理说明该参数曲线段上，至少有一点的切线与连接曲线两端点的弦平行.

柯西中值定理的一个重要应用是证明了求未定式极限的洛必达法则. 事实上，该法则最早由约翰·伯努利提出，也称为伯努利法则.

所谓"未定式"，是指极限值无法确定的函数式，其中分子分母同时趋于 0 或同时趋于 ∞ 的分式型最为常见，分别记作 $\dfrac{0}{0}$ 和 $\dfrac{\infty}{\infty}$. 洛必达法则就是解决这类极限问题的一种有效方法.

定理 4.7（洛必达法则）　若函数 $f(x)$ 和 $g(x)$ 在 $(x_0, x_0 + b]$ $(b > 0)$ 上可导，$g'(x) \neq 0$，并且 $\lim\limits_{x \to x_0^+} \dfrac{f'(x)}{g'(x)} = A$，则满足以下两个条件之一时有 $\lim\limits_{x \to x_0^+} \dfrac{f(x)}{g(x)} = A$：

（1）$\lim\limits_{x \to x_0^+} f(x) = \lim\limits_{x \to x_0^+} g(x) = 0$；　（2）$\lim\limits_{x \to x_0^+} g(x) = \infty$.

证　由于 $\lim\limits_{x \to x_0+} \dfrac{f'(x)}{g'(x)} = A$，对任意 $\varepsilon > 0$，存在 $\delta' > 0$，当 $x_0 < x <$

$x_0 + \delta'$ 时有 $\left| \dfrac{f'(x)}{g'(x)} - A \right| < \varepsilon$．

任意 $x, y \in (x_0, x_0 + \delta')$，$x < y$，由柯西中值定理，存在 $\xi \in (x, y)$

使得 $\dfrac{f(y) - f(x)}{g(y) - g(x)} = \dfrac{f'(\xi)}{g'(\xi)}$，于是

$$\left| \frac{f(y) - f(x)}{g(y) - g(x)} - A \right| < \varepsilon.$$

对于（1），上式中固定 y，令 $x \to x_0 +$，得 $\left| \dfrac{f(y)}{g(y)} - A \right| \leqslant \varepsilon$

（$\forall y \in (x_0, x_0 + \delta')$），故 $\lim\limits_{x \to x_0+} \dfrac{f(x)}{g(x)} = A$．

对于（2），注意到 $\dfrac{f(x)}{g(x)} = \dfrac{f(x) - f(y)}{g(x)} + \dfrac{f(y)}{g(x)} =$

$\left[1 - \dfrac{g(y)}{g(x)} \right] \dfrac{f(x) - f(y)}{g(x) - g(y)} + \dfrac{f(y)}{g(x)}$，因此

$$\left| \frac{f(x)}{g(x)} - A \right| \leqslant \left| 1 - \frac{g(y)}{g(x)} \right| \left| \frac{f(x) - f(y)}{g(x) - g(y)} - A \right| + \left| \frac{f(y) - Ag(y)}{g(x)} \right|.$$

固定 y，由 $\lim\limits_{x \to x_0+} g(x) = \infty$，存在 $\delta'' > 0$，当 $x_0 < x < x_0 + \delta''$ 时有

$\left| 1 - \dfrac{g(y)}{g(x)} \right| \leqslant 2$，$\left| \dfrac{f(y) - Ag(y)}{g(x)} \right| \leqslant \varepsilon$，取 $\delta = \min(\delta', \delta'')$，当 $x \in$

$(x_0, x_0 + \delta)$ 时 $\left| \dfrac{f(x)}{g(x)} - A \right| \leqslant 2 \left| \dfrac{f(x) - f(y)}{g(x) - g(y)} - A \right| + \varepsilon \leqslant 3\varepsilon$，故

$\lim\limits_{x \to x_0+} \dfrac{f(x)}{g(x)} = A$．

注1　定理 4.7 对其他的几种极限过程，$x \to x_0 -$，$x \to x_0$，$x \to -\infty$，$x \to +\infty$，$x \to \infty$，以及极限值 A 为 $-\infty$，$+\infty$，∞ 时也都成立，证明过程类似．

注2　使用洛必达法则（特别是反复使用时），需验证三个条件：

条件一：$f(x)$ 和 $g(x)$ 在极限过程的邻域内可导；

条件二：导函数比值 $\dfrac{f'(x)}{g'(x)}$ 的极限存在（或为 $-\infty$，$+\infty$，∞）；

条件三：必须是"$\dfrac{0}{0}$"型（分子分母均为无穷小）或"$\dfrac{*}{\infty}$"型（只要求分母为无穷大）．

注3　对于其他类型的未定式，首先通过代数恒等变形化作分式型 $\left("\dfrac{0}{0}" \text{或} "\dfrac{*}{\infty}" \right)$，再用洛必达法则，具体包括：

（1）乘积型——"$0 \cdot \infty$"，可通过取倒数，化为分式型；

（2）和差型——"$(+\infty) - (+\infty)$"，"$(-\infty) - (-\infty)$"，

"$(+\infty)+(-\infty)$",可通过取倒数、通分,化为分式型;

（3）幂指型——1^{∞},0^{0},∞^{0},可通过取对数,化为乘积型,进而化为分式型.

例4.11　计算下列极限:

（1）$\lim\limits_{x\to 0}\dfrac{\tan x-x}{x-\sin x}$;（2）$\lim\limits_{x\to +\infty}\dfrac{\ln x}{x^{a}}(a>0)$;（3）$\lim\limits_{x\to +\infty}\dfrac{x^{a}}{\mathrm{e}^{x}}(a>0)$.

解　（1）$\lim\limits_{x\to 0}\dfrac{\tan x-x}{x-\sin x}\left(\text{``}\dfrac{0}{0}\text{''型}\right)=\lim\limits_{x\to 0}\dfrac{\sec^{2}x-1}{1-\cos x}\left(\dfrac{0}{0}\text{型}\right)$

$$=\lim\limits_{x\to 0}\dfrac{2\sec^{2}x\tan x}{\sin x}$$

$$=2\lim\limits_{x\to 0}\sec^{2}x\cdot\lim\limits_{x\to 0}\dfrac{\tan x}{\sin x}$$

$$=2.$$

$\left(\text{另解}:\lim\limits_{x\to 0}\dfrac{\tan x-x}{x-\sin x}\left(\text{``}\dfrac{0}{0}\text{''型}\right)=\lim\limits_{x\to 0}\dfrac{\sec^{2}x-1}{1-\cos x}=\lim\limits_{x\to 0}\dfrac{1-\cos^{2}x}{\cos^{2}x(1-\cos x)}=\lim\limits_{x\to 0}\dfrac{1+\cos x}{\cos^{2}x}=2.\right)$

（2）$\lim\limits_{x\to +\infty}\dfrac{\ln x}{x^{a}}\left(\text{``}\dfrac{\infty}{\infty}\text{''型}\right)=\lim\limits_{x\to +\infty}\dfrac{\dfrac{1}{x}}{ax^{a-1}}=\dfrac{1}{a}\lim\limits_{x\to +\infty}\dfrac{1}{x^{a}}=0.$

（3）$\lim\limits_{x\to +\infty}\dfrac{x^{a}}{\mathrm{e}^{x}}\left(\text{``}\dfrac{\infty}{\infty}\text{''型}\right)=\lim\limits_{x\to +\infty}\dfrac{ax^{a-1}}{\mathrm{e}^{x}}$,若 $a-1>0$,则可继续使用洛必达法则,直至分子 x 的幂 ≤ 0 为止,由于分母当 $x\to +\infty$ 时始终为无穷大,故该极限等于 0.

注　由本例（2）（3）可知,当 $x\to +\infty$ 时,$\ln x\ll x^{a}(a>0)\ll \mathrm{e}^{x}$（$\ll$ 表示远远小于）.

例4.12　计算下列极限:

（1）$\lim\limits_{x\to 0+}\left(\cot x-\dfrac{1}{x}\right)$;　（2）$\lim\limits_{n\to \infty}n\left(\sin\dfrac{1}{n}-\sin\dfrac{1}{n+1}\right)$.

解　（1）$\lim\limits_{x\to 0+}\left(\cot x-\dfrac{1}{x}\right)(\infty-\infty\text{ 型})=\lim\limits_{x\to 0+}\left(\dfrac{\cos x}{\sin x}-\dfrac{1}{x}\right)=$

$\lim\limits_{x\to 0+}\dfrac{x\cos x-\sin x}{x\sin x}\left(\dfrac{0}{0}\text{型}\right)=\lim\limits_{x\to 0+}\dfrac{-x\sin x}{\sin x+x\cos x}=\lim\limits_{x\to 0+}\dfrac{-\sin x}{\dfrac{\sin x}{x}+\cos x}=\dfrac{0}{2}=0.$

（2）极限为 $0\cdot\infty$ 型,但是为数列极限,自变量为离散量,由于不能对离散量求导,因此须将 n 换为连续量 x 后使用洛必达法则:

$$\lim\limits_{x\to +\infty}x\left(\sin\dfrac{1}{x}-\sin\dfrac{1}{x+1}\right)(\text{``}0\cdot\infty\text{''型})=\lim\limits_{x\to +\infty}\dfrac{\sin\dfrac{1}{x}-\sin\dfrac{1}{x+1}}{\dfrac{1}{x}}\left(\text{``}\dfrac{0}{0}\text{''型}\right)$$

$$=\lim\limits_{x\to +\infty}\dfrac{-\dfrac{1}{x^{2}}\cos\dfrac{1}{x}+\dfrac{1}{(x+1)^{2}}\cos\dfrac{1}{x+1}}{-\dfrac{1}{x^{2}}}=\lim\limits_{x\to +\infty}\left[\cos\dfrac{1}{x}-\dfrac{x^{2}}{(x+1)^{2}}\cos\dfrac{1}{x+1}\right]=1-1=0.$$

于是由海涅定理（定理 2.1）,可知原极限等于 0.

例 4.13 计算下列极限：

(1) $\lim\limits_{x\to\frac{\pi}{2}^+}(\sin x)^{\tan x}$；(2) $\lim\limits_{x\to 0^+}(\sin x)^{\frac{1}{\ln x}}$；(3) $\lim\limits_{x\to +\infty}\left(\frac{\pi}{2}-\arctan x\right)^{\frac{1}{\ln x}}$.

解 本例题都为幂指函数的极限，一般需要先取对数，再求极限.

(1) $\ln(\sin x)^{\tan x}=\tan x\cdot\ln\sin x$，由于

$$\lim\limits_{x\to\frac{\pi}{2}^+}\tan x\cdot\ln\sin x\,(0\cdot\infty\text{ 型})=\lim\limits_{x\to\frac{\pi}{2}^+}\frac{\ln\sin x}{\cot x}\left(\frac{\infty}{\infty}\text{型}\right)=$$

$$\lim\limits_{x\to\frac{\pi}{2}^+}\frac{\cot x}{-\csc^2 x}=-\lim\limits_{x\to\frac{\pi}{2}^+}\sin x\cos x=0,$$

故 $\lim\limits_{x\to\frac{\pi}{2}^+}(\sin x)^{\tan x}=\mathrm{e}^{\lim\limits_{x\to\frac{\pi}{2}^+}\tan x\cdot\ln\sin}x=\mathrm{e}^0=1.$

(2) $\ln(\sin x)^{\frac{1}{\ln x}}=\dfrac{\ln\sin x}{\ln x}$，由于 $\lim\limits_{x\to 0^+}\dfrac{\ln\sin x}{\ln x}=\lim\limits_{x\to 0^+}\dfrac{\frac{\cos x}{\sin x}}{\frac{1}{x}}=$

$\lim\limits_{x\to 0^+}\dfrac{x\cos x}{\sin x}=1$，故 $\lim\limits_{x\to 0^+}(\sin x)^{\frac{1}{\ln x}}=\mathrm{e}.$

(3) $\ln\left(\dfrac{\pi}{2}-\arctan x\right)^{\frac{1}{\ln x}}=\dfrac{\ln\left(\dfrac{\pi}{2}-\arctan x\right)}{\ln x}$，由于

$$\lim\limits_{x\to +\infty}\frac{\ln\left(\dfrac{\pi}{2}-\arctan x\right)}{\ln x}\left(\text{“}\frac{\infty}{\infty}\text{”型}\right)=\lim\limits_{x\to +\infty}\frac{-\dfrac{x}{1+x^2}}{\dfrac{\pi}{2}-\arctan x}\left(\text{“}\frac{0}{0}\text{”型}\right)=$$

$$\lim\limits_{x\to +\infty}\frac{1-x^2}{1+x^2}=-1,$$

故 $\lim\limits_{x\to +\infty}\left(\dfrac{\pi}{2}-\arctan x\right)^{\frac{1}{\ln x}}=\mathrm{e}^{-1}=\dfrac{1}{\mathrm{e}}.$

注 由本例(1)为"1^∞"型，一般来说，设 $f(x)\to 1,g(x)\to\infty$，由于 $f(x)^{g(x)}=\mathrm{e}^{g(x)\ln f(x)}$，同时由等价无穷小替换，可知 $\ln f(x)=\ln[1+(f(x)-1)]\sim f(x)-1$，故有

$$\boxed{\lim f(x)^{g(x)}=\mathrm{e}^{\lim g(x)(f(x)-1)}.}$$

这经常用来处理"1^∞"型的极限问题，但是不适合"0^0"型或"∞^0"型.

习题 4.1

1. 试讨论下列函数在指定区间内是否存在一点 ξ，使 $f'(\xi)=0$：

(1) $f(x)=\begin{cases}x\sin\dfrac{1}{x}, & 0<x\leqslant\dfrac{1}{\pi}, \\[2mm] 0, & x=0;\end{cases}$ (2) $f(x)=|x|,\ -1\leqslant x\leqslant 1;$

（3）$f(x) = \begin{cases} x, & -2 \leqslant x < 0, \\ -x^2 + 2x + 1, & 0 \leqslant x \leqslant 3. \end{cases}$

2. 设 $a_i \in \mathbb{R}(i = 0, 1, \cdots, n)$，且满足 $a_0 + \dfrac{a_1}{2} + \dfrac{a_2}{3} + \cdots + \dfrac{a_n}{n+1} = 0$. 证明：方程 $a_0 + a_1 x + a_2 x^2 + \cdots + a_n x^n = 0$ 在 $(0,1)$ 内至少有一个实根.

3. 设函数 $f:[0,1] \to \mathbb{R}$ 在 $[0,1]$ 上连续，在 $(0,1)$ 内可导，且 $f(1) = 0$. 证明：存在点 $\xi \in (0,1)$ 使 $nf(\xi) + \xi f'(\xi) = 0$.

4. 设 f 在 $[a,b]$ 上连续，在 (a,b) 内可导，且 $f(a) = f(b) = 0$. 证明：$\forall \lambda \in \mathbb{R}$，存在 $\xi \in (a,b)$ 使 $f'(\xi) = \lambda f(\xi)$.

5. 证明：方程 $x^5 + x - 1 = 0$ 有唯一正根.

6. 设 f 在 $[a,b]$ 上二阶可微，$f(a) = f(b) = 0$，$f'_+(a)f'_-(b) > 0$，证明：方程 $f''(x) = 0$ 在 (a,b) 内至少有一个根.

7. 证明：（1）若函数 f 在 $[a,b]$ 上可导，且 $f'(x) \geqslant m$，则 $f(b) \geqslant f(a) + m(b-a)$；

（2）若函数 f 在 $[a,b]$ 上可导，且 $|f'(x)| \leqslant M$，则 $|f(b) - f(a)| \leqslant M(b-a)$；

（3）对任意实数 x_1, x_2 都有 $|\sin x_1 - \sin x_2| \leqslant |x_1 - x_2|$.

8. 应用拉格朗日中值定理证明下列不等式：

（1）$\dfrac{b-a}{b} < \ln \dfrac{b}{a} < \dfrac{b-a}{a}$，其中 $0 < a < b$；

（2）$\dfrac{h}{1+h^2} < \arctan h < h$，其中 $h > 0$.

9. 已知函数 $f(x)$ 在 $[0,1]$ 上连续，在 $(0,1)$ 内可导，且 $f(0) = 0$，$f(1) = 1$. 证明：

（1）存在 $\xi \in (0,1)$ 使 $f(\xi) = 1 - \xi$；（2）存在两个不同的点 $\eta, \theta \in (0,1)$ 使 $f'(\eta)f'(\theta) = 1$.

10. 设 f 在 $[a,b]$ 上二阶可导，$f(a) = f(b) = 0$，并存在一点 $c \in (a,b)$ 使 $f(c) > 0$. 证明：存在 $\xi \in (a,b)$，使 $f''(\xi) < 0$.

11. 设函数 $f(x)$ 在区间 (a,b) 内可导，且 $f'(x)$ 在区间 (a,b) 内有界. 证明：$f(x)$ 在 (a,b) 内有界.

12. 确定下列函数的单调区间：

（1）$f(x) = 3x - x^2$；   （2）$f(x) = 2x^2 - \ln x$；

（3）$f(x) = \sqrt{2x - x^2}$；   （4）$f(x) = \dfrac{x^2 - 1}{x}$.

13. 应用函数的单调性证明下列不等式：

（1）$\tan x > x - \dfrac{x^3}{3}$， $x \in \left(0, \dfrac{\pi}{3}\right)$；

（2）$x - \dfrac{x^2}{2} < \ln(1+x) < x - \dfrac{x^2}{2(1+x)}$， $x > 0$.

14. 设 $f(x)$ 在 $[a, +\infty)$ 内连续、可导，且当 $x > a$ 时，$f'(x) < k < 0$

(k 为常数). 试证: 若 $f(a) > 0$, 则方程 $f(x) = 0$ 在 $\left(a, a - \dfrac{f(a)}{k}\right)$ 内有且仅有一实根.

15. 证明 (1) 方程 $\ln^4 x - 4\ln x + 4x - 4 = 0$ 有且仅有一个正实根;

(2) 方程 $\ln^4 x - 4\ln x + 4x - k = 0$ 当 $k < 4$ 时无实根, 当 $k > 4$ 时恰有两个正实根.

16. 确定下列函数的凸性区间:

(1) $f(x) = 2x^3 - 3x^2 - 36x + 25$;   (2) $f(x) = x + \dfrac{1}{x}$;

(3) $f(x) = x^2 + \dfrac{1}{x}$;   (4) $f(x) = \ln(x^2 + 1)$.

17. 应用函数凸性证明如下不等式:

(1) 对任意实数 a, b, 有 $\mathrm{e}^{\frac{a+b}{2}} \leqslant \dfrac{1}{2}(\mathrm{e}^a + \mathrm{e}^b)$;

(2) 对任何非负实数 a, b, 有 $2\arctan\dfrac{a+b}{2} \geqslant \arctan a + \arctan b$.

18. 设函数 f 在 $[a, b]$ 上可导, 且 a 与 b 同号. 证明: 存在 $\xi \in (a, b)$ 使

(1) $2\xi[f(b) - f(a)] = (b^2 - a^2)f'(\xi)$;

(2) $f(b) - f(a) = \xi\left(\ln\dfrac{b}{a}\right)f'(\xi)$.

19. 设函数 f 在 $[a, b]$ 上连续, 在 (a, b) 内可导, 且 $a > 0$. 证明: 在 (a, b) 内存在 ξ, η 使

(1) $f'(\xi) = \dfrac{a+b}{2\eta}f'(\eta)$;   (2) $f'(\xi) = \dfrac{\eta^2 f'(\eta)}{ab}$.

20. 设函数 f 在点 a 处具有二阶导数. 证明:

$$\lim_{h \to 0}\frac{f(a+h) + f(a-h) - 2f(a)}{h^2} = f''(a).$$

21. 求下列未定式极限:

(1) $\displaystyle\lim_{x \to 0}\frac{\mathrm{e}^x - 1}{\sin x}$;   (2) $\displaystyle\lim_{x \to \frac{\pi}{6}}\frac{1 - 2\sin x}{\cos 3x}$;

(3) $\displaystyle\lim_{x \to 0}\frac{\ln(1+x) - x}{\cos x - 1}$;   (4) $\displaystyle\lim_{x \to 0}\left(\frac{1}{x} - \frac{1}{\mathrm{e}^x - 1}\right)$;

(5) $\displaystyle\lim_{x \to 0}(\tan x)^{\sin x}$;   (6) $\displaystyle\lim_{x \to 1}x^{\frac{1}{1-x}}$;

(7) $\displaystyle\lim_{x \to 0}(1 + x^2)^{\frac{1}{x}}$;   (8) $\displaystyle\lim_{x \to 0}\sin x \ln x$;

(9) $\displaystyle\lim_{x \to 0}\left(\frac{\tan x}{x}\right)^{\frac{1}{x^2}}$.

4.2 泰勒公式与泰勒级数

泰勒公式在某种意义上可看作一元微分学发展的巅峰, 它是在

1712 年由英国牛顿学派最优秀的代表人物之一的布鲁克·泰勒（Brook Taylor, 1685—1731）提出的.

泰勒公式是将函数 $f(x)$ 在某点附近表示为一个有限阶多项式和某个余项的和,是关于函数的局部近似（随着多项式阶数的增加,这种近似愈来愈精确）;如果用无限阶多项式（即由幂函数组成的无穷级数,称为幂级数）表示函数 $f(x)$,则可以在给定范围内得到函数的整体精确表示,这就是泰勒级数.

本节将介绍泰勒公式、幂级数以及函数展开为泰勒级数.

4.2.1　泰勒公式

多项式是一类比较简单的函数,用简单函数近似复杂函数是数学中的一种基本思想方法.那么如何得到某函数 $f(x)$ 比较好的近似多项式 $P_n(x)$ 呢?

我们从最简单的情形开始,设函数 $f(x)$ 可导,则 $f(x)$ 在 $x = x_0$ 处的切线方程为

$$y = f(x_0) + f'(x_0)(x - x_0).$$

直线可看作一阶多项式,记作 $P_1(x)$,满足了 $P_1(x_0) = f(x_0)$, $P_1'(x_0) = f'(x_0)$,其误差

$$R_1(x) = f(x) - P_1(x) = f(x) - f(x_0) - f'(x_0)(x - x_0) = o(x - x_0).$$

考虑在 x_0 附近用二阶多项式 $P_2(x)$ 近似函数 $f(x)$,希望误差 $R_2(x) = f(x) - P_2(x) = o(x - x_0)^2$. 若记 $P_2(x) = a_0 + a_1(x - x_0) + a_2(x - x_0)^2$,如何确定系数 a_0, a_1, a_2 呢? 若 $f(x) - P_2(x) = o(x - x_0)^2$,则首先 $\lim\limits_{x \to x_0}(f(x) - P_2(x)) = 0$,可得 $a_0 = f(x_0)$;然后 $\lim\limits_{x \to x_0} \dfrac{f(x) - P_2(x)}{x - x_0} = 0$,可得 $a_1 = f'(x_0)$;最后由 $\lim\limits_{x \to x_0} \dfrac{f(x) - P_2(x)}{(x - x_0)^2} = 0$,可得 $a_2 = \dfrac{f''(x_0)}{2}$,这样 $P_2(x) = f(x_0) + f'(x_0)(x - x_0) + \dfrac{f''(x_0)}{2}(x - x_0)^2$.

下面的定理给出了一般情形.

定理 4.8（皮亚诺（Peano）余项泰勒公式）　若函数 $f(x)$ 在 x_0 处 n 阶可导,则

$$f(x) = f(x_0) + f'(x_0)(x - x_0) + \frac{f''(x_0)}{2}(x - x_0)^2 +$$

$$\frac{f'''(x_0)}{6}(x - x_0)^3 + \cdots + \frac{f^{(n)}(x_0)}{n!}(x - x_0)^n + o(x - x_0)^n.$$

（其中 $P_n(x) = \sum\limits_{k=0}^{n} \dfrac{f^{(k)}(x_0)}{k!}(x - x_0)^k$ 称为 $f(x)$ 在 x_0 处的泰勒多项式）

证　记 $R_n(x) = f(x) - P_n(x) = f(x) - \sum\limits_{k=0}^{n} \dfrac{f^{(k)}(x_0)}{k!}(x - x_0)^k$,只需证 $\lim\limits_{x \to x_0} \dfrac{R_n(x)}{(x - x_0)^n} = 0$.

由已知 $f(x)$ 在 x_0 处 n 阶可导，$R_n(x)$ 在 x_0 处 n 阶可导，因此 $R_n(x)$ 在 x_0 的邻域内 $n-1$ 阶连续可导，又由于 $R_n(x_0) = R_n'(x_0) = R_n^{(n)}(x_0) = \cdots = R_n^{(n)}(x_0) = 0$，使用 $n-1$ 次洛必达法则可得：

$$\lim_{x \to x_0} \frac{R_n(x)}{(x-x_0)^n} = \lim_{x \to x_0} \frac{R_n'(x)}{n(x-x_0)^{n-1}} = \lim_{x \to x_0} \frac{R_n''(x)}{n(n-1)(x-x_0)^{n-2}} = \cdots$$

$$= \lim_{x \to x_0} \frac{R_n^{(n-1)}(x)}{n(n-1)\cdots2(x-x_0)}.$$

注意到 $R_n^{(n-1)}(x)$ 仅在 x_0 处可导，因此对上式不能继续使用洛必达法则，由导数定义，

$$R_n^{(n)}(x_0) = \lim_{x \to x_0} \frac{R_n^{(n-1)}(x) - R_n^{(n-1)}(x_0)}{x-x_0} = \lim_{x \to x_0} \frac{R_n^{(n-1)}(x)}{x-x_0}.$$

故 $\lim\limits_{x \to x_0} \dfrac{R_n(x)}{(x-x_0)^n} = \dfrac{1}{n!} \lim\limits_{x \to x_0} \dfrac{R_n^{(n-1)}(x)}{x-x_0} = R_n^{(n)}(x_0) = 0$，得证.

注1 定理 4.8 只要求 $f(x)$ 在 x_0 处 n 阶可导，因此结论仅在 x_0 的邻域内成立；

注2 当 $x_0 = 0$ 时，泰勒公式称为**麦克劳林公式**：

$$f(x) = f(0) + f'(0)x + \frac{f''(0)}{2}x^2 + \frac{f'''(0)}{6}x^3 + \cdots + \frac{f^{(n)}(0)}{n!}x^n + o(x^n),$$

根据 n 阶求导公式，可以得到如下常用的皮亚诺余项麦克劳林公式：

$(1)\ e^x = 1 + x + \dfrac{x^2}{2!} + \dfrac{x^3}{3!} + \cdots + \dfrac{x^n}{n!} + o(x^n);$

$(2)\ \sin x = x - \dfrac{x^3}{3!} + \dfrac{x^5}{5!} + \cdots + \dfrac{(-1)^n}{(2n+1)!}x^{2n+1} + o(x^{2n+2});$

$(3)\ \cos x = 1 - \dfrac{x^2}{2!} + \dfrac{x^4}{4!} + \cdots + \dfrac{(-1)^n}{(2n)!}x^{2n} + o(x^{2n+1});$

$(4)\ \ln(1+x) = x - \dfrac{x^2}{2} + \dfrac{x^3}{3} + \cdots + \dfrac{(-1)^{n-1}}{n}x^n + o(x^{n+1});$

$(5)\ (1+x)^a = 1 + ax + \dfrac{a(a-1)}{2}x^2 + \cdots + \dfrac{a(a-1)\cdots(a-n+1)}{n!}x^n + o(x^{n+1}).$

反之，若已知 $f(x)$ 的麦克劳林公式中 x^n 的系数为 a_n，则可知 $f^{(n)}(0) = n!a_n$.

注3 除了注 2 中到任意阶的公式外，实际中常用到以下函数的有限阶公式，

$(1)\ \tan x = x + \dfrac{x^3}{3} + o(x^4);\quad (2)\ \arctan x = x - \dfrac{x^3}{3} + o(x^4);$

$(3)\ \arcsin x = x + \dfrac{x^3}{6} + o(x^4).$

上述公式常用于计算 $x \to 0$ 时的函数极限，其中 x 可以替换为任意

非零的无穷小量.

例 4.14 求下列极限:

(1) $\lim\limits_{x \to 0} \dfrac{(1 + ax)^b - (1 + bx)^a}{x^2}$; (2) $\lim\limits_{x \to 0} \dfrac{\cos x - e^{-\frac{x^2}{2}}}{x^4}$;

(3) $\lim\limits_{x \to +\infty} \left(\sqrt[3]{x^3 + 3x} - \sqrt{x^2 - 2x} \right)$.

解 (1) 方法一:使用洛必达法则.

$$\lim_{x \to 0} \frac{(1 + ax)^b - (1 + bx)^a}{x^2} \left(\text{``}\frac{0}{0}\text{'' 型} \right) = \lim_{x \to 0} \frac{ab(1 + ax)^{b-1} - ab(1 + bx)^{a-1}}{2x} \left( \text{``}\frac{0}{0}\text{'' 型} \right)$$

$$= \lim_{x \to 0} \frac{a^2 b(b - 1)(1 + ax)^{b-2} - ab^2(a - 1)(1 + bx)^{a-2}}{2} = \frac{ab(b - a)}{2}.$$

方法二:使用泰勒公式.

由于 $(1 + ax)^b = 1 + abx + \dfrac{a^2 b(b - 1)}{2} x^2 + o(x^2)$, $(1 + bx)^a = 1 +$

$abx + \dfrac{ab^2(a - 1)}{2} x^2 + o(x^2)$,则

$$原式 = \lim_{x \to 0} \frac{\left(1 + abx + \dfrac{a^2 b(b - 1)}{2} x^2 + o(x^2) \right) - \left(1 + abx + \dfrac{ab^2(a - 1)}{2} x^2 + o(x^2) \right)}{x^2}$$

$$= \frac{ab(b - a)}{2}.$$

(2) 方法一:使用洛必达法则.

$$\lim_{x \to 0} \frac{\cos x - e^{-\frac{x^2}{2}}}{x^4} \left(\text{``}\frac{0}{0}\text{'' 型} \right) = \lim_{x \to 0} \frac{-\sin x + x e^{-\frac{x^2}{2}}}{4x^3} \left( \frac{0}{0} \text{ 型} \right) = \lim_{x \to 0} \frac{-\cos x + e^{-\frac{x^2}{2}} - x^2 e^{-\frac{x^2}{2}}}{12x^2} \left( \text{``}\frac{0}{0}\text{'' 型} \right)$$

$$= \lim_{x \to 0} \frac{\sin x - 3x e^{-\frac{x^2}{2}} + x^3 e^{-\frac{x^2}{2}}}{24x} \left(\text{``}\frac{0}{0}\text{'' 型} \right) = \lim_{x \to 0} \frac{\cos x - 3 e^{-\frac{x^2}{2}} + 6x^2 e^{-\frac{x^2}{2}} - x^4 e^{-\frac{x^2}{2}}}{24} = -\frac{1}{12}.$$

方法二:使用泰勒公式.

由于 $\cos x = 1 - \dfrac{x^2}{2} + \dfrac{x^4}{24} + o(x^4)$, $e^{-\frac{x^2}{2}} = 1 + \left(-\dfrac{x^2}{2} \right) + \dfrac{1}{2} \left(-\dfrac{x^2}{2} \right)^2 +$

$o(x^4) = 1 - \dfrac{x^2}{2} + \dfrac{x^4}{8} + o(x^4)$,则

$$原式 = \lim_{x \to 0} \frac{\left(1 - \dfrac{x^2}{2} + \dfrac{x^4}{24} + o(x^4) \right) - \left(1 - \dfrac{x^2}{2} + \dfrac{x^4}{8} + o(x^4) \right)}{x^4}$$

$$= \lim_{x \to 0} \frac{-\dfrac{x^4}{12} + o(x^4)}{x^4} = -\frac{1}{12}.$$

(3) 令 $t = \dfrac{1}{x}$,则 $\lim\limits_{x \to +\infty} \left(\sqrt[3]{x^3 + 3x} - \sqrt{x^2 - 2x} \right) = \lim\limits_{t \to 0^+} \dfrac{\sqrt[3]{1 + 3t^2} - \sqrt{1 - 2t}}{t}$,

由于

$$\sqrt[3]{1 + 3t^2} = 1 + t^2 + o(t^2), \quad \sqrt{1 - 2t} = 1 - t + o(t),$$

故原式 $= \lim\limits_{t \to 0^+} \dfrac{(1 + t^2 + o(t^2)) - (1 - t + o(t))}{t}$

$$= \lim_{t \to 0^+} \frac{t + o(t)}{t} = 1.$$

注 本例题的(1)(2)均使用了两种方法(洛必达法则与泰勒公式)求极限,可以发现洛必达法则往往需要反复求导,当导数计算复杂时,使用泰勒公式更为简便.

使用泰勒公式求极限时需注意以下几点:

(a)若分式中的分母或分子为 x^k,则只需展开到 k 阶,出现 $o(x^k)$ 即可;

(b)当极限过程为 $x \to x_0$ 或 $x \to \infty$ 时,可引入新变量 $t = x - x_0$ 或 $t = \dfrac{1}{x}$;

(c)求复合函数的泰勒公式时,先展开外层函数,然后代入内层函数.

例 4.15 确定常数 A, B, C 的值,使得 $e^x(1 + Bx + Cx^2) = 1 + Ax + o(x^3)$.

解 由于 $e^x = 1 + x + \dfrac{x^2}{2!} + \dfrac{x^3}{3!} + o(x^3)$,则

$$e^x(1 + Bx + Cx^2) = \left(1 + x + \frac{x^2}{2!} + \frac{x^3}{3!} + o(x^3)\right) \cdot (1 + Bx + Cx^2)$$

$$= 1 + (B + 1)x + \left(B + C + \frac{1}{2}\right)x^2 + \left(\frac{B}{2} + C + \frac{1}{6}\right)x^3 + o(x^3).$$

故 $B + 1 = A, B + C + \dfrac{1}{2} = 0, \dfrac{B}{2} + C + \dfrac{1}{6} = 0$,解之可得 $A = \dfrac{1}{3}$, $B = -\dfrac{2}{3}, C = \dfrac{1}{6}$.

例 4.16 设函数 $f(x) = \arctan x - \dfrac{x}{1 + ax^2}$,且 $f'''(0) = 1$,求常数 a 的值.

解 方法一:直接计算.

$$f'(x) = \frac{1}{1 + x^2} - \frac{1 - ax^2}{(1 + ax^2)^2}, \quad f''(x) = \frac{-2x}{(1 + x^2)^2} - \frac{2ax(ax^2 - 3)}{(1 + ax^2)^3},$$

$$f'''(x) = \frac{-2(1 - 3x^2)}{(1 + x^2)^3} - \frac{6a(ax^2 - 1)}{(1 + ax^2)^3} + \frac{12a^2x^2(ax^2 - 3)}{(1 + ax^2)^4}.$$

可得 $f'''(0) = -2 + 6a$,由已知 $f'''(0) = 1$,可得 $a = \dfrac{1}{2}$.

方法二:使用泰勒公式.

$$\arctan x = x - \frac{1}{3}x^3 + o(x^3), \quad \frac{x}{1 + ax^2} = x(1 + ax^2)^{-1} = x(1 - ax^2 + o(x^2)) = x - ax^3 + o(x^3).$$

因此 $f(x) = \arctan x - \dfrac{x}{1 + ax^2} = \left(a - \dfrac{1}{3}\right)x^3 + o(x^3)$,故 $f'''(0) =$

$3!\left(a-\dfrac{1}{3}\right)=1$，则 $a=\dfrac{1}{2}$.

注　计算函数的高阶导数时，直接计算复杂的函数可以考虑其泰勒公式.

皮亚诺余项泰勒公式是关于函数在一点附近的局部近似，适合于函数值的估算、求极限等；下面的拉格朗日型余项泰勒公式则给出了函数在整个区间的近似表示，它是拉格朗日中值定理的推广，经常应用于涉及高阶导数的等式、不等式证明问题.

定理 4.9（拉格朗日余项泰勒公式）　若函数 $f(x)$ 在区间 I 上 $n+1$ 阶可导，$x,x_0 \in I$，则在 x,x_0 之间至少存在一点 ξ，使得

$$f(x) = \sum_{k=0}^{n} \frac{f^{(k)}(x_0)}{k!}(x-x_0)^k + \frac{f^{(n+1)}(\xi)}{(n+1)!}(x-x_0)^{n+1}.$$

证　记 $R_n(x) = f(x) - \sum_{k=0}^{n} \dfrac{f^{(k)}(x_0)}{k!}(x-x_0)^k$，只需证 $\dfrac{R_n(x)}{(x-x_0)^{n+1}} = \dfrac{f^{(n+1)}(\xi)}{(n+1)!}$（$\xi$ 介于 x,x_0 之间）.

令 $g(x) = (x-x_0)^{n+1}$，则 $g(x_0) = g'(x_0) = \cdots = g^{(n)}(x_0) = 0$，$g^{(n+1)}(x) = (n+1)!$，由 $R_n(x)$ 的表达式可得 $R_n(x_0) = R_n'(x_0) = \cdots = R_n^{(n)}(x_0) = 0$，$R_n^{(n+1)}(x) = f^{(n+1)}(x)$.

在以 x,x_0 为端点的区间上，对 $R_n(x)$ 和 $g(x)$ 使用柯西中值定理得

$$\frac{R_n(x)}{g(x)} = \frac{R_n(x) - R_n(x_0)}{g(x) - g(x_0)} = \frac{R_n'(\xi_1)}{g'(\xi_1)} \quad (\xi_1 介于 x,x_0 之间).$$

在以 ξ_1,x_0 为端点的区间上，对 $R_n'(x)$ 和 $g'(x)$ 使用柯西中值定理得

$$\frac{R_n(x)}{g(x)} = \frac{R_n'(\xi_1)}{g'(\xi_1)} = \frac{R_n'(\xi_1) - R_n'(x_0)}{g'(\xi_1) - g'(x_0)} = \frac{R_n''(\xi_2)}{g''(\xi_2)} \quad (\xi_2 介于 \xi_1,x_0 之间).$$

依次下去，连续使用 n 次柯西中值定理可得

$$\frac{R_n(x)}{g(x)} = \frac{R_n'(\xi_1)}{g'(\xi_1)} = \frac{R_n''(\xi_2)}{g''(\xi_2)} = \cdots = \frac{R_n^{(n)}(\xi_n)}{g^{(n)}(\xi_n)} \quad (\xi_n 介于 \xi_{n-1},x_0 之间).$$

最后，在以 ξ_n,x_0 为端点的区间上，对 $R_n^{(n)}(x)$ 和 $g^{(n)}(x)$ 使用柯西中值定理得

$$\frac{R_n(x)}{g(x)} = \frac{R_n^{(n)}(\xi_n)}{g^{(n)}(\xi_n)} = \frac{R_n^{(n)}(\xi_n) - R_n^{(n)}(x_0)}{g^{(n)}(\xi_n) - g^{(n)}(x_0)} = \frac{R_n^{(n+1)}(\xi)}{g^{(n+1)}(\xi)} = \frac{f^{(n+1)}(\xi)}{(n+1)!}.$$

其中 ξ 介于 ξ_n,x_0 之间，因此 ξ 也介于 x,x_0 之间，得证.

注 1　定理 4.9 要求 $f(x)$ 在整个区间 I 上 $n+1$ 阶可导，条件强于定理 4.8，其结论也是在整个区间 I 上成立，可以看作 $f(x)$ 在区间 I 上的整体近似.

如果 $f(x)$ 在区间 I 上任意阶可导，下述幂级数称为 $f(x)$ 的**泰勒级数**：

$$\sum_{n=0}^{\infty} \frac{f^{(n)}(x_0)}{n!}(x-x_0)^n = f(x_0) + f'(x_0)(x-x_0) + \frac{f''(x_0)}{2}(x-x_0)^2 + \cdots + \frac{f^{(n)}(x_0)}{n!}(x-x_0)^n + \cdots.$$

由定理 4.9,如果 $\forall x \in I$,都有 $\lim\limits_{n \to \infty} R_n(x) = \lim\limits_{n \to \infty} \frac{f^{(n+1)}(\xi)}{(n+1)!}(x-x_0)^{n+1} = 0$,那就意味着上述幂级数在区间 I 上收敛于函数 $f(x)$,即 $f(x) = \sum_{n=0}^{\infty} \frac{f^{(n)}(x_0)}{n!}(x-x_0)^n$,此时称 $f(x)$ 在 I 上展开为**泰勒级数**. 关于泰勒级数的内容我们会在下一节详细介绍.

注 2 当 $x_0 = 0$ 时,泰勒公式称为**麦克劳林公式**:

$$f(x) = \sum_{k=0}^{n} \frac{f^{(k)}(0)}{k!}x^k + \frac{f^{(n+1)}(\theta x)}{(n+1)!}x^{n+1} \quad (\theta \in (0,1), \theta x \text{ 介于 } x, 0 \text{ 之间}).$$

下面给出一些常用的拉格朗日余项麦克劳林公式(其中 $\theta \in (0,1)$):

$(1)\ e^x = 1 + x + \dfrac{x^2}{2!} + \dfrac{x^3}{3!} + \cdots + \dfrac{x^n}{n!} + \dfrac{x^{n+1}}{(n+1)!}e^{\theta x};$

$(2)\ \sin x = x - \dfrac{x^3}{3!} + \dfrac{x^5}{5!} + \cdots + \dfrac{(-1)^n}{(2n+1)!}x^{2n+1} + \dfrac{(-1)^{n+1}cos\theta x}{(2n+3)!}x^{2n+3};$

$(3)\ \cos x = 1 - \dfrac{x^2}{2!} + \dfrac{x^4}{4!} + \cdots + \dfrac{(-1)^n}{(2n)!}x^{2n} + \dfrac{(-1)^{n+1}cos\theta x}{(2n+2)!}x^{2n+2};$

$(4)\ \ln(1+x) = x - \dfrac{x^2}{2} + \dfrac{x^3}{3} + \cdots + \dfrac{(-1)^{n-1}}{n}x^n + \dfrac{(-1)^n}{(n+1)(1+\theta x)^{n+1}}x^{n+1};$

$(5)\ (1+x)^a = 1 + ax + \dfrac{a(a-1)}{2}x^2 + \cdots + \dfrac{a(a-1)\cdots(a-n+1)}{n!}x^n + \dfrac{a(a-1)\cdots(a-n)}{(n+1)!(1+\theta x)^{n+1-a}}x^{n+1}.$

请读者自行验证.

注 3 作为整体近似,拉格朗日余项泰勒公式经常用于涉及高阶导数的等式或不等式的证明问题,主要方法就是将函数在特定点展开到合适阶,构建不同阶导数之间的关系式.

例 4.17 设函数 $f(x)$ 在区间 $[a,b]$ 上二次可导,$f'\left(\dfrac{a+b}{2}\right) = 0$,证明:存在 $\xi \in [a,b]$ 使得:

$$|f''(\xi)| \geqslant \frac{4}{(b-a)^2}|f(b) - f(a)|.$$

证 利用条件 $f'\left(\dfrac{a+b}{2}\right) = 0$,将 $f(x)$ 在点 $\dfrac{a+b}{2}$ 处展开,存在 ξ 介于 $x, \dfrac{a+b}{2}$ 之间使得:

$$f(x) = f\left(\frac{a+b}{2}\right) + \frac{1}{2}f''(\xi) \cdot \left(x - \frac{a+b}{2}\right)^2.$$

分别代入 $x = a$ 和 $x = b$，存在 $\xi_1 \in \left(a, \dfrac{a+b}{2}\right)$，$\xi_2 \in \left(\dfrac{a+b}{2}, b\right)$ 使得

$$f(a) = f\left(\frac{a+b}{2}\right) + \frac{1}{2} f''(\xi_1) \cdot \left(\frac{b-a}{2}\right)^2,$$

$$f(b) = f\left(\frac{a+b}{2}\right) + \frac{1}{2} f''(\xi_2) \cdot \left(\frac{b-a}{2}\right)^2.$$

于是

$$|f(b) - f(a)| = \frac{(b-a)^2}{8} |f''(\xi_2) - f''(\xi_1)| \leqslant \frac{(b-a)^2}{4} \frac{|f''(\xi_1)| + |f''(\xi_2)|}{2}.$$

令 $|f''(\xi)| = \max\{|f''(\xi_1)|, |f''(\xi_2)|\}$，可得 $|f(b) - f(a)| \leqslant$
$\dfrac{(b-a)^2}{4} |f''(\xi)|$，

即 $|f''(\xi)| \geqslant \dfrac{4}{(b-a)^2} |f(b) - f(a)|$.

例 4.18　设函数 $f(x)$ 在区间 $[0,2]$ 上二次可导，$|f(x)| \leqslant 1$，
$|f''(x)| \leqslant 1$，证明：对任意 $x \in [0,2]$ 有：

$$|f'(x)| \leqslant 2.$$

证　分别将 $f(0)$ 和 $f(2)$ 在点 x 处展开可得（其中 $\xi_1 \in (0, x)$，
$\xi_2 \in (x, 2)$）：

$$f(0) = f(x) + f'(x) \cdot (0 - x) + \frac{1}{2} f''(\xi_1) \cdot (0 - x)^2,$$

$$f(2) = f(x) + f'(x) \cdot (2 - x) + \frac{1}{2} f''(\xi_2) \cdot (2 - x)^2.$$

两式相减可得：

$$f(2) - f(0) = 2f'(x) + \frac{1}{2} f''(\xi_2) \cdot (2 - x)^2 - \frac{1}{2} f''(\xi_1) \cdot x^2.$$

解出 $f'(x)$，并利用 $|f(0)| \leqslant 1$，$|f(2)| \leqslant 1$ 以及 $|f''(\xi_1)| \leqslant 1$，
$|f''(\xi_2)| \leqslant 1$，有

$$|f'(x)| \leqslant \frac{1}{2}(|f(0)| + |f(2)|) + \frac{1}{4} |f''(\xi_2)| \cdot (2 - x)^2 + \frac{1}{4} |f''(\xi_1)| \cdot x^2$$

$$\leqslant \frac{1}{2}(1 + 1) + \frac{1}{4}[(2 - x)^2 + x^2].$$

由于 $(2 - x)^2 + x^2 \leqslant (2 - x + x)^2 = 4$，故 $|f'(x)| \leqslant \dfrac{1}{2}(1 + 1) + \dfrac{1}{4} \cdot 4 = 2$.

本节最后，利用拉格朗日余项泰勒公式证明数 e 为无理数.

事实上，若 e 为有理数，则存在 N，当 $n \geqslant N$ 时 $n \cdot e$ 都是整数，
由于

$$e = 1 + 1 + \frac{1}{2} + \frac{1}{3!} + \cdots + \frac{1}{n!} + \frac{e^\theta}{(n+1)!} \quad (\theta \in (0,1)),$$

两边同时乘 $n!$ 可得

$$n! \cdot e = n! \cdot \left(1 + 1 + \frac{1}{2} + \frac{1}{3!} + \cdots + \frac{1}{n!}\right) + \frac{e^\theta}{n+1}.$$

当 $n \geqslant N$ 时，$n! \cdot \mathrm{e}$ 和 $n! \cdot \left(1 + 1 + \dfrac{1}{2} + \dfrac{1}{3!} + \cdots + \dfrac{1}{n!}\right)$ 都是整数，因此

$\dfrac{\mathrm{e}^{\theta}}{n+1}$ 也是整数。注意到 $\theta \in (0,1)$，可知 $1 \leqslant \mathrm{e}^{\theta} \leqslant 3$，当 $n \geqslant 3$ 时 $0 <$

$\dfrac{\mathrm{e}^{\theta}}{n+1} < 1$，这与 $\dfrac{\mathrm{e}^{\theta}}{n+1}$ 是整数矛盾，故 e 为无理数。

4.2.2　泰勒级数

在上节定理 4.9 的注 1 中，给出了泰勒级数的定义，即如果 $f(x)$ 在区间 I 上任意阶可导，并且 $\forall x \in I$，都有 $\lim\limits_{n \to \infty} R_n(x) = \lim\limits_{n \to \infty} \dfrac{f^{(n+1)}(\xi)}{(n+1)!}(x - x_0)^{n+1} = 0$，就可以将函数 $f(x)$ 在区间 I 上表示为幂级数：$f(x) = \sum\limits_{n=0}^{\infty} \dfrac{f^{(n)}(x_0)}{n!}(x - x_0)^n$，称 $f(x)$ 在区间 I 上展开为**泰勒级数**，当 $x_0 = 0$ 时，泰勒级数也称为**麦克劳林级数**。不特殊说明时，泰勒级数一般指麦克劳林级数。

显然，对于任意阶可导函数 $f(x)$，余项 $R_n(x)$ 当 $n \to \infty$ 时是否趋于零（$\forall x \in I$），是 $f(x)$ 在区间 I 上能否展开为泰勒级数的充分必要条件！

从皮亚诺余项泰勒公式，到拉格朗日余项泰勒公式，再到泰勒级数，对函数的描述，是从局部近似，到整体近似，再到整体精确的过程。

泰勒公式——

皮亚诺余项　　$f(x) = \sum\limits_{k=0}^{n} \dfrac{f^{(k)}(x_0)}{k!}(x - x_0)^k + o(x - x_0)^n$：$x_0$ 附近的局部近似；

拉格朗日余项　　$f(x) = \sum\limits_{k=0}^{n} \dfrac{f^{(k)}(x_0)}{k!}(x - x_0)^k + \dfrac{f^{(n+1)}(\xi)}{(n+1)!}(x - x_0)^{n+1}$：区间 I 的整体近似；

泰勒级数——　　$f(x) = \sum\limits_{k=0}^{n} \dfrac{f^{(n)}(x_0)}{k!}(x - x_0)^n$：区间 I 的整体精确表示。

确定使得 $\lim\limits_{n \to \infty} R_n(x) = 0$ 的区间 I 是函数展开为泰勒级数的关键，下面利用拉格朗日余项分析 e^x 和 $\sin x$，$\cos x$ 展开为麦克劳林级数的区间，同时列出 $\ln(1 + x)$ 和 $(1 + x)^a$ 展开为麦克劳林级数的区间（因二者涉及其他类型的余项，详细过程本书从略）

（1）e^x。

由于 $\forall x \in \mathbb{R}$，其泰勒公式的拉格朗日余项满足

$$\left| \dfrac{x^{n+1}}{(n+1)!} \mathrm{e}^{\theta x} \right| \leqslant \dfrac{|x|^{n+1}}{(n+1)!} \mathrm{e}^x \to 0 \quad (n \to \infty),$$

故当 $x \in (-\infty, +\infty)$ 时，e^x 可以展开为麦克劳林级数，即

$$\mathrm{e}^x = 1 + x + \dfrac{x^2}{2!} + \dfrac{x^3}{3!} + \cdots + \dfrac{x^n}{n!} + \cdots = \sum_{n=0}^{\infty} \dfrac{x^n}{n!}. \quad (x \in (-\infty, +\infty))$$

（2）$\sin x$，$\cos x$.

由于 $\forall x \in \mathbb{R}$，二者泰勒公式的拉格朗日余项分别满足

$$\left| \frac{(-1)^{n+1}\cos \theta x}{(2n+3)!}x^{2n+3} \right| \leqslant \frac{|x|^{2n+3}}{(2n+3)!} \to 0, \quad \left| \frac{(-1)^{n+1}\cos \theta x}{(2n+2)!}x^{2n+2} \right| \leqslant \frac{|x|^{2n+2}}{(2n+2)!} \to 0 \quad (n \to \infty)$$

故当 $x \in (-\infty, +\infty)$ 时，它们都可以展开为麦克劳林级数，即

$$\sin x = x - \frac{x^3}{3!} + \frac{x^5}{5!} + \cdots + \frac{(-1)^n}{(2n+1)!}x^{2n+1} + \cdots = \sum_{n=0}^{\infty} \frac{(-1)^n}{(2n+1)!}x^{2n+1}. \quad (x \in (-\infty, +\infty))$$

$$\cos x = 1 - \frac{x^2}{2!} + \frac{x^4}{4!} + \cdots + \frac{(-1)^n}{(2n)!}x^{2n} + \cdots = \sum_{n=0}^{\infty} \frac{(-1)^n}{(2n)!}x^{2n}. \quad (x \in (-\infty, +\infty))$$

（3）$\ln(1+x)$.

$$\ln(1+x) = x - \frac{x^2}{2} + \frac{x^3}{3} + \cdots + \frac{(-1)^{n-1}}{n}x^n + \cdots = \sum_{n=1}^{\infty} \frac{(-1)^{n-1}}{n}x^n. \quad (x \in (-1,1])$$

（4）$(1+x)^a$.

$$(1+x)^a = 1 + ax + \frac{a(a-1)}{2}x^2 + \cdots + \frac{a(a-1)\cdots(a-n+1)}{n!}x^n + \cdots = 1 + \sum_{n=1}^{\infty} \frac{a(a-1)\cdots(a-n+1)}{n!}x^n.$$

当 $a \leqslant -1, x \in (-1,1)$；　当 $-1 < a < 0, x \in (-1,1]$；　当 $a > 0, x \in [-1,1]$.

例如，$a = -1$ 时，

$$\frac{1}{1+x} = 1 - x + x^2 + \cdots + (-1)^n x^n + \cdots = \sum_{n=0}^{\infty} (-1)^n x^n, \quad x \in (-1,1).$$

$a = -\dfrac{1}{2}$ 时，

$$\frac{1}{\sqrt{1+x}} = 1 - \frac{1}{2}x + \frac{1 \cdot 3}{2 \cdot 4}x^2 + \cdots + (-1)^n \frac{(2n-1)!!}{(2n)!!}x^n + \cdots = \sum_{n=0}^{\infty} (-1)^n \frac{(2n-1)!!}{(2n)!!}x^n, \quad x \in (-1,1].$$

值得注意的是，并不是每一个无穷可导函数都可以在某个区间展开为泰勒级数.

例如 $f(x) = \begin{cases} \mathrm{e}^{-\frac{1}{x^2}}, & x \neq 0, \\ 0, & x = 0. \end{cases}$ 注意到对任意的正整数 m，

$$\lim_{x \to 0} \frac{1}{x^m}\mathrm{e}^{-\frac{1}{x^2}} \left(t = \frac{1}{x} \right) = \lim_{t \to \infty} \frac{t^m}{\mathrm{e}^{t^2}} = 0.$$

下面用数学归纳法证明 $f^{(n)}(0) = 0 (\forall n)$. 首先 $f'(0) = \lim\limits_{x \to 0} \frac{1}{x}\mathrm{e}^{-\frac{1}{x^2}} = 0.$ 当 $x \neq 0$ 时，计算其各阶导数分别为

$$f'(x) = \frac{2}{x^3}\mathrm{e}^{-\frac{1}{x^2}}, f''(x) = \frac{4-6x^2}{x^6}\mathrm{e}^{-\frac{1}{x^2}}, \cdots, f^{(k)}(x) = \frac{P(x)}{x^{3k}}\mathrm{e}^{-\frac{1}{x^2}}. \ (P(x) \text{为多项式})$$

对 $\forall k \geqslant 1$，设 $f^{(k)}(0) = 0$，则 $f^{(k+1)}(0) = \lim\limits_{x \to 0} \frac{f^{(k)}(x) - f^{(k)}(0)}{x}$

$$= \frac{P(x)}{x^{3k+1}}\mathrm{e}^{-\frac{1}{x^2}} = 0.$$

这样，$f(x)$ 的麦克劳林级数为 $0 + 0 \cdot x + 0 \cdot \dfrac{x^2}{2} + \cdots + 0 \cdot \dfrac{x^n}{n!} + \cdots$，显然恒收敛于 0，只要 $x \neq 0$ 都不收敛于 $f(x)$．因此函数 $f(x)$ 虽然任意阶可导，但却不可以展开为泰勒级数．

将一个函数展开为幂级数（泰勒级数），意味着该函数为此幂级数的和函数．由定理 4.9，函数展开为泰勒级数的展开式一定是唯一的．因此将一个函数展开为幂级数的过程，与计算幂级数和函数的过程是互为可逆的．

如何借助已知基本函数的展开式得到其他函数的展开式，进而去计算某些幂函数的和函数呢？一个方法是利用幂级数的四则运算（定理 2.11 注 2），还可以利用下述定理所描述的导函数与原函数幂级数展开的关系．

定理 4.10（导函数与原函数幂级数展开的关系）

（1）如果函数 $f(x)$ 在区间 $(-R,R)$ 内可以展开为幂级数 $\displaystyle\sum_{n=0}^{\infty} a_n x^n$，则 $f'(x)$ 在区间 $(-R,R)$ 内可以展开为幂级数 $\displaystyle\sum_{n=1}^{\infty} n a_n x^{n-1}$；

（2）如果幂级数 $\displaystyle\sum_{n=0}^{\infty} a_n x^n$ 在区间 $(-R,R)$ 内收敛于和函数为 $f(x)$，则幂级数 $\displaystyle\sum_{n=0}^{\infty} \dfrac{a_n}{n+1} x^{n+1}$ 在区间 $(-R,R)$ 内收敛于和函数为 $g(x)$，满足 $g'(x) = f(x)$ 且 $g(0) = 0$．

证 （1）由已知 $f(x) = \displaystyle\sum_{n=0}^{\infty} a_n x^n, x \in (-R,R)$，即幂级数 $\displaystyle\sum_{n=0}^{\infty} a_n x^n$ 在区间 $(-R,R)$ 内收敛于 $f(x)$．由阿贝尔第二定理（定理 2.12），$\forall [a,b] \subset (-R,R)$，$\displaystyle\sum_{n=0}^{\infty} a_n x^n$ 在 $[a,b]$ 上一致收敛，根据逐项求导公式，

$$f'(x) = \left(\sum_{n=0}^{\infty} a_n x^n\right)' = \sum_{n=0}^{\infty} (a_n x^n)' = \sum_{n=1}^{\infty} n a_n x^{n-1} \quad (\forall x \in [a,b]).$$

由 $[a,b]$ 的任意性，上式对 $\forall x \in (-R,R)$ 也成立．

（2）若幂级数 $\displaystyle\sum_{n=0}^{\infty} a_n x^n$ 在区间 $(-R,R)$ 内收敛，则必为绝对收敛，由于 $\left| \dfrac{a_n}{n+1} x^{n+1} \right| \leq |x| \cdot |a_n x^n|$，知 $\displaystyle\sum_{n=0}^{\infty} \dfrac{a_n}{n+1} x^{n+1}$ 在区间 $(-R,R)$ 内也绝对收敛，设其和函数为 $g(x)$，则 $g(0) = \displaystyle\sum_{n=0}^{\infty} \dfrac{a_n}{n+1} x^{n+1} \Big|_{x=0} = 0$，同上，根据逐项求导公式，

$$g'(x) = \left(\sum_{n=0}^{\infty} \frac{a_n}{n+1} x^{n+1} \right)' = \sum_{n=0}^{\infty} \left(\frac{a_n}{n+1} x^{n+1} \right)' = \sum_{n=0}^{\infty} a_n x^n = f(x) \quad (\forall x \in (-R, R)).$$

例 4.19　将下述函数在 $x = 0$ 处展开为幂级数：

（1）$f(x) = x e^{-x^2}$;　　　　　　（2）$f(x) = \dfrac{1}{3 + 5x - 2x^2}$.

解　（1）由于 $\forall x \in (-\infty, +\infty)$，有 $e^x = \sum\limits_{n=0}^{\infty} \dfrac{x^n}{n!}$，则 $\forall x \in$

$(-\infty, +\infty)$ 都有 $e^{-x^2} = \sum\limits_{n=0}^{\infty} \dfrac{(-x^2)^n}{n!} = \sum\limits_{n=0}^{\infty} \dfrac{(-1)^n}{n!} x^{2n}$，故 $f(x) =$

$x e^{-x^2} = \sum\limits_{n=0}^{\infty} \dfrac{(-1)^n}{n!} x^{2n+1}\ (x \in (-\infty, +\infty))$.

（2）由于 $f(x) = \dfrac{1}{3 + 5x - 2x^2} = \dfrac{1}{(3 - x)(1 + 2x)} =$

$\dfrac{1}{7} \left(\dfrac{1}{3 - x} + \dfrac{2}{1 + 2x} \right)$，利用展开式 $\dfrac{1}{1 + x} = \sum\limits_{n=0}^{\infty} (-1)^n x^n$，其中 $x \in (-1, 1)$，

可得

$$\frac{1}{3 - x} = \frac{1}{3} \cdot \frac{1}{1 + \left(-\dfrac{x}{3} \right)} = \frac{1}{3} \cdot \sum_{n=0}^{\infty} (-1)^n \left(-\frac{x}{3} \right)^n = \sum_{n=0}^{\infty} \frac{x^n}{3^{n+1}}, \quad x \in (-3, 3),$$

$$\frac{2}{1 + 2x} = 2 \cdot \sum_{n=0}^{\infty} (-1)^n (2x)^n = -\sum_{n=0}^{\infty} (-2)^{n+1} x^n, \quad x \in \left(-\frac{1}{2}, \frac{1}{2} \right).$$

于是有 $f(x) = \dfrac{1}{7} \left(\dfrac{1}{3 - x} + \dfrac{2}{1 + 2x} \right) = \dfrac{1}{7} \sum\limits_{n=0}^{\infty} \left(\dfrac{1}{3^{n+1}} - (-2)^{n+1} \right) x^n$，其

中 $x \in \left(-\dfrac{1}{2}, \dfrac{1}{2} \right)$.

例 4.20　将下述函数在 $x = 0$ 处展开为幂级数：

（1）$f(x) = \dfrac{e^x}{1 - x}$;　　　　　　（2）$f(x) = \dfrac{1}{1 - x} \ln \dfrac{1}{1 - x}$.

解　（1）由于 $e^x = \sum\limits_{n=0}^{\infty} \dfrac{x^n}{n!} (x \in (-\infty, +\infty))$，$\dfrac{1}{1 - x} =$

$\sum\limits_{n=0}^{\infty} x^n (x \in (-1, 1))$，则当 $x \in (-1, 1)$ 时，

$$f(x) = \frac{e^x}{1 - x} = \left(\sum_{n=0}^{\infty} \frac{x^n}{n!} \right) \cdot \left(\sum_{n=0}^{\infty} x^n \right) = \sum_{n=0}^{\infty} \left(\sum_{k=0}^{n} \frac{1}{k!} \cdot 1 \right) x^n = \sum_{n=0}^{\infty} \left(1 + \frac{1}{1!} + \frac{1}{2!} + \cdots + \frac{1}{n!} \right) x^n.$$

（2）由于 $\ln(1 + x) = \sum\limits_{n=1}^{\infty} \dfrac{(-1)^{n-1}}{n} x^n (x \in (-1, 1])$，则

$$\ln \frac{1}{1 - x} = -\ln(1 - x) = -\sum_{n=1}^{\infty} \frac{(-1)^{n-1}}{n} (-x)^n$$

$$= \sum_{n=1}^{\infty} \frac{x^n}{n} \quad (x \in [-1, 1)),$$

又 $\dfrac{1}{1 - x} = \sum\limits_{n=0}^{\infty} x^n (x \in (-1, 1))$，则当 $x \in (-1, 1)$ 时，

$$f(x) = \frac{1}{1-x}\ln\frac{1}{1-x} = \left(\sum_{n=0}^{\infty} x^n\right) \cdot \left(\sum_{n=1}^{\infty} \frac{x^n}{n}\right)$$

$$= \sum_{n=1}^{\infty}\left(\sum_{k=1}^{n} 1 \cdot \frac{1}{k}\right)x^n = \sum_{n=0}^{\infty}\left(1 + \frac{1}{2} + \cdots + \frac{1}{n}\right)x^n.$$

例 4.21　将下述函数在 $x=0$ 处展开为幂级数：

(1) $f(x) = \dfrac{1}{(1-x)^3}$;　　　　　(2) $f(x) = \arctan x$.

解　(1) 由于 $\dfrac{1}{1-x} = \displaystyle\sum_{n=0}^{\infty} x^n (x \in (-1,1))$，根据定理 4.10(1)，可知

$$\left(\frac{1}{1-x}\right)' = \frac{1}{(1-x)^2} = \sum_{n=1}^{\infty} nx^{n-1} = \sum_{n=0}^{\infty}(n+1)x^n (x \in (-1,1)).$$

继续利用定理 4.10(1)，可知 $\left(\dfrac{1}{(1-x)^2}\right)' = \dfrac{2}{(1-x)^3} = \displaystyle\sum_{n=1}^{\infty} n(n+$

$1)x^{n-1} = \displaystyle\sum_{n=0}^{\infty}(n+1)(n+2)x^n (x \in (-1,1))$. 故当 $x \in (-1,1)$

时，$\dfrac{1}{(1-x)^3} = \displaystyle\sum_{n=0}^{\infty} \dfrac{(n+1)(n+2)}{2}x^n$.

(2) 由 $\dfrac{1}{1+x} = \displaystyle\sum_{n=0}^{\infty}(-1)^n x^n (x \in (-1,1))$，可得 $\dfrac{1}{1+x^2} =$

$\displaystyle\sum_{n=0}^{\infty}(-1)^n x^{2n} (x \in (-1,1))$.

根据定理 4.10(2)，幂级数 $\displaystyle\sum_{n=0}^{\infty}\dfrac{(-1)^n}{2n+1}x^{2n+1}$ 在 $(-1,1)$ 上收敛于

函数 $g(x)$，满足 $g'(x) = \dfrac{1}{1+x^2}$ 且 $g(0) = 0$. 由于 $(\arctan x)' = \dfrac{1}{1+x^2}$

且 $\arctan 0 = 0$，可知 $g(x) = \arctan x$，故

$$f(x) = \arctan x = \sum_{n=0}^{\infty}\frac{(-1)^n}{2n+1}x^{2n+1} = x - \frac{x^3}{3} + \frac{x^5}{5} - \frac{x^7}{7} + \cdots, x \in (-1,1).$$

由于 $x = \pm 1$ 时，级数 $\displaystyle\sum_{n=0}^{\infty}\dfrac{(-1)^n}{2n+1}x^{2n+1}$ 收敛，故其和函数在 $x = \pm 1$ 处

分别左、右连续，因此上述展开式在 $[-1,1]$ 上成立.

例 4.22　将函数 $f(x) = \dfrac{x}{x^2-5x+6}$ 展开为 $x-5$ 的幂级数.

解　令 $x-5 = t$，则 $x = t+5$，$\dfrac{x}{x^2-5x+6} = \dfrac{x}{(x-3)(x-2)} =$

$\dfrac{t+5}{(t+2)(t+3)} = \dfrac{3}{t+2} - \dfrac{2}{t+3}$，由于 $\dfrac{3}{t+2} = \dfrac{3}{2} \cdot \dfrac{1}{1+\dfrac{t}{2}} =$

$$\frac{3}{2} \cdot \sum_{n=0}^{\infty}(-1)^n\left(\frac{t}{2}\right)^n = \sum_{n=0}^{\infty}(-1)^n\frac{3}{2^{n+1}}t^n, \quad t \in (-2,2),$$

$$\frac{2}{t+3} = \frac{2}{3} \cdot \frac{1}{1+\dfrac{t}{3}} = \sum_{n=0}^{\infty}(-1)^n\frac{2}{3^{n+1}}t^n, \quad t \in (-3,3),$$

于是当 $t \in (-2,2)$，即 $x \in (3,7)$ 时，$f(x) = \dfrac{x}{x^2 - 5x + 6} =$

$\displaystyle\sum_{n=0}^{\infty} (-1)^n \left(\dfrac{3}{2^{n+1}} - \dfrac{2}{3^{n+1}} \right)(x-5)^n.$

例 4.23　将下述函数在 $x = 0$ 处展开为幂级数（到指定阶数）：

（1）$f(x) = \tan x$（到 x^7）；　　　　　（2）$f(x) = e^{\sin x}$（到 x^5）.

解　（1）由于 $f(x) = \tan x$ 为奇函数，令 $\tan x = \dfrac{\sin x}{\cos x} = a_1 x + a_3$

$x^3 + a_5 x^5 + a_7 x^7 + \cdots$，于是有

$(a_1 x + a_3 x^3 + a_5 x^5 + a_7 x^7 + \cdots) \cdot \left(1 - \dfrac{x^2}{2} + \dfrac{x^4}{4!} - \dfrac{x^6}{6!} + \cdots \right) = x - \dfrac{x^3}{3!} + \dfrac{x^5}{5!} - \dfrac{x^7}{7!} + \cdots.$

左边展开可得

$a_1 x + \left(a_3 - \dfrac{a_1}{2} \right) x^3 + \left(a_5 - \dfrac{a_3}{2} + \dfrac{a_1}{24} \right) x^5 + \left(a_7 - \dfrac{a_5}{2} + \dfrac{a_3}{24} - \dfrac{a_1}{720} \right) x^7 + \cdots = x - \dfrac{x^3}{6} + \dfrac{x^5}{120} - \dfrac{x^7}{5040} + \cdots.$

比较两边的系数，有

$a_1 = 1, \ a_3 - \dfrac{a_1}{2} = -\dfrac{1}{6}, \ a_5 - \dfrac{a_3}{2} + \dfrac{a_1}{24} = \dfrac{1}{120}, \ a_7 - \dfrac{a_5}{2} + \dfrac{a_3}{24} - \dfrac{a_1}{720} = -\dfrac{1}{5040}.$

解之可得 $a_1 = 1, \ a_3 = \dfrac{1}{3}, \ a_5 = \dfrac{2}{15}, \ a_7 = \dfrac{17}{315}$，故 $\tan x = x + \dfrac{1}{3} x^3 +$

$\dfrac{2}{15} x^5 + \dfrac{17}{315} x^7 + \cdots.$

（2）由于 $\sin x = x - \dfrac{x^3}{3!} + \dfrac{x^5}{5!} - \cdots$，$e^x = 1 + x + \dfrac{x^2}{2} + \dfrac{x^3}{6} + \dfrac{x^4}{24} +$

$\dfrac{x^5}{120} + \cdots$，则

$e^{\sin x} = 1 + \left(x - \dfrac{x^3}{3!} + \dfrac{x^5}{5!} - \cdots \right) + \dfrac{1}{2} \left(x - \dfrac{x^3}{3!} + \dfrac{x^5}{5!} - \cdots \right)^2 + \dfrac{1}{6} \left(x - \dfrac{x^3}{3!} + \dfrac{x^5}{5!} - \cdots \right)^3 +$

$\quad \dfrac{1}{24} \left(x - \dfrac{x^3}{3!} + \dfrac{x^5}{5!} - \cdots \right)^4 + \dfrac{1}{120} \left(x - \dfrac{x^3}{3!} + \dfrac{x^5}{5!} - \cdots \right)^5 + \cdots$

展开可得

$e^{\sin x} = 1 + x + \dfrac{1}{2} x^2 + \left(-\dfrac{1}{6} + \dfrac{1}{6} \right) x^3 + \left(-\dfrac{1}{6} + \dfrac{1}{24} \right) x^4 + \left(\dfrac{1}{120} - \dfrac{1}{12} + \dfrac{1}{120} \right) x^5 + \cdots$

$\quad = 1 + x + \dfrac{x^2}{2} - \dfrac{x^4}{8} - \dfrac{x^5}{15} + \cdots.$

通过例 4.19～例 4.23，可以发现将函数展开为幂级数，主要是借助基本函数的展开式，利用四则运算、复合运算、求导运算、变量代换等方法，得到较复杂函数的展开式.

与函数展开为幂级数互逆的问题，是求幂级数的和函数，其使用的方法与前面类似. 主要是使用和、差运算与求导运算，将较复杂的幂级数化为可以直接求和的幂级数形式.

由于在求出幂级数的和函数后，x 取收敛域内的任意值均可得到一个数项级数的和，这为计算数项级数的和提供了方法. 这种将

数项级数的求和问题转化为幂级数求和问题的方法,称为"阿贝尔法",在实际中应用颇多.

例 4.24　求下列幂级数的和函数:

(1) $\displaystyle\sum_{n=0}^{\infty} \frac{x^{2n+1}}{(2n+1)!}$;　(2) $\displaystyle\sum_{n=0}^{\infty}(2n+1)x^n$;　(3) $\displaystyle\sum_{n=1}^{\infty}\frac{x^{n-1}}{n2^n}$.

解　(1) 由于 $\mathrm{e}^x = \displaystyle\sum_{n=0}^{\infty}\frac{x^n}{n!}(x\in(-\infty,+\infty))$,则 $\mathrm{e}^{-x} = \displaystyle\sum_{n=0}^{\infty}\frac{(-1)^n x^n}{n!}(x\in(-\infty,+\infty))$,因此

$$\mathrm{e}^x - \mathrm{e}^{-x} = \sum_{n=0}^{\infty}\frac{1-(-1)^n}{n!}x^n = \sum_{n=0}^{\infty}\frac{2}{(2n+1)!}x^{2n+1}, x\in(-\infty,+\infty).$$

于是有 $\displaystyle\sum_{n=0}^{\infty}\frac{x^{2n+1}}{(2n+1)!} = \frac{\mathrm{e}^x-\mathrm{e}^{-x}}{2} = \sinh x, x\in(-\infty,+\infty)$.

(2) $\displaystyle\sum_{n=0}^{\infty}(2n+1)x^n$ 的收敛域为 $x\in(-1,1)$,当 $x\in(-1,1)$ 时,$\displaystyle\sum_{n=0}^{\infty}(2n+1)x^n = 2\sum_{n=1}^{\infty}nx^n + \sum_{n=0}^{\infty}x^n$.

当 $x\in(-1,1)$ 时,由逐项求导公式,

$$\sum_{n=1}^{\infty}nx^n = x\sum_{n=1}^{\infty}nx^{n-1} = x\sum_{n=1}^{\infty}(x^n)' = x\left(\sum_{n=1}^{\infty}x^n\right)'$$
$$= x\left(\frac{x}{1-x}\right)' = \frac{x}{(1-x)^2}.$$

又 $\displaystyle\sum_{n=0}^{\infty}x^n = \frac{1}{1-x}$,故 $\displaystyle\sum_{n=0}^{\infty}(2n+1)x^n = 2\frac{x}{(1-x)^2} + \frac{1}{1-x} = \frac{1+x}{(1-x)^2}, x\in(-1,1)$.

(3) 幂级数 $\displaystyle\sum_{n=1}^{\infty}\frac{x^{n-1}}{n2^n}$ 的收敛域为 $[-2,2)$. 设 $f(x) = \displaystyle\sum_{n=1}^{\infty}\frac{x^{n-1}}{n2^n}$,当 $x\in(-2,2)$ 时,由逐项求导公式,

$$(xf(x))' = \left(x\sum_{n=1}^{\infty}\frac{x^{n-1}}{n2^n}\right)' = \left(\sum_{n=1}^{\infty}\frac{x^n}{n2^n}\right)' = \sum_{n=1}^{\infty}\left(\frac{x^n}{n2^n}\right)'$$
$$= \sum_{n=1}^{\infty}\frac{x^{n-1}}{2^n} = \frac{1}{2}\sum_{n=1}^{\infty}\left(\frac{x}{2}\right)^{n-1} = \frac{1}{2-x}.$$

又由于 $(-\ln(2-x))' = \dfrac{1}{2-x}$,故 $xf(x) - \ln\dfrac{1}{2-x} \equiv C$. 当 $x=0$ 时,可得 $0 - \ln\dfrac{1}{2} = C$,故 $C = \ln 2$. 于是当 $x\in(-2,2)$ 且 $x\neq 0$ 时,

$$f(x) = \frac{1}{x}\ln\frac{2}{2-x}.$$

由于和函数在收敛域 $[-2,2)$ 上连续,故 $f(-2) = \displaystyle\lim_{x\to -2^+}\frac{1}{x}\ln\frac{2}{2-x} = \frac{\ln 2}{2}$,

$$f(0) = \lim_{x \to 0} \frac{1}{x} \ln \frac{2}{2-x} = \frac{1}{2}.$$ 于是和函数为:

$$\sum_{n=1}^{\infty} \frac{x^{n-1}}{n 2^n} = \begin{cases} \dfrac{1}{x} \ln \dfrac{2}{2-x}, & x \in [-2, 2), x \neq 0, \\ \dfrac{1}{2} & x = 0. \end{cases}$$

例 4.25 用阿贝尔法求下列数项级数的和:

(1) $\sum_{n=1}^{\infty} \dfrac{1}{n \cdot 2^n}$; (2) $\sum_{n=1}^{\infty} \dfrac{n(n+1)}{2^n}$; (3) $\sum_{n=1}^{\infty} \dfrac{n}{(n+1)!}$.

解 (1) 考虑幂级数 $\sum_{n=1}^{\infty} \dfrac{x^n}{n}$, 其收敛域为 $[-1, 1)$, 设和函数为 $f(x)$, 则 $\sum_{n=1}^{\infty} \dfrac{1}{n \cdot 2^n} = f\left(\dfrac{1}{2}\right)$. 根据逐项求导公式, 当 $x \in (-1, 1)$ 时可得

$$f'(x) = \left(\sum_{n=1}^{\infty} \frac{x^n}{n} \right)' = \sum_{n=1}^{\infty} \left(\frac{x^n}{n} \right)' = \sum_{n=1}^{\infty} x^{n-1} = \frac{1}{1-x}.$$

又 $(-\ln(1-x))' = \dfrac{1}{1-x}$, 故 $f(x) - \ln \dfrac{1}{1-x} \equiv C$. 当 $x = 0$ 时, $f(0) = 0$, 可得 $C = 0$.

于是当 $x \in (-1, 1)$ 时, $f(x) = \ln \dfrac{1}{1-x}$, 原级数的和为 $f\left(\dfrac{1}{2}\right) = \ln 2$.

(2) 考虑幂级数 $\sum_{n=1}^{\infty} n(n+1) x^{n-1}$, 其收敛域为 $(-1, 1)$, 设和函数为 $f(x)$, 则 $\sum_{n=1}^{\infty} \dfrac{n(n+1)}{2^n} = \dfrac{1}{2} f\left(\dfrac{1}{2}\right)$. 根据逐项求导公式, 当 $x \in (-1, 1)$ 时可得

$$\left(\sum_{n=1}^{\infty} x^{n+1} \right)'' = \sum_{n=1}^{\infty} (x^{n+1})'' = \sum_{n=1}^{\infty} n(n+1) x^{n-1} = f(x).$$

于是 $f(x) = \left(\sum_{n=1}^{\infty} x^{n+1} \right)'' = \left(\dfrac{x^2}{1-x} \right)'' = \dfrac{2}{(1-x)^3}$, 故

$$\sum_{n=1}^{\infty} \frac{n(n+1)}{2^n} = \frac{1}{2} f\left(\frac{1}{2}\right) = 8.$$

(3) 考虑幂级数 $\sum_{n=1}^{\infty} \dfrac{n x^{n-1}}{(n+1)!}$, 其收敛域为 $(-\infty, +\infty)$, 设和函数为 $f(x)$, 则 $\sum_{n=1}^{\infty} \dfrac{n}{(n+1)!} = f(1)$. 根据逐项求导公式, 当 $x \in (-\infty, +\infty)$ 时可得

$$\left(\sum_{n=1}^{\infty} \frac{x^n}{(n+1)!} \right)' = \sum_{n=1}^{\infty} \frac{(x^n)'}{(n+1)!} = \sum_{n=1}^{\infty} \frac{n x^{n-1}}{(n+1)!} = f(x).$$

由于当 $x \neq 0$ 时,$\displaystyle\sum_{n=1}^{\infty} \frac{x^n}{(n+1)!} = \frac{1}{x} \cdot \sum_{n=1}^{\infty} \frac{x^{n+1}}{(n+1)!} = \frac{1}{x} \cdot \sum_{n=2}^{\infty} \frac{x^n}{n!} = \frac{e^x - 1 - x}{x}$,

故 $f(x) = \left(\dfrac{e^x - 1 - x}{x}\right)' = \dfrac{xe^x - e^x + 1}{x^2}$.

于是 $\displaystyle\sum_{n=1}^{\infty} \frac{n}{(n+1)!} = f(1) = 1$.

注　在利用阿贝尔法构造幂级数时,经常构造这类幂级数,要么其逐项求导后成为某基本函数的幂级数展开式,要么其为某基本函数幂级数展开式逐项求导后的形式.

最后,我们说一下如何利用函数的幂级数展开进行近似计算.

近似计算中最关键的是误差估计,幂级数包含无穷多项,当然只能计算前有限项.如何估计前有限项与真实值之间的误差呢?有两个主要的方法,一种是借助泰勒公式的拉格朗日余项 $R_n(x) = \dfrac{f^{(n+1)}(\xi)}{(n+1)!}(x - x_0)^{n+1}$,特别是当 $|f^{(n)}(x)| \leqslant M$ 时,$|R_n(x)| \leqslant M \dfrac{|x - x_0|^{n+1}}{(n+1)!} \to 0$;另一种是对于交错的幂级数 $\displaystyle\sum_{n=0}^{\infty} (-1)^n a_n x^n (\{a_n\}$ 非负且单调减少),对于 $x > 0$ 一般有 $|R_n(x)| \leqslant a_{n+1} x^{n+1}$.

例 4.26　计算 e 的近似值,误差不超过 10^{-6}.

解　由于 $e^x = 1 + x + \dfrac{x^2}{2} + \cdots + \dfrac{x^n}{n!} + \dfrac{x^{n+1}}{(n+1)!} e^{\theta x}$ $\quad (0 < \theta < 1)$,

令 $x = 1$,则 $e = 1 + 1 + \dfrac{1}{2} + \cdots + \dfrac{1}{n!} + \dfrac{e^{\theta}}{(n+1)!}$. 余项 $\left|\dfrac{e^{\theta}}{(n+1)!}\right| \leqslant \dfrac{3}{(n+1)!}$,故只需选取 n 使得 $\dfrac{3}{(n+1)!} \leqslant 10^{-6}$,当 $n = 9$ 时,$(n+1)! = 3628800 > 3 \times 10^6$.因此误差不超过 10^{-6} 的 e 的近似值为 $e \approx 1 + 1 + \dfrac{1}{2} + \cdots + \dfrac{1}{9!} \approx 2.7182815$.

例 4.27　计算 ln2 的近似值,误差不超过 10^{-6}.

解　一个简单的方法是利用展开式

$$\ln(1+x) = x - \frac{x^2}{2} + \frac{x^3}{3} + \cdots + \frac{(-1)^{n-1}}{n} x^n + \cdots = \sum_{n=1}^{\infty} \frac{(-1)^{n-1}}{n} x^n. \quad (x \in (-1, 1])$$

令 $x = 1$,则 $\ln 2 = 1 - \dfrac{1}{2} + \dfrac{1}{3} + \cdots + \dfrac{(-1)^{n-1}}{n} + \cdots$,其为交错级数,故余项 $|R_n| \leqslant \dfrac{1}{n+1}$,如果要求误差不超过 10^{-6} 的近似值,需要 $n = 999999$,显然计算量太大,上述展开式不适于计算 ln 2 的近似值.

下面考虑如下展开式:

$$\ln \frac{1+x}{1-x} = \ln(1+x) - \ln(1-x) = 2\left(x + \frac{x^3}{3} + \frac{x^5}{5} + \cdots + \frac{x^{2n-1}}{2n-1} + \cdots\right), \quad x \in (-1, 1).$$

令 $x = \dfrac{1}{3}$，则

$$\ln \dfrac{1 + \dfrac{1}{3}}{1 - \dfrac{1}{3}} = \ln 2 = 2 \left(\dfrac{1}{3} + \dfrac{1}{3} \left(\dfrac{1}{3} \right)^{3} + \dfrac{1}{5} \left(\dfrac{1}{3} \right)^{5} + \cdots + \dfrac{1}{2n - 1} \left(\dfrac{1}{3} \right)^{2n - 1} + \cdots \right).$$

余项 $|R_n| = \displaystyle\sum_{k = n+1}^{\infty} \dfrac{2}{2k - 1} \left(\dfrac{1}{3} \right)^{2k-1} < \dfrac{1}{3n} \sum_{k = n+1}^{\infty} \dfrac{1}{9^{k-1}} < \dfrac{1}{n \cdot 9^n}$，如果要

求误差不超过 10^{-6}，只需 $n = 6$ 即可，由此可得误差不超过 10^{-6} 的 $\ln 2$ 的近似值为

$$\ln 2 \approx 2 \left(\dfrac{1}{3} + \dfrac{1}{3} \left(\dfrac{1}{3} \right)^{3} + \dfrac{1}{5} \left(\dfrac{1}{3} \right)^{5} + \dfrac{1}{7} \left(\dfrac{1}{3} \right)^{7} + \dfrac{1}{9} \left(\dfrac{1}{3} \right)^{9} + \dfrac{1}{11} \left(\dfrac{1}{3} \right)^{11} \right) \approx 0.6931471.$$

习题 4.2

1. 求下列函数带皮亚诺余项的麦克劳林公式：

  （1）$f(x) = \dfrac{1}{\sqrt{1 + x}}$； （2）$f(x) = (x - 1)\ln(1 + x)$.

2. 利用泰勒公式求下列极限：

  （1）$\lim\limits_{x \to 0} \dfrac{\mathrm{e}^{x} \sin x - x(1 + x)}{x^3}$； （2）$\lim\limits_{x \to \infty} \left[x - x^2 \ln \left(1 + \dfrac{1}{x} \right) \right]$；

  （3）$\lim\limits_{x \to 0} \dfrac{1}{x} \left(\dfrac{1}{x} - \cot x \right)$； （4）$\lim\limits_{x \to 0} \dfrac{x\mathrm{e}^{x} - \ln(1 + x)}{x^2}$.

3. 求下列函数在指定点处带拉格朗日余项的泰勒公式：

  （1）$f(x) = x^3 + 4x^2 + 5$，在 $x = 1$ 处；

  （2）$f(x) = \dfrac{1}{x}$，在 $x = -1$ 处；

  （3）$f(x) = x\mathrm{e}^{x}$，在 $x = 0$ 处.

4. 求常数 a, b, c 使得 $\ln x = a + b(x - 1) + c(x - 1)^2 + o((x - 1)^2)$.

5. 设 $f(x) = x^3 \sin x$，求 $f^{(10)}(0)$.

6.（1）设函数 $f(x)$ 在 $[0,1]$ 上二阶可导，$f(0) = f(1)$，且当 $x \in (0,1)$

  时 $|f''(x)| \leqslant A$. 证明：当 $x \in [0,1]$ 时有 $|f'(x)| \leqslant \dfrac{A}{2}$；

  （2）设函数 $f(x)$ 在 $[0,1]$ 上二阶可导，且 $|f(x)| \leqslant a$，$|f''(x)| \leqslant$

  b. 证明：当 $c \in (0,1)$ 时，有 $|f'(c)| \leqslant 2a + \dfrac{b}{2}$.

7. 设 $f(x)$ 在 $x = 0$ 的某一邻域内具有二阶连续导数，且 $\lim\limits_{x \to 0} \dfrac{f(x)}{x} = 0$.

  证明：级数 $\displaystyle\sum_{n=1}^{\infty} f\left(\dfrac{1}{n} \right)$ 绝对收敛.

8. 求常数 a 使得级数 $\displaystyle\sum_{n=1}^{\infty} \left(\sin \dfrac{1}{n} - a\ln \left(1 - \dfrac{2}{n} \right) \right)$ 收敛.

9. 求下列函数的麦克劳林级数展开式：

(1) $\dfrac{x^{10}}{1-x}$;

(2) $\dfrac{x}{1+x-2x^2}$;

(3) $\dfrac{x}{(1-x)(1-x^2)}$;

(4) $x\arctan x - \ln\sqrt{1+x^2}$.

10. 求下列函数在 $x=1$ 处的泰勒展开式：

(1) $f(x) = 3 + 2x - 4x^2 + 7x^3$;　(2) $f(x) = \dfrac{1}{x}$.

11. 将 $f(x) = \dfrac{1+x}{(1-x)^3}$ 按 x 的幂展开为幂级数，并求 $f^{(100)}(0)$ 的值.

12. 试将 $f(x) = \ln x$ 按 $\dfrac{x-1}{x+1}$ 的幂展开成幂级数.

13. 求下列幂级数的和函数（应同时指出它们的定义域）：

(1) $x + \dfrac{x^3}{3} + \dfrac{x^5}{5} + \cdots + \dfrac{x^{2n+1}}{2n+1} + \cdots$;

(2) $1 \cdot 2x + 2 \cdot 3x^2 + 3 \cdot 4x^3 + \cdots + n \cdot (n+1)x^n + \cdots$;

(3) $\displaystyle\sum_{n=1}^{\infty} \dfrac{x^n}{n3^n}$;

(4) $\displaystyle\sum_{n=0}^{\infty} \dfrac{x^n}{n+1}$.

14. 构造幂级数求下列数项级数的和：

(1) $\displaystyle\sum_{n=1}^{\infty} \dfrac{2n-1}{2^n}$;

(2) $\displaystyle\sum_{n=1}^{\infty} \dfrac{1}{n(2n+1)}$.

15. 设 $a_0 = 4, a_1 = 1, a_{n-2} = n(n-1)a_n, n \geq 2$, 幂级数 $\displaystyle\sum_{n=0}^{\infty} a_n x^n$ 的和函数 $S(x)$, 建立 $S(x)$ 满足的微分方程, 并求 $S(x)$ 的表达式.

16. 利用幂级数展开式求下列各数的近似值, 精确到 10^{-4}:

(1) e;

(2) $\displaystyle\int_0^{\frac{1}{4}} \sqrt{1+x^3}\,\mathrm{d}x$.

4.3　极值、最值、拐点、曲率

4.3.1　极值与最值

关于函数极值和最值的研究, 是微分学的核心课题之一. 早在十七世纪早期, 法国数学家费马研究了求函数极大极小值的问题, 提出了判断**极值的必要条件**：

若 x_0 同时为函数 $f(x)$ 的可导点和极值点, 则必有 $f'(x_0) = 0$.

使 $f'(x_0) = 0$ 的点 x_0 称为 $f(x)$ 的驻点. 显然函数 $f(x)$ 的极值点要么是驻点, 要么是不可导点. 注意到并不是每一个驻点都是极值点, 因此上述只是必要条件, 下面我们分别利用一阶和二阶导数, 得到两个极值的充分条件.

极值的充分条件一：

设函数 $f(x)$ 在 x_0 处连续，在其去心邻域 $U°(x_0)$ 内可导，以下成立：

（1）若 $x < x_0$ 时，$f'(x) \leqslant 0$，$x > x_0$ 时，$f'(x) \geqslant 0$，则 $f(x)$ 在 x_0 处取得极小值；

（2）若 $x < x_0$ 时，$f'(x) \geqslant 0$，$x > x_0$ 时，$f'(x) \leqslant 0$，则 $f(x)$ 在 x_0 处取得极大值；

（3）若在 x_0 两侧均有 $f'(x) > 0$ 或 $f'(x) < 0$，则 $f(x)$ 在 x_0 处不取得极值.

证　若 $x < x_0$ 时，$f'(x) \leqslant 0$，则 $f(x)$ 单调减少，故 $x < x_0$ 时有 $f(x_0) \leqslant f(x)$；若 $x > x_0$ 时，$f'(x) \geqslant 0$，则 $f(x)$ 单调增加，故 $x > x_0$ 时也有 $f(x_0) \leqslant f(x)$；综合可知当 $x \in U(x_0)$ 时都有 $f(x_0) \leqslant f(x)$，故 $f(x)$ 在 x_0 处取得极小值，（1）成立，同理可得（2）成立.

若在 x_0 两侧均有 $f'(x) > 0$，则 $f(x)$ 严格单调增加，当 $x < x_0$ 时有 $f(x) < f(x_0)$，当 $x > x_0$ 时，有 $f(x) > f(x_0)$，因此 $f(x)$ 在 x_0 处不取得极值；同理若在 x_0 两侧均有 $f'(x) < 0$ 时结论亦成立.

注 1　上述充分条件不仅适用于 x_0 为函数 $f(x)$ 的驻点（$f'(x_0) = 0$），也适用于 x_0 为函数 $f(x)$ 的不可导点.

注 2　上述充分条件不是必要的，也就是说，存在某个极值点，其左右两侧不存在单调区间.

例如 $f(x) = \begin{cases} x^2\left(2 + \cos\dfrac{1}{x}\right), & x \neq 0 \\ 0, & x = 0 \end{cases}$，导函数为 $f'(x) = $

$\begin{cases} 2x\left(2 + \cos\dfrac{1}{x}\right) + \sin\dfrac{1}{x}, & x \neq 0 \\ 0, & x = 0. \end{cases}$　由于 $f(x) \geqslant 0$，因此 $x = 0$ 为 $f(x)$

的极小值点，但是 $f'(x)$ 在 $x = 0$ 的两侧符号正负不定，无法满足条件（1）.

极值的充分条件二：

设函数 $f(x)$ 在 x_0 处二阶可导，$f'(x_0) = 0$，以下成立：

（1）若 $f''(x_0) > 0$，则 $f(x)$ 在 x_0 处取得极小值；

（2）若 $f''(x_0) < 0$，则 $f(x)$ 在 x_0 处取得极大值；

（3）若 $f''(x_0) = 0$，则 $f(x)$ 在 x_0 处是否取得极值无法确定.

证　方法一：若 $f''(x_0) > 0$，则存在 x_0 的邻域 $U(x_0)$ 使得 $f'(x)$ 单调增加. 由于 $f'(x_0) = 0$，故在 $U(x_0)$ 内，当 $x < x_0$ 时，$f'(x) \leqslant f'(x_0) = 0$，当 $x > x_0$ 时，$f'(x) \geqslant f'(x_0) = 0$，则由极值的充分条件一，$f(x)$ 在 x_0 处取得极小值. 同理，若 $f''(x_0) < 0$，则 $f(x)$ 在 x_0 处取得极大值. 若 $f''(x_0) = 0$，既有可能取得极小值，也有可能取得极大值，也有可能不取得极值，分别如函数 $f(x) = x^4$、$f(x) = -x^4$、$f(x) = x^3$ 在 $x = 0$ 处.

方法二:将函数 $f(x)$ 在 x_0 处展开为二阶皮亚诺余项泰勒公式,由 $f'(x_0)=0$ 可知

$$f(x)=f(x_0)+\frac{f''(x_0)}{2}(x-x_0)^2+o(x-x_0)^2.$$

于是有 $\lim\limits_{x\to x_0}\dfrac{f(x)-f(x_0)}{(x-x_0)^2}=\dfrac{f''(x_0)}{2}+\lim\limits_{x\to x_0}\dfrac{o(x-x_0)^2}{(x-x_0)^2}=\dfrac{f''(x_0)}{2}.$ 若 $f''(x_0)>0$,则由极限的局部保号性,存在 x_0 的去心邻域 $U^\circ(x_0)$ 使得 $\dfrac{f(x)-f(x_0)}{(x-x_0)^2}>0$,可得 $f(x)-f(x_0)>0$,即 $f(x)>f(x_0)$,故 x_0 为 $f(x)$ 的极小值点. 同理,若 $f''(x_0)<0$,则 x_0 为 $f(x)$ 的极大值点.

注1 此充分条件要求函数 $f(x)$ 在 x_0 处二阶可导,因此只适用于 x_0 为函数 $f(x)$ 的驻点. 当函数 $f(x)$ 由参数方程或隐函数表示时,其极值点的讨论需要用极值的充分条件二.

注2 类似于前述(方法二)的证明过程,可以将上述充分条件推广为如下形式:

若函数 $f(x)$ 在 x_0 处 $2n$ 阶可导,$f'(x_0)=f''(x_0)=\cdots=f^{(2n-1)}(x_0)=0$,则

(1) $f^{(2n)}(x_0)>0$ 时,x_0 为 $f(x)$ 的极小值点;

(2) $f^{(2n)}(x_0)<0$ 时,x_0 为 $f(x)$ 的极大值点.

值得注意的是,哪怕对无穷次可导函数,上述推广形式仍然是充分条件.

例如 $f(x)=\begin{cases}\mathrm{e}^{-\frac{1}{x^2}}, & x\neq 0,\\ 0, & x=0.\end{cases}$ 由于 $f(x)\geqslant 0$,$f(0)=0$,$x=0$ 为 $f(x)$ 的极小值点,但在 4.2.2 小节中我们已经知道 $f^{(n)}(0)=0(\forall n=1,2,\cdots)$,无法用上述条件(1)进行判断.

例 4.28 求函数 $f(x)=(2x-5)\sqrt[3]{x^2}$ 的极值点和极值.

解 函数 $f(x)=(2x-5)\sqrt[3]{x^2}=2x^{\frac{5}{3}}-5x^{\frac{2}{3}}$ 在 $(-\infty,+\infty)$ 上连续,且当 $x\neq 0$ 时有

$$f'(x)=\frac{10}{3}x^{\frac{2}{3}}-\frac{10}{3}x^{-\frac{1}{3}}=\frac{10}{3}\frac{x-1}{\sqrt[3]{x}}.$$

知驻点为 $x=1$,不可导点为 $x=0$. 为了利用充分条件一,需讨论 $f'(x)$ 的符号,列表如下:

x	$(-\infty,0)$	0	$(0,1)$	1	$(1,+\infty)$
$f'(x)$	+	不存在	−	0	+
$f(x)$	单调增加	0	单调减少	−3	单调增加

由上表可知:$x=0$ 为 $f(x)$ 的极大值点,极大值为 $f(0)=0$;$x=1$ 为 $f(x)$ 的极小值点,极小值为 $f(1)=-3$.

例 4.29 设函数 $y=f(x)$ 由方程 $y^3+xy^2+x^2y+6=0$ 确定,求

$f(x)$ 的极值.

解　方程 $y^3 + xy^2 + x^2 y + 6 = 0$ 两边同时对 x 求导,得 $(3y^2 + 2xy + x^2)y' + (y^2 + 2xy) = 0$. 可解得 $y' = \dfrac{-y^2 - 2xy}{3y^2 + 2xy + x^2}$,令 $y' = 0$ 及 $y^3 + xy^2 + x^2 y + 6 = 0$,得到函数唯一驻点为 $x = 1, y = -2$.

方程两边对 x 继续求导,得

$$(6yy' + 4y + 2xy' + 4x)y' + (3y^2 + 2xy + x^2)y'' + 2y = 0.$$

代入 $x = 1, y = -2, y'(1) = 0$ 可得 $y''(1) = \dfrac{4}{9} > 0$,所以函数 $y = f(x)$ 在 $x = 1$ 处取得极小值 $y = -2$.

例 4.30　参数方程 $\begin{cases} x = t - k\sin t \\ y = 1 - k\cos t \end{cases}$ 确定了 y 为 x 的函数,求 $0 < k < 1$ 时该函数的极值与极值点.

解　对任意的 $t \in \mathbb{R}, \dfrac{\mathrm{d}y}{\mathrm{d}x} = \dfrac{k\sin t}{1 - k\cos t}$,当 $\dfrac{\mathrm{d}y}{\mathrm{d}x} = 0$ 时 $t = n\pi (n \in \mathbb{Z})$,于是 $y = y(x)$ 的驻点为 $x = n\pi, y = 1 - k\cos n\pi$. 进一步,$\dfrac{\mathrm{d}^2 y}{\mathrm{d}x^2} = \dfrac{k\cos t - k^2}{(1 - k\cos t)^3}$,判断驻点处 $\dfrac{\mathrm{d}^2 y}{\mathrm{d}x^2}$ 的符号可得:

$$\left. \frac{\mathrm{d}^2 y}{\mathrm{d}x^2} \right|_{t = 2n\pi} = \frac{k}{(1-k)^2} > 0, \left. \frac{\mathrm{d}^2 y}{\mathrm{d}x^2} \right|_{t = (2n+1)\pi} = \frac{-k}{(1+k)^2} < 0.$$

由极值的充分条件二,当 $x = 2n\pi$ 时,函数有极小值 $y = 1 - k$;当 $x = (2n+1)\pi$ 时,函数有极大值 $y = 1 + k$.

根据闭区间连续函数的性质,若 $y = f(x)$ 在区间 $[a,b]$ 连续,则必然存在最大值和最小值. 显然,若最值点位于 (a,b) 内,则为极值点. 因此,最值点要么是极值点,要么是区间的端点. 一般来说,只需要求出函数 $f(x)$ 在给定区间内的驻点及不可导点以及区间端点的函数值,比较它们的大小,即可得出最大值与最小值.

例 4.31　求函数 $f(x) = |2x^3 - 9x^2 + 12x|$ 在闭区间 $\left[-\dfrac{1}{4}, \dfrac{5}{2} \right]$ 上的最大值和最小值.

解　由于 $f(x) = |2x^3 - 9x^2 + 12x| = (2x^2 - 9x + 12)|x|$,故

$$f'(x) = \begin{cases} -6(x-1)(x-2), & -\dfrac{1}{4} \leqslant x < 0, \\ 6(x-1)(x-2), & 0 < x \leqslant \dfrac{5}{2}. \end{cases}$$

可得驻点为 $x = 1, 2$,此外 $x = 0$ 为 $f(x)$ 的不可导点,故只需比较以下函数值:

$$f(1) = 5, f(2) = 4, f(0) = 0, f\left(-\frac{1}{4} \right) = \frac{115}{32}, f\left(\frac{5}{2} \right) = 5.$$

因此在闭区间 $\left[-\dfrac{1}{4}, \dfrac{5}{2} \right]$ 上,函数 $f(x)$ 在 $x = 0$ 处取得最小值 0,在 $x =$

1 和 $x = \dfrac{5}{2}$ 处取得最小值 5.

在自然科学、生产技术、经济管理等领域,经常需要研究如何花费最小代价获得最大收益的问题,在许多情况下,可以归结为求一个给定函数在某范围内的最大最小值问题. 下面,我们通过若干实例来说明这类问题的处理方法.

例 4.32 假设装饮料的易拉罐为标准圆柱体,安全起见,顶盖的厚度是罐身(包括侧面和底面)厚度的三倍. 如何确定它的底面半径与高的比例,才能使得体积不变的情况下,用料最省?

解 设罐身的厚度为 d,则顶盖的厚度为 $3d$,设底面半径为 r,高为 h,体积为 V.

由 $V = \pi r^2 h$,可得 $h = \dfrac{V}{\pi r^2}$,于是罐身和顶盖的总用料为

$$f(r) = \left(2\pi r \cdot \frac{V}{\pi r^2} + \pi r^2\right) \cdot d + \pi r^2 \cdot 3d = \left(4\pi r^2 + \frac{2V}{r}\right) \cdot d.$$

用料最省,即求上述函数当 $r \geqslant 0$ 时的最小值. 由于 $f'(r) = \left(8\pi r - \dfrac{2V}{r^2}\right) \cdot d$,令 $f'(r) = 0$ 可得唯一驻点 $r_0 = \sqrt[3]{\dfrac{V}{4\pi}}$. 又由于当 $r > 0$ 时 $f''(r) = \left(8\pi + \dfrac{4V}{r^3}\right) \cdot d > 0$,故 $r_0 = \sqrt[3]{\dfrac{V}{4\pi}}$ 为函数 $f(r)$ 的最小值点. 此时 $h_0 = \dfrac{V}{\pi r_0^2} = \sqrt[3]{\dfrac{16V}{\pi}} = 4\sqrt[3]{\dfrac{V}{4\pi}} = 4r_0$,即底面半径与高的比为 $1 : 4$ 时,用料最省.

例 4.33 根据经验,一架水平飞行的飞机,其降落曲线为一条三次抛物线,已知飞机的飞行高度为 h,飞机的着陆点为原点,且在整个降落过程中,飞机的水平速度始终保持着常数 u. 出于安全考虑,飞机垂直加速度的最大绝对值不得超过 $\dfrac{g}{10}$,此处 g 为重力加速度.

(1)若飞机从 $x = x_0$ 处开始下降,试确定其降落曲线;

(2)求开始下降点 x_0 所能允许的最小值.($x_0 > 0$,即假设飞机从右往左降落)

解 (1)以飞机的着陆点为原点,水平方向为 x 轴,垂直方向为 y 轴建立坐标系.

设飞机降落曲线方程为 $y = ax^3 + bx^2 + cx + d$,根据题意有:
$$y(0) = 0, y'(0) = 0, y(x_0) = h, y'(x_0) = 0.$$
于是有 $c = d = 0, a = -\dfrac{2h}{x_0^3}, b = \dfrac{3h}{x_0^2}$,故 $y = -\dfrac{2h}{x_0^3}x^3 + \dfrac{3h}{x_0^2}x^2$.

(2)由于飞机的水平速度始终保持着常数 u,故 $\dfrac{\mathrm{d}x}{\mathrm{d}t} = u$,曲线方程两边对时间 t 求导,得

$$\frac{\mathrm{d}y}{\mathrm{d}t} = -\frac{6hu}{x_0^2}\left(\frac{x^2}{x_0} - x\right),\quad \frac{\mathrm{d}^2 y}{\mathrm{d}t^2} = -\frac{6hu^2}{x_0^2}\left(\frac{2x}{x_0} - 1\right).$$

由于 $x \in [0, x_0]$，可得 $\max\left|\dfrac{\mathrm{d}^2 y}{\mathrm{d}t^2}\right| = \dfrac{6hu^2}{x_0^2}$，根据

$$\max\left|\frac{\mathrm{d}^2 y}{\mathrm{d}t^2}\right| = \frac{6hu^2}{x_0^2} \leqslant \frac{g}{10} \Rightarrow x_0 \geqslant u\sqrt{\frac{60h}{g}},$$

故开始下降点 x_0 所能允许的最小值为 $u\sqrt{\dfrac{60h}{g}}$.

很多重要的理论结果也是源于数学上的最值问题.

例 4.34（折射定律）　如图 4-4 所示，汽车从平原的 A 点到草原的 B 点，A 和 B 的水平距离为 l，与分界线的垂直距离为 h_1 和 h_2，汽车在平原和草原的速度为 v_1 和 v_2，问如何走才能时间最短？

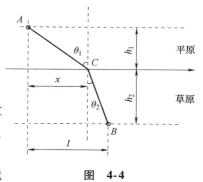

图 4-4

解　显然，在同一种地形内，汽车应沿直线前进，故所走的路线为两直线段所成的折线，设连接点为 C，A 和 C 的水平距离为 x.

于是汽车的整个行驶时间为 $f(x) = \dfrac{\sqrt{x^2 + h_1^2}}{v_1} + \dfrac{\sqrt{(l-x)^2 + h_2^2}}{v_2}$ $(0 \leqslant x \leqslant l)$，求导可得

$$f'(x) = \frac{x}{v_1\sqrt{x^2 + h_1^2}} - \frac{l-x}{v_2\sqrt{(l-x)^2 + h_2^2}},$$

$$f''(x) = \frac{h_1^2}{v_1(x^2 + h_1^2)^{\frac{3}{2}}} + \frac{h_2^2}{v_2((l-x)^2 + h_2^2)^{\frac{3}{2}}}.$$

由于 $0 \leqslant x \leqslant l$ 时 $f''(x) > 0$，故 $f(x)$ 在 $(0, l)$ 内的唯一驻点 x_0 即为最小值点，x_0 满足

$$\frac{x_0}{v_1\sqrt{x_0^2 + h_1^2}} = \frac{l-x_0}{v_2\sqrt{(l-x_0)^2 + h_2^2}}.$$

若 θ_1 和 θ_2 分别为图 4-4 中 AC 和 BC 与垂线的夹角，则 $\sin\theta_1 = \dfrac{x_0}{\sqrt{x_0^2 + h_1^2}}$，

$\sin\theta_2 = \dfrac{l-x_0}{\sqrt{(l-x_0)^2 + h_2^2}}$，因此有

$$\frac{\sin\theta_1}{v_1} = \frac{\sin\theta_2}{v_2} \quad \left(\text{或}\frac{\sin\theta_1}{\sin\theta_2} = \frac{v_1}{v_2}\right).$$

此为著名的"折射定律"（θ_1 和 θ_2 分别称为入射角和折射角）是由荷兰数学家斯涅尔（Snell，1580—1626）首先发现，也称为斯涅尔定律（Snell's Law）.

本节最后，我们介绍一下在经济学中的应用——**最大利润原理**.

设 Q 表示产量，一般来说，成本函数和收益函数都是 Q 的函数，分别记作 $C(Q)$ 和 $E(Q)$. 很多情形下，成本包括固定成本 C_0 和

可变成本 $v(Q)$，即 $C(Q) = C_0 + v(Q)$.

成本函数和收益函数的导数 $C'(Q)$ 和 $E'(Q)$ 分别称作**边际成本**和**边际收益**，二者的经济学意义分别为：生产第 Q 件产品的成本和销售第 Q 件产品的收入.

如何使得利润函数 $P(Q) = C(Q) - E(Q)$ 达到最大呢？当 $C(Q)$ 和 $E(Q)$ 都二阶可导时，若产量 Q_0 使得 $P'(Q_0) = 0, P''(Q_0) < 0$，往往可以取得最大利润，于是得到下面的最大利润原理：

当且仅当边际成本与边际收益相等（即边际利润为零），边际成本的变化率大于边际收益的变化率时，可以取得最大利润.

例 4.35 设某件产品的固定成本为 60000 元，可变成本为 20 元/件，价格函数为 $p = 60 - \dfrac{Q}{1000}$（p 为价格，单位为元，Q 为销量，单位为件），已知产销平衡，求边际利润以及使得利润最大的定价 p.

解 以价格 p 为自变量，则销量 $Q = 1000(60 - p)$，收益函数为
$$E(p) = pQ = 1000(60 - p)p,$$
成本函数为
$$C(p) = 60000 + 20Q = 60000 + 20 \times 1000(60 - p) = 1260000 - 20000p,$$
利润函数是收益函数与成本函数的差，为
$$L(p) = E(p) - C(p) = -1000p^2 + 80000p - 1260000.$$
边际利润为 $L'(p) = -2000p + 80000$.

令 $L'(p) = -2000p + 80000 = 0$，可得 $p = 40$，又 $L''(p) = -2000 < 0$，故定价 $p = 40$ 元时，利润最大.

4.3.2 拐点与曲率

根据 4.1.3 小节中拉格朗日中值定理的应用，我们知道 $f'(x)$ 的符号确定了函数 $f(x)$ 的单调性，$f''(x)$ 的符号确定了函数 $f(x)$ 的凸性. 若某点 $(x_0, f(x_0))$ 两侧的曲线段分别为严格上凸和严格下凸的，则点 $(x_0, f(x_0))$ 称为曲线的**拐点**.

根据单调性和凸性的判定，对于二阶可导函数 $f(x)$，若 $f''(x) > 0$，同时意味着 $f'(x)$ 严格单调增加以及 $f(x)$ 严格下凸. 同理，$f''(x) < 0$ 意味着 $f'(x)$ 严格单调减少以及 $f(x)$ 严格上凸. 因此若 $(x_0, f(x_0))$ 为二阶可导函数 $f(x)$ 的拐点，则 $x < x_0$ 与 $x > x_0$ 时 $f'(x)$ 的单调性不同，故 $x = x_0$ 为 $f'(x)$ 的极值点，必有 $f''(x_0) = 0$. 于是 $(x_0, f(x_0))$ 为曲线 $y = f(x)$ 的拐点时，要么 $f''(x_0) = 0$，要么 $f''(x_0)$ 不存在，这就是**拐点的必要条件**.

需要注意的是，对于可导函数 $f(x)$，$(x_0, f(x_0))$ 为曲线 $y = f(x)$ 的拐点时，$x = x_0$ 一定是 $f'(x)$ 的极值点；但是 $x = x_0$ 为 $f'(x)$ 的极值点时，$(x_0, f(x_0))$ 未必是曲线 $y = f(x)$ 的拐点. 这是由于极值点的两侧，不一定存在单调区间（4.3.1 小节"极值的充分条件一"注 2 的例子），也就是说 $x = x_0$ 为 $f'(x)$ 的极值点时，$f''(x)$ 的符号在

$x < x_0$ 与 $x > x_0$ 的情形下有可能正负不定,因此也就不存在严格上凸或严格下凸的曲线段,$(x_0, f(x_0))$ 当然不是曲线 $y = f(x)$ 的拐点.

下面,我们给出判断曲线拐点的充分条件,它们的证明完全类似于 4.3.1 小节"极值的充分条件"的证明,从略.

拐点的充分条件一:

设函数 $f(x)$ 在 x_0 处连续,在 $(x_0 - \delta, x_0) \cup (x_0, x_0 + \delta)$ 内二阶可导,以下成立:

(1) 当 $x \in (x_0 - \delta, x_0)$ 和 $x \in (x_0, x_0 + \delta)$ 时,$f''(x)$ 符号改变,则 $(x_0, f(x_0))$ 为 $y = f(x)$ 的拐点;

(2) 当 $x \in (x_0 - \delta, x_0)$ 和 $x \in (x_0, x_0 + \delta)$ 时,$f''(x)$ 符号不变,则 $(x_0, f(x_0))$ 不是 $y = f(x)$ 的拐点.

拐点的充分条件二:

设函数 $f(x)$ 在 x_0 处三阶可导,$f''(x_0) = 0$,以下成立:

(1) 若 $f'''(x_0) \neq 0$,则 $(x_0, f(x_0))$ 为 $y = f(x)$ 的拐点;

(2) 若 $f'''(x_0) = 0$,则 $(x_0, f(x_0))$ 是否为 $y = f(x)$ 的拐点无法确定.

上述条件可以推广为如下形式:若函数 $f(x)$ 在 x_0 处 $2n + 1$ 阶可导,$f''(x_0) = \cdots = f^{(2n)}(x_0) = 0$,$f^{(2n+1)}(x_0) \neq 0$,则 $(x_0, f(x_0))$ 为 $y = f(x)$ 的拐点.

这样,结合 4.3.1 小节"极值的充分条件二"的结论,如下成立:

若函数 $f(x)$ 在 x_0 处 n 阶可导 $(n \geq 2)$,$f'(x_0) = \cdots = f^{(n-1)}(x_0) = 0$,$f^{(n)}(x_0) \neq 0$,则

(1) n 为偶数时,x_0 为 $f(x)$ 的极值点($f^{(n)}(x_0) > 0$ 为极小值点,$f^{(n)}(x_0) < 0$ 为极大值点);

(2) n 为奇数时,$(x_0, f(x_0))$ 为 $y = f(x)$ 的拐点.

那么,是不是存在某个点,既是函数 $y = f(x)$ 的极值点,又是曲线 $y = f(x)$ 的拐点呢?下面的例子给出了答案.

例 4.36 设函数 $f(x)$ 在区间 (a, b) 上可导,是否存在 $x_0 \in (a, b)$ 使得 $x = x_0$ 为 $f(x)$ 的极值点,同时 $(x_0, f(x_0))$ 是曲线 $y = f(x)$ 的拐点?若函数 $f(x)$ 在区间 (a, b) 上连续,结论如何?

解 函数 $f(x)$ 在区间 (a, b) 上可导时,不存在 $x_0 \in (a, b)$ 使得 $x = x_0$ 为 $f(x)$ 的极值点,同时 $(x_0, f(x_0))$ 是曲线 $y = f(x)$ 的拐点.

设 $x = x_0$ 为 $f(x)$ 的极大值点,则 $f'(x_0) = 0$.若 $(x_0, f(x_0))$ 也是曲线 $y = f(x)$ 的拐点,设 $\delta > 0$,当 $x \in (x_0 - \delta, x_0)$ 时 $y = f(x)$ 严格下凸,当 $x \in (x_0, x_0 + \delta)$ 时 $y = f(x)$ 严格上凸.因此当 $x \in (x_0 - \delta, x_0)$ 时 $f'(x)$ 单调增加,有 $f'(x) \leq f'(x_0) = 0$,则 $f(x)$ 在 $(x_0 - \delta, x_0)$ 上单调减少.由于 $y = f(x)$ 是严格下凸的,故 $\forall x \in (x_0 - \delta, x_0)$ 都有 $f(x) > f(x_0)$,这与 $x = x_0$ 为 $f(x)$ 的极小值点矛盾.

若函数 $f(x)$ 在区间 (a, b) 上仅连续,有可能存在 $x_0 \in (a, b)$ 使

得 $x = x_0$ 为 $f(x)$ 的极值点,同时 $(x_0, f(x_0))$ 是曲线 $y = f(x)$ 的拐点.

例如 $f(x) = \begin{cases} x^2, & x \leqslant 0, \\ \sqrt{x}, & x > 0, \end{cases}$ 其在整个实数轴上连续,在 $x = 0$ 处不可导.

一方面,$x = 0$ 为 $f(x)$ 的极小值点;另一方面,当 $x < 0$ 时 $f''(x) = 2 > 0$,曲线 $y = f(x)$ 严格下凸,当 $x > 0$ 时 $f''(x) = -\frac{1}{4}x^{-\frac{3}{2}} < 0$,曲线 $y = f(x)$ 严格上凸,$(0, 0)$ 为曲线 $y = f(x)$ 的拐点.

例 4.37 设函数 $f(x) = (x-1)^2(x-2)^3(x-3)^4(x-4)^5$,判断 $x = 1, 2, 3, 4$ 是否为 $f(x)$ 的极值点,点 $(1, 0), (2, 0), (3, 0)$, $(4, 0)$ 是否是曲线 $y = f(x)$ 的拐点.

解 若函数 $f(x) = (x - x_0)^n g(x)$,其中 $n \in \mathbb{N}^+$,$g(x)$ 为 n 阶可导且 $g(x_0) \neq 0$,则有

$$f^{(k)}(x_0) = 0 (k < n), \quad f^{(n)}(x_0) \neq 0.$$

对于 $x = 1$,$f'(1) = 0$,$f''(1) \neq 0$,故 $x = 1$ 是 $f(x)$ 的极值点;

对于 $x = 2$,$f'(2) = f''(2) = 0$,$f'''(2) \neq 0$,故 $(2, 0)$ 是曲线 $y = f(x)$ 的拐点;

对于 $x = 3$,$f'(3) = f''(3) = f'''(3) = 0$,$f^{(4)}(3) \neq 0$,故 $x = 3$ 是 $f(x)$ 的极值点;

对于 $x = 4$,$f'(4) = \cdots = f^{(4)}(4) = 0$,$f^{(5)}(4) \neq 0$,故 $(4, 0)$ 是曲线 $y = f(x)$ 的拐点.

曲线的凸性只是定性地描述了曲线的弯曲方向,没有刻画曲线的弯曲程度.在实际中,例如高速公路、铁路的弯道设计,往往需要对曲线的弯曲程度进行定量计算.

如何描述曲线 $y = f(x)$ 在一点 $M(x_0, f(x_0))$ 处的弯曲程度呢?如图 4-5 所示,用 $|\overparen{MM_1}|$ 表示动点从点 M 移动到点 M_1 所经过的路径长度.设切线转过的角度为 $\Delta\varphi$,那么比值 $\dfrac{|\Delta\varphi|}{|\overparen{MM_1}|}$ 就刻画了从点 M 移动到点 M_1 过程中的平均弯曲程度,当 $M_1 \to M$ 时的极限即可理解为在点 M 处的弯曲程度.

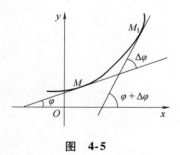

图 4-5

设 M_1 的坐标为 $(x_0 + \Delta x, f(x_0 + \Delta x))$,$M_1 \to M$ 意味着 $\Delta x \to 0$,下面考虑极限 $\lim\limits_{\Delta x \to 0} \dfrac{|\Delta\varphi|}{|\overparen{MM_1}|}$.

我们假设函数 $y = f(x)$ 二阶连续可导,由于此时曲线足够光滑,当 $M_1 \to M$ 时,有

$$|\overparen{MM_1}| \approx |MM_1| = \sqrt{\Delta x^2 + (f(x_0 + \Delta x) - f(x_0))^2}.$$

同时根据导数的几何意义,$\tan\varphi = f'(x_0)$,$\tan(\varphi + \Delta\varphi) = f'(x_0 + \Delta x)$,故

$$\Delta\varphi = \arctan f'(x_0 + \Delta x) - \arctan f'(x_0).$$

于是,有 $\displaystyle\lim_{\Delta x\to 0}\frac{|\Delta\varphi|}{|\widehat{MM_1}|}=\left|\lim_{\Delta x\to 0}\frac{\Delta\varphi}{|MM_1|}\right|$

$$=\left|\lim_{\Delta x\to 0}\frac{\arctan f'(x_0+\Delta x)-\arctan f'(x_0)}{\sqrt{\Delta x^2+(f(x_0+\Delta x)-f(x_0))^2}}\right|.$$

根据拉格朗日中值定理, $\exists\,\theta_1,\theta_2\in(0,1)$,使得

$$f(x_0+\Delta x)-f(x_0)=f'(x_0+\theta_1\Delta x)\cdot\Delta x,$$

$$\arctan f'(x_0+\Delta x)-\arctan f'(x_0)=\frac{f''(x_0+\theta_2\Delta x)}{1+(f'(x_0+\theta_2\Delta x))^2}\cdot\Delta x.$$

这样,根据 $f(x)$ 二阶连续可导,可得

$$\lim_{\Delta x\to 0}\frac{|\Delta\varphi|}{|\widehat{MM_1}|}=\lim_{\Delta x\to 0}\frac{\left|\dfrac{f''(x_0+\theta_2\Delta x)}{1+f'(x_0+\theta_2\Delta x))^2}\right|\cdot|\Delta x|}{\sqrt{1+f'(x_0+\theta_1\Delta x))^2}\cdot|\Delta x|}=\frac{|f''(x_0)|}{[1+(f'(x_0))^2]^{\frac{3}{2}}}.$$

我们定义上述极限为曲线 $y=f(x)$ 在点 $M(x_0,f(x_0))$ 处的**曲率**,它刻画了曲线在该点的弯曲程度,一般记作 κ .

根据拐点的必要条件可知,二阶连续可导函数 $f(x)$ 在拐点处的曲率一定为零.

当曲线用参数方程表示时,类似上面的过程,也可得到曲率计算公式(见下表).

曲率计算公式
$y=f(x):\kappa=\dfrac{|f''(x)|}{(1+[f'(x)]^2)^{3/2}}=\dfrac{|y''|}{(1+y'^2)^{3/2}};$
$\begin{cases}x=\varphi(t)\\y=\psi(t)\end{cases}:\kappa=\dfrac{|\varphi''(t)\psi'(t)-\varphi'(t)\psi''(t)|}{(\varphi'(t)^2+\psi'(t)^2)^{3/2}}.$

注 1　若 $\kappa\equiv 0$,则 $y''\equiv 0$,可知 $y=ax+b$,即 $y=f(x)$ 为一条直线.

注 2　若 $\kappa\equiv C$,则 $\dfrac{y''}{(1+y'^2)^{3/2}}\equiv\pm C$,不妨设 $\dfrac{y''}{(1+y'^2)^{3/2}}\equiv C$. 由于 $\left(\dfrac{y'}{(1+y'^2)^{1/2}}\right)'=\dfrac{y''}{(1+y'^2)^{3/2}}$,即 $\left(\dfrac{y'}{(1+y'^2)^{1/2}}\right)'\equiv C$,不妨设

$$\frac{y'}{(1+y'^2)^{1/2}}=C(x-a)\ (a\text{ 为常数}),$$

故 $y'=\dfrac{C(x-a)}{\sqrt{1-[C(x-a)]^2}}$.

又由于 $\left(-\dfrac{\sqrt{1-[C(x-a)]^2}}{C}\right)'=\dfrac{C(x-a)}{\sqrt{1-[C(x-a)]^2}}$,故 $y=$

$-\dfrac{\sqrt{1-[C(x-a)]^2}}{C}+b\,(b\text{ 为常数})$,此式可写为 $(x-a)^2+(y-b)^2=$

$\dfrac{1}{C^2}$,即 $y=f(x)$ 是以 $\dfrac{1}{C}$ (曲率的倒数)为半径的圆周的一部分.

简单验算可知,任意圆周曲线的曲率均恒为常数,正好是半径的倒数.

对于曲线 $y = f(x)$ 上一点 $M(x,y)$,在曲线凹向的一侧作一个圆(如图 4-6 所示),圆心 D 位于过点 M 的法线上,半径 $\rho = \dfrac{1}{\kappa}$(曲率的倒数),在点 M 处和曲线相切.

由前所述,此圆在点 M 与曲线有相同的切线、相同的凸性、相同的曲率,称为曲线 $y = f(x)$ 在点 M 处的**曲率圆**或**密切圆**.其半径 $\rho = \dfrac{1}{\kappa}$ 称为曲线 $y = f(x)$ 在点 M 处的**曲率半径**,圆心 D 称为曲线 $y = f(x)$ 在点 M 处的**曲率中心**.

设曲率中心 D 的坐标为 (ξ, η),根据 D 位于法线上以及 $|DM| = \rho = \dfrac{1}{\kappa} = \dfrac{(1 + y'^2)^{3/2}}{|y''|}$,有

$$(\xi - x)^2 + (\eta - y)^2 = \frac{(1 + y'^2)^3}{y''^2}, \quad -\frac{\xi - x}{\eta - y} = -y'.$$

两式联立并结合 D 在曲线凹向一侧,可得曲率中心的坐标为

$$\boxed{\xi = x - \frac{y'(1 + y'^2)}{y''}, \quad \eta = y + \frac{1 + y'^2}{y''}.}$$

例 4.38 曲线 $y = \ln x$ 上哪一点处曲率半径最小,并求该点处的曲率半径.

解 由于 $y' = \dfrac{1}{x}$,$y'' = -\dfrac{1}{x^2}$,可得曲率 $\kappa = \dfrac{|y''|}{(1 + y'^2)^{3/2}} = \dfrac{x}{(1 + x^2)^{3/2}}$ $(x > 0)$,于是曲率半径

$$\rho(x) = \frac{(1 + x^2)^{3/2}}{x},$$

由于 $\rho'(x) = \sqrt{1 + x^2}\left(\dfrac{1}{x^2} - 2\right)$,求解 $\rho'(x) = 0$ 得 $(0, +\infty)$ 上唯一驻点 $x = \dfrac{\sqrt{2}}{2}$.

又 $0 < x < \dfrac{\sqrt{2}}{2}$ 时,$\rho'(x) < 0$,$\dfrac{\sqrt{2}}{2} < x < +\infty$ 时 $\rho'(x) > 0$,故 $x = \dfrac{\sqrt{2}}{2}$ 是曲率半径唯一的极小值点,在点 $\left(\dfrac{\sqrt{2}}{2}, -\dfrac{1}{2}\ln 2\right)$ 处曲率半径最小,最小值为 $\dfrac{3\sqrt{3}}{2}$.

例 4.39 如图 4-7 所示,火车从直道(x 左半轴)进入半径为 R 的圆弧弯道 $\overset{\frown}{AB}$ 时,为了行车安全,需经过一段缓冲轨道(虚曲线 $\overset{\frown}{OA}$),使得曲率由零连续地增加到 $\dfrac{1}{R}$,以保证火车的向心加速度不

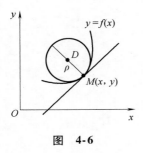

图 4-6

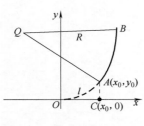

图 4-7

产生跳跃性的突变.试分析曲线$\overset{\frown}{OA}$为三次曲线 $y = \dfrac{x^3}{6Rl}$ 的合理性.（l 为 $\overset{\frown}{OA}$ 的长度）

解　根据曲率计算公式,三次曲线 $y = \dfrac{x^3}{6Rl}$ 的曲率为 $\kappa = \dfrac{8R^2l^2x}{(4R^2l^2 + x^4)^{3/2}}(0 < x < x_0)$.

当 x 从 0 变为 x_0 时,κ 从 0 变为 $\kappa = \dfrac{8R^2l^2x_0}{(4R^2l^2 + x_0^4)^{3/2}} = \dfrac{1}{R} \cdot \dfrac{8l^2x_0}{\left(4l^2 + \dfrac{x_0^4}{R^2}\right)^{3/2}}$.

若 y_0 接近于零且 $x_0 \ll R$,则有 $l \approx x_0$,$\dfrac{x_0}{R} \approx 0$. 因此曲线弧 $\overset{\frown}{OA}$ 的曲率从 0 逐渐增加接近于 $\dfrac{1}{R}$,从而起到了缓冲作用.

习题 4.3

1. 求下列函数的极值:

(1) $f(x) = 2x^3 - x^4$;　　　　(2) $f(x) = \dfrac{2x}{1+x^2}$;

(3) $f(x) = \dfrac{(\ln x)^2}{x}$;　　　　(4) $f(x) = \arctan x - \dfrac{1}{2}\ln(1+x^2)$.

2. 设 $f(x) = \begin{cases} x^4 \sin^2 \dfrac{1}{x}, & x \neq 0, \\ 0, & x = 0. \end{cases}$

(1) 证明:$x = 0$ 是极小值点;

(2) 说明 f 在极小值点 $x = 0$ 处是否满足极值的第一充分条件或第二充分条件.

3. 证明:若函数 f 在点 x_0 处有 $f'_+(x_0) < 0(>0)$,$f'_-(x_0) > 0(<0)$,则 x_0 为 f 的极大(小)值点.

4. 求下列函数在给定区间上的最大最小值:

(1) $y = x^5 - 5x^4 + 5x^3 + 1, x \in [-1, 2]$;

(2) $y = x + \sqrt{1-x}, x \in [-5, 1]$;

(3) $y = \max\{x^2, (1-x)^2\}, x \in [0, 1]$;

(4) $y = x^p + (1-x)^p (p > 1), x \in [0, 1]$.

5. 把长为 l 的线段截为两段,问怎样截法能使以这两段线为边所组成的矩形的面积最大?

6. 有一个无盖的圆柱形容器,当给定体积为 V 时,要使容器的表面积为最小,问底的半径与容器高的比例应该怎样?

7. 曲线 $y = 4 - x^2$ 与 $y = 2x + 1$ 相交于 A、B 两点，C 为弧段 AB 上的一点. 问 C 点在何处时 $\triangle ABC$ 的面积最大？并求此最大面积.

8. 设 $f(x) = a\ln x + bx^2 + x$ 在 $x_1 = 1$，$x_2 = 2$ 处都取得极值，试求 a 与 b；并问这时 f 在 x_1 与 x_2 是取得极大值还是极小值？

9. 证明下列不等式：

　　（1）$|3x - x^3| \leqslant 2$，$x \in [-2, 2]$；　　（2）$x^x \geqslant e^{-\frac{1}{e}}$，$x \in (0, +\infty)$.

10. 确定下列函数的拐点：

　　（1）$y = x^3(1 - x)$；　　　　　　　　（2）$y = x + \sin x$；

　　（3）$y = x^2 + \dfrac{1}{x}$；　　　　　　　　（4）$y = \ln(x^2 + 1)$.

11. 问 a 与 b 为何值时，点 $(1, 3)$ 为曲线 $y = ax^3 + bx^2$ 的拐点？

12. 求下列平面曲线在指定点处的曲率：

　　（1）$y = 4x - x^2$ 在其顶点处；　　（2）$\begin{cases} x = a\cos^3 t \\ y = a\sin^3 t \end{cases}$（$a > 0$）在 $t = t_0$ 处.

13. 求曲线 $\begin{cases} x = t^2 + 7, \\ y = t^2 + 4t + 1 \end{cases}$ 上对应于 $t = 1$ 的点处的曲率半径.

14. 求曲线 $y = e^x$ 在点 $(0, 1)$ 处的曲率圆的方程.

15. 证明抛物线 $y = ax^2 + bx + c$ 在顶点处的曲率为最大.

第 5 章

定积分与积分法

本章首先引入定积分的概念,通过微积分基本定理将积分的计算转化为求原函数或不定积分,最后详细介绍了若干积分法.

5.1 定积分的概念与性质

在历史上,积分观念的形成比微分要早,其源于图形面积与体积的计算.早在公元前 240 年左右,古希腊的阿基米德通过双重归谬法建立求和公式,得出抛物弓形的面积,其思想已经非常接近现代的定积分.

在计算面积与体积方面,古希腊流传下来的清晰观念是:将给定区域分割为面积或体积已知的"细小的区域",这种方法在文艺复兴后被广泛应用.17 世纪初,德国天文学家开普勒(Kepler,1571—1630)将圆分为"无数个非常小的三角形"计算了圆的面积,将环切成"无数个很薄的圆盘"计算了环的体积.后人将这种方法称为"无穷小方法",它包含了现代定积分思想的雏形.

1635 年,意大利数学家卡瓦列里(Cavalieri,1598—1647)发表了一篇题为《不可分量几何学》的专论,这里不可分量可以理解为"图形的极微小部分",通过它建立了"卡瓦列里原理",成为计算面积和体积的有用工具.随后,托里拆利(Torricelli,1608—1647)、费马、沃利斯(Wallis,1616—1703)、格里高利(Gregory,1584—1667)等人利用上述原理得出了许多与现代积分计算公式类似的结果.托里拆利研究了无限双曲体的体积,费马得到了抛物线和双曲线下的面积,沃利斯解决了形为 $y = x^{q/p}$ 的曲线下的面积问题,格里高利则给出了等轴双曲线下的面积.

但是直到牛顿和莱布尼茨的工作出现之前(17 世纪下半叶),有关定积分的种种结果还是孤立零散的,比较完整的定积分理论还未能形成,直到牛顿 – 莱布尼茨公式建立以后,计算问题得以解决,定积分才迅速建立发展起来.

人类得到比较明晰的极限概念,花了大约 2000 年的时间.在牛顿和莱布尼茨的时代,极限概念仍不明确.因此牛顿和莱布尼茨建

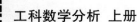
立的微积分的理论基础还不十分牢靠,有些概念比较模糊,由此引起了数学界甚至哲学界长达一个半世纪的争论,并引发了"第二次数学危机".经过18、19世纪一大批数学家的努力,特别是柯西首先成功地建立了极限理论,魏尔斯特拉斯进一步给出了现在通用的极限的定义,极限概念才完全确立,微积分才有了坚实的基础,也才有了我们今天在教材中所见到的微积分.现代教科书中有关定积分的定义是由德国数学家黎曼(Riemann,1826—1866)给出的,因此也称为黎曼积分.

定积分既是一个基本概念,又是一种基本思想.定积分的思想即"化整为零→近似代替→积零为整→取极限".定积分这种"和的极限"的思想,在高等数学、物理、工程技术等知识领域以及人们在生产实践活动中具有普遍的意义,很多问题的数学结构与定积分中求"和的极限"的数学结构是一样的.定积分的概念及微积分基本公式,不仅是数学史上、而且是科学思想史上的重要创举.

5.1.1 定积分的概念

在引入定积分的概念之前,首先介绍两个应用实例.

问题一:求曲边梯形的面积.

设函数 $f(x)$ 定义在闭区间 $[a,b]$ 上,需要求由 x 轴和直线 $x=a$,$x=b$ 以及曲线 $y=f(x)$ 围成的曲边梯形的面积 A.

由于曲边梯形的高随 x 的变化而变化,可以考虑将曲边梯形分割为许多细长的小曲边梯形(如图5-1所示).在每一个小曲边梯形中,高 $f(x)$ 随 x 的变化较小,因此可用小矩形近似代替.于是所求的曲边梯形面积就近似于所有小矩形面积之和,分割得越细,近似的程度就越好,这个近似值的极限就是曲边梯形的面积.

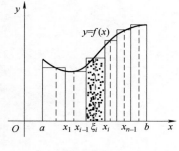

图 5-1

具体步骤为:

(1)分割:在 $[a,b]$ 内任意插入 $n-1$ 个分点 $x_1,x_2,\cdots,x_{n-1}$,设 $a=x_0<x_1<x_2<\cdots<x_{n-1}<x_n=b$,它们把 $[a,b]$ 分为 n 个小区间,记第 i 个小区间的长度为 $\Delta x_i=x_i-x_{i-1}$,过各分点作平行于 y 轴的直线,将曲边梯形分割为 n 个小曲边梯形;

(2)近似:在第 i 个小区间 $[x_{i-1},x_i]$ 中,任取一点 ξ_i,将第 i 个小曲边梯形的面积 ΔA_i 近似地看作底为 Δx_i、高为 $f(\xi_i)$ 的小矩形,即 $\Delta A_i \approx f(\xi_i) \cdot \Delta x_i$;

(3)求和:将所有小矩形面积相加,得到整个曲边梯形面积的近似值 $A \approx \sum_{i=1}^{n} f(\xi_i) \cdot \Delta x_i$;

(4)取极限:当每个小区间的长度 Δx_i 都趋于零时(用 $d=\max_{1 \leqslant i \leqslant n}\{\Delta x_i\} \to 0$ 表示),上述和式的极限就是曲边梯形的面积

$$A = \lim_{d \to 0} \sum_{i=1}^{n} f(\xi_i) \cdot \Delta x_i.$$

问题二:求不均匀细杆的质量.

设有一密度非均匀分布的细杆,长为 l,位于 x 轴上的区间 $[0,l]$ 范围内,若已知细杆在位置 $x \in [0,l]$ 的线密度为 $\rho(x)$,求细杆的质量 M.

由于细杆的密度随位置 x 的变化而变化,可以考虑将区间 $[0,l]$ 分割为若干小区间,细杆也分割为若干部分,每一部分近似看作密度均匀的,求出质量后再相加得到这个细杆质量的近似值,最后通过分割的无限加细得到精确值.

具体步骤与前面的例子类似:

(1)分割:在 $[0,l]$ 内任意插入 $n-1$ 个分点 $x_1,x_2,\cdots,x_{n-1}$,设 $0 = x_0 < x_1 < x_2 < \cdots < x_{n-1} < x_n = l$,它们把 $[0,l]$ 分为 n 个小区间,记第 i 个小区间的长度为 $\Delta x_i = x_i - x_{i-1}$;

(2)近似:取 $\xi_i \in [x_{i-1}, x_i]$,则第 i 段细杆近似地看作长度为 Δx_i、密度为 $\rho(\xi_i)$ 的均匀细杆,其质量 $\Delta M_i \approx \rho(\xi_i) \cdot \Delta x_i$;

(3)求和:将所有小细杆的质量相加,得到整个细杆质量的近似值 $M \approx \sum\limits_{i=1}^{n} \rho(\xi_i) \cdot \Delta x_i$;

(4)取极限:当所有小细杆的长度 Δx_i 都趋于零时(用 $d = \max\limits_{1 \leqslant i \leqslant n}\{\Delta x_i\} \to 0$ 表示),上述和式的极限就是整个细杆质量的精确值,$M = \lim\limits_{d \to 0} \sum\limits_{i=1}^{n} \rho(\xi_i) \cdot \Delta x_i$.

可以看到上述两个不同的问题,解决的方法和步骤是类似的,二者归结为具有相同数学结构的和式极限.于是得到下述定义.

> **定义 5.1** 设函数 $y = f(x)$ 定义在区间 $[a,b]$ 上,在 $[a,b]$ 内任意插入 $n-1$ 个分点 $x_1,x_2,\cdots,x_{n-1}$,设 $a = x_0 < x_1 < x_2 < \cdots < x_{n-1} < x_n = b$,它们把 $[a,b]$ 分为 n 个小区间,记第 k 个小区间的长度为 $\Delta x_k = x_k - x_{k-1}$,任取 $\xi_k \in [x_{k-1}, x_k]$,作乘积 $f(\xi_k) \cdot \Delta x_k$,把所有的乘积相加得到和式 $\sum\limits_{k=1}^{n} f(\xi_k) \cdot \Delta x_k$.如果不论 $[a,b]$ 怎样分割,不论 $\xi_k \in [x_{k-1}, x_k]$ 怎样选取,当 $d = \max\limits_{1 \leqslant k \leqslant n}\{\Delta x_k\} \to 0$ 时,上述和式的极限都为同一个常数,那么称函数 $f(x)$ 在区间 $[a,b]$ 上**可积**,否则称函数 $f(x)$ 在区间 $[a,b]$ 上**不可积**,当可积时和式的极限称为 $f(x)$ 在区间 $[a,b]$ 上的**定积分**,记作 $\int_a^b f(x)\mathrm{d}x$,即
>
> $$\int_a^b f(x)\mathrm{d}x = \lim_{d \to 0} \sum_{k=1}^{n} f(\xi_k) \cdot \Delta x_k.$$

注 1 我们称 $f(x)$ 为被积函数,x 为积分变量,$f(x)\mathrm{d}x$ 为被积式,$[a,b]$ 为积分区间,a 为积分下限,b 为积分上限,$\int$ 是积分号,

$\sum\limits_{k=1}^{n} f(\xi_k) \cdot \Delta x_k$ 为积分和.

注2 当 $d = \max\limits_{1 \leqslant k \leqslant n} \{\Delta x_k\} \to 0$, 必有小区间的个数 $n \to \infty$, 但是 $n \to \infty$ 时未必有 $d \to 0$, 所以定义中的极限式不能用 $n \to \infty$ 代替 $d \to 0$.

思考:何时可用 $n \to \infty$ 代替 $d \to 0$?

注3 在构造积分和 $\sum\limits_{k=1}^{n} f(\xi_k) \cdot \Delta x_k$ 时, 有两个任意性, 分别是区间 $[a,b]$ 分割的任意性以及点 $\xi_k \in [x_{k-1}, x_k]$ 选取的任意性. 也就是说将区间 $[a,b]$ 分为 n 个小区间, 既可以采取 n 等分, 也可以采取其他分法; $\xi_k \in [x_{k-1}, x_k]$ 的选取, 既可以是区间端点, 也可以是区间内任一点. 显然, 当 $[a,b]$ 分割不同或 ξ_k 取法不同时, 得到的和式并不相同, 定义要求"无论 $[a,b]$ 怎样的分法、无论 $\xi_k \in [x_{k-1}, x_k]$ 怎样的取法", 和式都要趋于同一个数, 这样才称 $f(x)$ 在 $[a,b]$ 上可积.

注4 由本节的问题一可知, 若在区间 $[a,b]$ 上 $f(x) \geqslant 0$, 则定积分 $\int_a^b f(x)\mathrm{d}x$ 的值等于由 x 轴和直线 $x = a, x = b$ 以及曲线 $y = f(x)$ 围成的曲边梯形的面积 A, 这就是**定积分的几何意义**.

若在区间 $[a,b]$ 上 $f(x) \leqslant 0$, 则定积分 $\int_a^b f(x)\mathrm{d}x$ 的值为负数, 等于曲边梯形面积 A 的相反数; 因此当 $f(x)$ 变号时, 定积分的值相当于 x 轴上方曲边梯形的面积减 x 轴下方面积的差.

注5 若函数 $f(x)$ 在区间 $[a,b]$ 上无界, 则对 $[a,b]$ 任意分割 $a = x_0 < x_1 < x_2 < \cdots < x_{n-1} < x_n = b$, 必然存在某小区间 $[x_{i-1}, x_i]$ 使得 $f(x)$ 在其上无界. 于是 $\forall M > 0$, 可以选取 $\xi_i \in [x_{i-1}, x_i]$ 使得:

$$\left| f(\xi_i) \cdot \Delta x_i \right| > M + \sum_{\substack{k=1 \\ k \neq i}}^{n} \left| f(x_k) \cdot \Delta x_k \right|.$$

这样对任意分割, 得到一种 ξ_k 的取法(除第 i 个之外均取为区间的右端点 x_k), 使得

$$\left| \sum_{k=1}^{n} f(\xi_k) \cdot \Delta x_k \right| \geqslant \left| f(\xi_i) \cdot \Delta x_i \right| - \sum_{\substack{k=1 \\ k \neq i}}^{n} \left| f(x_k) \cdot \Delta x_k \right| > M,$$

即积分和无界, 故函数不可积. 于是有"**可积函数一定有界**", 这称为可积的**必要条件**.

注6 对于 $[a,b]$ 上的有界函数 $f(x)$, 当 $d \to 0$ 时, 其积分和 $\sum\limits_{k=1}^{n} f(\xi_k) \cdot \Delta x_k$ 中的每一项均为无穷小量, 故增加、减少或改变有限项, 均不影响积分和的极限.

因此, 若两个有界函数 $f(x)$ 和 $g(x)$ 在 $[a,b]$ 上除有限个点外均相等, 则它们的可积性一致, 可积时二者的积分也相等. 于是,

$f(x)$ 在 $[a,b]$ 上可积与 $f(x)$ 在 (a,b) 上可积含义相同,以后我们说 $f(x)$ 在区间 I 上可积,其中的区间 I 为闭区间.

显然可积与连续或可导不同,只能定义在一个区间上(一般特指闭区间),不能定义在一点处.可积性是函数在区间上的整体性质,连续性或可导性是函数在某点处的局部性质.

思考:在已学过的概念中,还有哪些属于整体性质? 哪些属于局部性质?

定义 5.1 最早是由德国数学家黎曼给出的,因此所定义的积分称为黎曼积分,函数 $f(x)$ 称为在 $[a,b]$ 上黎曼可积,记作 $f(x) \in \Re[a,b]$.

根据定义,若函数 $f(x)$ 在区间 $[a,b]$ 上可积,则可以选择 $[a,b]$ 特定的分割方式以及 ξ_k 特定的选取方式得到和式,若能求出其极限,即得到定积分 $\int_a^b f(x)\mathrm{d}x$ 的值.

例 5.1　若已知函数 $f(x) = x^2$ 在区间 $[0,1]$ 上可积,求定积分 $\int_0^1 x^2 \mathrm{d}x$.

解　区间 $[0,1]$ 的分割方式采取 n 等分,ξ_k 取为第 k 个小区间的右端点,则

$$[0,1] = \bigcup_{k=1}^n \left[\frac{k-1}{n}, \frac{k}{n}\right], \Delta x_k = \frac{1}{n}, \xi_k = \frac{k}{n} \quad (k = 1, 2, \cdots, n).$$

由于函数 $f(x) = x^2$ 在区间 $[0,1]$ 上可积,$n \to \infty$ 时 $d \to 0$,根据定义

$$\int_0^1 x^2 \mathrm{d}x = \lim_{n \to \infty} \sum_{k=1}^n \left(\frac{k}{n}\right)^2 \cdot \frac{1}{n} = \lim_{n \to \infty} \frac{1}{n^3} \sum_{k=1}^n k^2$$
$$= \lim_{n \to \infty} \frac{n(n+1)(2n+1)}{6n^3} = \frac{1}{3}.$$

一般来说,如果采取将区间 $[a,b]$ n 等分,ξ_k 取为第 k 个小区间的右端点的方式,则对任意的 $k = 1, 2, \cdots, n$,$\Delta x_k = \frac{b-a}{n}$,$\xi_k = a + \frac{k}{n}(b-a)$,定积分可以表示为如下极限:

$$\int_a^b f(x)\mathrm{d}x = \lim_{n \to \infty} \frac{b-a}{n} \sum_{k=1}^n f\left(a + \frac{k}{n}(b-a)\right).$$

这并不是仅仅用来计算定积分(定积分的计算一般通过 5.2 节的牛顿-莱布尼茨公式)的,更重要的是将右侧的和式极限表示为定积分,给出了求和式极限的一种方法.

例 5.2　将以下的极限表示为定积分的形式:

$$(1) \lim_{n \to \infty} \sum_{k=1}^n \frac{1}{\sqrt{4n^2 - k^2}}; \qquad (2) \lim_{n \to \infty} \frac{1}{n^4} \prod_{i=1}^{2n} (n^2 + i^2)^{\frac{1}{n}}.$$

解　(1) 由于 $\dfrac{1}{\sqrt{4n^2 - k^2}} = \dfrac{1}{n} \cdot \dfrac{1}{\sqrt{4 - \left(\dfrac{k}{n}\right)^2}}$,可知 $a = 0, b = $

$$1, f(x) = \frac{1}{\sqrt{4-x^2}},$$

故
$$\lim_{n\to\infty} \sum_{k=1}^{n} \frac{1}{\sqrt{4n^2-k^2}} = \int_0^1 \frac{1}{\sqrt{4-x^2}} dx.$$

（2）对于积式，通过取对数化为和式，可得

$$\ln\left(\frac{1}{n^4} \prod_{i=1}^{2n} (n^2+i^2)^{\frac{1}{n}}\right) = \sum_{i=1}^{2n} \frac{1}{n} \ln(n^2+i^2) - 4\ln n$$

$$= \sum_{i=1}^{2n} \frac{1}{n} \ln\left(1 + \left(\frac{i}{n}\right)^2\right) + \sum_{i=1}^{2n} \frac{1}{n} \ln(n^2) - 4\ln n$$

$$= \sum_{i=1}^{2n} \frac{1}{n} \ln\left(1 + \left(\frac{i}{n}\right)^2\right) + \frac{1}{n} \ln(n^2) \cdot 2n - 4\ln n$$

$$= \sum_{i=1}^{2n} \frac{1}{n} \ln\left(1 + \left(\frac{i}{n}\right)^2\right).$$

注意和式 $\sum_{i=1}^{2n} \frac{1}{n} \ln\left(1 + \left(\frac{i}{n}\right)^2\right)$ 对应了 $a = 0, b = 2, f(x) = \ln(1+x^2)$ 的积分和，故 $\lim_{n\to\infty} \sum_{i=1}^{2n} \frac{1}{n} \ln\left[1 + \left(\frac{i}{n}\right)^2\right] = \int_0^2 \ln(1+x^2) dx \Rightarrow \lim_{n\to\infty} \frac{1}{n^4} \prod_{i=1}^{2n} (n^2+i^2)^{\frac{1}{n}} = \exp\left(\int_0^2 \ln(1+x^2) dx\right).$

5.1.2 函数可积性的判定

本节我们考虑什么样的函数是可积的. 在上一节定义 5.1 的注 6 中，指出了"可积函数一定有界"，但是区间 $[a,b]$ 上有界的函数是不是一定可积呢？首先看一个例子.

例5.3 讨论 $[0,1]$ 上狄利克雷函数 $D(x) = \begin{cases} 1, & x \in \mathbb{Q}, \\ 0, & x \in \mathbb{Q}^c \end{cases}$ 的可积性.

解 由于有理数和无理数在实数轴上的稠密性，对区间 $[0,1]$ 的任意分割，每个小区间 $[x_{k-1}, x_k]$ 上既包含有理数也包含无理数.

于是当 $\xi_k \in [x_{k-1}, x_k]$ 全部取有理数时，对应的积分和 $\sum_{k=1}^{n} D(\xi_k) \cdot \Delta x_k = \sum_{k=1}^{n} \Delta x_k = 1$；当 ξ_k 全部取无理数时，对应的积分和 $\sum_{k=1}^{n} D(\xi_k) \cdot \Delta x_k = \sum_{k=1}^{n} 0 \cdot \Delta x_k = 0$. 上述两种情形下，当 $d \to 0$ 时的极限分别为 1 和 0，不相等，根据定义，$D(x)$ 在 $[0,1]$ 上不可积.

由此可见，并不是每个 $[a,b]$ 上有界的函数都可积. 为了探讨可积的条件，首先分析一下狄利克雷函数 $D(x)$ 在 $[0,1]$ 上不可积的原因. 可以发现，不管我们将 $[0,1]$ 分割得多么细，也就是说分割后每个小区间的长度不论多么的小，$D(x)$ 在其上仍然是"剧烈震荡"的，函数值仍然可以取到 1 和 0. 这就直接导致了 ξ_k 取不同值时，所对应的积分和差距极大，也就难以具有相同的极限.

通过上面的分析,可知函数在长度充分小的小区间上的变化幅度,与函数的可积性密切相关,为此,定义 $f(x)$ 在区间 $[x_{k-1}, x_k]$ 的**振幅** ω_k 为

$$\omega_k = M_k - m_k, \text{其中 } M_k = \sup_{x \in [x_{k-1}, x_k]} f(x), m_k = \inf_{x \in [x_{k-1}, x_k]} f(x).$$

$f(x)$ 在区间 $[x_{k-1}, x_k]$ 的取值介于 m_k 和 M_k 之间,并且可以任意接近二者. 如果用 Δ 表示区间 $[a, b]$ 的分割 $\Delta: a = x_0 < x_1 < x_2 < \cdots < x_{n-1} < x_n = b$,定义 $f(x)$ 关于分割 Δ 的**达布大和** $\overline{S}(\Delta)$ 与**达布小和** $\underline{S}(\Delta)$(统称为**达布和**)分别为:

$$\overline{S}(\Delta) = \sum_{k=1}^{n} M_k \cdot \Delta x_k, \underline{S}(\Delta) = \sum_{k=1}^{n} m_k \cdot \Delta x_k.$$

二者的差正好为**振幅和**:$\overline{S}(\Delta) - \underline{S}(\Delta) = \sum_{k=1}^{n} (M_k - m_k) \cdot \Delta x_k = \sum_{k=1}^{n} \omega_k \cdot \Delta x_k.$

可以说,达布大和与达布小和限定了积分和的范围. 首先,我们分析一下当分割变细后,达布和与振幅和的变化.

考虑在小区间 $[x_{k-1}, x_k]$ 中增加一个分点 $c \in (x_{k-1}, x_k)$,将小区间 $[x_{k-1}, x_k]$ 分为两个小区间. 此时达布大和的第 k 项 $M_k \cdot \Delta x_k$ 变成了 $M_{k_1} \cdot \Delta x_{k_1} + M_{k_2} \cdot \Delta x_{k_2}$,其中 $M_{k_1} = \sup\limits_{x \in [x_{k-1}, c]} f(x), M_{k_2} = \sup\limits_{x \in [c, x_k]} f(x)$,$\Delta x_{k_1} = c - x_{k-1}, \Delta x_{k_2} = x_2 - c$. 由于 $M_{k_1} \leqslant M_k, M_{k_2} \leqslant M_k$,可得

$$M_{k_1} \cdot \Delta x_{k_1} + M_{k_2} \cdot \Delta x_{k_2} \leqslant M_k \cdot (\Delta x_{k_1} + \Delta x_{k_2}) = M_k \cdot \Delta x_k.$$

因此可知当分割加入新的分点变细后,达布大和是递减的,同理,达布小和是递增的,于是振幅和也是递减的.

可以想象,随着分割的无限加细,达布大和、达布小和、振幅和都应该趋近于某定值. 只有达布大和与达布小和趋于相同的定值时,才可以使得积分和具有确定的极限,此时振幅和应该趋于零.

上述结论由如下定理给出,其详细证明本书从略,可参阅文献 [9] 中的定理 7.1.2.

定理 5.1(可积的充要条件)　设函数 $f(x)$ 在 $[a, b]$ 上有界,则 $f(x)$ 在 $[a, b]$ 上可积的充要条件是:任取 $\varepsilon > 0$,存在 $\delta > 0$,对区间 $[a, b]$ 的任意分割 $a = x_0 < x_1 < \cdots < x_{n-1} < x_n = b$,$\Delta x_k = x_k - x_{k-1}$,只要 $d = \max\limits_{1 \leqslant k \leqslant n} \{\Delta x_k\} < \delta$,都有 $\sum_{k=1}^{n} \omega_k \cdot \Delta x_k < \varepsilon$.

注 1　定理 5.1 中可积的充要条件可以放宽为如下形式(参见文献 [9] 中的定理 7.1.3)

任取 $\varepsilon > 0$,存在区间 $[a, b]$ 的一种分割,使 $\sum_{k=1}^{n} \omega_k \cdot \Delta x_k < \varepsilon$.

注 2　根据上面的注 1,要使得 $[a, b]$ 上的有界函数 $f(x)$ 可积,只需找到区间 $[a, b]$ 上的一种分割,使得振幅和小于任意给定的正

数 ε，即 $\sum\limits_{k=1}^{n} \omega_k \cdot \Delta x_k < \varepsilon$. 有以下三种常见情形：

（1）每个小区间 $[x_{k-1}, x_k]$ 上的振幅 ω_k 都很小 $\left(\text{比如小于} \dfrac{\varepsilon}{b-a}\right)$，则

$$\sum_{k=1}^{n} \omega_k \cdot \Delta x_k < \frac{\varepsilon}{b-a} \sum_{k=1}^{n} \Delta x_k = \varepsilon;$$

（2）振幅 ω_k 比较大的所有小区间 $[x_{k-1}, x_k]$ 的长度总和非常小.

此时我们将 $\sum\limits_{k=1}^{n} \omega_k \cdot \Delta x_k$ 分为两部分，一部分 ω_k 非常小（比如小于 $\dfrac{\varepsilon}{2(b-a)}$），一部分 ω_k 较大但有界（比如小于 M），所对应的 Δx_k 之和非常小（比如小于 $\dfrac{\varepsilon}{2M}$）. 这样就有 $\sum\limits_{k=1}^{n} \omega_k \cdot \Delta x_k =$

$$\sum_{\omega_k < \frac{\varepsilon}{2(b-a)}} \omega_k \cdot \Delta x_k + \sum_{\omega_k < M} \omega_k \cdot \Delta x_k < \frac{\varepsilon}{2(b-a)} \sum_{k=1}^{n} \Delta x_k + M \cdot \sum_{\omega_k < M} \Delta x_k = \varepsilon.$$

（3）振幅 ω_k 的和有上界（比如 L），只要 $d = \max\limits_{1 \leqslant k \leqslant n} \{\Delta x_k\} < \dfrac{\varepsilon}{L}$，则

$$\sum_{k=1}^{n} \omega_k \cdot \Delta x_k < \frac{\varepsilon}{L} \sum_{k=1}^{n} \omega_k = \varepsilon.$$

下述定理 5.2 给出了三种常见的可积函数类.

定理 5.2（可积函数类） 满足下列条件之一的函数 $f(x)$ 在 $[a,b]$ 上可积：

（1）$f(x)$ 在 $[a,b]$ 上连续；

（2）$f(x)$ 在 $[a,b]$ 上有界，且只存在有限个间断点；

（3）$f(x)$ 在 $[a,b]$ 上单调.

证 （1）若函数 $f(x)$ 在 $[a,b]$ 上连续，则由定理 2.8（康托尔定理），可知 $f(x)$ 在 $[a,b]$ 上一致连续. 于是对 $\forall \varepsilon > 0$，存在 $\delta > 0$，对 $\forall x_1, x_2 \in [a,b]$，只要 $|x_1 - x_2| < \delta$，就有 $|f(x_1) - f(x_2)| < \dfrac{\varepsilon}{b-a}$.

对区间 $[a,b]$ 的任意分割 $a = x_0 < x_1 < \cdots < x_{n-1} < x_n = b$，$\Delta x_k = x_k - x_{k-1}$，当 $d = \max\limits_{1 \leqslant k \leqslant n} \{\Delta x_k\} < \delta$ 时，可得 $\omega_k = \sup\limits_{x \in [x_{k-1}, x_k]} f(x) - \inf\limits_{x \in [x_{k-1}, x_k]} f(x) = \sup\limits_{x', x'' \in [x_{k-1}, x_k]} |f(x') - f(x'')| \leqslant \dfrac{\varepsilon}{b-a}$，故 $\sum\limits_{k=1}^{n} \omega_k \cdot \Delta x_k \leqslant \dfrac{\varepsilon}{b-a} \sum\limits_{k=1}^{n} \Delta x_k = \varepsilon$，因此 $f(x)$ 在 $[a,b]$ 上可积.

（2）首先假设在 $[a,b]$ 上 $|f(x)| \leqslant M$，且只有 1 个间断点 $x' \in (a,b)$. 对 $\forall \varepsilon > 0$，取 $\delta = \dfrac{\varepsilon}{12M}$，分别记 $I_1 = [a, x' - \delta]$，$I_2 = [x' - \delta, x' + \delta]$，$I_3 = [x' + \delta, b]$，则 $[a,b] = I_1 \cup I_2 \cup I_3$. 函数 $f(x)$ 在 I_1, I_3 上

均连续,由(1)知 $f(x)$ 在两区间上均可积,故存在 I_1, I_3 的分割 $I_1 =$ $\cup_i [x_i^{(1)}, x_{i+1}^{(1)}]$, $I_3 = \cup_i [x_i^{(3)}, x_{i+1}^{(3)}]$ 分别使得 $\sum\limits_i \omega_i^{(1)} \cdot \Delta x_i^{(1)} < \dfrac{\varepsilon}{3}$,

$\sum\limits_i \omega_i^{(3)} \cdot \Delta x_i^{(3)} < \dfrac{\varepsilon}{3}$. 又 $f(x)$ 在 I_2 上的振幅 $\omega^{(2)} \leqslant 2M$,将 I_1, I_3 的

分割与 I_2 合并可得 $[a,b]$ 的分割,其振幅和

$$\sum_i \omega_i \cdot \Delta x_i = \sum_i \omega_i^{(1)} \cdot \Delta x_i^{(1)} + \omega^{(2)} \cdot 2\delta + \sum_i \omega_i^{(3)} \cdot \Delta x_i^{(3)} < \frac{\varepsilon}{3} + 2M \cdot 2\frac{\varepsilon}{12M} + \frac{\varepsilon}{3} = \varepsilon.$$

故 $f(x)$ 在 $[a,b]$ 上可积.

若 $[a,b]$ 上的有界函数 $f(x)$ 有 k 个间断点时,在 $[a,b]$ 上可积,模仿前面的证明过程,可知增加一个间断点后,$f(x)$ 也在 $[a,b]$ 上可积. 因此只要有界函数 $f(x)$ 在 $[a,b]$ 上只存在有限个间断点,则一定在 $[a,b]$ 上可积.

(3) 不妨设 $f(x)$ 在 $[a,b]$ 上单调增加,若 $f(b) = f(a)$,则 $f(x) \equiv C$,结论显然成立.

若 $f(b) > f(a)$,对区间 $[a,b]$ 的任意分割 $a = x_0 < x_1 < \cdots < x_{n-1} < x_n = b$, $f(x)$ 在小区间 $[x_{k-1}, x_k]$ 上的振幅 $\omega_k = f(x_k) - f(x_{k-1})$. 于是对 $\forall \varepsilon > 0$,当 $d = \max\limits_{1 \leqslant k \leqslant n} \{\Delta x_k\} < \dfrac{\varepsilon}{f(b) - f(a)}$ 时

$$\sum_{k=1}^n \omega_k \cdot \Delta x_k < \frac{\varepsilon}{f(b) - f(a)} \sum_{k=1}^n (f(x_k) - f(x_{k-1})) = \frac{\varepsilon}{f(b) - f(a)} (f(b) - f(a)) = \varepsilon.$$

因此 $f(x)$ 在 $[a,b]$ 上可积.

注 1 $[a,b]$ 上的单调函数可能有无穷多个间断点,因此(3)不能由(2)推出,例如

$$f(x) = \begin{cases} 0, & x = 0, \\ \dfrac{1}{n}, & x \in \left(\dfrac{1}{n+1}, \dfrac{1}{n}\right), \quad n \in \mathbb{N}_+. \end{cases}$$

注 2 若 $f(x)$ 在 $[a,b]$ 上有无穷多个间断点,即使不单调,也可能是可积的(见例 5.4).

例 5.4 证明黎曼函数 $R(x) = \begin{cases} \dfrac{1}{q}, & x = \dfrac{p}{q} \left(p,q \in \mathbb{N}_+, \dfrac{p}{q} \text{ 为既约真分数}\right), \\ 0, & x = 0, 1 \text{ 或 } x \in [0,1] \cap \mathbb{Q}^c \end{cases}$

在 $[0,1]$ 上可积.

证 对 $\forall \varepsilon > 0$,满足 $\dfrac{1}{q} \geqslant \dfrac{\varepsilon}{2}$ 的既约真分数 $\dfrac{p}{q}$ 只有有限个,不妨设其个数为 N.

对于区间 $[a,b]$ 的任意分割 $a = x_0 < x_1 < \cdots < x_{n-1} < x_n = b$,只有在包含 $\dfrac{p}{q}$(满足 $\dfrac{1}{q} \geqslant \dfrac{\varepsilon}{2}$)的小区间上,$R(x)$ 的振幅 $\omega \in \left[\dfrac{\varepsilon}{2}, 1\right]$,这样的小区间最多有 N 个,其余小区间的振幅均满足 $\omega \leqslant \dfrac{\varepsilon}{2}$. 令 $\delta =$

$\dfrac{\varepsilon}{2N}$,当 $d = \max\limits_{1 \leqslant k \leqslant n}\{\Delta x_k\} < \delta$ 时,$R(x)$ 关于上述分割的振幅和满足

$$\sum_{k=1}^{n}\omega_k \cdot \Delta x_k = \sum_{\omega_k \leqslant \frac{\varepsilon}{2}}\omega_k \cdot \Delta x_k + \sum_{\frac{\varepsilon}{2} \leqslant \omega_k \leqslant 1}\omega_k \cdot \Delta x_k < \frac{\varepsilon}{2}\sum_{k=1}^{n}\Delta x_k + N \cdot \delta < \frac{\varepsilon}{2} + N \cdot \frac{\varepsilon}{2N} = \varepsilon.$$

因此 $R(x)$ 在 $[0,1]$ 上可积.

> 思考:研究下述函数的可积性:
> (1) $f(x)$ 在 (a,b) 上连续且有界;
> (2) $f(x)$ 在 $[a,b]$ 上有界,在点列 $\{x_n\}$ 处不连续,且 $\lim\limits_{n \to \infty}x_n$ 存在.

5.1.3 定积分的性质

本节中,将利用定积分的定义及可积的判定条件,得到定积分的若干重要性质.

我们拓广定积分表达式 $\int_a^b f(x)\mathrm{d}x$ 的意义:

(1) 若 $a = b$,则 $\int_a^b f(x)\mathrm{d}x = 0$;

(2) 若 $a > b$,则 $\int_a^b f(x)\mathrm{d}x = -\int_b^a f(x)\mathrm{d}x$.

以后,不特殊说明时,定积分表达式 $\int_a^b f(x)\mathrm{d}x$ 中 a 与 b 的大小关系是任意的.

若 $f(x)$ 在区间 I 上可积(I 一般指闭区间),$I' \subset I$ 为 I 的闭子区间,由于 $f(x)$ 在 I' 上的振幅和一定小于在 I 上的振幅和,故根据定理 5.1,$f(x)$ 在区间 I' 上也可积.

性质 5.1(线性) 若 $f(x)$,$g(x)$ 在区间 I 上可积,则对任意的 $\alpha,\beta \in \mathbb{R}$,$\alpha f(x) + \beta g(x)$ 也在 I 上可积,且对任意的 $a,b \in I$,
$$\int_a^b (\alpha f(x) + \beta g(x))\mathrm{d}x = \alpha \int_a^b f(x)\mathrm{d}x + \beta \int_a^b g(x)\mathrm{d}x.$$

证 不妨设 $I = [a,b]$,对于 I 的任意分割 $a = x_0 < x_1 < \cdots < x_{n-1} < x_n = b$,以及 $\forall \xi_k \in [x_{k-1},x_k]$,有

$$\sum_{k=1}^{n}(\alpha f(\xi_k) + \beta g(\xi_k)) \cdot \Delta x_k = \alpha \sum_{k=1}^{n}f(\xi_k) \cdot \Delta x_k + \beta \sum_{k=1}^{n}g(\xi_k) \cdot \Delta x_k.$$

由于 $f(x)$,$g(x)$ 在区间 I 上可积,则 $\lim\limits_{d \to 0}\sum\limits_{k=1}^{n}f(\xi_k) \cdot \Delta x_k = \int_a^b f(x)\mathrm{d}x$,

$\lim\limits_{d \to 0}\sum\limits_{k=1}^{n}g(\xi_k) \cdot \Delta x_k = \int_a^b g(x)\mathrm{d}x$,故

$$\int_a^b (\alpha f(x) + \beta g(x))\mathrm{d}x = \lim_{d \to 0}\sum_{k=1}^{n}(\alpha f(\xi_k) + \beta g(\xi_k)) \cdot \Delta x_k$$

$$= \alpha \lim_{d \to 0}\sum_{k=1}^{n}f(\xi_k) \cdot \Delta x_k + \beta \lim_{d \to 0}\sum_{k=1}^{n}g(\xi_k) \cdot \Delta x_k = \alpha \int_a^b f(x)\mathrm{d}x + \beta \int_a^b g(x)\mathrm{d}x.$$

注　性质 5.1 说明定积分运算与线性运算可以换序,因此定积分运算是一种线性算子.线性可以推广为任意有限个函数的形式:

$$\int_a^b \sum_{i=1}^n \alpha_i f_i(x)\,\mathrm{d}x = \sum_{i=1}^n \alpha_i \int_a^b f_i(x)\,\mathrm{d}x.$$

性质 5.2(积与商的可积性)　若 $f(x), g(x)$ 在区间 I 上可积,则 $f(x) \cdot g(x)$ 在 I 上可积;进一步,若 $|g(x)| \geqslant c > 0 (x \in I)$,则 $\dfrac{f(x)}{g(x)}$ 也在 I 上可积.

证　由于 $f(x), g(x)$ 在区间 I 上可积,则必在区间 I 上有界.设 $I = [a, b]$,存在 $M > 0$,使得 $\forall x \in [a, b]$,$|f(x)| \leqslant M, |g(x)| \leqslant M$.

下面考虑函数 $f(x), g(x)$ 以及 $f(x) \cdot g(x)$、$\dfrac{f(x)}{g(x)}$ 在小区间 $[x_{k-1}, x_k]$ 上的振幅的关系,它们的振幅分别记作 $\omega_k(f), \omega_k(g), \omega_k(f \cdot g), \omega_k(f/g)$. 有

$$\omega_k(f \cdot g) = \sup_{x', x'' \in [x_{k-1}, x_k]} |f(x')g(x') - f(x'')g(x'')|$$

$$\leqslant \sup_{x', x'' \in [x_{k-1}, x_k]} (|g(x')||f(x') - f(x'')| + |f(x'')||g(x') - g(x'')|)$$

$$\leqslant M \sup_{x', x'' \in [x_{k-1}, x_k]} (|f(x') - f(x'')| + |g(x') - g(x'')|) \leqslant M(\omega_k(f) + \omega_k(g)).$$

若还满足 $|g(x)| \geqslant c > 0 (x \in I)$,则

$$\omega_k(f/g) = \sup_{x', x'' \in [x_{k-1}, x_k]} \left| \frac{f(x')}{g(x')} - \frac{f(x'')}{g(x'')} \right| = \sup_{x', x'' \in [x_{k-1}, x_k]} \frac{|f(x')g(x'') - f(x'')g(x')|}{|g(x')| \cdot |g(x'')|}$$

$$\leqslant \frac{1}{c^2} \sup_{x', x'' \in [x_{k-1}, x_k]} (|g(x')||f(x') - f(x'')| + |f(x')||g(x') - g(x'')|)$$

$$\leqslant \frac{M}{c^2} \sup_{x', x'' \in [x_{k-1}, x_k]} (|f(x') - f(x'')| + |g(x') - g(x'')|) \leqslant \frac{M}{c^2}(\omega_k(f) + \omega_k(g)).$$

对 $\forall \varepsilon > 0$,由于 $f(x), g(x)$ 在 $[a, b]$ 上可积,则存在 $[a, b]$ 的分割 $a = x_0 < x_1 < \cdots < x_{n-1} < x_n = b$ 使得 $f(x), g(x)$ 关于该分割的振幅和均满足

$$\sum_{k=1}^n \omega_k(f) \cdot \Delta x_k < \frac{\varepsilon}{2M}, \quad \sum_{k=1}^n \omega_k(g) \cdot \Delta x_k < \frac{\varepsilon}{2M}.$$

于是

$$\sum_{k=1}^n \omega_k(f \cdot g) \cdot \Delta x_k \leqslant M \left(\sum_{k=1}^n \omega_k(f) \cdot \Delta x_k + \sum_{k=1}^n \omega_k(g) \cdot \Delta x_k \right) < M \left(\frac{\varepsilon}{2M} + \frac{\varepsilon}{2M} \right) = \varepsilon.$$

因此 $f(x) \cdot g(x)$ 在 $[a, b]$ 上可积.对于 $\dfrac{f(x)}{g(x)}$,只需将上面不等式中的 $\dfrac{\varepsilon}{2M}$ 改为 $\dfrac{c^2 \varepsilon}{2M}$ 即可.

注　与性质 5.1 不同的是,性质 5.2 只说明了积与商的可积性,并没有给出积与商积分的计算公式.

事实上 $\int_a^b (f(x) \cdot g(x)) \mathrm{d}x = \int_a^b f(x) \mathrm{d}x \cdot \int_a^b g(x) \mathrm{d}x$ 和 $\int_a^b \dfrac{f(x)}{g(x)} \mathrm{d}x = \dfrac{\int_a^b f(x) \mathrm{d}x}{\int_a^b g(x) \mathrm{d}x}$ 都不成立,也不存在其他的关于积与商的积分公式(这与导数性质不同,也是积分计算难于导数计算的原因之一).

性质 5.3(区间可加性) 若 $f(x)$ 在区间 I 上可积,对任意的 a, $b,c \in I$,有

$$\int_a^b f(x) \mathrm{d}x = \int_a^c f(x) \mathrm{d}x + \int_c^b f(x) \mathrm{d}x.$$

证 不妨设 $a < c < b$,其他情况可通过交换积分上下限得到类似形式.

由于 $[a,c]$,$[c,b]$,$[a,b]$ 都是 I 的闭子区间,故 $f(x)$ 在 $[a,c]$,$[c,b]$,$[a,b]$ 上均可积. 对 $[a,b]$ 的任意分割 $a = x_0 < x_1 < \cdots < x_{n-1} < x_n = b$,设 $x_k = c$,若不然则添加 c 作为新的分点,则

$$\sum_{i=1}^n f(\xi_i) \cdot \Delta x_i = \sum_{i=1}^k f(\xi_i) \cdot \Delta x_i + \sum_{i=k+1}^n f(\xi_i) \cdot \Delta x_i.$$

令 $d = \max\limits_{1 \le k \le n} \{\Delta x_k\} \to 0$ 可得 $\int_a^b f(x) \mathrm{d}x = \int_a^c f(x) \mathrm{d}x + \int_c^b f(x) \mathrm{d}x$.

注 区间可加性可以推广为任意有限个区间的情形:对任意依次增加的 $a_i \in I(i = 1, \cdots, n)$,有

$$\int_{a_1}^{a_n} f(x) \mathrm{d}x = \sum_{i=1}^{n-1} \int_{a_i}^{a_{i+1}} f(x) \mathrm{d}x.$$

性质 5.4(不等式性质) 若 $f(x)$,$g(x)$ 在区间 I 上可积,$a,b \in I$,$a < b$,有

(1)(保号性)若 $f(x) \ge 0$,则 $\int_a^b f(x) \mathrm{d}x \ge 0$;

(2)(保序性)若 $f(x) \ge g(x)$,则 $\int_a^b f(x) \mathrm{d}x \ge \int_a^b g(x) \mathrm{d}x$;

(3)(估值不等式)若 $m \le f(x) \le M$,则 $m(b-a) \le \int_a^b f(x) \mathrm{d}x \le M(b-a)$;

(4)(绝对可积性)$|f(x)|$ 在区间 I 上可积,且 $\left| \int_a^b f(x) \mathrm{d}x \right| \le \int_a^b |f(x)| \mathrm{d}x$.

证 (1)对 $[a,b]$ 的任意分割 $a = x_0 < x_1 < \cdots < x_{n-1} = b$,$\forall \xi_k \in [x_{k-1}, x_k]$,$f(\xi_k) \ge 0$. 因此 $\sum_{i=1}^n f(\xi_i) \cdot \Delta x_i \ge 0$,取极限 $d = \max\limits_{1 \le k \le n} \{\Delta x_k\} \to 0$ 可得 $\int_a^b f(x) \mathrm{d}x \ge 0$.

(2)令 $h(x) = f(x) - g(x)$,则 $h(x) \ge 0$,由(1)$\int_a^b h(x) \mathrm{d}x \ge$

0,再根据性质 5.1,可知

$$\int_a^b h(x)\,\mathrm{d}x = \int_a^b (f(x) - g(x))\,\mathrm{d}x = \int_a^b f(x)\,\mathrm{d}x - \int_a^b g(x)\,\mathrm{d}x \geqslant 0.$$

故 $\int_a^b f(x)\,\mathrm{d}x \geqslant \int_a^b g(x)\,\mathrm{d}x$.

（3）由于 $\int_a^b m\mathrm{d}x = m\int_a^b \mathrm{d}x = m(b-a)$, $\int_a^b M\mathrm{d}x = M\int_a^b \mathrm{d}x = M(b-a)$,

根据（2）

$$m(b-a) = \int_a^b m\mathrm{d}x \leqslant \int_a^b f(x)\,\mathrm{d}x \leqslant \int_a^b M\mathrm{d}x = M(b-a).$$

（4）首先证明 $|f(x)|$ 在区间 I 上可积. 由于 $\Big|\,|f(x')| - |f(x'')|\,\Big| \leqslant |f(x') - f(x'')|$, 故在任意小区间 $[x_{k-1}, x_k]$ 上, $\omega_k(|f|) \leqslant \omega_k(f)$.

这样,对 $[a,b]$ 的任意分割 $a = x_0 < x_1 < \cdots < x_{n-1} < x_n = b$,都有

$$\sum_{k=1}^n \omega_k(|f|) \cdot \Delta x_k \leqslant \sum_{k=1}^n \omega_k(f) \cdot \Delta x_k.$$

由于 $f(x)$ 在 $[a,b]$ 上可积,故 $|f(x)|$ 在区间 I 上可积.

对 $[a,b]$ 的任意分割 $a = x_0 < x_1 < \cdots < x_{n-1} < x_n = b$, $\forall \xi_k \in [x_{k-1}, x_k]$, $\Big|\sum_{i=1}^n f(\xi_i) \cdot \Delta x_i\Big| \leqslant \sum_{i=1}^n |f(\xi_i)| \cdot \Delta x_i$, 取极限 $d = \max_{1 \leqslant k \leqslant n}\{\Delta x_k\} \to 0$ 可得 $\Big|\int_a^b f(x)\,\mathrm{d}x\Big| \leqslant \int_a^b |f(x)|\,\mathrm{d}x$.

注　可以看到,当 $f(x)$ 变为 $|f(x)|$ 时,振幅和变小,积分和变大. 若 $|f(x)|$ 可积, $f(x)$ 的可积性无法确定.（请举反例）

性质 5.5（积分中值定理）　若 $f(x)$ 在 $[a,b]$ 上连续, $g(x)$ 在 $[a,b]$ 上可积且不变号,则存在 $\xi \in [a,b]$,使得

$$\int_a^b f(x)g(x)\,\mathrm{d}x = f(\xi)\int_a^b g(x)\,\mathrm{d}x.$$

证　不妨设 $g(x) \geqslant 0$, 由于 $f(x)$ 在 $[a,b]$ 上连续, 根据连续函数的最值定理,记

$$m = \min_{x \in [a,b]} f(x), M = \max_{x \in [a,b]} f(x).$$

则 $m \leqslant f(x) \leqslant M$, 故 $m \cdot g(x) \leqslant f(x) \cdot g(x) \leqslant M \cdot g(x)$. 由性质 5.4（2）,可得

$$m\int_a^b g(x)\,\mathrm{d}x \leqslant \int_a^b f(x)g(x)\,\mathrm{d}x \leqslant M\int_a^b g(x)\,\mathrm{d}x.$$

若 $\int_a^b g(x)\,\mathrm{d}x = 0$, 可知 $\int_a^b f(x)g(x)\,\mathrm{d}x = 0$, 故对 $\forall \xi \in [a,b]$, 都有

$$\int_a^b f(x)g(x)\,\mathrm{d}x = f(\xi)\int_a^b g(x)\,\mathrm{d}x.$$

若 $\displaystyle\int_a^b g(x)\,\mathrm{d}x > 0$，上式可得 $m \leqslant \dfrac{\displaystyle\int_a^b f(x)g(x)\,\mathrm{d}x}{\displaystyle\int_a^b g(x)\,\mathrm{d}x} \leqslant M$. 根据连续

函数的介值定理，存在 $\xi \in [a,b]$，使得 $f(\xi) = \dfrac{\displaystyle\int_a^b f(x)g(x)\,\mathrm{d}x}{\displaystyle\int_a^b g(x)\,\mathrm{d}x}$，即

$$\int_a^b f(x)g(x)\,\mathrm{d}x = f(\xi)\int_a^b g(x)\,\mathrm{d}x.$$

注　当 $g(x) \equiv 1$ 时，上述结论变成 $\displaystyle\int_a^b f(x)\,\mathrm{d}x = f(\xi)(b-a)$，称
为**积分均值公式**. 当 $f(x) \geqslant 0$ 时，其几何意义为：由 x 轴和直线 $x = a, x = b$ 以及 $y = f(x)$ 围成的曲边梯形的面积，等于同底高为 $f(\xi)$ 的

矩形面积. 一般，称 $\dfrac{\displaystyle\int_a^b f(x)\,\mathrm{d}x}{b-a}$ 为 $f(x)$ 在区间 $[a,b]$（或 $[b,a]$）上的

积分均值或**平均值**.

性质 5.6（积分与极限的换序以及逐项积分公式）

（1）设 $f_n(x)\,(n = 1,2,\cdots)$ 在 $[a,b]$ 上可积，函数列 $\{f_n(x)\}$ 在 $[a,b]$ 上一致收敛于 $f(x)$，则 $f(x)$ 在 $[a,b]$ 上可积，并且
$$\int_a^b \lim_{n\to\infty} f_n(x)\,\mathrm{d}x = \int_a^b f(x)\,\mathrm{d}x = \lim_{n\to\infty}\int_a^b f_n(x)\,\mathrm{d}x.$$

（2）设 $f_n(x)\,(n = 1,2,\cdots)$ 在 $[a,b]$ 上可积，函数项级数 $\displaystyle\sum_{n=1}^{\infty} f_n(x)$ 在 $[a,b]$ 上一致收敛于 $s(x)$，则

$$\int_a^b \sum_{n=1}^{\infty} f_n(x)\,\mathrm{d}x = \int_a^b s(x)\,\mathrm{d}x = \sum_{n=1}^{\infty}\int_a^b f_n(x)\,\mathrm{d}x.$$

证　（1）$\forall \varepsilon > 0$，由于函数列 $\{f_n(x)\}$ 在 $[a,b]$ 上一致收敛于 $f(x)$，则存在 $K \in \mathbb{N}^+$，$\forall x \in I$ 有

$$|f(x) - f_K(x)| < \frac{\varepsilon}{3(b-a)}.$$

又 $f_K(x)$ 在 $[a,b]$ 上可积，则存在 $[a,b]$ 的分割使得 $\displaystyle\sum_{k=1}^{n}\omega_k(f_K) \cdot$

$\Delta x_k < \dfrac{\varepsilon}{3}$. 注意到 $\forall x', x'' \in I$，

$$|f(x') - f(x'')| \leqslant |f(x') - f_K(x')| + |f_K(x') - f_K(x'')| + |f(x'') - f_K(x'')|$$
$$< \frac{2\varepsilon}{3(b-a)} + |f_K(x') - f_K(x'')|.$$

在小区间 $[x_{k-1}, x_k]$ 上取上确界可得 $\omega_k(f) \leqslant \omega_k(f_K) + \dfrac{2\varepsilon}{3(b-a)}$，于
是有

$$\sum_{k=1}^{n} \omega_k(f) \cdot \Delta x_k \leqslant \sum_{k=1}^{n} \omega_k(f_K) \cdot \Delta x_k + \frac{2\varepsilon}{3(b-a)} \sum_{k=1}^{n} \Delta x_k < \frac{\varepsilon}{3} + \frac{2\varepsilon}{3(b-a)} \cdot (b-a) = \varepsilon.$$

故 $f(x)$ 在 $[a,b]$ 上可积.

根据函数列 $\{f_n(x)\}$ 在 $[a,b]$ 上一致收敛于 $f(x)$，$\forall \varepsilon > 0$，$\exists N \in \mathbb{N}^+$，当 $n > N$ 时，$\forall x \in I$ 有

$$|f(x) - f_n(x)| < \frac{\varepsilon}{b-a}.$$

因此有 $\left| \int_a^b f(x)\mathrm{d}x - \int_a^b f_n(x)\mathrm{d}x \right| \leqslant \int_a^b |f(x) - f_n(x)|\mathrm{d}x < \frac{\varepsilon}{b-a} \cdot$

$(b-a) = \varepsilon$，

故
$$\int_a^b f(x)\mathrm{d}x = \lim_{n \to \infty} \int_a^b f_n(x)\mathrm{d}x.$$

（2）记 $s_n(x) = \sum_{k=1}^{n} f_k(x)$，则 $s_n(x)$ 在 $[a,b]$ 上可积，且函数列 $\{s_n(x)\}$ 在 $[a,b]$ 上一致收敛于 $s(x)$，由（1）可得 $s(x)$ 在 $[a,b]$ 上可积，并且

$$\int_a^b s(x)\mathrm{d}x = \lim_{n \to \infty} \int_a^b s_n(x)\mathrm{d}x = \lim_{n \to \infty} \sum_{k=1}^{n} \int_a^b f_k(x)\mathrm{d}x = \sum_{n=1}^{\infty} \int_a^b f_n(x)\mathrm{d}x.$$

注　性质 5.6(1) 说明了一致收敛的可积函数列，极限运算与积分运算可以换序；

性质 5.6(2) 称为**逐项积分公式**，它将性质 5.1 中的有限个函数求和与积分的换序，推广为函数项级数求和与积分的换序.

性质 5.7（复合函数的可积性）　若 $f(x)$ 在 $[A,B]$ 上连续，$g(x)$ 在 $[a,b]$ 上可积，且 $A \leqslant g(x) \leqslant B$，则 $f(g(x))$ 在 $[a,b]$ 上可积.

证　由于 $f(x)$ 在 $[A,B]$ 上连续，则在 $[A,B]$ 上一致连续. 故对 $\forall \varepsilon > 0$，存在 $\delta > 0$，对任意的 $u', u'' \in [A,B]$，只要 $|u' - u''| < \delta$，就有 $|f(u') - f(u'')| < \frac{\varepsilon}{2(b-a)}$.

记 $\omega_k(f \circ g)$，$\omega_k(g)$ 分别为 $f(g(x))$，$g(x)$ 在小区间 $[x_{k-1}, x_k] \subset [a,b]$ 上的振幅. 当 $\omega_k(g) < \delta$ 时（先给出分割），对任意 $x', x'' \in [x_{k-1}, x_k]$ 均有 $|g(x') - g(x'')| < \delta$，故 $|f(g(x') - f(g(x'')))| < \frac{\varepsilon}{2(b-a)}$，此时有 $\omega_k(f \circ g) \leqslant \frac{\varepsilon}{2(b-a)}$.

又 $f(x)$ 在 $[A,B]$ 上连续，则在 $[A,B]$ 上有界，存在 $M > 0$，使得 $u \in [A,B]$ 时 $|f(u)| \leqslant M$. 可知 $\forall k$，$\omega_k(f \circ g) \leqslant 2M$.

对上述 $\varepsilon, \delta > 0$ 和 $M > 0$，由于 $g(x)$ 在 $[a,b]$ 上可积，存在 $[a,b]$ 的分割，使得

$$\sum_{k=1}^{n} \omega_k(g) \cdot \Delta x_k < \frac{\varepsilon\delta}{4M}.$$

根据

$$\sum_{k=1}^{n} \omega_k(g) \cdot \Delta x_k = \sum_{\omega_k(g) < \delta} \omega_k(g) \cdot \Delta x_k + \sum_{\omega_k(g) \geqslant \delta} \omega_k(g) \cdot \Delta x_k \geqslant \sum_{\omega_k(g) \geqslant \delta} \omega_k(g) \cdot \Delta x_k \geqslant \delta \cdot \sum_{\omega_k(g) \geqslant \delta} \Delta x_k,$$

可知 $\sum\limits_{\omega_k(g) \geqslant \delta} \Delta x_k \leqslant \dfrac{\varepsilon}{4M}$. 综上可得

$$\sum_{k=1}^{n} \omega_k(f \circ g) \cdot \Delta x_k = \sum_{\omega_k(g) < \delta} \omega_k(f \circ g) \cdot \Delta x_k + \sum_{\omega_k(g) \geqslant \delta} \omega_k(f \circ g) \cdot \Delta x_k$$

$$\leqslant \frac{\varepsilon}{2(b-a)} \sum_{\omega_k(g) < \delta} \Delta x_k + 2M \sum_{\omega_k(g) \geqslant \delta} \Delta x_k \leqslant \frac{\varepsilon}{2(b-a)}(b-a) + 2M \frac{\varepsilon}{4M} = \varepsilon.$$

故 $f(g(x))$ 在 $[a,b]$ 上可积.

注 若 $f(x)$ 不连续,不能得到 $f(g(x))$ 的可积性.

例如, $f(x) = \begin{cases} 0, & x = 0, \\ 1, & x \neq 0, \end{cases}$ $g(x)$ 取为黎曼函数,则在 $[0,1]$ 上 $f(g(x))$ 不可积.

例 5.5 若 $f(x)$ 在 $[a,b]$ 上连续, $f(x) \geqslant 0$, $\int_a^b f(x) \mathrm{d}x = 0$,则 $f(x)$ 在 $[a,b]$ 上恒为零.

证 用反证法,设 $f(x)$ 在 $[a,b]$ 上不恒为零. 由于连续函数在 (a,b) 上恒为零,必然在 $[a,b]$ 上也恒为零,设 $x_0 \in (a,b)$ 使得 $f(x_0) > 0$.

根据 $f(x)$ 在 x_0 连续,存在 $0 < \delta < \min\{x_0 - a, b - x_0\}$,当 $x \in U(x_0, \delta)$ 时,使得 $f(x) > \dfrac{f(x_0)}{2} > 0$. 由性质 5.3 和性质 5.4 可得

$$\int_a^b f(x)\mathrm{d}x = \int_a^{x_0 - \delta} f(x)\mathrm{d}x + \int_{x_0 - \delta}^{x_0 + \delta} f(x)\mathrm{d}x + \int_{x_0 + \delta}^b f(x)\mathrm{d}x$$

$$\geqslant 0 + \int_{x_0 - \delta}^{x_0 + \delta} \frac{f(x_0)}{2}\mathrm{d}x + 0 = f(x_0)\delta > 0.$$

与题设矛盾,故 $f(x)$ 在 $[a,b]$ 上恒为零.

例 5.6 若 $f(x)$, $g(x)$ 在 $[a,b]$ 上连续,证明下述不等式,并说明何时等号成立

$$\left(\int_a^b f(x)g(x)\mathrm{d}x \right)^2 \leqslant \int_a^b f^2(x)\mathrm{d}x \cdot \int_a^b g^2(x)\mathrm{d}x.$$

证 记 $L(\lambda) = \int_a^b (f(x) + \lambda g(x))^2 \mathrm{d}x$,由于 $(f(x) + \lambda g(x))^2 \geqslant 0$,则对任意 λ 均有 $L(\lambda) \geqslant 0$. 又

$$L(\lambda) = \int_a^b (f^2(x) + 2\lambda f(x)g(x) + \lambda^2 g^2(x))\mathrm{d}x$$

$$= \lambda^2 \int_a^b g^2(x)\mathrm{d}x + 2\lambda \int_a^b f(x)g(x)\mathrm{d}x + \int_a^b f^2(x)\mathrm{d}x.$$

若 $g(x)$ 不恒为零,由 $g(x)$ 连续,知 $\int_a^b g^2(x)\mathrm{d}x > 0$,则 $L(\lambda)$ 为 λ 的二次函数,且恒大于零,故

$$\Delta = \left(2 \int_a^b f(x)g(x)\mathrm{d}x \right)^2 - 4 \int_a^b f^2(x)\mathrm{d}x \cdot \int_a^b g^2(x)\mathrm{d}x \leqslant 0.$$

整理后即得 $\left(\int_a^b f(x)g(x)\mathrm{d}x \right)^2 \leqslant \int_a^b f^2(x)\mathrm{d}x \cdot \int_a^b g^2(x)\mathrm{d}x.$

若等号成立,要么 $g(x) \equiv 0$,要么上述 $\Delta = 0$. 故存在 λ 使得 $L(\lambda) = \int_a^b (f(x) + \lambda g(x))^2 \mathrm{d}x = 0$. 由于 $f(x), g(x)$ 在 $[a,b]$ 上连续,故 $(f(x) + \lambda g(x))^2$ 在 $[a,b]$ 上连续且非负,可知 $f(x) + \lambda g(x) \equiv 0$. 因此等号成立时,要么 $g(x) \equiv 0$,要么存在 λ 使得 $f(x) + \lambda g(x) \equiv 0$.

习题 5.1

1. 已知下列函数在指定区间上可积,用定义求下列定积分:

(1) $\int_a^b x\mathrm{d}x$　$(0 < a < b)$;　　(2) $\int_0^1 x^3 \mathrm{d}x$;　　(3) $\int_0^1 \mathrm{e}^x \mathrm{d}x$.

2. 将下列和式的极限表示为定积分的形式:

(1) $\lim\limits_{n \to \infty} \dfrac{1^p + 2^p + \cdots + n^p}{n^{p+1}}$　$(p > 0)$;

(2) $\lim\limits_{n \to \infty} \ln \sqrt[n]{\left(1 + \dfrac{1}{n}\right)^2 \left(1 + \dfrac{2}{n}\right)^2 \cdots \left(1 + \dfrac{n}{n}\right)^2}$.

3. 设函数 $f(x)$ 在区间 $[0,1]$ 上连续,且取正值. 试证:
$$\lim\limits_{n \to \infty} \sqrt[n]{f\left(\dfrac{1}{n}\right) \cdot f\left(\dfrac{2}{n}\right) \cdots f\left(\dfrac{n}{n}\right)} = \mathrm{e}^{\int_0^1 \ln f(x) \mathrm{d}x}.$$

4. 研究下列函数在所给区间上的可积性,并说明理由.

(1) $f(x) = x^2, x \in (-\infty, +\infty)$;

(2) $f(x) = \mathrm{sgn}\, x, x \in [-1,1]$;

(3) $f(x) = \dfrac{1}{x^2 - 2}, x \in [-2,2]$.

5. 下列命题是否正确? 若正确,给予证明,否则,举出反例.

(1) 若 $|f(x)|$ 在 $[a,b]$ 上可积,则 $f(x)$ 在 $[a,b]$ 上也可积;

(2) 若 $f(x)$ 与 $g(x)$ 在 $[a,b]$ 上均不可积,则 $f(x) + g(x)$ 在 $[a,b]$ 上也不可积.

6. 不用求出定积分的值,比较下列各对定积分的大小:

(1) $\int_0^1 x\mathrm{d}x$ 和 $\int_0^1 x^2 \mathrm{d}x$;　　　　(2) $\int_0^{\frac{\pi}{2}} x\mathrm{d}x$ 和 $\int_0^{\frac{\pi}{2}} \sin x\mathrm{d}x$.

7. 证明下列不等式:

(1) $1 \leqslant \int_0^{\frac{\pi}{2}} \dfrac{\sin x}{x} \mathrm{d}x \leqslant \dfrac{\pi}{2}$;　　(2) $\dfrac{\pi}{2} \leqslant \int_0^{\frac{\pi}{2}} \dfrac{\mathrm{d}x}{\sqrt{1 - \dfrac{1}{2}\sin^2 x}} \leqslant \dfrac{\pi}{\sqrt{2}}$;

8. 设 $f(x)$ 可导, $\lim\limits_{x \to +\infty} f(x) = 1$. 求 $\lim\limits_{x \to +\infty} \int_x^{x+2} t \sin \dfrac{3}{t} f(t)\mathrm{d}t$.

9. 设 $f(x)$ 在 $[0,a]$ 上连续,在 $(0,a)$ 内可导,且 $3\int_{\frac{2a}{3}}^a f(x)\mathrm{d}x = f(0)a$. 证明:存在 $\xi \in (0,a)$ 使 $f'(\xi) = 0$.

10. 设 $f(x)$ 在 $[0,2]$ 上连续,在 $(0,2)$ 内二阶可导,且 $2\int_{\frac{1}{2}}^1 f(x)\mathrm{d}x =$

$f(2)$, $f\left(\dfrac{1}{2}\right) = f(0)$. 证明:存在 $\xi \in (0,2)$ 使 $f''(\xi) = 0$.

11. 设函数 $f(x)$ 在 $[a,b]$ 上连续,且 $f(x)$ 不恒等于零. 证明:

$$\int_a^b (f(x))^2 dx > 0.$$

12. 设 $f(x)$ 在 $[0,1]$ 上连续,$f(x) \geqslant \alpha > 0$. 证明:

$$\int_0^1 \frac{1}{f(x)} dx \geqslant \frac{1}{\displaystyle\int_0^1 f(x) dx}.$$

13. 设 $f(x)$ 在 $[a,b]$ 上二阶可导,且 $f''(x) > 0$. 证明:

$$\int_a^b f(x) dx \geqslant (b-a)f\left(\frac{a+b}{2}\right).$$

5.2　微积分基本定理

　　尽管我们已经掌握了微分与积分的概念,但是直到目前为止,还没有发现微分与积分之间的关系. 之所以我们说是牛顿和莱布尼茨创建了"微积分",最大的原因就是因为他们发现了微分与积分之间的关系,将这两个貌似毫不相关的问题,用非常简单的公式联系在了一起. 这就是本节要介绍的微积分基本定理,也称为牛顿-莱布尼茨公式.

5.2.1　原函数的存在性与微积分基本定理

　　我们首先从一个来自物理的问题谈起.

　　考虑以速度 $v(t)$ 做变速运动的物体,在时间段 $[T_1,T_2]$ 中所走过的路程 S. 将时间段 $[T_1,T_2]$ 分割为若干小时间段 $T_1 = t_0 < t_1 < t_2 < \cdots < t_{n-1} < t_n = T_2$,$\Delta t_i = t_i - t_{i-1}$. 在每个小时间段上近似地看作匀速运动,任取 $\xi_i \in [t_{i-1}, t_i]$,当 $d = \max\limits_{1 \leqslant i \leqslant n}\{\Delta t_i\} \to 0$ 时可得到 S 的精确值,可以表示为定积分:

$$S = \lim_{d \to 0} \sum_{i=1}^n v(\xi_i) \cdot \Delta t_i = \int_{T_1}^{T_2} v(t) dt.$$

但是,这个极限的和式是很难求的.

　　另一方面,S 也可以表示为在 T_2 时刻与 T_1 时刻位移的差,即 $S = S(T_2) - S(T_1)$,即

$$\int_{T_1}^{T_2} v(t) dt = S(T_2) - S(T_1).$$

注意到 $v(t) = S'(t)$,于是得到

$$\int_{T_1}^{T_2} v(t) dt = \int_{T_1}^{T_2} S'(t) dt = S(T_2) - S(T_1).$$

　　这个式子说明,$v(t)$ 在 $[T_1, T_2]$ 上的积分值,可以用其原函数

$S(t)$ 在积分区间两个端点的函数值的差来表示. 这是不是一个普遍的规律呢? 本节将作出肯定的回答.

如果 $f(x)$ 在 $[a,b]$ 上可积, 则对任意的 $x \in [a,b]$, 积分 $\int_a^x f(t)\mathrm{d}t$ 都是存在的. 当 x 在 $[a,b]$ 上变化时, 积分 $\int_a^x f(t)\mathrm{d}t$ 的值也随之变化, 因此可看作定义在 $[a,b]$ 上关于 x 的函数, 称为 $f(x)$ 在 $[a,b]$ 上的**变限积分**, 它具有如下的重要性质.

定理 5.3(原函数存在定理)

设函数 $f(x)$ 在 $[a,b]$ 上可积, 定义 $\Phi(x) = \int_a^x f(t)\mathrm{d}t, x \in [a,b]$, 则

(1) $\Phi(x)$ 在 $[a,b]$ 上一致连续;

(2) 若 $f(x)$ 在 $[a,b]$ 上连续, 则 $\Phi(x)$ 在 $[a,b]$ 上可导, 且 $\Phi'(x) = f(x)$.

证 设 $x, x+\Delta x \in [a,b]$, 记
$$\Delta\Phi(x) = \Phi(x+\Delta x) - \Phi(x) = \int_a^{x+\Delta x} f(t)\mathrm{d}t - \int_a^x f(t)\mathrm{d}t = \int_x^{x+\Delta x} f(t)\mathrm{d}t.$$

(1) $f(x)$ 在 $[a,b]$ 上可积, 则在 $[a,b]$ 上有界, 存在 $M > 0$ 使得 $|f(x)| \leqslant M$.

于是当 $|\Delta x| \leqslant \dfrac{\varepsilon}{M}$ 时, $|\Delta\Phi(x)| = \left| \int_x^{x+\Delta x} f(t)\mathrm{d}t \right| \leqslant M|\Delta x| < \varepsilon$, 因此 $\Phi(x)$ 在 $[a,b]$ 上一致连续.

(2) 若 $f(x)$ 在 $[a,b]$ 上连续, 则由性质 5.5 注中的"积分均值公式", 存在 ξ 介于 x 与 Δx 之间, 使得 $\Delta\Phi(x) = \int_x^{x+\Delta x} f(t)\mathrm{d}t = f(\xi)\Delta x$. 由于 $\Delta x \to 0$ 时 $\xi \to x$, 可得
$$\lim_{\Delta x \to 0} \frac{\Delta\Phi(x)}{\Delta x} = \lim_{\Delta x \to 0} \frac{f(\xi)\Delta x}{\Delta x} = \lim_{\Delta x \to 0} f(\xi) = f(x).$$

因此 $\Phi'(x) = f(x)$, 由 x 的任意性, 可知 $\Phi(x)$ 在 $[a,b]$ 上可导.

注 1 定理 5.3 给出了一种新的函数形式——变限积分——的重要性质: 连续性与可导性, 说明了 $[a,b]$ 上的每一个连续函数 $f(x)$ 都存在原函数 $\Phi(x) = \int_a^x f(t)\mathrm{d}t$.

注 2 若 $\varphi(x), \psi(x)$ 均为区间 I 上的可导函数, 且 $a \leqslant \varphi(x) \leqslant b, a \leqslant \psi(x) \leqslant b$, 则 $\Phi(x) = \int_{\varphi(x)}^{\psi(x)} f(t)\mathrm{d}t$ 在区间 I 上可导, 并且 $\Phi'(x) = \left(\int_{\varphi(x)}^{\psi(x)} f(t)\mathrm{d}t \right)' = \psi'(x)f(\psi(x)) - \varphi'(x)f(\varphi(x))$.

这是由于 $\Phi(x) = \int_{\varphi(x)}^{\psi(x)} f(t)\mathrm{d}t = \int_a^{\psi(x)} f(t)\mathrm{d}t - \int_a^{\varphi(x)} f(t)\mathrm{d}t$, 且

$$\frac{\mathrm{d}\int_a^{\varphi(x)} f(t)\mathrm{d}t}{\mathrm{d}x}(u=\varphi(x)) = \frac{\mathrm{d}\int_a^u f(t)\mathrm{d}t}{\mathrm{d}u}\cdot\frac{\mathrm{d}u}{\mathrm{d}x} = f(u)\varphi'(x) = \varphi'(x)f(\varphi(x)).$$

例 5.7 求下列函数的导函数:

$$(1)\ \Phi(x) = \int_0^{\sqrt{x}} \sin t^2\mathrm{d}t; \qquad (2)\ \Phi(x) = \int_{\sin x}^{\cos x} \cos(\pi t^2)\mathrm{d}t.$$

解 (1) $\Phi'(x) = (\sqrt{x})'\sin(\sqrt{x})^2 = \dfrac{\sin x}{2\sqrt{x}}$;

$(2)\ \Phi'(x) = (\cos x)'\cos(\pi\cos^2 x) - (\sin x)'\cos(\pi\sin^2 x)$
$\qquad = -\sin x\cos(\pi\cos^2 x) - \cos x\cos(\pi\sin^2 x).$

例 5.8 求下列极限:

$$(1)\ \lim_{x\to 0+}\frac{\int_0^{x^2}\sin\sqrt{t}\mathrm{d}t}{x^3}; \qquad (2)\ \lim_{x\to+\infty}\frac{\int_0^x(\arctan t)^2\mathrm{d}t}{\sqrt{x^2+1}}.$$

解 (1) 根据洛必达法则,可得

$$\lim_{x\to 0+}\frac{\int_0^{x^2}\sin\sqrt{t}\mathrm{d}t}{x^3} = \lim_{x\to 0+}\frac{2x\sin x}{3x^2} = \frac{2}{3}\lim_{x\to 0+}\frac{\sin x}{x} = \frac{2}{3}.$$

(2) 根据洛必达法则,可得

$$\lim_{x\to+\infty}\frac{\int_0^x(\arctan t)^2\mathrm{d}t}{\sqrt{x^2+1}} = \lim_{x\to+\infty}\frac{(\arctan x)^2\sqrt{x^2+1}}{x}$$

$$= \lim_{x\to+\infty}(\arctan x)^2\cdot\lim_{x\to+\infty}\frac{\sqrt{x^2+1}}{x} = \frac{\pi^2}{4}.$$

定理 5.3 可以得到微积分中最重要的结论——微积分基本定理,也称为牛顿-莱布尼茨公式,该结论标志着微积分的产生.

定理 5.4(微积分基本定理) 设函数 $f(x)$ 在 $[a,b]$ 上连续, $F(x)$ 为 $f(x)$ 在 $[a,b]$ 上的一个原函数,即 $F'(x)=f(x)$,则 $$\int_a^b f(x)\mathrm{d}x = F(b) - F(a).$$

证 设 $\Phi(x) = \int_a^x f(t)\mathrm{d}t$,则由定理 5.3,$\Phi'(x) = f(x)$,又 $F(x)$ 也为 $f(x)$ 在 $[a,b]$ 上的一个原函数,故存在常数 C,使得 $$F(x) = \int_a^x f(t)\mathrm{d}t + C.$$

令 $x=a$ 可得 $F(a)=C$,令 $x=b$ 可得 $F(b)=\int_a^b f(x)\mathrm{d}x + C$,因此 $$\int_a^b f(x)\mathrm{d}x = F(b) - F(a).$$

注 1 定理 5.4 中的 $F(b)-F(a)$ 经常记作 $F(x)\big|_a^b$,因此结论可表示为 $\int_a^b f(x)\mathrm{d}x = F(x)\big|_a^b$,称为牛顿 - 莱布尼茨公式.

注 2 定理 5.4 给出了计算定积分 $\int_a^b f(x)\mathrm{d}x$ 的一般方法——

求出 $f(x)$ 的一个原函数,正是求导函数的逆运算,这就将积分与微分建立了联系.

例 5.9　求下列定积分:

$$(1) \int_0^1 x^n \mathrm{d}x; \qquad (2) \int_0^{\frac{\pi}{4}} \frac{\sin x}{\cos^2 x} \mathrm{d}x; \qquad (3) \int_{-1}^1 |\mathrm{e}^x - 1| \mathrm{d}x.$$

解　(1) 由于 $\left(\dfrac{x^{n+1}}{n+1}\right)' = x^n$,故 $\dfrac{x^{n+1}}{n+1}$ 为 x^n 的一个原函数,因此

$$\int_0^1 x^n \mathrm{d}x = \frac{x^{n+1}}{n+1} \Big|_0^1 = \frac{1}{n+1}.$$

(2) 由于 $(\sec x)' = \tan x \cdot \sec x = \dfrac{\sin x}{\cos^2 x}$,故 $\sec x$ 为 $\dfrac{\sin x}{\cos^2 x}$ 的一个原函数,因此

$$\int_0^{\frac{\pi}{4}} \frac{\sin x}{\cos^2 x} \mathrm{d}x = \sec x \Big|_0^{\frac{\pi}{4}} = \sqrt{2} - 1.$$

(3) $\int_{-1}^1 |\mathrm{e}^x - 1| \mathrm{d}x = \int_0^1 (\mathrm{e}^x - 1) \mathrm{d}x + \int_{-1}^0 (1 - \mathrm{e}^x) \mathrm{d}x$,由于 $(\mathrm{e}^x - x)' = \mathrm{e}^x - 1$,则有

$$\begin{aligned}
\int_{-1}^1 |\mathrm{e}^x - 1| \mathrm{d}x &= (\mathrm{e}^x - x) \Big|_0^1 + (x - \mathrm{e}^x) \Big|_{-1}^0 \\
&= (\mathrm{e} - 1) - 1 + (-1) - (-1 - \mathrm{e}^{-1}) \\
&= \mathrm{e} + \mathrm{e}^{-1} - 2.
\end{aligned}$$

5.2.2　不定积分与基本积分表

定义 5.2　函数 $f(x)$ 在区间 I 上的所有原函数的一般表达式,称为 $f(x)$ 在 I 上的**不定积分**,记作 $\int f(x) \mathrm{d}x$.

注 1　若 $F(x)$ 为 $f(x)$ 在区间 I 上的一个原函数,即 $F'(x) = f(x)$,则 $\int f(x) \mathrm{d}x = F(x) + C$,其中 C 称为**积分常数**.

注 2　根据定义,显然有

$$\left(\int f(x) \mathrm{d}x\right)' = f(x), \quad \int f'(x) \mathrm{d}x = f(x) + C.$$

$$\int [\alpha f(x) + \beta g(x)] \mathrm{d}x = \alpha \int f(x) \mathrm{d}x + \beta \int g(x) \mathrm{d}x.$$

注 3　根据定理 5.2 和定理 5.4,可知**若函数 $f(x)$ 在 $[a,b]$ 上连续,则 $f(x)$ 在 $[a,b]$ 上既存在定积分,也存在不定积分**. 但是函数定积分与不定积分的存在性并不等价,例如函数

$$f(x) = \begin{cases} -1, & -1 \leqslant x < 0, \\ 1, & 0 \leqslant x \leqslant 1, \end{cases}$$

在区间 $[-1,1]$ 上有定积分(可积)但是没有原函数(无不定积分);再如函数

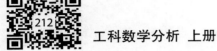

$$f(x) = \begin{cases} 2x\sin\dfrac{1}{x^2} - \dfrac{2}{x}\cos\dfrac{1}{x^2}, & x \in [-1,1], x \neq 0, \\ 0, & x = 0, \end{cases}$$

是函数 $F(x) = \begin{cases} x^2\sin\dfrac{1}{x^2}, & x \in [-1,1], x \neq 0, \\ 0, & x = 0 \end{cases}$ 的导函数,因此在区

间 $[-1,1]$ 上有原函数(不定积分),但是 $f(x)$ 在区间 $[-1,1]$ 上无界,故不可积(无定积分).

根据 3.2 节的基本初等函数导函数表,可以得出如下的基本积分表:

基本积分表

(1) $\displaystyle\int k\mathrm{d}x = kx + C$;　　(2) $\displaystyle\int x^\alpha \mathrm{d}x = \dfrac{x^{\alpha+1}}{\alpha+1} + C\,(\alpha \neq -1)$;

(3) $\displaystyle\int \dfrac{1}{x}\mathrm{d}x = \ln|x| + C$;　　(4) $\displaystyle\int a^x \mathrm{d}x = \dfrac{a^x}{\ln a} + C\,(a > 0, a \neq 1)$;

(5) $\displaystyle\int \mathrm{e}^x \mathrm{d}x = \mathrm{e}^x + C$;　　(6) $\displaystyle\int \sin x\mathrm{d}x = -\cos x + C$;

(7) $\displaystyle\int \cos x\mathrm{d}x = \sin x + C$;　(8) $\displaystyle\int \sec^2 x\mathrm{d}x = \tan x + C$;

(9) $\displaystyle\int \csc^2 x\mathrm{d}x = -\cot x + C$;

(10) $\displaystyle\int \sec x \cdot \tan x\mathrm{d}x = \sec x + C$;

(11) $\displaystyle\int \csc x \cdot \cot x\mathrm{d}x = -\csc x + C$;

(12) $\displaystyle\int \sinh x\mathrm{d}x = \cosh x + C$;

(13) $\displaystyle\int \cosh x\mathrm{d}x = \sinh x + C$;

(14) $\displaystyle\int \dfrac{1}{\sqrt{1-x^2}}\mathrm{d}x = \arcsin x + C$;

(15) $\displaystyle\int \dfrac{1}{1+x^2}\mathrm{d}x = \arctan x + C$;

(16) $\displaystyle\int \dfrac{1}{\sqrt{x^2+1}}\mathrm{d}x = \operatorname{arsinh} x + C = \ln\left(x + \sqrt{x^2+1}\right) + C$;

(17) $\displaystyle\int \dfrac{1}{\sqrt{x^2-1}}\mathrm{d}x = \operatorname{arcosh} x + C = \ln\left(x + \sqrt{x^2-1}\right) + C$.

例 5.10 求下列不定积分:

(1) $\displaystyle\int \dfrac{2x + \sqrt{x} + 1}{x}\mathrm{d}x$;　　(2) $\displaystyle\int \dfrac{1}{x^2(1+x^2)}\mathrm{d}x$;

(3) $\displaystyle\int \dfrac{1}{1 + \cos 2x}\mathrm{d}x$.

解 （1）$\int \dfrac{2x + \sqrt{x} + 1}{x}\mathrm{d}x = \int 2\mathrm{d}x + \int \dfrac{1}{\sqrt{x}}\mathrm{d}x + \int \dfrac{1}{x}\mathrm{d}x = 2x + 2\sqrt{x} +$

$\ln|x| + C$；

（2）$\int \dfrac{1}{x^2(1 + x^2)}\mathrm{d}x = \int \dfrac{1 + x^2 - x^2}{x^2(1 + x^2)}\mathrm{d}x = \int \dfrac{1}{x^2}\mathrm{d}x - \int \dfrac{1}{1 + x^2}\mathrm{d}x =$

$-\dfrac{1}{x} - \arctan x + C$；

（3）$\int \dfrac{1}{1 + \cos 2x}\mathrm{d}x = \int \dfrac{1}{1 + 2\cos^2 x - 1}\mathrm{d}x = \dfrac{1}{2}\int \dfrac{1}{\cos^2 x}\mathrm{d}x =$

$\dfrac{1}{2}\int \sec^2 x\mathrm{d}x = \dfrac{1}{2}\tan x + C$.

习题 5.2

1．求下列极限：

（1）$\lim\limits_{x \to 0} \dfrac{\int_0^x \cos t^2 \mathrm{d}t}{x}$；   （2）$\lim\limits_{x \to 0} \dfrac{\left(\int_0^x \mathrm{e}^{t^2}\mathrm{d}t\right)^2}{\int_0^x \mathrm{e}^{2t^2}\mathrm{d}t}$.

2．确定 a, b, c 使 $\lim\limits_{x \to 0} \dfrac{ax - \sin x}{\int_b^x [\ln(1 + t^2)]/t\mathrm{d}t} = c(c \neq 0)$.

3．讨论函数 $f(x) = \begin{cases} \dfrac{\int_0^{x^2} \cos t^2 \mathrm{d}t}{x}, & x > 0, \\ 0, & x = 0, \\ \dfrac{1 - \cos x}{x}, & x < 0 \end{cases}$ 在 $x = 0$ 处的连续性与可导性.

4．证明：$f(x) = \dfrac{1}{x}\int_0^x \mathrm{e}^{t^2}\mathrm{d}t$ 在 $(0, +\infty)$ 内单调递增.

5．设 $f(x)$ 在 $[a, b]$ 上连续，$F(x) = \int_a^x f(t)(x - t)\mathrm{d}t$. 证明：$F''(x) = f(x)$，$x \in [a, b]$.

6．求由方程 $\int_0^y \mathrm{e}^t \mathrm{d}t + \int_0^x \cos t \mathrm{d}t = 0$ 所确定的隐函数 $y = f(x)$ 的导数 $\dfrac{\mathrm{d}y}{\mathrm{d}x}$.

7．设 $f(x) = \begin{cases} x^2, & x \leqslant 0 \\ \sin x, & x > 0 \end{cases}$，求函数 $F(x) = \int_0^x f(t)\mathrm{d}t$.

8．设 $y = f(x)$ 为 $[a, b]$ 上严格递增的连续曲线（如图 5-2 所示）. 试证：存在 $\xi \in (a, b)$，使图中两阴影部分面积相等.

9．证明：设 f, g 在 $[a, b]$ 上连续. 证明：$\exists \xi \in (a, b)$，使得

$$f(\xi)\int_\xi^b g(x)\mathrm{d}x = g(\xi)\int_a^\xi f(x)\mathrm{d}x.$$

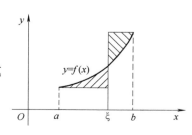

图 5-2

10. 设 $f(x)$ 在 $[a,b]$ 上连续,且 $f(x)$ 单调递增. 证明: $\int_a^b xf(x)\,\mathrm{d}x \geqslant \dfrac{a+b}{2}\int_a^b f(x)\,\mathrm{d}x.$

11. 计算下列定积分:

   (1) $\displaystyle\int_0^1 (2x+3)\,\mathrm{d}x$;   (2) $\displaystyle\int_0^1 \dfrac{\mathrm{e}^x - \mathrm{e}^{-x}}{2}\,\mathrm{d}x$;

   (3) $\displaystyle\int_0^1 \dfrac{1-x^2}{1+x^2}\,\mathrm{d}x$;   (4) $\displaystyle\int_0^{\frac{\pi}{3}} \tan^2 x\,\mathrm{d}x$.

12. 求下列不定积分:

   (1) $\displaystyle\int \left(\sqrt{x} + \sqrt[3]{x} + \dfrac{3}{\sqrt{x}} + \dfrac{2}{\sqrt[3]{x}}\right)\mathrm{d}x$;   (2) $\displaystyle\int \dfrac{\mathrm{d}x}{x^4(1+x^2)}$;

   (3) $\displaystyle\int 2^{2x}3^x\,\mathrm{d}x$;

   (4) $\displaystyle\int \left(\cos x - \dfrac{2}{1+x^2} - \dfrac{1}{4}\dfrac{1}{\sqrt{1-x^2}}\right)\mathrm{d}x$;   (5) $\displaystyle\int \sin^2 x\,\mathrm{d}x$;

   (6) $\displaystyle\int \dfrac{\cos 2x}{\cos x - \sin x}\,\mathrm{d}x$;

13. 求一曲线 $y=f(x)$,使它在点 $(x,f(x))$ 处的切线的斜率为 $2x$,且通过点 $(2,5)$.

5.3 换元积分法

    本节考虑使用复合函数的求导法则(链式法则),建立求复合函数原函数(不定积分)的方法. 根据链式法则

$$(f(g(x)))' = f'(g(x)) \cdot g'(x),$$

可以建立两种类型的换元积分法则:

    第一种:若 $f(x)$ 的原函数容易求出,设 $F'(x)=f(x)$,则

$$\int f(g(x)) \cdot g'(x)\,\mathrm{d}x = \int f(g(x))\,\mathrm{d}g(x) = F(g(x)) + C.$$

此时需要在被积函数中,凑出复合函数 $f(g(x))$ 的内层函数 $g(x)$ 的微分形式 $g'(x)\,\mathrm{d}x = \mathrm{d}g(x)$,因此也称为"**凑微分法**";

    第二种:若 $f(x)$ 的原函数难以求出,但可以找到适当的变量代换 $x=g(t)$,使 $f(g(t)) \cdot g'(t)$ 的原函数比较容易求出,并且 $x=g(t)$ 的反函数 $t=g^{-1}(x)$ 存在,设 $G'(t) = f(g(t)) \cdot g'(t)$,则

$$\int f(x)\,\mathrm{d}x = \int f(g(t)) \cdot g'(t)\,\mathrm{d}t = G(t) + C = G(g^{-1}(x)) + C.$$

这称为"**第二换元法**".

5.3.1 换元法则 I ——凑微分法

    凑微分法的关键是凑出复合函数 $f(g(x))$ 的内层函数 $g(x)$ 的微分形式 $g'(x)\,\mathrm{d}x = \mathrm{d}g(x)$,因此需要仔细观察被积函数是否含有

"原材料",可以凑出 $g(x)$ 的微分.

常用的凑微分包括以下几种形式:

I.线性函数的凑微分以及简单有理式的积分法.

若 $g(x)$ 为线性函数 $ax+b$,这不需要"原材料"即可凑出其微分 $\mathrm{d}x=\dfrac{1}{a}\mathrm{d}(ax+b)$.

例 5.11 求下列不定积分 $(a>0)$:

$(1)\displaystyle\int\frac{1}{x^2+a^2}\mathrm{d}x$; $(2)\displaystyle\int\frac{1}{\sqrt{a^2-x^2}}\mathrm{d}x$; $(3)\displaystyle\int\frac{1}{x^2-a^2}\mathrm{d}x$.

解 $(1)\displaystyle\int\frac{1}{x^2+a^2}\mathrm{d}x=\frac{1}{a^2}\int\frac{1}{\left(\frac{x}{a}\right)^2+1}\mathrm{d}x=\frac{1}{a}\int\frac{1}{\left(\frac{x}{a}\right)^2+1}\mathrm{d}\left(\frac{x}{a}\right)$

$$=\frac{1}{a}\arctan\frac{x}{a}+C;$$

$(2)\displaystyle\int\frac{1}{\sqrt{a^2-x^2}}\mathrm{d}x=\frac{1}{a}\int\frac{1}{\sqrt{1-\left(\frac{x}{a}\right)^2}}\mathrm{d}x=\int\frac{1}{\sqrt{1-\left(\frac{x}{a}\right)^2}}\mathrm{d}\left(\frac{x}{a}\right)$

$$=\arcsin\frac{x}{a}+C;$$

$(3)\displaystyle\int\frac{1}{x^2-a^2}\mathrm{d}x=\frac{1}{2a}\int\left(\frac{1}{x-a}-\frac{1}{x+a}\right)\mathrm{d}x$

$$=\frac{1}{2a}\left(\int\frac{1}{x-a}\mathrm{d}(x-a)-\int\frac{1}{x+a}\mathrm{d}(x+a)\right)$$

$$=\frac{1}{2a}\ln\left|\frac{x-a}{x+a}\right|+C.$$

例 5.12 求下列不定积分:

$(1)\displaystyle\int\frac{1}{x^2-3x+2}\mathrm{d}x$; $(2)\displaystyle\int\frac{1}{x^2-4x+8}\mathrm{d}x$; $(3)\displaystyle\int\frac{1}{x^4-1}\mathrm{d}x$.

解 $(1)\displaystyle\int\frac{1}{x^2-3x+2}\mathrm{d}x=\int\frac{1}{(x-2)(x-1)}\mathrm{d}x=\int\left(\frac{1}{x-2}-\frac{1}{x-1}\right)\mathrm{d}x$

$$=\ln\left|\frac{x-2}{x-1}\right|+C;$$

$(2)\displaystyle\int\frac{1}{x^2-4x+8}\mathrm{d}x=\int\frac{1}{(x-2)^2+4}\mathrm{d}x$

$$=\frac{1}{2}\int\frac{1}{\left(\frac{x}{2}-1\right)^2+1}\mathrm{d}\left(\frac{x}{2}-1\right)$$

$$=\frac{1}{2}\arctan\left(\frac{x}{2}-1\right)+C;$$

$(3)\displaystyle\int\frac{1}{x^4-1}\mathrm{d}x=\frac{1}{2}\int\frac{(x^2+1)-(x^2-1)}{(x^2-1)(x^2+1)}\mathrm{d}x$

$$=\frac{1}{2}\left(\int\frac{1}{x^2-1}\mathrm{d}x-\int\frac{1}{x^2+1}\mathrm{d}x\right)=\frac{1}{4}\ln\left|\frac{x-1}{x+1}\right|-$$

$$\frac{1}{2}\arctan x + C.$$

注 对于分母为二阶多项式的有理式,通过多项式除法可化为整式和真分式的和.

考虑积分 $\int \frac{ex+f}{ax^2+bx+c}dx$,分子 $ex+f = \frac{e}{2a}(2ax+b)+f-\frac{b}{2a} = \frac{e}{2a}d(ax^2+bx+c)+f-\frac{b}{2a}$,因此

$$\int \frac{ex+f}{ax^2+bx+c}dx = \frac{e}{2a}\ln|ax^2+bx+c| + \left(\frac{f}{a}-\frac{b}{2a^2}\right)\int \frac{1}{x^2+\frac{b}{a}x+\frac{c}{a}}dx.$$

对于右边的积分 $\int \frac{1}{x^2+\frac{b}{a}x+\frac{c}{a}}dx$,记 $m = \frac{b}{a}, n = \frac{c}{a}$,则必有

以下三者之一:

(1) $x^2+mx+n = (x-x_1)(x-x_2)$,此时

$$\int \frac{1}{x^2+mx+n}dx = \frac{1}{x_1-x_2}\int\left(\frac{1}{x-x_1}-\frac{1}{x-x_2}\right)dx = \frac{1}{x_1-x_2}\ln\left|\frac{x-x_1}{x-x_2}\right|+C.$$

(2) $x^2+mx+n = (x-x_1)^2$,此时

$$\int \frac{1}{x^2+mx+n}dx = \int \frac{1}{(x-x_1)^2}dx = -\frac{1}{x-x_1}+C.$$

(3) $x^2+mx+n = (x+h)^2+k^2$,此时

$$\int \frac{1}{x^2+mx+n}dx = \frac{1}{k}\int \frac{1}{\left(\frac{x+h}{k}\right)^2+1}d\left(\frac{x+h}{k}\right) = \frac{1}{k}\arctan\frac{x+h}{k}+C.$$

Ⅱ. 幂函数的凑微分与万能凑幂公式.

若 $g(x)$ 为幂函数 x^n,则 $x^{n-1}dx = \frac{1}{n}dx^n$.

例 5.13 求下列不定积分:

(1) $\int \frac{\sin\sqrt{x}}{\sqrt{x}}dx$; (2) $\int \frac{1}{x(x^a+1)}dx(a\neq0)$; (3) $\int \frac{\sqrt[3]{x}-1}{x(\sqrt[3]{x}+1)}dx$.

解 (1) $\int \frac{\sin\sqrt{x}}{\sqrt{x}}dx = 2\int\sin\sqrt{x}d\sqrt{x} = -2\cos\sqrt{x}+C$;

(2) $\int \frac{1}{x(x^a+1)}dx = \int \frac{x^{a-1}}{x^a(x^a+1)}dx = \frac{1}{a}\int \frac{1}{x^a(x^a+1)}d(x^a)$

$$= \frac{1}{a}\ln\left|\frac{x^a}{x^a+1}\right|+C;$$

(3) $\int \frac{\sqrt[3]{x}-1}{x(\sqrt[3]{x}+1)}dx = \int \frac{\sqrt[3]{x}-1}{\sqrt[3]{x}(\sqrt[3]{x}+1)}\cdot x^{-\frac{2}{3}}dx = 3\int \frac{\sqrt[3]{x}-1}{\sqrt[3]{x}(\sqrt[3]{x}+1)}d\sqrt[3]{x}$

$$= 3\int \frac{\sqrt[3]{x}-1}{\sqrt[3]{x}(\sqrt[3]{x}+1)}d\sqrt[3]{x} = 3\int\left(\frac{2}{\sqrt[3]{x}+1}-\frac{1}{\sqrt[3]{x}}\right)d\sqrt[3]{x}$$

$$= 6\ln\left|\sqrt[3]{x}+1\right|-\ln|x|+C.$$

注　一般将"$\dfrac{f(x^n)}{x}\mathrm{d}x = \dfrac{f(x^n)}{x^n}x^{n-1}\mathrm{d}x = \dfrac{f(x^n)}{nx^n}\mathrm{d}x^n$"称为"万能凑幂公式".

Ⅲ. 三角函数的凑微分以及简单三角有理式的积分法.

若 $g(x)$ 为三角函数(正弦或余弦),则 $\sin x\mathrm{d}x = -\mathrm{d}\cos x$, $\cos x\mathrm{d}x = \mathrm{d}\sin x$,这可得到除正弦、余弦之外的其他四个三角函数的原函数.

例 5.14　求下列不定积分:

(1) $\displaystyle\int \tan x\mathrm{d}x$;　　　(2) $\displaystyle\int \cot x\mathrm{d}x$;　　　(3) $\displaystyle\int \sec x\mathrm{d}x$;

(4) $\displaystyle\int \csc x\mathrm{d}x$.

解　(1) $\displaystyle\int \tan x\mathrm{d}x = \int \dfrac{\sin x}{\cos x}\mathrm{d}x = -\int \dfrac{1}{\cos x}\mathrm{d}\cos x$

$$= -\ln|\cos x| + C = \ln|\sec x| + C;$$

(2) $\displaystyle\int \cot x\mathrm{d}x = \int \dfrac{\cos x}{\sin x}\mathrm{d}x = \int \dfrac{1}{\sin x}\mathrm{d}\sin x = \ln|\sin x| + C$

$$= -\ln|\csc x| + C;$$

(3) $\displaystyle\int \sec x\mathrm{d}x = \int \dfrac{1}{\cos x}\mathrm{d}x = \int \dfrac{1}{1 - \sin^2 x}\mathrm{d}\sin x$

$$= \dfrac{1}{2}\ln\left|\dfrac{1 + \sin x}{1 - \sin x}\right| + C = \ln\left|\dfrac{1 + \sin x}{\cos x}\right| + C$$

$$= \ln|\sec x + \tan x| + C;$$

(4) $\displaystyle\int \csc x\mathrm{d}x = -\int \dfrac{1}{1 - \cos^2 x}\mathrm{d}\cos x = -\dfrac{1}{2}\ln\left|\dfrac{1 + \cos x}{1 - \cos x}\right| + C$

$$= -\ln\left|\dfrac{1 + \cos x}{\sin x}\right| + C = -\ln|\csc x + \cot x| + C.$$

例 5.15　求下列不定积分:

(1) $\displaystyle\int \sin^5 x\cos^2 x\mathrm{d}x$;　　　　(2) $\displaystyle\int \dfrac{1}{\sin^2 x + 1}\mathrm{d}x$;

(3) $\displaystyle\int \dfrac{\sin x}{\sin x + 2\cos x}\mathrm{d}x$.

解　(1) $\displaystyle\int \sin^5 x\cos^2 x\mathrm{d}x = -\int \sin^4 x\cos^2 x\mathrm{d}\cos x$

$$= -\int(1 - \cos^2 x)^2\cos^2 x\mathrm{d}\cos x$$

$$= -\int(\cos^2 x - 2\cos^4 x + \cos^6 x)\mathrm{d}\cos x$$

$$= -\dfrac{1}{3}\cos^3 x + \dfrac{2}{5}\cos^5 x - \dfrac{1}{7}\cos^7 x + C;$$

(2) $\displaystyle\int \dfrac{1}{\sin^2 x + 1}\mathrm{d}x = \int \dfrac{1}{\tan^2 x + \sec^2 x}\cdot\dfrac{1}{\cos^2 x}\mathrm{d}x = \int \dfrac{1}{2\tan^2 x + 1}\mathrm{d}\tan x$

$$= \dfrac{1}{\sqrt{2}}\arctan(\sqrt{2}\tan x) + C;$$

$$(3) \int \frac{\sin x}{\sin x + 2\cos x} dx = \frac{1}{5} \int \frac{(\sin x + 2\cos x) - 2(\cos x - 2\sin x)}{\sin x + 2\cos x} dx$$

$$= \frac{1}{5} \int \left[1 - 2 \frac{(\sin x + 2\cos x)'}{\sin x + 2\cos x} \right] dx$$

$$= \frac{1}{5} (x - 2\ln(\sin x + 2\cos x)) + C.$$

注 例 5.15 给出了几种常见的三角有理式的积分方法：

(1) 形如 $\int \sin^m x \cos^n x dx$：

若 m 为奇数,则利用 $\sin x dx = -d\cos x$ 化为余弦函数的积分：

$-\int (1 - \cos^2 x)^{(m-1)/2} \cos^n x d\cos x$；

若 n 为奇数,则利用 $\cos x dx = d\sin x$ 化为正弦函数的积分：

$\int \sin^m x (1 - \sin^2 x)^{(n-1)/2} d\sin x$；

若 m, n 都是偶数,则可以考虑使用降幂扩角公式(倍角公式).

(2) 形如 $\int \frac{1}{A\sin^2 x + B\cos^2 x} dx$, 可在分母中提出 $\cos^2 x$, 利用

$\frac{1}{\cos^2 x} dx = d\tan x$ 将积分化为关于正切函数的积分 $\int \frac{1}{A\tan^2 x + B} d\tan x$.

(3) 形如 $\int \frac{C\sin x + D\cos x}{A\sin x + B\cos x} dx$, 考虑将分子分解为分母与分母导数的线性组合,即

$$C\sin x + D\cos x = a(A\sin x + B\cos x) + b(A\sin x + B\cos x)'.$$

这样,积分可化为

$$\int \left[a + b \frac{(A\sin x + B\cos x)'}{A\sin x + B\cos x} \right] dx = ax + b\ln|A\sin x + B\cos x| + C.$$

Ⅳ. 指数函数的凑微分.

若 $g(x)$ 为指数函数 a^x, 则 $a^x dx = \frac{1}{\ln a} da^x$, 特别地, $e^x dx = de^x$.

例 5.16 求下列不定积分：

$(1) \int \frac{1}{e^x + 2} dx$; $(2) \int \frac{1}{e^x(e^{2x} + 1)} dx$; $(3) \int \frac{6^x}{4^x + 9^x} dx$.

解 $(1) \int \frac{1}{e^x + 2} dx = \int \frac{e^x}{e^x(e^x + 2)} dx = \int \frac{de^x}{e^x(e^x + 2)}$

$$= \frac{1}{2} \int \left(\frac{1}{e^x} - \frac{1}{e^x + 2} \right) de^x = \frac{1}{2} \ln \frac{e^x}{e^x + 2} + C;$$

$(2) \int \frac{1}{e^x(e^{2x} + 1)} dx = \int \frac{1}{e^{2x}(e^{2x} + 1)} de^x = \int \left(\frac{1}{e^{2x}} - \frac{1}{e^{2x} + 1} \right) de^x$

$$= -\frac{1}{e^x} - \arctan e^x + C;$$

$(3) \int \frac{6^x}{4^x + 9^x} dx = \int \frac{1}{\left(\frac{2}{3} \right)^x + \left(\frac{3}{2} \right)^x} dx = \int \frac{\left(\frac{3}{2} \right)^x dx}{1 + \left(\frac{3}{2} \right)^{2x}}$

$$= \frac{1}{\ln \frac{3}{2}} \int \frac{d\left(\frac{3}{2}\right)^x}{1 + \left(\frac{3}{2}\right)^{2x}} = \frac{1}{\ln 3 - \ln 2} \arctan\left(\frac{3}{2}\right)^x + C.$$

注　当题目中出现底数不同的指数函数时,如例 5.16(3),需要化为同一底数.

V. 反三角函数与对数函数的凑微分.

若 $g(x)$ 为反三角函数,则有 $\frac{1}{1 + x^2}dx = d\arctan x$ 及 $\frac{1}{\sqrt{1 - x^2}}dx = d\arcsin x$;若 $g(x)$ 为对数函数,则有 $\frac{1}{x}dx = d\ln x$.

例 5.17　求下列不定积分:

(1) $\displaystyle\int \frac{1}{\sqrt{4 - x^2} \cdot \arcsin \frac{x}{2}}dx$;　　(2) $\displaystyle\int \frac{\ln\ln x}{x\ln x}dx\,(x > e)$;

(3) $\displaystyle\int \frac{\arctan\sqrt{x}}{\sqrt{x}(1 + x)}dx$.

解　(1) $\displaystyle\int \frac{1}{\sqrt{4 - x^2} \cdot \arcsin \frac{x}{2}}dx = \int \frac{1}{\arcsin \frac{x}{2}} \cdot \frac{1}{\sqrt{1 - \left(\frac{x}{2}\right)^2}}d\frac{x}{2}$

$$= \int \frac{1}{\arcsin \frac{x}{2}}d\arcsin \frac{x}{2}$$

$$= \ln\left|\arcsin \frac{x}{2}\right| + C;$$

(2) $\displaystyle\int \frac{\ln\ln x}{x\ln x}dx = \int \frac{\ln\ln x}{\ln x}d\ln x = \int \ln\ln x\, d(\ln\ln x)$

$$= \frac{1}{2}(\ln\ln x)^2 + C;$$

(3) $\displaystyle\int \frac{\arctan\sqrt{x}}{\sqrt{x}(1 + x)}dx = 2\int \arctan\sqrt{x} \cdot \frac{1}{1 + x}d\sqrt{x}$

$$= 2\int \arctan\sqrt{x}\,d(\arctan\sqrt{x})$$

$$= (\arctan\sqrt{x})^2 + C.$$

5.3.2　换元法则 II——第二换元法

第二换元法是引入新变量简化被积函数,大体可分为换元(引入新变量)、积分(对新变量积分)、还原(换回原变量)三步.特别是当被积函数含有根式时,可以通过引入新变量化去根号,从而达到简化被积函数的目的.

常用的第二换元法有以下几种:

I . 根式变换.

当被积函数的根号下为一次函数或一次函数的商时,可直接将整个根式替换为新变量

$$\sqrt[m]{ax+b}=t \ \text{或} \sqrt[m]{\frac{ax+b}{cx+e}}=t.$$

例5.18 求下列不定积分:

(1) $\displaystyle\int \frac{\sqrt{x+1}}{x-3}\mathrm{d}x$; (2) $\displaystyle\int \frac{1}{x^2}\sqrt{\frac{1-x}{1+x}}\mathrm{d}x$;

(3) $\displaystyle\int \frac{1}{\sqrt{(b-x)(x-a)}}\mathrm{d}x(a<x<b)$.

解 (1) 令 $t=\sqrt{x+1}$,则 $x=t^2-1$, $\mathrm{d}x=2t\mathrm{d}t$,因此

$$\int \frac{\sqrt{x+1}}{x-3}\mathrm{d}x=\int\frac{2t^2}{t^2-4}\mathrm{d}t=2\int\left(1+\frac{4}{t^2-4}\right)\mathrm{d}t=2\left(t+\ln\frac{t-2}{t+2}\right)+C$$

$$=2\left(\sqrt{x+1}+\ln\frac{\sqrt{x+1}-2}{\sqrt{x+1}+2}\right)+C.$$

(2) 令 $t=\sqrt{\dfrac{1-x}{1+x}}$,则 $x=\dfrac{1-t^2}{1+t^2}$, $\mathrm{d}x=\dfrac{-4t}{(1+t^2)^2}\mathrm{d}t$,因此

$$\int\frac{1}{x^2}\sqrt{\frac{1-x}{1+x}}\mathrm{d}x=\int\frac{(1+t^2)^2}{(1-t^2)^2}\cdot t\cdot\frac{-4t}{(1+t^2)^2}\mathrm{d}t=-4\int\frac{t^2}{(1-t^2)^2}\mathrm{d}t.$$

由于 $\dfrac{4t^2}{(1-t^2)^2}=\dfrac{t}{(1-t)^2}-\dfrac{t}{(1+t)^2}=\dfrac{1}{(1-t)^2}-\dfrac{1}{1-t}-\dfrac{1}{1+t}+\dfrac{1}{(1+t)^2}$,故

$$\int\frac{1}{x^2}\sqrt{\frac{1-x}{1+x}}\mathrm{d}x=\ln\left|\frac{1+t}{1-t}\right|+\frac{1}{1+t}-\frac{1}{1-t}+C$$

$$=\ln\left|\frac{\sqrt{1+x}+\sqrt{1-x}}{\sqrt{1+x}-\sqrt{1-x}}\right|-\frac{\sqrt{1-x^2}}{x}+C.$$

(3) 令 $t=\sqrt{\dfrac{x-a}{b-x}}$,则 $x=\dfrac{a+bt^2}{1+t^2}$, $\mathrm{d}x=\dfrac{2(b-a)t}{(1+t^2)^2}\mathrm{d}t$,因此

$$\int\frac{1}{\sqrt{(b-x)(x-a)}}\mathrm{d}x=\int\frac{1}{(b-x)\sqrt{\dfrac{x-a}{b-x}}}\mathrm{d}x$$

$$=\int\frac{1+t^2}{(b-a)t}\cdot\frac{2(b-a)t}{(1+t^2)^2}\mathrm{d}t$$

$$=2\arctan t+C=2\arctan\sqrt{\frac{x-a}{b-x}}+C.$$

注 若被积函数包含多种根式 $\sqrt[m]{x},\cdots,\sqrt[n]{x}$,可令 $x=t^N$,其中 N 为 $m,\cdots,n$ 的最小公倍数. 例如在积分 $\displaystyle\int\frac{1}{\sqrt{x}+\sqrt[3]{x}}\mathrm{d}x$ 中,可令 $x=t^6$,同时化掉两个根式.

Ⅱ. 三角变换.

当被积函数的二次根号下为二次函数时, 若将整个根式替换为新变量, 并不能化掉根式, 此时可以考虑以下三种三角函数代换:

（1）若被积函数含有 $\sqrt{a^2 - x^2}$, 可令 $x = a\sin t$（或 $x = a\cos t$）;

（2）若被积函数含有 $\sqrt{a^2 + x^2}$, 可令 $x = a\tan t$（或 $x = a\cot t$）;

（3）若被积函数含有 $\sqrt{x^2 - a^2}$, 可令 $x = a\sec t$（或 $x = a\csc t$）.

例 5. 19　求下列不定积分:

（1）$\displaystyle\int \sqrt{a^2 - x^2}\,\mathrm{d}x$;　　（2）$\displaystyle\int \frac{1}{x^2 \cdot \sqrt{x^2 - 9}}\,\mathrm{d}x$;

（3）$\displaystyle\int \frac{x}{\sqrt{(x^2 - 2x + 4)^3}}\,\mathrm{d}x$.

解　（1）令 $x = a\sin t$, 则 $\mathrm{d}x = a\cos t\,\mathrm{d}t$, 因此

$$\int \sqrt{a^2 - x^2}\,\mathrm{d}x = a^2\int \cos^2 t\,\mathrm{d}t = a^2\int \frac{1 + \cos 2t}{2}\,\mathrm{d}t$$

$$= a^2\left(\frac{t}{2} + \frac{\sin 2t}{4}\right) + C.$$

由于 $t = \arcsin \dfrac{x}{a}$, 则 $\sin 2t = 2\sin t\cos t = 2\,\dfrac{x}{a} \cdot \sqrt{1 - \left(\dfrac{x}{a}\right)^2}$, 故

$$\int \sqrt{a^2 - x^2}\,\mathrm{d}x = \frac{a^2}{2}\arcsin \frac{x}{a} + \frac{1}{2}x\sqrt{a^2 - x^2} + C.$$

（2）令 $x = 3\sec t$, 则 $\mathrm{d}x = 3\sec t\tan t\,\mathrm{d}t$, 因此

$$\int \frac{1}{x^2 \cdot \sqrt{x^2 - 9}}\,\mathrm{d}x = \int \frac{1}{9\sec^2 t \cdot 3\tan t} \cdot 3\sec t\tan t\,\mathrm{d}t$$

$$= \frac{1}{9}\int \cos t\,\mathrm{d}t = \frac{1}{9}\sin t + C.$$

由于 $\sec t = \dfrac{x}{3}$, 则 $\cos t = \dfrac{3}{x}$, $\sin t = \sqrt{1 - \dfrac{9}{x^2}}$, 故

$$\int \sqrt{a^2 - x^2}\,\mathrm{d}x = \frac{1}{9}\sqrt{1 - \frac{9}{x^2}} + C = \frac{\sqrt{x^2 - 9}}{9x} + C.$$

（3）由于 $x^2 - 2x + 4 = (x - 1)^2 + 3$, 令 $x - 1 = \sqrt{3}\tan t$, 则 $\mathrm{d}x = \sqrt{3}\sec^2 t\,\mathrm{d}t$, 于是

$$\int \frac{x}{\sqrt{(x^2 - 2x + 4)^3}}\,\mathrm{d}x = \int \frac{1 + \sqrt{3}\tan t}{3\sqrt{3}\sec^3 t} \cdot \sqrt{3}\sec^2 t\,\mathrm{d}t$$

$$= \frac{1}{3}\int (\cos t + \sqrt{3}\sin t)\,\mathrm{d}t$$

$$= \frac{1}{3}\sin t - \frac{1}{\sqrt{3}}\cos t + C.$$

由于 $\tan t = \dfrac{x - 1}{\sqrt{3}}$, 则 $\sin t = \dfrac{x - 1}{\sqrt{x^2 - 2x + 4}}$, $\cos t = \dfrac{\sqrt{3}}{\sqrt{x^2 - 2x + 4}}$, 故

$$\int \sqrt{a^2 - x^2}\,\mathrm{d}x = \frac{x-1}{3}\frac{1}{\sqrt{x^2-2x+4}} - \frac{1}{\sqrt{x^2-2x+4}} + C$$

$$= \frac{x-4}{3}\frac{1}{\sqrt{x^2-2x+4}} + C.$$

注 当二次根号下为一般二次函数时,即 $\sqrt{ax^2+bx+c}\,(a\neq0,$ $b^2-4ac\neq0)$,配方之后可化为上述三种情形中的一种,具体见 5.5. 3 小节的 Ⅱ.

Ⅲ. 双曲变换.

当平方根下含有二次函数时,除了使用三角变换,也可以使用双曲变换,包含两种类型:

(1) 若被积函数含有 $\sqrt{a^2+x^2}$,可令 $x = a\sinh t$;

(2) 若被积函数含有 $\sqrt{x^2-a^2}$,可令 $x = a\cosh t$.

双曲变换可以作为三角变换的补充.

例 5.20 求不定积分 $\int \sqrt{a^2+x^2}\,\mathrm{d}x$.

解 令 $x = a\sinh t$,则 $\mathrm{d}x = a\cosh t\mathrm{d}t$,因此

$$\int \sqrt{a^2+x^2}\,\mathrm{d}x = a^2\int \cosh^2 t\mathrm{d}t = a^2\int \frac{\mathrm{e}^{2t}+2+\mathrm{e}^{-2t}}{4}\mathrm{d}t$$

$$= a^2\left(\frac{t}{2} + \frac{\mathrm{e}^{2t}-\mathrm{e}^{-2t}}{8}\right) + C.$$

由于 $t = \operatorname{arcsinh}\dfrac{x}{a} = \ln\left(\dfrac{x}{a} + \sqrt{\dfrac{x^2}{a^2}+1}\right) = \ln(x + \sqrt{x^2+a^2}) -$ $\ln a, \mathrm{e}^t = \dfrac{x + \sqrt{x^2+a^2}}{a}$,故

$$\int \sqrt{a^2+x^2}\,\mathrm{d}x = \frac{a^2}{2}\ln(x + \sqrt{x^2+a^2}) + \frac{1}{2}x\sqrt{x^2+a^2} + C.$$

值得注意的是,并不是平方根下含有二次函数,都需要三角变换或双曲变换.

例 5.21 求不定积分 $\int \dfrac{x^5}{\sqrt{1+x^2}}\mathrm{d}x$.

解 令 $t = \sqrt{1+x^2}$,则 $x^2 = t^2-1$,$x\mathrm{d}x = t\mathrm{d}t$,因此

$$\int \frac{x^5}{\sqrt{1+x^2}}\mathrm{d}x = \int \frac{x^4}{\sqrt{1+x^2}}x\mathrm{d}x = \int \frac{(t^2-1)^2}{t}t\mathrm{d}t = \frac{t^5}{5} - \frac{2t^3}{3} + t +$$

$$C = \frac{(1+x^2)^{\frac{5}{2}}}{5} - \frac{2(1+x^2)^{\frac{3}{2}}}{3} + (1+x^2)^{\frac{1}{2}} + C.$$

注 在上述例题 5.21 中,若令 $x = \tan t$,则 $\mathrm{d}x = \sec^2 t\mathrm{d}t$,且积分变为 $\int \dfrac{\sin^5 t}{\cos^6 t}\mathrm{d}t$,比较复杂;一般来说,当平方根下含有 x^2 项且与 x 的奇数幂相乘时,可以将整个根式换为变量 t.

Ⅳ. 指数根式变换.

当被积函数的根号下包含指数函数时,可直接将整个根式替换为新变量.

例 5.22　求下列不定积分:

$$(1) \int \sqrt{1 - e^{-2x}} \, dx; \qquad (2) \int \frac{e^x - 1}{\sqrt[3]{e^x + 1}} \, dx.$$

解　(1) 令 $t = \sqrt{1 - e^{-2x}}$,则 $x = -\frac{1}{2}\ln(1 - t^2)$,$dx = \frac{t}{1 - t^2}dt$,

因此

$$\int \sqrt{1 - e^{-2x}} \, dx = \int \frac{t^2}{1 - t^2} dt = \int \left(\frac{1}{1 - t^2} - 1 \right) dt$$

$$= \frac{1}{2}\ln \left| \frac{1 + t}{1 - t} \right| - t + C$$

$$= \ln\left(e^x + \sqrt{e^{2x} - 1} \right) - \sqrt{1 - e^{-2x}} + C.$$

(2) 令 $t = \sqrt[3]{e^x + 1}$,则 $x = \ln(t^3 - 1)$,$dx = \frac{3t^2}{t^3 - 1}dt$,因此

$$\int \frac{e^x - 1}{\sqrt[3]{e^x + 1}} \, dx = \int \frac{t^3 - 2}{t} \cdot \frac{3t^2}{t^3 - 1} dt = \int \left(3t - \frac{3t}{t^3 - 1} \right) dt.$$

由于 $\dfrac{3t}{t^3 - 1} = \dfrac{1}{t - 1} - \dfrac{t - 1}{t^2 + t + 1} = \dfrac{1}{t - 1} - \dfrac{1}{2}\dfrac{2t + 1}{t^2 + t + 1} + \dfrac{3}{2}$

$\dfrac{1}{t^2 + t + 1}$,故

$$\int \left(3t - \frac{3t}{t^3 - 1} \right) dt = \frac{3}{2}t^2 - \ln(t - 1) + \frac{1}{2}\ln(t^2 + t + 1) - \sqrt{3}\arctan\frac{2}{\sqrt{3}}\left(t + \frac{1}{2} \right) + C.$$

因此

$$\int \frac{e^x - 1}{\sqrt[3]{e^x + 1}} \, dx = \frac{3}{2}(e^x + 1)^{\frac{2}{3}} + \frac{1}{2}x - \frac{3}{2}\ln\left(\sqrt[3]{e^x + 1} - 1 \right) - \sqrt{3}\arctan\frac{2}{\sqrt{3}}\left(\sqrt[3]{e^x + 1} + \frac{1}{2} \right) + C.$$

5.3.3　定积分换元法

我们知道,只要求出被积函数的一个原函数,利用 5.2 节的微积分基本定理就可以计算定积分. 因此可以利用不定积分的两种换元法求出原函数,再代入积分的上下限从而求出积分值. 然而,在许多理论推导和实际应用中,可以直接利用下面的"定积分换元法".

定理 5.5(定积分换元法)　设函数 $f(x)$ 在区间 I 上连续,$x = g(t)$ 在区间 $[\alpha, \beta]$ 或 $[\beta, \alpha]$ 上连续可导,满足 g 的值域 $R(g) \subset I$ 且 $a = g(\alpha), b = g(\beta)$,则 $\displaystyle\int_a^b f(x)dx = \int_\alpha^\beta f(g(t))g'(t)dt.$

证　由已知,$f(x)$ 以及 $f(g(t))g'(t)$ 都存在原函数,设 $F'(x) = f(x)$,则 $(F(g(t)))' = f(g(t))g'(t)$. 根据微积分基本定理(牛顿 - 莱布尼茨公式),可得

$$\int_a^b f(x)\mathrm{d}x = F(b) - F(a),$$

$$\int_\alpha^\beta f(g(t))g'(t)\mathrm{d}t = F(g(\beta)) - F(g(\alpha)).$$

由于 $a = g(\alpha)$，$b = g(\beta)$，则 $F(g(\beta)) - F(g(\alpha)) = F(b) - F(a)$，得证.

注 1 定积分换元法的步骤可归纳为换元（引入新变量）、换限（更换积分上下限）、积分（对新变量关于新积分限积分）三步，相比不定积分的换元法，多了一步"换限"，少了一步"还原"；

注 2 在定积分换元法中，由于不需要"还原"，因此不要求换元函数 $x = g(t)$ 可逆.

例 5.23 求下列定积分：

(1) $\displaystyle\int_1^2 \frac{\sqrt{x^2-1}}{x^2}\mathrm{d}x$； (2) $\displaystyle\int_0^{\ln 2} \sqrt{\mathrm{e}^{2x}-1}\mathrm{d}x$.

解 (1) 令 $x = \sec t$，则 $\mathrm{d}x = \sec t\tan t\mathrm{d}t$，当 $t = 0$ 时 $x = 1$，当 $t = \dfrac{\pi}{3}$ 时，$x = 2$，因此

$$\int_1^2 \frac{\sqrt{x^2-1}}{x^2}\mathrm{d}x = \int_0^{\frac{\pi}{3}} \frac{\tan t}{\sec^2 t}\sec t\tan t\mathrm{d}t = \int_0^{\frac{\pi}{3}} \frac{\sin^2 t}{\cos t}\mathrm{d}t$$

$$= \int_0^{\frac{\pi}{3}} \frac{\sin^2 t}{\cos^2 t}\cos t\mathrm{d}t = \int_0^{\frac{\pi}{3}} \frac{\sin^2 t}{1-\sin^2 t}\mathrm{d}\sin t.$$

再令 $u = \sin t$，当 $t = 0$ 时 $u = 0$，当 $t = \dfrac{\pi}{3}$ 时 $u = \dfrac{\sqrt{3}}{2}$，则

$$\int_1^2 \frac{\sqrt{x^2-1}}{x^2}\mathrm{d}x = \int_0^{\frac{\sqrt{3}}{2}} \frac{u^2}{1-u^2}\mathrm{d}u = \int_0^{\frac{\sqrt{3}}{2}} \left(\frac{1}{1-u^2} - 1\right)\mathrm{d}u$$

$$= \left(\frac{1}{2}\ln\frac{1+u}{1-u} - u\right)\Big|_0^{\frac{\sqrt{3}}{2}} = \ln(2+\sqrt{3}) - \frac{\sqrt{3}}{2}.$$

(2) 令 $t = \sqrt{\mathrm{e}^{2x}-1}$，则 $x = \dfrac{1}{2}\ln(t^2+1)$，$\mathrm{d}x = \dfrac{t}{t^2+1}\mathrm{d}t$，当 $x = 0$ 时，$t = 0$，当 $x = \ln 2$ 时，$t = \sqrt{3}$，有

$$\int_0^{\ln 2} \sqrt{\mathrm{e}^{2x}-1}\mathrm{d}x = \int_0^{\sqrt{3}} t \cdot \frac{t}{t^2+1}\mathrm{d}t = \int_0^{\sqrt{3}} \left(1 - \frac{1}{t^2+1}\right)\mathrm{d}t$$

$$= (t - \arctan t)\Big|_0^{\sqrt{3}} = \sqrt{3} - \frac{\pi}{3}.$$

利用定积分换元法，可以得到计算中经常用到的定积分的性质.

性质 5.8（奇偶函数定积分的对称性） 设 $f(x)$ 在 $[-a, a]$ 上连续，

(1) 若 $f(x)$ 为奇函数，则 $\displaystyle\int_{-a}^a f(x)\mathrm{d}x = 0$；

(2) 若 $f(x)$ 为偶函数，则 $\displaystyle\int_{-a}^a f(x)\mathrm{d}x = 2\int_0^a f(x)\mathrm{d}x$.

证　（1）令 $x = -t$,根据定积分换元法以及 $f(x) = -f(-x)$,有

$$\int_0^a f(x)\,dx = \int_0^{-a} f(-t)\,d(-t) = \int_0^{-a} f(t)\,dt$$

$$= -\int_{-a}^0 f(t)\,dt = -\int_{-a}^0 f(x)\,dx.$$

因此 $\int_{-a}^a f(x)\,dx = \int_{-a}^0 f(x)\,dx + \int_0^a f(x)\,dx = 0.$

（2）令 $x = -t$,根据定积分换元法以及 $f(x) = f(-x)$,有

$$\int_0^a f(x)\,dx = \int_0^{-a} f(-t)\,d(-t) = -\int_0^{-a} f(t)\,dt$$

$$= \int_{-a}^0 f(t)\,dt = \int_{-a}^0 f(x)\,dx.$$

因此 $\int_{-a}^a f(x)\,dx = \int_{-a}^0 f(x)\,dx + \int_0^a f(x)\,dx = 2\int_0^a f(x)\,dx.$

性质 5.9（三角函数定积分的对称性）　设 $f(x)$ 在 $[-1,1]$ 上连续,则

（1）$\int_0^{\frac{\pi}{2}} f(\sin x)\,dx = \int_0^{\frac{\pi}{2}} f(\cos x)\,dx$;

（2）$\int_0^{\pi} x f(\sin x)\,dx = \dfrac{\pi}{2}\int_0^{\pi} f(\sin x)\,dx = \pi \int_0^{\frac{\pi}{2}} f(\sin x)\,dx.$

证　（1）令 $x = \dfrac{\pi}{2} - t$,则

$$\int_0^{\frac{\pi}{2}} f(\sin x)\,dx = \int_{\frac{\pi}{2}}^0 f\left(\sin\left(\frac{\pi}{2} - t\right)\right)d\left(\frac{\pi}{2} - t\right)$$

$$= -\int_{\frac{\pi}{2}}^0 f(\cos t)\,dt = \int_0^{\frac{\pi}{2}} f(\cos x)\,dx.$$

（2）令 $x = \pi - t$,则

$$\int_0^{\pi} x f(\sin x)\,dx = \int_{\pi}^0 (\pi - t) f(\sin(\pi - t))\,d(\pi - t)$$

$$= \int_0^{\pi} (\pi - t) f(\sin t)\,dt$$

$$= \pi \int_0^{\pi} f(\sin x)\,dx - \int_0^{\pi} x f(\sin x)\,dx.$$

因此 $\int_0^{\pi} x f(\sin x)\,dx = \dfrac{\pi}{2}\int_0^{\pi} f(\sin x)\,dx.$ 又由于

$$\int_{\frac{\pi}{2}}^{\pi} f(\sin x)\,dx = \int_{\frac{\pi}{2}}^0 f(\sin(\pi - x))\,d(\pi - x) = \int_0^{\frac{\pi}{2}} f(\sin x)\,dx,$$

故 $\int_0^{\pi} x f(\sin x)\,dx = \dfrac{\pi}{2}\int_0^{\pi} f(\sin x)\,dx = \pi \int_0^{\frac{\pi}{2}} f(\sin x)\,dx.$

例 5.24　利用定积分的对称性（性质 5.8 和性质 5.9）求下列定积分:

（1）$\displaystyle\int_{-1}^1 \frac{x\cos x - 1}{1 + x^2}\,dx$;　　（2）$\displaystyle\int_0^{\frac{\pi}{2}} \frac{1}{1 + \tan^{2018} x}\,dx$;

（3）$\int_0^\pi \dfrac{x\sin x}{1+\cos^2 x}\mathrm{d}x$.

解　（1）由于$\dfrac{x\cos x}{1+x^2}$为奇函数，$\dfrac{1}{1+x^2}$为偶函数，因此

$$\int_{-1}^1 \frac{x\cos x - 1}{1+x^2}\mathrm{d}x = -2\int_0^1 \frac{1}{1+x^2}\mathrm{d}x = -2\arctan 1 = -\frac{\pi}{2}.$$

（2）由于$\displaystyle\int_0^{\frac{\pi}{2}}\frac{1}{1+\tan^{2018}x}\mathrm{d}x = \int_0^{\frac{\pi}{2}}\frac{1}{1+\frac{\sin^{2018}x}{\cos^{2018}x}}\mathrm{d}x = \int_0^{\frac{\pi}{2}}\frac{\cos^{2018}x}{\cos^{2018}x + \sin^{2018}x}\mathrm{d}x$,

根据性质5.9（1），有

$$\int_0^{\frac{\pi}{2}}\frac{1}{1+\tan^{2018}x}\mathrm{d}x = \int_0^{\frac{\pi}{2}}\frac{\cos^{2018}x}{\cos^{2018}x + \sin^{2018}x}\mathrm{d}x$$

$$= \int_0^{\frac{\pi}{2}}\frac{\sin^{2018}x}{\cos^{2018}x + \sin^{2018}x}\mathrm{d}x$$

$$= \frac{1}{2}\int_0^{\frac{\pi}{2}}\frac{\cos^{2018}x + \sin^{2018}x}{\cos^{2018}x + \sin^{2018}x}\mathrm{d}x = \frac{\pi}{4}.$$

（3）根据性质5.9（2），可得

$$\int_0^\pi \frac{x\sin x}{1+\cos^2 x}\mathrm{d}x = \frac{\pi}{2}\int_0^\pi \frac{\sin x}{1+\cos^2 x}\mathrm{d}x$$

$$= \frac{\pi}{2}\cdot\left(-\arctan(\cos x)\right)\Big|_0^\pi = \frac{\pi^2}{4}.$$

例5.25　求定积分$\displaystyle\int_0^\pi \frac{1}{1+\sin^2 x}\mathrm{d}x$.

解　在例5.15（2）中已经得到了不定积分$\displaystyle\int\frac{1}{\sin^2 x + 1}\mathrm{d}x = \frac{1}{\sqrt{2}}\arctan(\sqrt{2}\tan x) + C$，若直接代入积分的上下限可得

$$\int_0^\pi \frac{1}{1+\sin^2 x}\mathrm{d}x = \frac{1}{\sqrt{2}}\arctan(\sqrt{2}\tan x)\Big|_0^\pi = 0.$$

这显然是错误的，因为$\dfrac{1}{1+\sin^2 x}\geqslant\dfrac{1}{2}$，至少有$\displaystyle\int_0^\pi\frac{x}{1+\sin^2 x}\mathrm{d}x\geqslant\left(\dfrac{\pi}{2}\right)^2$，不可能为零.

问题出在哪里呢？事实上，$\dfrac{1}{\sqrt{2}}\arctan(\sqrt{2}\tan x)$在$x=\dfrac{\pi}{2}$处是不连续的！它不是$\dfrac{1}{1+\sin^2 x}$在$[0,\pi]$上的原函数，因此也就不能利用牛顿-莱布尼茨公式计算定积分.

图5-3为函数$\dfrac{1}{\sqrt{2}}\arctan(\sqrt{2}\tan x)$在$[0,\pi]$的图像，可以发现，在

$x = \dfrac{\pi}{2}$ 处间断, 为了保证是 $\dfrac{1}{1 + \sin^2 x}$ 的原函数, 令 $F(x) =$

$$
\begin{cases}
\dfrac{1}{\sqrt{2}}\arctan(\sqrt{2}\tan x), & x \in \left[0, \dfrac{\pi}{2}\right), \\[2ex]
\dfrac{\pi}{2\sqrt{2}}, & x = \dfrac{\pi}{2}, \\[2ex]
\dfrac{1}{\sqrt{2}}(\arctan(\sqrt{2}\tan x) + \pi), & x \in \left(\dfrac{\pi}{2}, \pi\right],
\end{cases}
$$
其图像如图 5-4 所示.

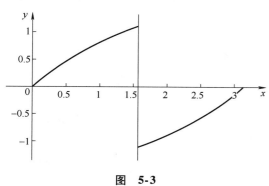

图　5-3　　　　　　　　　　　　　　　　　图　5-4

这样, 可得 $\displaystyle\int_0^\pi \dfrac{1}{1 + \sin^2 x}\mathrm{d}x = \dfrac{1}{\sqrt{2}}(\arctan(\sqrt{2}\tan\pi) + \pi) -$

$\dfrac{1}{\sqrt{2}}\arctan(\sqrt{2}\tan\pi) = \dfrac{\pi}{\sqrt{2}}.$

注　也可以将积分 $\displaystyle\int_0^\pi \dfrac{1}{1 + \sin^2 x}\mathrm{d}x$ 分为两部分 $\displaystyle\int_0^{\frac{\pi}{2}} \dfrac{1}{1 + \sin^2 x}\mathrm{d}x +$

$\displaystyle\int_{\frac{\pi}{2}}^\pi \dfrac{1}{1 + \sin^2 x}\mathrm{d}x$, 这样

$$
\begin{aligned}
\int_0^\pi \frac{1}{1 + \sin^2 x}\mathrm{d}x &= \int_0^{\frac{\pi}{2}} \frac{1}{1 + \sin^2 x}\mathrm{d}x + \int_{\frac{\pi}{2}}^\pi \frac{1}{1 + \sin^2 x}\mathrm{d}x \\
&= \frac{1}{\sqrt{2}}\arctan(\sqrt{2}\tan x)\Big|_0^{\frac{\pi}{2}} + \frac{1}{\sqrt{2}}\arctan(\sqrt{2}\tan x)\Big|_{\frac{\pi}{2}}^\pi \\
&= \lim_{x \to \frac{\pi}{2}^-} \frac{1}{\sqrt{2}}\arctan(\sqrt{2}\tan x) - \lim_{x \to \frac{\pi}{2}^+} \frac{1}{\sqrt{2}}\arctan(\sqrt{2}\tan x) \\
&= \frac{\pi}{2\sqrt{2}} + \frac{\pi}{2\sqrt{2}} = \frac{\pi}{\sqrt{2}}.
\end{aligned}
$$

习题 5.3

1. 用凑微分法求下列不定积分:

(1) $\displaystyle\int \dfrac{1}{5x - 6}\mathrm{d}x$;　　　　(2) $\displaystyle\int \dfrac{1}{\sqrt{x + 1} + \sqrt{x - 1}}\mathrm{d}x$;

(3) $\int\left(\dfrac{1}{\sqrt{3-x^2}}+\dfrac{1}{\sqrt{1-3x^2}}\right)\mathrm{d}x$；　(4) $\int \mathrm{e}^{-\frac{x}{2}}\mathrm{d}x$；

(5) $\int\dfrac{\mathrm{e}^x}{1+\mathrm{e}^x}\mathrm{d}x$；　(6) $\int\dfrac{\mathrm{d}x}{\mathrm{e}^x+\mathrm{e}^{-x}+2}$；

(7) $\int\tan^5 x\sec^2 x\mathrm{d}x$；　(8) $\int\dfrac{1-2\sin x}{\cos^2 x}\mathrm{d}x$；

(9) $\int\dfrac{\mathrm{d}x}{A\sin^2 x+B\cos^2 x}(AB>0)$；　(10) $\int\dfrac{\mathrm{d}x}{1+\sin x}$；

(11) $\int\dfrac{\cos 2x}{\sin x\cos x}\mathrm{d}x$；　(12) $\int\dfrac{\sin x\cos x}{1+\sin^4 x}\mathrm{d}x$；

(13) $\int\dfrac{5-4x}{3x-2}\mathrm{d}x$；　(14) $\int\sin 2x\cos 3x\mathrm{d}x$；

(15) $\int\dfrac{(\ln x)^2}{x}\mathrm{d}x$；　(16) $\int\sin\dfrac{1}{x}\cdot\dfrac{\mathrm{d}x}{x^2}$；

(17) $\int\dfrac{(\arcsin x)^2}{\sqrt{1-x^2}}\mathrm{d}x$；　(18) $\int\dfrac{\arctan x}{1+x^2}\mathrm{d}x$；

(19) $\int\dfrac{\mathrm{d}x}{\sqrt{x}\sqrt{1+\sqrt{x}}}$；　(20) $\int\sqrt{1+\sin x}\mathrm{d}x$.

2. 用换元积分法求下列不定积分：

(1) $\int\sqrt{x^2-a^2}\mathrm{d}x$；　(2) $\int\dfrac{x^2}{\sqrt{4-x^2}}\mathrm{d}x$；

(3) $\int\dfrac{x}{\sqrt{5+x-x^2}}\mathrm{d}x$；　(4) $\int\sqrt{2+x-x^2}\mathrm{d}x$；

(5) $\int\dfrac{\mathrm{d}x}{(x^2+a^2)^{3/2}}$；　(6) $\int\dfrac{\mathrm{d}x}{x+\sqrt{x^2-1}}$；

(7) $\int\dfrac{\mathrm{e}^{2x}}{\sqrt{3\mathrm{e}^x-2}}\mathrm{d}x$；　(8) $\int\dfrac{\sqrt{\ln x+1}}{x\ln x}\mathrm{d}x$；

(9) $\int\dfrac{\sqrt{x}}{1+\sqrt[3]{x}}\mathrm{d}x$；　(10) $\int\dfrac{x}{1+\sqrt{x}}\mathrm{d}x$.

3. 设 $f(x)$ 为连续的周期函数，其周期为 T，证明：$\displaystyle\int_a^{a+T} f(x)\mathrm{d}x = \int_0^T f(x)\mathrm{d}x$（$a$ 为常数）.

4. 求下列定积分的值：

(1) $\displaystyle\int_0^{\frac{5}{2}}\cos^5 x\sin 2x\mathrm{d}x$；　(2) $\displaystyle\int_0^1\sqrt{4-x^2}\mathrm{d}x$；

(3) $\displaystyle\int_0^1\dfrac{\mathrm{d}x}{\mathrm{e}^x+\mathrm{e}^{-x}}$；　(4) $\displaystyle\int_0^4\dfrac{\mathrm{d}x}{1+\sqrt{x}}$；

(5) $\displaystyle\int_{\frac{1}{\sqrt{2}}}^1\dfrac{\sqrt{1-x^2}}{x^2}\mathrm{d}x$；　(6) $\displaystyle\int_0^{\frac{\pi}{2}}\dfrac{\cos\theta}{\sin\theta+\cos\theta}\mathrm{d}\theta$.

5. 设 $f(x)$ 连续,求 $\dfrac{\mathrm{d}}{\mathrm{d}x}\left[\displaystyle\int_0^x tf(x^2 - t^2)\,\mathrm{d}t\right]$.

6. 设 $f(x)$ 可导,$f(0) = 0$,$F(x) = \displaystyle\int_0^x t^{n-1}f(x^n - t^n)\,\mathrm{d}t(n \in \mathbb{Z}_+)$. 求
证:$\displaystyle\lim_{x \to 0}\dfrac{F(x)}{x^{2n}} = \dfrac{f'(0)}{2n}$.

7. 设 $f(x)$ 连续,且 $f(x) = x + 2\displaystyle\int_0^1 f(t)\,\mathrm{d}x$,求 $f(x)$.

8. 设 $f(x)$ 连续,且 $f(x) = x + x^2\displaystyle\int_0^1 f(t)\,\mathrm{d}t + x^3\displaystyle\int_0^2 f(t)\,\mathrm{d}t$,求 $f(x)$.

9. 求 $f(t) = \displaystyle\int_0^1 |x - t|\,\mathrm{d}x$ 在 $0 \leqslant t \leqslant 1$ 上的最大值和最小值.

10. 设 f 在 $[a,b]$ 上二阶可导,且 $f''(x) \geqslant 0$. 证明:
$$f\left(\dfrac{a + b}{2}\right) \leqslant \dfrac{1}{b - a}\int_a^b f(x)\,\mathrm{d}x \leqslant \dfrac{1}{2}[f(a) + f(b)].$$

5.4 分部积分法

本节考虑使用函数乘积的求导法则,建立求不同类型函数乘积的原函数(不定积分)的方法. 根据乘积求导法则
$$(f(x) \cdot g(x))' = f'(x) \cdot g(x) + f(x) \cdot g'(x),$$
两边求不定积分可得
$$f(x) \cdot g(x) = \int f'(x) \cdot g(x)\,\mathrm{d}x + \int f(x) \cdot g'(x)\,\mathrm{d}x,$$
这样,可以将上述等式右边的两个不定积分互相转换,当其中一个比较难计算时,化为另外一个也许比较容易计算.

5.4.1 不定积分的分部积分法

不定积分的分部积分公式可记作:
$$\int f(x)\,\mathrm{d}g(x) = f(x) \cdot g(x) - \int g(x)\,\mathrm{d}f(x),$$
或
$$\int f(x) \cdot g'(x)\,\mathrm{d}x = f(x) \cdot g(x) - \int g(x) \cdot f'(x)\,\mathrm{d}x.$$

分部积分法的实质是通过将两个函数,一个换为其导函数 $f(x) \to f'(x)$,一个换为其原函数 $g'(x) \to g(x)$,达到简化被积函数的目的.

实际计算中,分部积分法可以归纳为以下几种方法:

Ⅰ. 降幂法.

当被积函数为幂函数与指数函数或三角函数(正弦或余弦)的乘积时,一个自然的想法就是,将指数函数或三角函数(正弦或余弦)换为其原函数(形式基本不变),将幂函数换为其导函数,从而达到降幂的目的,直到降为零幂时,即可将积分积出.

例 5.26 求下列不定积分：

(1) $\int x\sin x\mathrm{d}x$; (2) $\int x^2\mathrm{e}^{-x}\mathrm{d}x$; (3) $\int \dfrac{x}{\cos^2 x}\mathrm{d}x$.

解 (1) $\int x\sin x\mathrm{d}x = \int x\mathrm{d}(-\cos x) = -x\cos x + \int \cos x\mathrm{d}x = -x\cos x + \sin x + C$;

(2) $\int x^2\mathrm{e}^{-x}\mathrm{d}x = -\int x^2\mathrm{d}\mathrm{e}^{-x} = -x^2\mathrm{e}^{-x} + 2\int x\mathrm{e}^{-x}\mathrm{d}x = -x^2\mathrm{e}^{-x} - 2x\mathrm{e}^{-x} + 2\int \mathrm{e}^{-x}\mathrm{d}x = -\mathrm{e}^{-x}(x^2 + 2x + 2) + C$;

(3) $\int \dfrac{x}{\cos^2 x}\mathrm{d}x = \int x\sec^2 x\mathrm{d}x = \int x\mathrm{d}\tan x = x\tan x - \int \tan x\mathrm{d}x = x\tan x + \ln|\cos x| + C$.

注 "降幂法"适合的函数类型一般为"$x^k \cdot \mathrm{e}^x$"，"$x^k \cdot \sin x$"，"$x^k \cdot \cos x$"这三种(其中，k 为正整数)，通过 k 次分部积分，将幂函数降幂为零.(例 5.24(3) 是一种特殊形式)

Ⅱ. 升幂法.

当被积函数为幂函数与对数函数或反三角函数的乘积时，可以考虑将幂函数换为其原函数(只要非 -1 次幂，原函数仍为幂函数)，将对数函数或反三角函数换为其导函数，从而消除了对数函数或反三角函数，成为可积分类型.

作为这种方法的应用，可以求出如下基本初等函数的不定积分.

例 5.27 求下列不定积分：

(1) $\int \ln x\mathrm{d}x$; (2) $\int \arcsin x\mathrm{d}x$; (3) $\int \arctan x\mathrm{d}x$.

解 (1) $\int \ln x\mathrm{d}x = x\ln x - \int x \cdot (\ln x)'\mathrm{d}x = x\ln x - \int \mathrm{d}x$
$$= x\ln x - x + C;$$

(2) $\int \arcsin x\mathrm{d}x = x\arcsin x - \int \dfrac{x}{\sqrt{1-x^2}}\mathrm{d}x$
$$= x\arcsin x + \frac{1}{2}\int \frac{1}{\sqrt{1-x^2}}\mathrm{d}(1-x^2)$$
$$= x\arcsin x + \sqrt{1-x^2} + C;$$

(3) $\int \arctan x\mathrm{d}x = x\arctan x - \int \dfrac{x}{1+x^2}\mathrm{d}x$
$$= x\arctan x - \frac{1}{2}\int \frac{1}{1+x^2}\mathrm{d}(1+x^2)$$
$$= x\arctan x - \frac{1}{2}\ln(1+x^2) + C.$$

注 类似地，$\int \arccos x\mathrm{d}x = x\arccos x - \sqrt{1-x^2} + C$,

$$\int \operatorname{arccot} x \mathrm{d}x = x \operatorname{arccot} x + \frac{1}{2}\ln(1 + x^2) + C.$$

例 5.28 求下列不定积分：

(1) $\int x^2 \arctan x \mathrm{d}x$；　(2) $\int x\ln^2 x \mathrm{d}x$；　(3) $\int \dfrac{\arcsin x}{\sqrt{1-x}}\mathrm{d}x$.

解　(1) $\int x^2 \arctan x \mathrm{d}x = \int \arctan x \mathrm{d}\left(\dfrac{x^3}{3}\right)$

$$= \frac{x^3 \arctan x}{3} - \frac{1}{3}\int \frac{x^3}{1+x^2}\mathrm{d}x$$

$$= \frac{x^3 \arctan x}{3} - \frac{x^2 - \ln(1+x^2)}{6} + C;$$

(2) $\int x\ln^2 x \mathrm{d}x = \int \ln^2 x \mathrm{d}\dfrac{x^2}{2} = \dfrac{x^2}{2}\ln^2 x - \int x\ln x \mathrm{d}x$

$$= \frac{x^2}{2}\ln^2 x - \frac{x^2}{2}\ln x + \frac{1}{2}\int x\mathrm{d}x$$

$$= \frac{x^2}{2}\left(\ln^2 x - \ln x + \frac{1}{2}\right) + C;$$

(3) $\int \dfrac{\arcsin x}{\sqrt{1-x}}\mathrm{d}x = -2\int \arcsin x \mathrm{d}\sqrt{1-x}$

$$= -2\sqrt{1-x}\arcsin x + 2\int \frac{\sqrt{1-x}}{\sqrt{1-x^2}}\mathrm{d}x$$

$$= -2\sqrt{1-x}\arcsin x + 2\int \frac{1}{\sqrt{1+x}}\mathrm{d}x$$

$$= -2\sqrt{1-x}\arcsin x + 4\sqrt{1+x} + C.$$

注　"升幂法"适合的函数类型一般为"$x^\alpha \cdot \ln^k x$"，"$x^\alpha \cdot \arcsin^k x$"，"$x^\alpha \cdot \arctan^k x$"等（其中 $\alpha \neq -1$）. 通过 k 次分部积分，将 x 的幂升高，对数或反三角函数降幂为零.

Ⅲ. 循环递推法.

除了针对幂函数的"升幂法"和"降幂法"，另一种分部积分的方法是积分过程中出现"循环形式"，此时可以求出被积函数的原函数表达式，或者被积函数原函数的递推表达式.

例 5.29 求下列不定积分：

(1) $\int \mathrm{e}^x \sin x \mathrm{d}x$；　(2) $\int \sin \ln x \mathrm{d}x$；　(3) $\int \sqrt{a^2 + x^2}\mathrm{d}x$.

解　(1) 两次将 e^x 换为原函数后使用分部积分，可以得到积分式 $\int \mathrm{e}^x \sin x \mathrm{d}x$ 的循环形式：

$$\int \mathrm{e}^x \sin x \mathrm{d}x = \int \sin x \mathrm{d}(\mathrm{e}^x) = \mathrm{e}^x \sin x - \int \mathrm{e}^x \cos x \mathrm{d}x$$

$$= \mathrm{e}^x \sin x - \int \cos x \mathrm{d}(\mathrm{e}^x)$$

$$= \mathrm{e}^x(\sin x - \cos x) - \int \mathrm{e}^x \sin x \mathrm{d}x.$$

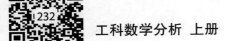

因此 $\int e^x \sin x \mathrm{d}x = \dfrac{1}{2}e^x(\sin x - \cos x) + C.$

（2）使用两次分部积分，可以得到积分式 $\int \sin \ln x \mathrm{d}x$ 的循环形式：

$$\int \sin \ln x \mathrm{d}x = x \sin \ln x - \int x \cos \ln x \cdot \dfrac{1}{x} \mathrm{d}x$$

$$= x \sin \ln x - x \cos \ln x - \int \sin \ln x \mathrm{d}x.$$

因此 $\int \sin \ln x \mathrm{d}x = \dfrac{1}{2}x(\sin \ln x - \cos \ln x) + C.$

（3）使用一次分部积分，可以得到积分式 $\int \sqrt{a^2 + x^2} \mathrm{d}x$ 的循环形式：

$$\int \sqrt{a^2 + x^2} \mathrm{d}x = x\sqrt{a^2 + x^2} - \int \dfrac{x^2}{\sqrt{a^2 + x^2}} \mathrm{d}x$$

$$= x\sqrt{a^2 + x^2} - \int \dfrac{a^2 + x^2 - a^2}{\sqrt{a^2 + x^2}} \mathrm{d}x$$

$$= x\sqrt{a^2 + x^2} - \int \sqrt{a^2 + x^2} \mathrm{d}x + \int \dfrac{a^2}{\sqrt{a^2 + x^2}} \mathrm{d}x.$$

因此 $\int \sqrt{a^2 + x^2} \mathrm{d}x = \dfrac{x\sqrt{a^2 + x^2}}{2} + \dfrac{a^2}{2}\int \dfrac{1}{\sqrt{a^2 + x^2}} \mathrm{d}x$

$$= \dfrac{x\sqrt{a^2 + x^2}}{2} + \dfrac{a^2}{2}\ln\left(x + \sqrt{a^2 + x^2}\right) + C.$$

当被积函数包含与自然数 n 有关的项时，可以使用分部积分建立原函数的递推表达式.

例 5.30 求下列不定积分的递推表达式：

（1）$I_n = \int \ln^n x \mathrm{d}x$；　　　　（2）$I_n = \int \sec^n x \mathrm{d}x$；

（3）$I_n = \int \dfrac{1}{(x^2 + a^2)^n} \mathrm{d}x.$

解　（1）直接使用分部积分可得：

$$I_n = \int \ln^n x \mathrm{d}x = x\ln^n x - n\int \ln^{n-1} x \mathrm{d}x = x\ln^n x - nI_{n-1}.$$

（2）利用 $\sec^2 x \mathrm{d}x = \mathrm{d}\tan x$，由分部积分可得

$$I_n = \int \sec^n x \mathrm{d}x = \int \sec^{n-2} x \mathrm{d}\tan x$$

$$= \sec^{n-2} x \cdot \tan x - (n-2)\int \tan^2 x \sec^{n-2} x \mathrm{d}x$$

$$= \sec^{n-2} x \cdot \tan x - (n-2)\int (\sec^2 x - 1)\sec^{n-2} x \mathrm{d}x$$

$$= \sec^{n-2} x \cdot \tan x - (n-2)(I_n - I_{n-2}),$$

因此 $I_n = \dfrac{\sec^{n-2}x \cdot \tan x}{n-1} + \dfrac{n-2}{n-1}I_{n-2}$.

（3）直接使用分部积分可得

$$I_n = \int \frac{1}{(x^2+a^2)^n}\mathrm{d}x = \frac{x}{(x^2+a^2)^n} + 2n\int \frac{x^2}{(x^2+a^2)^{n+1}}\mathrm{d}x$$

$$= \frac{x}{(x^2+a^2)^n} + 2n\Big(\int \frac{1}{(x^2+a^2)^n}\mathrm{d}x - \int \frac{a^2}{(x^2+a^2)^{n+1}}\mathrm{d}x\Big)$$

$$= \frac{x}{(x^2+a^2)^n} + 2n(I_n - a^2 I_{n+1}),$$

因此 $I_{n+1} = \dfrac{1}{2na^2}\Big[\dfrac{x}{(x^2+a^2)^2} + (2n-1)I_n\Big]$.

5.4.2 定积分的分部积分法

对于定积分，也有相应的分部积分公式：

$$\int_a^b f(x) \cdot g'(x)\mathrm{d}x = f(x) \cdot g(x)\Big|_a^b - \int_a^b g(x) \cdot f'(x)\mathrm{d}x.$$

除了在上一节中的几种类型外，当定积分的被积函数为导函数或变限积分时，可以考虑使用分部积分公式.

例 5.31　已知 $f(x)$ 在 $[0,1]$ 上二阶连续可导，$f(0)=1$，$f(1)=f'(1)$，求积分 $\displaystyle\int_0^1 xf''(x)\mathrm{d}x$.

解　根据分部积分公式及牛顿-莱布尼茨公式，可得

$$\int_0^1 xf''(x)\mathrm{d}x = \int_0^1 x\mathrm{d}f'(x) = xf'(x)\Big|_0^1 - \int_0^1 f'(x)\mathrm{d}x$$

$$= f'(1) - (f(1) - f(0))$$

$$= f'(1) - f(1) + f(0) = 1.$$

例 5.32　已知 $f(x) = \displaystyle\int_1^x \dfrac{\ln(t+1)}{t}\mathrm{d}t$，求积分 $\displaystyle\int_0^1 f(x)\mathrm{d}x$.

解　由已知，$f(1)=0$，$f'(x)=\dfrac{\ln(x+1)}{x}$，根据分部积分公式，可得

$$\int_0^1 f(x)\mathrm{d}x = xf(x)\Big|_0^1 - \int_0^1 xf'(x)\mathrm{d}x = f(1) - \int_0^1 \ln(x+1)\mathrm{d}x$$

$$= -\int_0^1 \ln(x+1)\mathrm{d}(x+1)$$

$$= -(x+1)\ln(x+1)\Big|_0^1 + \int_0^1 \mathrm{d}x = 1 - 2\ln 2.$$

例 5.33　设 n 为自然数，求积分 $I_n = \displaystyle\int_0^{\frac{\pi}{2}}\sin^n x\mathrm{d}x$.

解　设 $n \geqslant 2$，根据分部积分公式，可得

$$I_n = \int_0^{\frac{\pi}{2}} \sin^n x \mathrm{d}x = -\int_0^{\frac{\pi}{2}} \sin^{n-1} x \mathrm{d}\cos x$$

$$= -\sin^{n-1} x \cos x \Big|_0^{\frac{\pi}{2}} + \int_0^{\frac{\pi}{2}} \cos x \mathrm{d}(\sin^{n-1} x)$$

$$= (n-1) \int_0^{\frac{\pi}{2}} \sin^{n-2} x \cos^2 x \mathrm{d}x$$

$$= (n-1) \int_0^{\frac{\pi}{2}} \sin^{n-2} x (1 - \sin^2 x) \mathrm{d}x = (n-1)(I_{n-2} - I_n).$$

因此有 $I_n = \dfrac{n-1}{n} I_{n-2}$. 根据 $I_0 = \int_0^{\frac{\pi}{2}} \mathrm{d}x = \dfrac{\pi}{2}, I_1 = \int_0^{\frac{\pi}{2}} \sin x \mathrm{d}x = 1$, 可得

$$I_n = \int_0^{\frac{\pi}{2}} \sin^n x \mathrm{d}x = \begin{cases} \dfrac{n-1}{n} \cdot \cdots \cdot \dfrac{1}{2} \cdot \dfrac{\pi}{2} = \dfrac{(n-1)!!}{n!!} \cdot \dfrac{\pi}{2}, & n = 2,4,6,\cdots, \\[2mm] \dfrac{n-1}{n} \cdot \cdots \cdot \dfrac{2}{3} = \dfrac{(n-1)!!}{n!!}, & n = 3,5,7,\cdots. \end{cases}$$

注 由于 $\int_0^{\frac{\pi}{2}} \cos^n x \mathrm{d}x = \int_0^{\frac{\pi}{2}} \sin^n x \mathrm{d}x$, 故 $I_n = \int_0^{\frac{\pi}{2}} \sin^n x \mathrm{d}x = \int_0^{\frac{\pi}{2}} \cos^n x \mathrm{d}x$, 上述结论称为**沃利斯**(Wallis, 1616—1703) 公式.

当 $x \in \left[0, \dfrac{\pi}{2}\right]$ 时, $\sin^{2n+1} x \leqslant \sin^{2n} x \leqslant \sin^{2n-1} x$, 因此 $I_{2n+1} \leqslant I_{2n} \leqslant I_{2n-1}$, 由例 5.33 的结论可得

$$\frac{(2n)!!}{(2n+1)!!} \leqslant \frac{(2n-1)!!}{(2n)!!} \cdot \frac{\pi}{2} \leqslant \frac{(2n-2)!!}{(2n-1)!!}.$$

故 $1 \leqslant \left(\dfrac{(2n-1)!!}{(2n)!!}\right)^2 \cdot (2n+1) \dfrac{\pi}{2} \leqslant \dfrac{2n+1}{2n}$, 取极限 $n \to \infty$ 可得

$\lim\limits_{n \to \infty} \dfrac{1}{2n+1} \left(\dfrac{(2n)!!}{(2n-1)!!}\right)^2 = \dfrac{\pi}{2}$, 此即为极限形式的沃利斯公式, 也

可记作 $\lim\limits_{n \to \infty} \dfrac{2^{2n}(n!)^2}{(2n)! \sqrt{n}} = \sqrt{\pi}$ 或 $\dfrac{(2n)!!}{(2n-1)!!} \sim \sqrt{n\pi}$, 其实质是刻画了

双阶乘 $(2n)!!$ 与 $(2n-1)!!$ 之比的渐近性态.

华里士公式的一个重要应用是可以推出关于 $n!$ 近似值的**斯特林**(Stirling) 公式: (证明 从略)

$$n! \approx \sqrt{2n\pi} \left(\frac{n}{\mathrm{e}}\right)^n \quad \text{或} \quad \lim\limits_{n \to \infty} \frac{n!}{\sqrt{n}} \left(\frac{\mathrm{e}}{n}\right)^n = \sqrt{2\pi}.$$

例 5.34 设 p, q 为自然数, 求积分 $I_{p,q} = \int_0^1 (1-x)^p x^q \mathrm{d}x$.

解 设 $p, q \geqslant 1$, 根据分部积分公式, 可得

$$I_{p,q} = \int_0^1 (1-x)^p x^q \mathrm{d}x = -\frac{1}{p+1} \int_0^1 x^q \mathrm{d}(1-x)^{p+1}$$

$$= -\frac{1}{p+1} x^q (1-x)^{p+1} \Big|_0^1 + \frac{q}{p+1} \int_0^1 (1-x)^{p+1} x^{q-1} \mathrm{d}x$$

$$= \frac{q}{p+1} \int_0^1 (1-x)^p x^{q-1} \mathrm{d}x - \frac{q}{p+1} \int_0^1 (1-x)^p x^q \mathrm{d}x$$

$$= \frac{q}{p+1}I_{p,q-1} - \frac{q}{p+1}I_{p,q}.$$

于是有 $I_{p,q} = \frac{q}{p+q+1}I_{p,q-1}$，连续用此式，可得

$$I_{p,q} = \frac{q}{p+q+1}I_{p,q-1} = \frac{q}{p+q+1} \cdot \frac{q-1}{p+q} \cdot \cdots \cdot \frac{1}{p+2}I_{p,0}.$$

又由于 $I_{p,0} = \int_0^1 (1-x)^p \mathrm{d}x = \frac{1}{p+1}$，故

$$I_{p,q} = \frac{q}{p+q+1} \cdot \frac{q-1}{p+q} \cdot \cdots \cdot \frac{1}{p+2} \cdot \frac{1}{p+1} = \frac{p!q!}{(p+q+1)!}.$$

习题 5.4

1. 用分部积分法求下列不定积分：

(1) $\int x^2 \cos x \mathrm{d}x$；

(2) $\int x^3 \ln x \mathrm{d}x$；

(3) $\int x\ln(1+x^2)\mathrm{d}x$；

(4) $\int x\arctan x\mathrm{d}x$；

(5) $\int \cos(\ln x)\mathrm{d}x$；

(6) $\int \sec^3 x\mathrm{d}x$；

(7) $\int \sqrt{x^2-a^2}\mathrm{d}x$；

(8) $\int x\sin^2 x\mathrm{d}x$；

(9) $\int x\cos^2 x\mathrm{d}x$；

(10) $\int \frac{x\mathrm{e}^x}{(x+1)^2}\mathrm{d}x$；

(11) $\int (\arcsin x)^2\mathrm{d}x$；

(12) $\int \frac{x}{\cos^2 x}\mathrm{d}x$；

(13) $\int \ln(x+\sqrt{1+x^2})\mathrm{d}x$；

(14) $\int \sqrt{x}\ln^2 x\mathrm{d}x$.

2. 求下列不定积分的递推公式：

(1) $I_n = \int (\ln x)^n \mathrm{d}x$；

(2) $I_n = \int (\arcsin x)^n \mathrm{d}x$.

3. 求下列定积分的值：

(1) $\int_0^1 \frac{\ln(1+x)}{(2-x)^2}\mathrm{d}x$；

(2) $\int_0^\pi (x\sin x)^2\mathrm{d}x$.

4. 设 $f(x) = \int_1^{x^2} \frac{\sin t}{t}\mathrm{d}t$，求 $\int_0^1 xf(x)\mathrm{d}x$.

5. 求定积分 $\int_{\frac{1}{2}}^2 \left(1+x-\frac{1}{x}\right)\mathrm{e}^{x+\frac{1}{x}}\mathrm{d}t$.

6. 设 $f''(x)$ 在 $[0,1]$ 上连续，且 $f(0)=1$，$f(2)=3$，$f'(2)=5$. 求 $\int_0^1 xf''(2x)\mathrm{d}x$.

7. 求定积分 $\int_0^\pi x\mathrm{e}^{\sin x}|\cos x|\mathrm{d}x$.

5.5 初等函数的积分

通过上两节可知,求积分远比求导数难得多,即使利用非常复杂的积分技巧(包括换元法与分部积分法),很多形式简单的初等函数的积分仍旧无法求出,例如,

$$\int e^{x^2} dx, \int \frac{\sin x}{x} dx, \int \sin x^2 dx, \int \sqrt{1 + x^4} dx \ \text{等}$$

都无法表示为初等函数,这些函数俗称"积不出". 关于哪些函数"积得出",哪些函数"积不出",这是一个复杂的问题,没有一般的判别方法.

本节中,将讨论三类初等函数的积分计算方法.

5.5.1 有理式的积分

有理式,也称为分式、有理函数,是指由两个多项式的商所表示的函数,一般形如

$$R(x) = \frac{P_n(x)}{Q_m(x)} = \frac{a_n x^n + \cdots + a_1 x + a_0}{b_m x^m + \cdots + b_1 x + b_0},$$

其中 n, m 为非负整数,$a_n \neq 0, b_m \neq 0$.

有理式在解决实际问题中使用非常广泛,许多其他类型函数的积分问题,最终都化为有理式的积分. 事实上,任意有理式都是可积的(其原函数都是初等函数),本节将给出其积分方法.

对于上述有理式 $R(x) = \dfrac{P_n(x)}{Q_m(x)}$,若 $n < m$,称为真分式,若 $n \geqslant m$,称为假分式. 利用多项式除法,每一个假分式都可以表示为多项式与真分式之和,由于多项式的原函数易求,以下只考虑真分式的积分方法.

由代数学知识,真分式可以表示为部分分式之和(称为部分分式分解),过程如下(不妨设分母 $Q_m(x)$ 的最高次项系数 $b_m = 1$).

第一步:将分母 $Q_m(x)$ 在实数内进行因式分解——

$$Q_m(x) = (x - c_1)^{\lambda_1} \cdot \cdots \cdot (x - c_s)^{\lambda_s} \cdot (x^2 + p_1 x + q_1)^{\mu_1} \cdot \cdots \cdot (x^2 + p_t x + q_t)^{\mu_t},$$

其中 $\lambda_i, \mu_j (i = 1, \cdots, s, j = 1, \cdots, t)$ 为自然数,且

$$\lambda_1 + \cdots + \lambda_s + 2(\mu_1 + \cdots + \mu_t) = m, \ p_j^2 - 4q_j < 0 (j = 1, \cdots, t).$$

第二步:根据分母的各个因式分别写出对应的部分分式——对每个形如 $(x - c)^k$ 的因式,对应的部分分式为 $\dfrac{A_1}{x - c} + \dfrac{A_2}{(x - c)^2} + \cdots + \dfrac{A_k}{(x - c)^k}$;对每个形如 $(x^2 + px + q)^k$ 的因式,对应的部分分式为

$$\frac{B_1 x + C_1}{x^2 + px + q} + \frac{B_2 x + C_2}{(x^2 + px + q)^2} + \cdots + \frac{B_k x + C_k}{(x^2 + px + q)^k}.$$

第三步:确定部分分式的系数——所有部分分式相加后等于 $R(x)$,只需通分后比较分子各次幂系数即可.

一旦将有理式 $R(x) = \dfrac{P_n(x)}{Q_m(x)}$ 表示为部分分式之和,其积分问题也就转化为分式 $\dfrac{1}{(x-c)^k}$ 与 $\dfrac{ax+b}{(x^2+px+q)^k}$ 的积分问题. 对于前者,其不定积分为

$$\int \frac{1}{(x-c)^k}\mathrm{d}x = \begin{cases} \ln|x-c| + C, & k = 1, \\ -\dfrac{1}{k-1}\cdot\dfrac{1}{(x-c)^{k-1}}, & k \geqslant 2. \end{cases}$$

对于后者,分母配方后可得 $\dfrac{ax+b}{\left[\left(x+\frac{p}{2}\right)^2 + \left(q-\frac{p^2}{4}\right)\right]^k}$,做换元 $t = x + \dfrac{p}{2}$,并令 $r^2 = q - \dfrac{p^2}{4}$,可化为如下两种积分 $\displaystyle\int \frac{t}{(t^2+r^2)^k}\mathrm{d}t$ 及 $\displaystyle\int \frac{1}{(t^2+r^2)^k}\mathrm{d}t$,其中

$$\int \frac{t}{(t^2+r^2)^k}\mathrm{d}t = \begin{cases} \dfrac{1}{2}\ln|t^2+r^2| + C, & k = 1, \\ -\dfrac{1}{2(k-1)}\cdot\dfrac{1}{(t^2+r^2)^{k-1}}, & k \geqslant 2. \end{cases}$$

对于 $\displaystyle\int \frac{1}{(t^2+r^2)^k}\mathrm{d}t$,则由 5.4 节例 5.30(3),可以通过递推式最终化为

$$\int \frac{1}{t^2+r^2}\mathrm{d}t = \frac{1}{r}\arctan\frac{t}{r} + C.$$

综上可知,任何有理式都是"积得出"的,且原函数均为初等函数.

例 5.35　求积分 $I = \displaystyle\int \frac{2x^4 - x^3 + 4x^2 + 9x - 10}{x^5 + x^4 - 5x^3 - 2x^2 + 4x - 8}\mathrm{d}x.$

解　首先,分母因式分解可得
$$x^5 + x^4 - 5x^3 - 2x^2 + 4x - 8 = (x-2)(x+2)^2(x^2-x+1),$$
于是可设
$$\frac{2x^4 - x^3 + 4x^2 + 9x - 10}{x^5 + x^4 - 5x^3 - 2x^2 + 4x - 8} = \frac{A_1}{x-2} + \frac{A_2}{x+2} + \frac{A_3}{(x+2)^2} + \frac{B_1 x + B_2}{x^2-x+1},$$
通分后分子相等可得:
$$2x^4 - x^3 + 4x^2 + 9x - 10$$
$$= A_1(x+2)^2(x^2-x+1) + A_2(x-2)(x+2)(x^2-x+1) + A_3(x-2)$$
$$(x^2-x+1) + (B_1 x + B_2)(x-2)(x+2)^2.$$
将 $x=2$ 和 $x=-2$ 分别代入上式,可得 $A_1 = 1, A_3 = -1$,于是上式变为
$$x^4 - 3x^3 + 12x - 16 = A_2(x-2)(x+2)(x^2-x+1) + (B_1 x + B_2)(x-2)(x+2)^2,$$

继续将 $x = 0, 1, -1$ 代入后,可得方程组 $\begin{cases} A_2 + 2B_2 = 4, \\ A_2 + 3B_1 + 3B_2 = 2, \\ 3A_2 - B_1 + B_2 = 8, \end{cases}$ 解之得

$A_2 = 2, B_1 = -1, B_2 = 1.$ 故

$$I = \int \frac{1}{x-2} dx + \int \frac{2}{x+2} dx - \int \frac{1}{(x+2)^2} dx - \int \frac{x-1}{x^2 - x + 1} dx.$$

由于

$$\int \frac{x-1}{x^2 - x + 1} dx = \frac{1}{2} \int \frac{2x-1}{x^2 - x + 1} dx - \frac{1}{2} \int \frac{1}{x^2 - x + 1} dx$$

$$= \frac{1}{2} \ln|x^2 - x + 1| - \frac{1}{\sqrt{3}} \arctan \frac{2x-1}{\sqrt{3}} + C,$$

故

$$I = \ln|x-2| + 2\ln|x+2| + \frac{1}{x+2} - \frac{1}{2} \ln|x^2 - x + 1| + \frac{1}{\sqrt{3}} \arctan \frac{2x-1}{\sqrt{3}} + C.$$

例 5.36 求积分 $I = \int \frac{x^4 + x^3 + 3x^2 - 1}{x^5 - x^4 + 2x^3 - 2x^2 + x - 1} dx.$

解 首先,分母因式分解可得

$$x^5 - x^4 + 2x^3 - 2x^2 + x - 1 = (x-1)(x^2 + 1)^2,$$

于是可设

$$\frac{x^4 + x^3 + 3x^2 - 1}{x^5 - x^4 + 2x^3 - 2x^2 + x - 1} = \frac{A}{x-1} + \frac{Bx + C}{x^2 + 1} + \frac{Dx + E}{(x^2 + 1)^2}.$$

通分后分子相等可得:

$$x^4 + x^3 + 3x^2 - 1 = A(x^2 + 1)^2 + (Bx + C)(x-1)(x^2 + 1) + (Dx + E)(x-1).$$

令 $x = 1$,可得 $A = 1$,令 $x^2 = -1$(即 $x = i$,此时等式仍然成立),可得

$$-i - 3 = (Di + E)(i - 1) = -D - E + (E - D)i.$$

于是有 $\begin{cases} D + E = 3 \\ D - E = 1 \end{cases}$,可得 $D = 2, E = 1.$ 继续将 $x = 0, -1$ 代入后,可得

$B = 0, C = 1.$ 故

$$I = \int \frac{1}{x-1} dx + \int \frac{1}{x^2 + 1} dx + \int \frac{2x}{(x^2 + 1)^2} dx + \int \frac{1}{(x^2 + 1)^2} dx.$$

由 5.4 节例 5.30(3),可知

$$\int \frac{1}{(x^2 + 1)^2} dx = \frac{1}{2} \Big[\frac{x}{(x^2 + 1)^2} + \int \frac{1}{x^2 + 1} dx \Big]$$

$$= \frac{x}{2(x^2 + 1)^2} + \frac{1}{2} \arctan x + C,$$

故

$$I = \ln|x-1| + \frac{3}{2} \arctan x - \frac{1}{x^2 + 1} + \frac{x}{2(x^2 + 1)^2} + C.$$

5.5.2　三角有理式的积分

由 $\sin x$, $\cos x$ 及常数,经过有限次四则运算得到的函数,称为

"三角有理式",一般记作 $R(\sin x,\cos x)$. 在 5.3.1 小节中,讨论了形如 $\int\sin^m x\cos^n x\mathrm{d}x$、$\int\dfrac{1}{A\sin^2 x+B\cos^2 x}\mathrm{d}x$ 及 $\int\dfrac{C\sin x+D\cos x}{A\sin x+B\cos x}\mathrm{d}x$ 这几种三角有理式的积分方法. 本小节将说明,任意的三角有理式,都可以转化为一般的有理式,从而用上节的方法,都可以求出原函数.

对于三角有理式的积分 $\int R(\sin x,\cos x)\mathrm{d}x$,引入变换 $t=\tan\dfrac{x}{2}$,有

$$\sin x=\frac{2t}{1+t^2},\ \cos x=\frac{1-t^2}{1+t^2},\ \mathrm{d}x=\frac{2}{1+t^2}\mathrm{d}t.$$

这称为"万能替换公式",将三角有理式的积分化为有理式的积分:

$$\int R(\sin x,\cos x)\mathrm{d}x=\int R\Big(\frac{2t}{1+t^2},\frac{1-t^2}{1+t^2}\Big)\frac{2}{1+t^2}\mathrm{d}t.$$

对于一种特殊的三角有理式 $R(\sin^2 x,\cos^2 x,\sin x\cos x)$,即由 $\sin^2 x$,$\cos^2 x$,$\sin x\cos x$ 及常数,经过有限次四则运算得到的函数,可以引入变换 $t=\tan x$,此时有

$$\sin x=\frac{t}{\sqrt{1+t^2}},\ \cos x=\frac{1}{\sqrt{1+t^2}},\ \mathrm{d}x=\frac{1}{1+t^2}\mathrm{d}t.$$

可将 $R(\sin^2 x,\cos^2 x,\sin x\cos x)$ 的积分化为有理式的积分:

$$\int R(\sin^2 x,\cos^2 x,\sin x\cos x)\mathrm{d}x=\int R\Big(\frac{t^2}{1+t^2},\frac{1}{1+t^2},\frac{t}{1+t^2}\Big)\frac{1}{1+t^2}\mathrm{d}t.$$

例 5.37　求积分 $I=\int\dfrac{1}{4+4\sin x+\cos x}\mathrm{d}x$.

解　令 $t=\tan\dfrac{x}{2}$,可得

$$I=\int\frac{1}{4+4\dfrac{2t}{1+t^2}+\dfrac{1-t^2}{1+t^2}}\cdot\frac{2}{1+t^2}\mathrm{d}t=\int\frac{2}{3t^2+8t+5}\mathrm{d}t$$

$$=\int\frac{2}{(3t+5)(t+1)}\mathrm{d}t=\int\frac{1}{t+1}\mathrm{d}t-\int\frac{3}{3t+5}\mathrm{d}t$$

$$=\ln\frac{t+1}{3t+5}+C=\ln\frac{\tan\dfrac{x}{2}+1}{3\tan\dfrac{x}{2}+5}+C.$$

例 5.38　求积分 $I=\int\dfrac{1}{\sin^4 x+\cos^4 x}\mathrm{d}x$.

解　令 $t=\tan x$,可得

$$I=\int\frac{1}{\dfrac{t^4}{(1+t^2)^2}+\dfrac{1}{(1+t^2)^2}}\cdot\frac{1}{1+t^2}\mathrm{d}t=\int\frac{1+t^2}{1+t^4}\mathrm{d}t=\int\frac{1+\dfrac{1}{t^2}}{t^2+\dfrac{1}{t^2}}\mathrm{d}t$$

$$= \int \frac{1}{\left(t - \frac{1}{t}\right)^2 + 2} \mathrm{d}\left(t - \frac{1}{t}\right)$$

$$= \frac{1}{\sqrt{2}} \arctan \frac{1}{\sqrt{2}}\left(t - \frac{1}{t}\right) + C = \frac{1}{\sqrt{2}} \arctan \frac{\tan x - \cot x}{\sqrt{2}} + C.$$

注 例 5.38 如用万能替换公式 $\left(t = \tan \frac{x}{2}\right)$，则 $I =$ $\int \frac{2(1 + t^2)^3}{16t^4 + (1 - t^2)^4} \mathrm{d}t$，计算起来要复杂得多.

小知识：阿贝尔积分

本节介绍的三角函数有理式的积分，属于阿贝尔积分的一个特例.

阿贝尔积分形如 $\int R(x, y) \mathrm{d}x$，$R(x, y)$ 表示 x, y 的有理式，x, y 满足代数方程 $P(x, y) = 0$. 如果曲线 $P(x, y) = 0$ 可以表示为参数 t 的有理函数，即 $x = r_1(t), y = r_2(t)$，则称为有理曲线，阿贝尔积分 $\int R(x, y) \mathrm{d}x$ 可以化为关于 t 的有理式的积分 $\int R(r_1(t), r_2(t)) r_1'(t) \mathrm{d}t$.

对于三角有理式的积分 $\int R(\sin \theta, \cos \theta) \mathrm{d}\theta$，令 $x = \sin \theta$，$y = \cos \theta$，则化为阿贝尔积分 $\int R(x, y) \frac{\mathrm{d}x}{y}$. x, y 满足二次方程 $x^2 + y^2 = 1$，取 $x = \frac{2t}{1 + t^2}, y = \frac{1 - t^2}{1 + t^2}$ 即表示为有理曲线，这样积分 $\int R(\sin \theta, \cos \theta) \mathrm{d}\theta$ 就化为关于 t 的有理式的积分.（此时 $t = \tan \frac{\theta}{2}$，就是前述的万能替换公式）

可以发现，阿贝尔积分化为有理式积分的关键是 $P(x, y) = 0$ 是否为有理曲线，事实上，任何的二次曲线都是有理曲线.

5.5.3 若干无理式的积分

不同于有理式和三角有理式，一定是"积得出"的，许多无理式是"积不出"的. 在 5.3.2 小节中，利用换元积分法，可以解决若干无理式的积分问题，包括根号下为一次函数、一次函数的商以及二次函数等. 本节将对无理式的积分进行总结和归纳.

I. $\int R\left(x, \sqrt[n]{\frac{ax + b}{cx + d}}\right) \mathrm{d}x$ 型积分 $(ad \neq bc)$.

只需令 $t = \sqrt[n]{\frac{ax + b}{cx + d}}$，即可化为 t 的有理式的积分.（见 5.3.2 小

节Ⅰ"根式变换")

Ⅱ.$\int R(x,\sqrt{ax^2+bx+c})\mathrm{d}x$ 型积分 $(a\neq 0,b^2-4ac\neq 0)$.

方法一:二次根号下配方后使用三角变换或双曲变换.(5.3.2 小节Ⅱ和小节Ⅲ)

若 $a>0,b^2-4ac>0$,则 $ax^2+bx+c=a\left(x+\dfrac{b}{2a}\right)^2-\dfrac{b^2-4ac}{4a}$,令 $t=\sqrt{a}\left(x+\dfrac{b}{2a}\right)$,

$d=\sqrt{\dfrac{b^2-4ac}{4a}}$,则 $ax^2+bx+c=t^2-d^2$,做变换 $t=d\sec\theta$ 或 $t=d\cosh\theta$.

若 $a>0,b^2-4ac<0$,则 $ax^2+bx+c=a\left(x+\dfrac{b}{2a}\right)^2+\dfrac{4ac-b^2}{4a}$,令 $t=\sqrt{a}\left(x+\dfrac{b}{2a}\right)$,

$d=\sqrt{\dfrac{4ac-b^2}{4a}}$,则 $ax^2+bx+c=t^2+d^2$,做变换 $t=d\tan\theta$ 或 $t=d\sinh\theta$.

若 $a<0,b^2-4ac>0$,则 $ax^2+bx+c=\dfrac{b^2-4ac}{-4a}-(-a)\left(x+\dfrac{b}{2a}\right)^2$,令 $t=\sqrt{-a}\left(x+\dfrac{b}{2a}\right)$,

$d=\sqrt{\dfrac{b^2-4ac}{-4a}}$,则 $ax^2+bx+c=d^2-t^2$,做变换 $t=d\sin\theta$.

若 $a<0,b^2-4ac<0$,$\sqrt{ax^2+bx+c}$ 无意义.

方法二:若 $b^2-4ac>0$,则可将 ax^2+bx+c 因式分解为 $(a_1x+b_1)(a_2x+b_2)$,此时

$$\sqrt{ax^2+bx+c}=|a_2x+b_2|\sqrt{\dfrac{a_1x+b_1}{a_2x+b_2}}$$

化为类型Ⅰ的形式.

方法三:若 $a>0$,可令 $\sqrt{ax^2+bx+c}=\sqrt{a}x+t$,则 $x=\dfrac{t^2-c}{b-2\sqrt{a}t}$,化为 t 的有理式的积分;

若 $c>0$,可令 $\sqrt{ax^2+bx+c}=tx+\sqrt{c}$,则 $x=\dfrac{2\sqrt{c}t-b}{a-t^2}$,亦可化为 t 的有理式的积分.

例 5.39 求积分 $I=\displaystyle\int\dfrac{1}{x\sqrt{x^2-2x-3}}\mathrm{d}x$.

解 方法一:由于 $x^2-2x-3=(x-1)^2-4$,令 $x-1=2\sec\theta$,则

$$I = \int \frac{2\sec\theta\tan\theta\mathrm{d}\theta}{(1 + 2\sec\theta)\cdot 2\tan\theta} = \int \frac{1}{2 + \cos\theta}\mathrm{d}\theta.$$

令 $t = \tan\dfrac{\theta}{2}$，则 $\cos\theta = \dfrac{1 - t^2}{1 + t^2}$，$\mathrm{d}\theta = \dfrac{2}{1 + t^2}\mathrm{d}t$，有

$$I = \int \frac{2\sec\theta\tan\theta\mathrm{d}\theta}{(1 + 2\sec\theta)\cdot 2\tan\theta} = \int \frac{1}{2 + \dfrac{1 - t^2}{1 + t^2}}\cdot\frac{2}{1 + t^2}\mathrm{d}t$$

$$= \int \frac{2}{3 + t^2}\mathrm{d}t = \frac{2}{\sqrt{3}}\arctan\frac{t}{\sqrt{3}} + C.$$

由于 $x - 1 = 2\sec\theta = \dfrac{2(1 + t^2)}{1 - t^2}$，可得 $t = \sqrt{\dfrac{x - 3}{x + 1}}$，故 $I =$

$\dfrac{2}{\sqrt{3}}\arctan\sqrt{\dfrac{x - 3}{3(x + 1)}} + C.$

方法二：由于 $x^2 - 2x - 3 = (x - 3)(x + 1)$，则 $\dfrac{1}{x\sqrt{x^2 - 2x - 3}} =$

$\dfrac{1}{x(x - 3)}\sqrt{\dfrac{x - 3}{x + 1}}$，

令 $t = \sqrt{\dfrac{x - 3}{x + 1}}$，则 $x = \dfrac{3 + t^2}{1 - t^2}$，$\mathrm{d}x = \dfrac{8t}{(1 - t^2)^2}\mathrm{d}t$，代入原积分可得

$$I = \int \frac{t}{\dfrac{3 + t^2}{1 - t^2}\cdot\left(\dfrac{3 + t^2}{1 - t^2} - 3\right)}\frac{8t}{(1 - t^2)^2}\mathrm{d}t = \int \frac{2\mathrm{d}t}{3 + t^2} = \frac{2}{\sqrt{3}}\arctan\frac{t}{\sqrt{3}} + C$$

$$= \frac{2}{\sqrt{3}}\arctan\sqrt{\frac{x - 3}{3(x + 1)}} + C.$$

方法三：令 $\sqrt{x^2 - 2x - 3} = x + t$，则 $x = -\dfrac{3 + t^2}{2(1 + t)}$，$\mathrm{d}x =$

$-\dfrac{t^2 + 2t - 3}{2(1 + t)^2}\mathrm{d}t$，代入原积分可得

$$I = \int \frac{2(1 + t)}{3 + t^2}\cdot\frac{2(1 + t)}{t^2 + 2t - 3}\cdot\frac{t^2 + 2t - 3}{2(1 + t)^2}\mathrm{d}t = \int \frac{2\mathrm{d}t}{3 + t^2}$$

$$= \frac{2}{\sqrt{3}}\arctan\frac{t}{\sqrt{3}} + C$$

$$= \frac{2}{\sqrt{3}}\arctan\frac{\sqrt{x^2 - 2x - 3} - x}{\sqrt{3}} + C.$$

注 比较三种方法可以发现，方法二和方法三可以直接化为有理式，方法一则是先化为三角有理式，再化为有理式.

Ⅲ. $\int (1 + x)^p x^q \mathrm{d}x$ 型积分（p, q 为有理数）.

对于此类型的积分，有如下结论：

（ⅰ）若 p 为整数，$q = \dfrac{n}{m}$，则令 $x = t^m$，可化为关于 t 的有理式的

积分；

（ⅱ）若 q 为整数，$p = \dfrac{n}{m}$，则令 $1 + x = t^m$，可化为关于 t 的有理式的积分；

（ⅲ）若 $p + q$ 为整数，$p = \dfrac{n}{m}$，则令 $\dfrac{1+x}{x} = t^m$，可化为关于 t 的有理式的积分；

若 $p, q, p + q$ 都不是整数，则 $\displaystyle\int (1 + x)^p x^q \mathrm{d}x$ 是积不出的（找不到初等函数形式的表达式）.

该类型的积分可应用于 $\displaystyle\int x^r (a + bx^s)^p \mathrm{d}x$ 型积分（r, s, p 为有理数，a, b 为非零实数）.

令 $w = \dfrac{b}{a} x^s$，则 $\displaystyle\int x^r (a + bx^s)^p \mathrm{d}x = c \int w^{\frac{r+1}{s} - 1} (1 + w)^p \mathrm{d}w$，其中常数 $c = \left(\dfrac{a}{b}\right)^{\frac{r+1}{s}} \dfrac{a^p}{s}$. 于是根据前述，可知当且仅当 $p, \dfrac{r+1}{s}, \dfrac{r+1}{s} + p$ 中一个为整数时，$\displaystyle\int x^r (a + bx^s)^p \mathrm{d}x$ 可以化为有理式的积分：

（1）若 p 为整数，$\dfrac{r+1}{s}$ 的分母为 m，则令 $x = t^{\frac{m}{s}}$；

（2）若 $\dfrac{r+1}{s}$ 为整数，p 的分母为 m，则令 $a + bx^s = t^m$，即 $x = \left(\dfrac{t^m - a}{b}\right)^{\frac{1}{s}}$；

（3）若 $\dfrac{r+1}{s} + p$ 为整数，p 的分母为 m，则令 $\dfrac{a + bx^s}{bx^s} = t^m$，即 $x = \left(\dfrac{b(t^m - 1)}{a}\right)^{-\frac{1}{s}}$.

可以发现，若 $r = -1$，$\dfrac{r+1}{s} = 0$ 为整数，此时积分 $\displaystyle\int \dfrac{(a + bx^s)^p}{x} \mathrm{d}x$ 对任意的有理数 s, p 都可积得出，只需利用上面情形（2）中的变换即可化为有理式的积分.

例 5.40 求积分 $I = \displaystyle\int \dfrac{1}{\sqrt[4]{1 + x^4}} \mathrm{d}x$.

解 由于 $\dfrac{1}{\sqrt[4]{1 + x^4}} = x^0 (1 + x^4)^{-\frac{1}{4}}$，相当于 $r = 0, s = 4, p = -\dfrac{1}{4}$，符合 $\dfrac{r+1}{s} + p = 0$ 为整数的情形. p 的分母为 4，则令 $x = (t^4 - 1)^{-\frac{1}{4}}$，即 $t = \dfrac{\sqrt[4]{x^4 + 1}}{x}$，于是有

$$I = \int \frac{1}{\sqrt[4]{1 + (t^4 - 1)^{-1}}} \cdot (-t^3)(t^4 - 1)^{-\frac{5}{4}} \mathrm{d}t = \int \frac{t^2}{1 - t^4} \mathrm{d}t$$

$$= \frac{1}{4} \int \left(\frac{1}{t+1} - \frac{1}{t-1} \right) \mathrm{d}t - \frac{1}{2} \int \frac{1}{t^2+1} \mathrm{d}t$$

$$= \frac{1}{4} \ln \left| \frac{t+1}{t-1} \right| - \frac{1}{2} \arctan t + C$$

$$= \frac{1}{4} \ln \left| \frac{\sqrt[4]{x^4+1}+x}{\sqrt[4]{x^4+1}-x} \right| - \frac{1}{2} \arctan \frac{\sqrt[4]{x^4+1}}{x} + C.$$

例5.41 求积分 $I = \int \dfrac{1}{x \cdot \sqrt[3]{1+x^5}} \mathrm{d}x$.

解 由于 $\dfrac{1}{x \sqrt[3]{1+x^5}} = x^{-1}(1+x^5)^{-\frac{1}{3}}$，相当于 $r = -1, s = 5, p =$

$-\dfrac{1}{3}$，符合 $\dfrac{r+1}{s} = 0$ 为整数的情形. p 的分母为 3，则令 $x = (t^3-1)^{\frac{1}{5}}$，即

$t = \sqrt[3]{1+x^5}$，于是有

$$I = \frac{3}{5} \int \frac{t}{t^3-1} \mathrm{d}t = \frac{1}{5} \int \left(\frac{1}{t-1} - \frac{t-1}{t^2+t+1} \right) \mathrm{d}t$$

$$= \frac{1}{5} \int \frac{1}{t-1} \mathrm{d}t - \frac{1}{10} \int \frac{2t+1}{t^2+t+1} \mathrm{d}t + \frac{1}{10} \int \frac{1}{t^2+t+1} \mathrm{d}t$$

$$= \frac{1}{10} \ln \frac{(t-1)^2}{t^2+t+1} + \frac{1}{10} \cdot \frac{2}{\sqrt{3}} \arctan \frac{2t+1}{\sqrt{3}} + C$$

$$= \frac{1}{10} \ln \left| \frac{(\sqrt[3]{1+x^5}-1)^3}{x^5} \right| + \frac{1}{5\sqrt{3}} \arctan \frac{2\sqrt[3]{1+x^5}+1}{\sqrt{3}} + C.$$

注 对于无理式 $\int x^r(a+bx^s)^p \mathrm{d}x$，若 $p, \dfrac{r+1}{s}, \dfrac{r+1}{s}+p$ 都不是

整数，则是积不出的，例如 $\int \dfrac{1}{\sqrt{1+x^4}} \mathrm{d}x, \int \sqrt[3]{1+x^4} \mathrm{d}x, \int \sqrt{1+x^3} \mathrm{d}x$

等，均无法计算积分.

习题 5.5

1. 求下列有理函数的不定积分：

$(1) \displaystyle\int \frac{x^2}{1-x^4} \mathrm{d}x$； $\qquad$ $(2) \displaystyle\int \frac{x-2}{x^2-7x+12} \mathrm{d}x$；

$(3) \displaystyle\int \frac{x+4}{(x^2-1)(x+2)} \mathrm{d}x$； $\qquad$ $(4) \displaystyle\int \frac{x \mathrm{d}x}{1+x^4}$；

$(5) \displaystyle\int \frac{\mathrm{d}x}{x^3+1}$； $\qquad$ $(6) \displaystyle\int \frac{x^2+5x+4}{x^4+5x^2+4} \mathrm{d}x$.

2. 求下列三角有理式的不定积分：

$(1) \displaystyle\int \frac{\mathrm{d}x}{3+2\cos x}$； $\qquad$ $(2) \displaystyle\int \frac{\mathrm{d}x}{\sin x+\tan x}$；

$(3) \displaystyle\int \frac{\mathrm{d}x}{1+\tan x}$； $\qquad$ $(4) \displaystyle\int \frac{\tan x}{1+\tan x+\tan^2 x} \mathrm{d}x$；

(5) $\displaystyle\int \frac{\mathrm{d}x}{\sin(x+a)\sin(x+b)}$ $(a-b \neq k\pi)$；

(6) $\displaystyle\int \frac{\mathrm{d}x}{a^2\sin^2 x + b^2\cos^2 x}$ $(ab \neq 0)$．

3. 求下列无理式的不定积分：

(1) $\displaystyle\int \frac{x^2}{\sqrt{1+x-x^2}}\mathrm{d}x$；

(2) $\displaystyle\int \frac{\mathrm{d}x}{\sqrt{x^2+x}}$；

(3) $\displaystyle\int \frac{1}{x^2}\sqrt{\frac{1-x}{1+x}}\mathrm{d}x$；

(4) $\displaystyle\int \frac{x}{\sqrt{2+4x}}\mathrm{d}x$；

(5) $\displaystyle\int \arctan(1+\sqrt{x})\mathrm{d}x$；

(6) $\displaystyle\int \frac{\mathrm{d}x}{(x+1)\sqrt{2+x-x^2}}$．

第6章

定积分的推广应用与傅里叶级数

本章将介绍定积分的推广——反常积分,定积分在几何与物理中的应用,以及在工程中应用广泛的傅里叶级数.

6.1 反常积分

根据定积分的概念,$f(x)$ 在 $[a,b]$ 上的积分 $\int_a^b f(x)\mathrm{d}x$ 有意义,有两个必要条件,一是区间 $[a,b]$ 为有限区间,二是 $f(x)$ 为有界函数. 如果这两个条件有一个不满足,定积分 $\int_a^b f(x)\mathrm{d}x$ 要么没有意义,要么不存在. 但是在很多理论和实际问题的研究中,需要考虑在无穷区间以及无界函数的积分,这就需要将定积分的概念加以推广,研究无穷区间上的或者无界函数的积分问题. 这种积分已经不是定积分(正常的积分),一般称为反常积分或广义积分.

6.1.1 反常积分的概念与计算

如前所述,反常积分是将定积分的概念在两个方向加以推广,分别是无穷区间的积分(称为无穷积分)以及无界函数的积分(称为瑕积分).

> **定义 6.1(无穷积分)** 设函数 $f(x)$ 定义在区间 $[a, +\infty)$ 上,且对任意的 $b > a$,$f(x)$ 在 $[a,b]$ 上可积,如果 $\lim\limits_{b \to +\infty} \int_a^b f(x)\mathrm{d}x = A$,则称极限 A 为 $f(x)$ 在 $[a, +\infty)$ 上的**无穷积分**,记作 $\int_a^{+\infty} f(x)\mathrm{d}x = A$,此时亦称 $f(x)$ 在 $[a, +\infty)$ 上可积或无穷积分 $\int_a^{+\infty} f(x)\mathrm{d}x$ **收敛**,若极限 $\lim\limits_{b \to +\infty} \int_a^b f(x)\mathrm{d}x$ 不存在,则称无穷积分 $\int_a^{+\infty} f(x)\mathrm{d}x$ **发散**.
>
> 类似地,若 $f(x)$ 定义在区间 $(-\infty, b]$ 上,且对任意的 $a < b$,$f(x)$ 在 $[a,b]$ 上可积,如果 $\lim\limits_{a \to -\infty} \int_a^b f(x)\mathrm{d}x = A$,则称极限 A 为 $f(x)$

在 $(-\infty, b]$ 的**无穷积分**,记作 $\int_{-\infty}^{b} f(x)\,dx = A$,此时称无穷积分 $\int_{-\infty}^{b} f(x)\,dx$ **收敛**,若极限不存在,则称无穷积分 $\int_{-\infty}^{b} f(x)\,dx$ **发散**.

若 $f(x)$ 定义在 $(-\infty, +\infty)$ 上,则当且仅当 $\int_{-\infty}^{a} f(x)\,dx$ 及 $\int_{a}^{+\infty} f(x)\,dx$ 均收敛时(其中,a 为任意实数),称**无穷积分** $\int_{-\infty}^{+\infty} f(x)\,dx$ **收敛**,否则称 $\int_{-\infty}^{+\infty} f(x)\,dx$ **发散**.

注1 无穷积分共有三种 $\int_{a}^{+\infty} f(x)\,dx, \int_{-\infty}^{b} f(x)\,dx$ 及 $\int_{-\infty}^{+\infty} f(x)\,dx$,在任意有限区间内的可积性是收敛的必要条件,收敛性与常数 a, b 的取值无关.

注2 若 $f(x)$ 在区间 $[a, +\infty)$ 上连续,$F(x)$ 是其一个原函数 若 $\lim\limits_{x\to+\infty} F(x)$ 存在,记 $F(+\infty) = \lim\limits_{x\to+\infty} F(x)$,则有

$$\int_{a}^{+\infty} f(x)\,dx = \lim_{b\to+\infty} \int_{a}^{b} f(x)\,dx = \lim_{b\to+\infty} F(b) - F(a)$$
$$= F(+\infty) - F(a) = F(x) \big|_{a}^{+\infty};$$

类似地,若 $\lim\limits_{x\to-\infty} F(x)$ 存在,记 $F(-\infty) = \lim\limits_{x\to-\infty} F(x)$,对于无穷积分 $\int_{-\infty}^{b} f(x)\,dx$ 及 $\int_{-\infty}^{+\infty} f(x)\,dx$,有

$$\int_{-\infty}^{b} f(x)\,dx = F(b) - F(-\infty) = F(x) \big|_{-\infty}^{b}, \int_{-\infty}^{+\infty} f(x)\,dx$$
$$= F(+\infty) - F(-\infty) = F(x) \big|_{-\infty}^{+\infty}.$$

因此,无穷积分的计算在形式上与普通的积分相同.

定义6.2(瑕积分) 设函数 $f(x)$ 在 $x = b$ 的左邻域无界,且对 $\forall \eta \in (0, b-a)$,$f(x)$ 在 $[a, b-\eta]$ 上可积,如果 $\lim\limits_{\eta\to0+} \int_{a}^{b-\eta} f(x)\,dx = A$,则称极限 A 为 $f(x)$ 在 $[a, b]$ 上的**瑕积分**,记作 $\int_{a}^{b} f(x)\,dx = A$,此时亦称**瑕积分** $\int_{a}^{b} f(x)\,dx$ **收敛**. 若极限 $\lim\limits_{b\to+\infty} \int_{a}^{b} f(x)\,dx$ 不存在,则称**瑕积分** $\int_{a}^{b} f(x)\,dx$ **发散**.

类似地,若 $f(x)$ 在 $x = a$ 的右邻域无界,且对 $\forall \eta \in (0, b-a)$,$f(x)$ 在 $[a+\eta, b]$ 上可积,则定义 $\int_{a}^{b} f(x)\,dx = \lim\limits_{\eta\to0+} \int_{a+\eta}^{b} f(x)\,dx$,极限存在时称**瑕积分** $\int_{a}^{b} f(x)\,dx$ **收敛**,否则称**瑕积分** $\int_{a}^{b} f(x)\,dx$ **发散**;

若 $f(x)$ 在 $x = c \in (a, b)$ 的左右邻域均无界,则当且仅当瑕积分

$\int_a^c f(x)\,dx$ 和 $\int_c^b f(x)\,dx$ 均收敛时,称瑕积分 $\int_a^b f(x)\,dx$ **收敛**,否则称 $\int_a^b f(x)\,dx$ **发散**.上述的 b,a,c 称为**奇点**或**瑕点**.

注1 瑕积分也分为三种:瑕点在积分区间右端点、左端点以及区间内部.

注2 若 $f(x)$ 在 $[a,b)$ 上连续,b 为奇点,$F(x)$ 是其一个原函数,记 $F(b-) = \lim\limits_{x \to b-} F(x)$,则有

$$\int_a^b f(x)\,dx = \lim_{\eta \to 0+} \int_a^{b-\eta} f(x)\,dx = \lim_{\eta \to 0+} F(b-\eta) - F(a)$$
$$= F(b-) - F(a) = F(x)\,\big|_a^{b-};$$

类似地,记 $F(a+) = \lim\limits_{x \to a+} F(x)$,对于 a,c 为奇点时,有

$$\int_a^b f(x)\,dx = F(b) - F(a+) = F(x)\,\big|_{a+}^b, \int_a^b f(x)\,dx$$
$$= \int_a^c f(x)\,dx + \int_c^b f(x)\,dx = F(x)\,\big|_a^{c-} + F(x)\,\big|_{c+}^b.$$

在计算瑕积分时,一定要区分奇点的位置.

例6.1 讨论 p 取何值时,下述反常积分收敛,并在收敛时求积分值.

$$(1) \int_1^{+\infty} \frac{1}{x^p}\,dx; \qquad\qquad (2) \int_0^1 \frac{1}{x^p}\,dx.$$

解 (1) 由于

$$\int_1^b \frac{1}{x^p}\,dx = \begin{cases} \ln b, & p = 1, \\ \dfrac{1}{p-1}(1 - b^{1-p}), & p \neq 1. \end{cases}$$

可知只有当 $p > 1$ 时 $\lim\limits_{b \to +\infty} \int_1^b \frac{1}{x^p}\,dx = \frac{1}{p-1}$,当 $p \leqslant 1$ 时 $\lim\limits_{b \to +\infty} \int_1^b \frac{1}{x^p}\,dx$ 不存在.

因此当 $p > 1$ 时 $\int_1^{+\infty} \frac{1}{x^p}\,dx$ 收敛,积分值为 $\frac{1}{p-1}$,当 $p \leqslant 1$ 时 $\int_1^{+\infty} \frac{1}{x^p}\,dx$ 发散.

(2) 由于

$$\int_\eta^1 \frac{1}{x^p}\,dx = \begin{cases} -\ln \eta, & p = 1, \\ \dfrac{1}{1-p}(1 - \eta^{1-p}), & p \neq 1. \end{cases}$$

可知只有当 $p < 1$ 时 $\lim\limits_{\eta \to 0+} \int_\eta^1 \frac{1}{x^p}\,dx = \frac{1}{1-p}$,当 $p \geqslant 1$ 时 $\lim\limits_{\eta \to 0+} \int_\eta^1 \frac{1}{x^p}\,dx$ 不存在.

因此当 $p < 1$ 时 $\int_0^1 \frac{1}{x^p}\,dx$ 收敛,积分值为 $\frac{1}{1-p}$,当 $p \geqslant 1$ 时 $\int_0^1 \frac{1}{x^p}\,dx$

发散.

　　注　对于瑕积分 $\int_a^b \dfrac{1}{(x-a)^p}\mathrm{d}x$ 或 $\int_a^b \dfrac{1}{(b-x)^p}\mathrm{d}x$,都是 $p<1$ 时收敛,当 $p \geqslant 1$ 时发散.

　　例 6.2　讨论 p 取何值时,下述反常积分收敛.

　　(1) $\displaystyle\int_2^{+\infty} \dfrac{1}{x\ln^p x}\mathrm{d}x$;　　　　　　　(2) $\displaystyle\int_0^{\frac{1}{2}} \dfrac{1}{x\,|\ln x|^p}\mathrm{d}x$.

　　解　由于反常积分是通过变限定积分的极限来定义的,因此有关定积分的换元积分法和分部积分法都可以用于反常积分.

　　(1) 令 $t=\ln x$,则 $\displaystyle\int_2^{+\infty} \dfrac{1}{x\ln^p x}\mathrm{d}x = \int_{\ln 2}^{+\infty} \dfrac{1}{t^p}\mathrm{d}t$,于是当 $p>1$ 时 $\displaystyle\int_2^{+\infty} \dfrac{1}{x\ln^p x}\mathrm{d}x$ 收敛,当 $p \leqslant 1$ 时 $\displaystyle\int_2^{+\infty} \dfrac{1}{x\ln^p x}\mathrm{d}x$ 发散.

　　(2) 令 $t=-\ln x = \ln\dfrac{1}{x}$,则 $\displaystyle\int_0^{\frac{1}{2}} \dfrac{1}{x\,|\ln x|^p}\mathrm{d}x = \int_{+\infty}^{\ln 2} \dfrac{1}{\mathrm{e}^{-t}\cdot t^p}\mathrm{d}(\mathrm{e}^{-t}) = $
$\displaystyle\int_{\ln 2}^{+\infty} \dfrac{1}{t^p}\mathrm{d}t$,于是当 $p>1$ 时 $\displaystyle\int_0^{\frac{1}{2}} \dfrac{1}{x\,|\ln x|^p}\mathrm{d}x$ 收敛,当 $p \leqslant 1$ 时
$\displaystyle\int_0^{\frac{1}{2}} \dfrac{1}{x\,|\ln x|^p}\mathrm{d}x$ 发散.

　　例 6.3　求下述反常积分的值:

　　(1) $\displaystyle\int_0^{+\infty} \mathrm{e}^{-ax}\sin bx\mathrm{d}x$　$(a>0)$;　　(2) $\displaystyle\int_0^1 \ln^n x\mathrm{d}x\,(n\in\mathbb{N}_+)$.

　　解　(1) 由于

$$\int \mathrm{e}^{-ax}\sin bx\mathrm{d}x = -\frac{1}{a}\mathrm{e}^{-ax}\sin bx + \frac{b}{a}\int \mathrm{e}^{-ax}\cos bx\mathrm{d}x$$
$$= -\frac{1}{a}\mathrm{e}^{-ax}\sin bx - \frac{b}{a^2}\mathrm{e}^{-ax}\cos bx - \frac{b^2}{a^2}\int \mathrm{e}^{-ax}\sin bx\mathrm{d}x,$$

因此 $\displaystyle\int \mathrm{e}^{-ax}\sin bx\mathrm{d}x = \dfrac{-\mathrm{e}^{-ax}}{a^2+b^2}(a\sin bx + b\cos bx)$. 于是

$$\int_0^{+\infty} \mathrm{e}^{-ax}\sin bx\mathrm{d}x = \frac{-\mathrm{e}^{-ax}}{a^2+b^2}(a\sin bx + b\cos bx)\bigg|_0^{+\infty} = \frac{b}{a^2+b^2}.$$

　　(2) 首先 $\displaystyle\int_0^1 \ln x\mathrm{d}x = x\ln x\big|_{0+}^1 - \int_0^1 x\cdot\frac{1}{x}\mathrm{d}x = -1$,其次

$$\int_0^1 \ln^n x\mathrm{d}x = x\ln^n x\big|_{0+}^1 - \int_0^1 x\cdot n\ln^{n-1}x\cdot\frac{1}{x}\mathrm{d}x = -n\int_0^1 \ln^{n-1}x\mathrm{d}x.$$

于是

$$\int_0^1 \ln^n x\mathrm{d}x = -n\int_0^1 \ln^{n-1}x\mathrm{d}x = (-n)(-n+1)\cdots(-2)\int_0^1 \ln x\mathrm{d}x$$
$$= (-n)(-n+1)\cdots(-2)(-1) = (-1)^n n!.$$

　　例 6.4　计算下述反常积分:

　　(1) $\displaystyle\int_{-1}^1 \dfrac{1}{x^2}\mathrm{e}^{\frac{1}{x}}\mathrm{d}x$;　　　　　　　(2) $\displaystyle\int_0^{\frac{\pi}{2}} \ln\sin x\mathrm{d}x$.

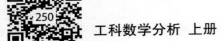

解 (1) 若直接用牛顿-莱布尼茨公式,由于 $\int \dfrac{1}{x^2}e^{\frac{1}{x}}dx = -e^{\frac{1}{x}} + C$,

则

$$\int_{-1}^{1} \frac{1}{x^2}e^{\frac{1}{x}}dx = -e^{\frac{1}{x}}\Big|_{-1}^{1} = \frac{1}{e} - e < 0.$$

但被积函数非负,这显然是错误的结论. 这是由于 $x = 0$ 是奇点,需要分解为两个瑕积分:

$$\int_{-1}^{1} \frac{1}{x^2}e^{\frac{1}{x}}dx = \int_{-1}^{0} \frac{1}{x^2}e^{\frac{1}{x}}dx + \int_{0}^{1} \frac{1}{x^2}e^{\frac{1}{x}}dx$$

$$= -e^{\frac{1}{x}}\Big|_{-1}^{0-} - e^{\frac{1}{x}}\Big|_{0+}^{1} = \frac{1}{e} - e + \lim_{x \to 0+} e^{\frac{1}{x}}.$$

由于 $\lim\limits_{x \to 0+} e^{\frac{1}{x}} = +\infty$,因此反常积分 $\int_{-1}^{1} \dfrac{1}{x^2}e^{\frac{1}{x}}dx$ 发散.

(2) 记 $I = \int_{0}^{\frac{\pi}{2}} \ln\sin x dx$,则 $I = \int_{0}^{\frac{\pi}{2}} \ln\cos x dx$,因此

$$I = \frac{1}{2}\Big(\int_{0}^{\frac{\pi}{2}} \ln\sin x dx + \int_{0}^{\frac{\pi}{2}} \ln\cos x dx\Big) = \frac{1}{2}\int_{0}^{\frac{\pi}{2}} \ln\frac{\sin 2x}{2}dx$$

$$= \frac{1}{2}\int_{0}^{\frac{\pi}{2}} \ln\sin 2x dx - \frac{\pi\ln 2}{4}.$$

又

$$\int_{0}^{\frac{\pi}{2}} \ln\sin 2x dx = \frac{1}{2}\int_{0}^{\pi} \ln\sin t dt (t = 2x)$$

$$= \frac{1}{2}\int_{0}^{\frac{\pi}{2}} \ln\sin t dt + \frac{1}{2}\int_{\frac{\pi}{2}}^{\pi} \ln\sin t dt,$$

同时注意到 $\int_{\frac{\pi}{2}}^{\pi} \ln\sin t dt = \int_{0}^{\frac{\pi}{2}} \ln\sin u du (u = \pi - x)$,故

$\int_{0}^{\frac{\pi}{2}} \ln\sin 2x dx = \dfrac{1}{2}\int_{0}^{\frac{\pi}{2}} \ln\sin t dt + \dfrac{1}{2}\int_{0}^{\frac{\pi}{2}} \ln\sin u du = I$,因此 $I = \dfrac{1}{2}I - \dfrac{\pi\ln 2}{4}$,故 $I = -\dfrac{\pi\ln 2}{2}$.

值得注意的是,无穷积分 $\int_{-\infty}^{+\infty} f(x)dx$ 是指极限 $\lim\limits_{\substack{b \to +\infty \\ a \to -\infty}} \int_{a}^{b} f(x)dx$ ($a \to -\infty, b \to +\infty$ 是相互独立的两个极限过程),并不是极限 $\lim\limits_{A \to +\infty} \int_{-A}^{A} f(x)dx$;同样,奇点 $c \in (a, b)$ 的瑕积分 $\int_{a}^{b} f(x)dx$ 是指极限 $\lim\limits_{\substack{\xi \to 0+ \\ \eta \to 0+}} \Big(\int_{a}^{c-\xi} f(x)dx + \int_{c+\eta}^{b} f(x)dx\Big)$ ($\xi \to 0+, \eta \to 0+$ 也是相互独立的两个极限过程),并不是极限 $\lim\limits_{\delta \to 0+} \Big(\int_{a}^{c-\delta} f(x)dx + \int_{c+\delta}^{b} f(x)dx\Big)$.

一般称极限 $\lim\limits_{A \to +\infty} \int_{-A}^{A} f(x)dx$ 和 $\lim\limits_{\delta \to 0+} \Big(\int_{a}^{c-\delta} f(x)dx + \int_{c+\delta}^{b} f(x)dx\Big)$ 分

别为反常积分 $\int_{-\infty}^{+\infty} f(x)\mathrm{d}x$ 和 $\int_{a}^{b} f(x)\mathrm{d}x$ 的**柯西主值**,记作 (cpv) $\int_{-\infty}^{+\infty} f(x)\mathrm{d}x$ 和 (cpv) $\int_{a}^{b} f(x)\mathrm{d}x$.

若反常积分 $\int_{-\infty}^{+\infty} f(x)\mathrm{d}x$ 或 $\int_{a}^{b} f(x)\mathrm{d}x$ 收敛,则有

$$\int_{-\infty}^{+\infty} f(x)\mathrm{d}x = (\mathrm{cpv})\int_{-\infty}^{+\infty} f(x)\mathrm{d}x,\ \int_{a}^{b} f(x)\mathrm{d}x = (\mathrm{cpv})\int_{a}^{b} f(x)\mathrm{d}x.$$

反常积分 $\int_{-\infty}^{+\infty} f(x)\mathrm{d}x$ 或 $\int_{a}^{b} f(x)\mathrm{d}x$ 发散,其柯西主值仍有可能存在. 例如反常积分 $\int_{-1}^{1} \dfrac{1}{x}\mathrm{d}x$ 发散,但是其柯西主值 (cpv) $\int_{-1}^{1} \dfrac{1}{x}\mathrm{d}x = 0$. 因此柯西主值推广了反常积分 $\int_{-\infty}^{+\infty} f(x)\mathrm{d}x$ 或 $\int_{a}^{b} f(x)\mathrm{d}x$ 的收敛概念. 柯西主值在物理学的响应耗散理论中有重要应用.

6.1.2　反常积分的性质与收敛性的判定

为了方便起见,本节介绍反常积分的性质及收敛性判定时,无穷积分只考虑 $\int_{a}^{+\infty} f(x)\mathrm{d}x$,瑕积分只考虑 $\int_{a}^{b} f(x)\mathrm{d}x$($b$ 为奇点),并保证被积函数在 $[a,b]$($\forall b > a$) 或 $[a, b - \eta]$($\forall 0 < \eta < (b - a)$) 内的可积性. 其他几种反常积分的结论类似.

首先给出反常积分收敛的充要条件 —— 柯西收敛准则.

定理 6.1(柯西收敛准则)

(1) 无穷积分 $\int_{a}^{+\infty} f(x)\mathrm{d}x$ 收敛的充要条件是:$\forall \varepsilon > 0, \exists B \geqslant a$,使任意 $b_1, b_2 \geqslant B$,都有

$$\left|\int_{b_1}^{b_2} f(x)\mathrm{d}x\right| < \varepsilon;$$

(2) 瑕积分 $\int_{a}^{b} f(x)\mathrm{d}x$($b$ 为奇点) 收敛的充要条件是:$\forall \varepsilon > 0$,$\exists \delta > 0$,使任意 $\eta_1, \eta_2 \in (0, \delta)$,都有

$$\left|\int_{b-\eta_1}^{b-\eta_2} f(x)\mathrm{d}x\right| < \varepsilon.$$

(可由函数极限的柯西收敛准则直接证明,本书从略)

例 6.5　若无穷积分 $\int_{a}^{+\infty} f(x)\mathrm{d}x$ 收敛,且极限 $\lim\limits_{x \to +\infty} f(x)$ 存在,证明:$\lim\limits_{x \to +\infty} f(x) = 0$.

证　若结论不成立,不妨设 $\lim\limits_{x \to +\infty} f(x) = a > 0$,则根据函数极限的局部保号性,$\exists B \geqslant a$,当 $x > B$ 时 $f(x) > \dfrac{a}{2} > 0$. 于是对 $b_1 > B$,$b_2 = b_1 + 2$,有

$$\left|\int_{b_1}^{b_2} f(x)\mathrm{d}x\right| \geqslant \int_{b_1}^{b_2} f(x)\mathrm{d}x \geqslant \dfrac{a}{2} \cdot |b_2 - b_1| = a > 0.$$

根据柯西收敛准则,无穷积分 $\int_a^{+\infty} f(x)\mathrm{d}x$ 发散,与题设矛盾,故结论成立.

下面,来看一下无穷级数 $\sum\limits_{n=1}^{\infty} a_n$、无穷积分 $\int_a^{+\infty} f(x)\mathrm{d}x$ 和瑕积分 $\int_a^b f(x)\mathrm{d}x$ 之间的类比:

无穷级数	无穷积分	瑕积分
级数通项 a_n	被积函数 $f(x)$	被积函数 $f(x)$
级数的部分和 $\sum\limits_{n=1}^{N} a_n$	普通定积分 $\int_a^A f(x)\mathrm{d}x$	普通定积分 $\int_a^{b-\eta} f(x)\mathrm{d}x$
级数的和 $\sum\limits_{n=1}^{\infty} a_n$ ($N\to\infty$ 时部分和的极限)	无穷积分 $\int_a^{+\infty} f(x)\mathrm{d}x$ ($A\to+\infty$ 时定积分的极限)	瑕积分 $\int_a^b f(x)\mathrm{d}x$ ($\eta\to 0+$ 时定积分的极限)
级数的余项 $\sum\limits_{n=N+1}^{\infty} a_n$	无穷积分的余式 $\int_A^{+\infty} f(x)\mathrm{d}x$	瑕积分的余式 $\int_{b-\eta}^b f(x)\mathrm{d}x$

这样,从关于无穷级数的性质,可以得到类似的关于反常积分的性质,其中最重要的就是它们收敛性之间的联系.

定理 6.2 设函数 $f(x)\geqslant 0$,$\{a_n\}$ 为严格单调增加到正无穷(或单调递增到 b)的数列,$a_1=a$,记 $u_n=\int_{a_n}^{a_{n+1}} f(x)\mathrm{d}x$,则反常积分 $\int_a^{+\infty} f(x)\mathrm{d}x$(或 $\int_a^b f(x)\mathrm{d}x$)与无穷级数 $\sum\limits_{n=1}^{\infty} u_n$ 同时收敛或发散,且收敛时 $\int_a^{+\infty} f(x)\mathrm{d}x = \sum\limits_{n=1}^{\infty} u_n$(或 $\int_a^b f(x)\mathrm{d}x = \sum\limits_{n=1}^{\infty} u_n$).

特别地,若函数 $f(x)$ 单调减少,取 $N=[a]+1$,则无穷积分 $\int_a^{+\infty} f(x)\mathrm{d}x$ 与无穷级数 $\sum\limits_{n=N}^{\infty} f(n)$ 同时收敛或发散.

证 定理的前半部分显然成立,只需注意到 $\int_{a_1}^{a_{N+1}} f(x)\mathrm{d}x = \sum\limits_{n=1}^{N}\int_{a_n}^{a_{n+1}} f(x)\mathrm{d}x = \sum\limits_{n=1}^{N} u_n$.

若函数 $f(x)$ 单调减少,取 $a_n=n$,则 $f(n+1)\leqslant u_n = \int_n^{n+1} f(x)\mathrm{d}x \leqslant f(n)$,由正项级数的比较判别法,可知级数 $\sum\limits_{n=N}^{\infty} f(n)$ 与 $\sum\limits_{n=N}^{\infty} u_n$ 同时收敛或发散,再由定理的前半部分即可得证.

注 定理 6.2 的后半部分也称为正项级数的"**积分判别法**".由例 6.1 和例 6.2 的结论,可以得到级数 $\sum\limits_{n=1}^{\infty}\dfrac{1}{n^p}$ 与 $\sum\limits_{n=2}^{\infty}\dfrac{1}{n\ln^p n}$ 的收敛性(均为 $p>1$ 时收敛,$p\leqslant 1$ 时发散).

下面,模仿正项级数的比较判别法给出被积函数非负的反常积分的比较判别法.

定理6.3(非负反常积分的比较判别法)

(1) 若 $\exists A \geqslant a$,在$[A, +\infty)$ 上有 $0 \leqslant f(x) \leqslant Kg(x)(K > 0)$,则当$\int_a^{+\infty} g(x)\mathrm{d}x$ 收敛时,$\int_a^{+\infty} f(x)\mathrm{d}x$ 也收敛,当$\int_a^{+\infty} f(x)\mathrm{d}x$ 发散时,$\int_a^{+\infty} g(x)\mathrm{d}x$ 也发散;

(2) b 为瑕积分$\int_a^b g(x)\mathrm{d}x$ 的奇点,若 $\exists c \in [a,b)$,在(c,b) 上有$0 \leqslant f(x) \leqslant Kg(x)(K > 0)$,则当$\int_a^b g(x)\mathrm{d}x$ 收敛时,$\int_a^b f(x)\mathrm{d}x$ 也收敛,当$\int_a^b f(x)\mathrm{d}x$ 发散时,$\int_a^b g(x)\mathrm{d}x$ 也发散.

(可由无穷级数的柯西收敛准则直接证明,本书从略)

注1　实际应用中,经常使用上述比较判别法的"极限形式":

设$f(x) \geqslant 0, g(x) \geqslant 0, \lim\limits_{x \to +\infty} \dfrac{f(x)}{g(x)} = l(\text{或}\lim\limits_{x \to b^-} \dfrac{f(x)}{g(x)} = l)$.

(1) 若 $0 \leqslant l < +\infty$,则$\int_a^{+\infty} g(x)\mathrm{d}x(\text{或}\int_a^b g(x)\mathrm{d}x)$ 收敛时,$\int_a^{+\infty} f(x)\mathrm{d}x(\text{或}\int_a^b f(x)\mathrm{d}x)$ 也收敛;

(2) 若 $0 < l \leqslant +\infty$,则$\int_a^{+\infty} g(x)\mathrm{d}x(\text{或}\int_a^b g(x)\mathrm{d}x)$ 发散时,$\int_a^{+\infty} f(x)\mathrm{d}x(\text{或}\int_a^b f(x)\mathrm{d}x)$ 也发散.

因此,若 $0 < l < +\infty$,则$\int_a^{+\infty} g(x)\mathrm{d}x(\text{或}\int_a^b g(x)\mathrm{d}x)$ 与$\int_a^{+\infty} f(x)\mathrm{d}x(\text{或}\int_a^b f(x)\mathrm{d}x)$ 敛散性相同.

注2　若取$g(x) = \dfrac{1}{x^p}$,可以得到"柯西判别法":

设$f(x) \geqslant 0, \lim\limits_{x \to +\infty} x^p f(x) = l(\text{或}\lim\limits_{x \to b^-}(b-x)^p f(x) = l)$.

(1) 若 $0 \leqslant l < +\infty, p > 1(\text{或} p < 1)$ 时,$\int_a^{+\infty} f(x)\mathrm{d}x(\text{或}\int_a^b f(x)\mathrm{d}x)$ 收敛;

(2) 若 $0 < l \leqslant +\infty, p \leqslant 1(\text{或} p \geqslant 1)$ 时,$\int_a^{+\infty} f(x)\mathrm{d}x(\text{或}\int_a^b f(x)\mathrm{d}x)$ 发散.

例6.6　讨论下述反常积分的敛散性:

(1) $\int_0^{+\infty} \dfrac{x\arctan x}{1 + x^3}\mathrm{d}x$;　　　　**(2)** $\int_0^{+\infty} \dfrac{1}{1 + x|\sin x|}\mathrm{d}x$.

解 （1）该积分为无穷积分.

由于 $\lim\limits_{x\to+\infty} x^2 \cdot \dfrac{x\arctan x}{1+x^3} = \dfrac{\pi}{2}$，由柯西判别法可知，无穷积分

$\displaystyle\int_0^{+\infty} \dfrac{x\arctan x}{1+x^3}\mathrm{d}x$ 收敛.

（2）该积分为无穷积分.

由于当 $x \geqslant 0$ 时，$\dfrac{1}{1+x\,|\sin x|} \geqslant \dfrac{1}{1+x}$，无穷积分 $\displaystyle\int_0^{+\infty} \dfrac{1}{1+x}\mathrm{d}x$ 发散，故原积分发散.

例 6.7   讨论下述反常积分的敛散性：

（1）$\displaystyle\int_0^1 \dfrac{\sin x}{x^{3/2}}\mathrm{d}x$；   （2）$\displaystyle\int_0^1 \dfrac{\ln x}{x^2-1}\mathrm{d}x$.

解 （1）该积分是以 $x=0$ 为奇点的瑕积分.

由于 $\lim\limits_{x\to 0+} \sqrt{x} \cdot \dfrac{\sin x}{x^{3/2}} = 1$，由柯西判别法可知，瑕积分 $\displaystyle\int_0^1 \dfrac{\sin x}{x^{3/2}}\mathrm{d}x$

收敛.

（2）由于 $\lim\limits_{x\to 1-} \dfrac{\ln x}{x^2-1} = \dfrac{1}{2}$，因此该积分是以 $x=0$ 为奇点的瑕积分.

由于 $\lim\limits_{x\to 0+} \sqrt{x} \cdot \dfrac{\ln x}{x^2-1} = 0$，由柯西判别法可知，瑕积分 $\displaystyle\int_0^1 \dfrac{\ln x}{x^2-1}\mathrm{d}x$

收敛.

例 6.8   讨论下述反常积分的敛散性：

（1）$I = \displaystyle\int_0^{+\infty} \dfrac{x^{\alpha-1}}{1+x}\mathrm{d}x$；   （2）$I = \displaystyle\int_0^{+\infty} \dfrac{1}{x^p+x^q}\mathrm{d}x$.

解 （1）该积分既是以 $x=0$ 为奇点的瑕积分，也是无穷积分，记 $I = \displaystyle\int_0^1 \dfrac{x^{\alpha-1}}{1+x}\mathrm{d}x + \int_1^{+\infty} \dfrac{x^{\alpha-1}}{1+x}\mathrm{d}x$.

对于瑕积分 $\displaystyle\int_0^1 \dfrac{x^{\alpha-1}}{1+x}\mathrm{d}x$，由于 $\lim\limits_{x\to 0+} x^{1-\alpha} \cdot \dfrac{x^{\alpha-1}}{1+x} = 1$，根据柯西判别法，当 $\alpha > 0$ 时瑕积分 $\displaystyle\int_0^1 \dfrac{x^{\alpha-1}}{1+x}\mathrm{d}x$ 收敛，当 $\alpha \leqslant 0$ 时发散；

对于无穷积分 $\displaystyle\int_1^{+\infty} \dfrac{x^{\alpha-1}}{1+x}\mathrm{d}x$，由于 $\lim\limits_{x\to+\infty} x^{2-\alpha} \cdot \dfrac{x^{\alpha-1}}{1+x} = 1$，根据柯西判别法，当 $\alpha < 1$ 时无穷积分 $\displaystyle\int_1^{+\infty} \dfrac{x^{\alpha-1}}{1+x}\mathrm{d}x$ 收敛，当 $\alpha \geqslant 1$ 时发散；

综上可知，当 $0 < \alpha < 1$ 时反常积分 $\displaystyle\int_0^{+\infty} \dfrac{x^{\alpha-1}}{1+x}\mathrm{d}x$ 收敛，当 $\alpha \leqslant 0$ 或 $\alpha \geqslant 1$ 时发散.

（2）该积分既是以 $x=0$ 为奇点的瑕积分，也是无穷积分，记 $I = \displaystyle\int_0^1 \dfrac{1}{x^p+x^q}\mathrm{d}x + \int_1^{+\infty} \dfrac{1}{x^p+x^q}\mathrm{d}x$.

对于瑕积分 $\displaystyle\int_0^1 \dfrac{1}{x^p+x^q}\mathrm{d}x$，记 $a = \min\{p,q\}$，则 $\lim\limits_{x\to 0+} x^a \cdot \dfrac{1}{x^p+x^q} =$

$\begin{cases} 1, & p \neq q, \\ 2, & p = q, \end{cases}$ 根据柯西判别法,当 $a < 1$ 时瑕积分 $\int_0^1 \dfrac{1}{x^p + x^q}\mathrm{d}x$ 收敛,

当 $a \geqslant 1$ 时发散;

对于无穷积分 $\int_1^{+\infty} \dfrac{1}{x^p + x^q}\mathrm{d}x$, 记 $b = \max\{p, q\}$, 则 $\lim\limits_{x \to +\infty} x^b \cdot$

$\dfrac{1}{x^p + x^q} = \begin{cases} 1, & p \neq q, \\ 2, & p = q, \end{cases}$ 根据柯西判别法,当 $b > 1$ 时无穷积分

$\int_1^{+\infty} \dfrac{1}{x^p + x^q}\mathrm{d}x$ 收敛,当 $b \leqslant 1$ 时发散;

综上可知, 当 $\min\{p, q\} < 1 < \max\{p, q\}$ 时反常积分

$\int_0^{+\infty} \dfrac{1}{x^p + x^q}\mathrm{d}x$ 收敛,否则发散.

例 6.9　讨论 α 取何值时,反常积分 $\Gamma(\alpha) = \int_0^{+\infty} x^{\alpha-1}\mathrm{e}^{-x}\mathrm{d}x$ 收敛,并求当 α 为正整数时的值.

解　该积分既是以 $x = 0$ 为奇点的瑕积分,也是无穷积分,记 $I = \int_0^1 x^{\alpha-1}\mathrm{e}^{-x}\mathrm{d}x + \int_1^{+\infty} x^{\alpha-1}\mathrm{e}^{-x}\mathrm{d}x$.

对于瑕积分 $\int_0^1 x^{\alpha-1}\mathrm{e}^{-x}\mathrm{d}x$, 由于 $\lim\limits_{x \to 0+} x^{1-\alpha} \cdot x^{\alpha-1}\mathrm{e}^{-x} = 1$, 根据柯西判别法,当 $\alpha > 0$ 时瑕积分 $\int_0^1 x^{\alpha-1}\mathrm{e}^{-x}\mathrm{d}x$ 收敛,当 $\alpha \leqslant 0$ 时, 发散;对于无穷积分 $\int_1^{+\infty} x^{\alpha-1}\mathrm{e}^{-x}\mathrm{d}x$, 由于 $\lim\limits_{x \to +\infty} x^2 \cdot x^{\alpha-1}\mathrm{e}^{-x} = \lim\limits_{x \to +\infty} \dfrac{x^{\alpha+1}}{\mathrm{e}^x} = 0$, 根据柯西判别法,无穷积分 $\int_1^{+\infty} x^{\alpha-1}\mathrm{e}^{-x}\mathrm{d}x$ 收敛;

综上可知,当 $\alpha > 0$ 时反常积分 $\Gamma(\alpha) = \int_0^{+\infty} x^{\alpha-1}\mathrm{e}^{-x}\mathrm{d}x$ 收敛,当 $\alpha \leqslant 0$ 时发散.

当 $\alpha > 0$ 时, $\Gamma(\alpha + 1) = \int_0^{+\infty} x^{\alpha}\mathrm{e}^{-x}\mathrm{d}x = -x^{\alpha}\mathrm{e}^{-x}\Big|_0^{+\infty} + \alpha\int_0^{+\infty} x^{\alpha-1}\mathrm{e}^{-x}\mathrm{d}x = \alpha\Gamma(\alpha)$. 又由于 $\Gamma(1) = \int_0^{+\infty} \mathrm{e}^{-x}\mathrm{d}x = 1$, 因此当 α 为正整数 n 时,

$\Gamma(n) = (n-1)\Gamma(n-1) = \cdots = (n-1)!\Gamma(1) = (n-1)!$.

注　$\Gamma(\alpha) = \int_0^{+\infty} x^{\alpha-1}\mathrm{e}^{-x}\mathrm{d}x$ 可看作 α 的函数,定义域为 $\alpha > 0$, 称为 Γ 函数(Gamma 函数).

根据柯西收敛准则(定理 6.1),可知若无穷积分 $\int_a^{+\infty} |f(x)|\mathrm{d}x$(或瑕积分 $\int_a^b |f(x)|\mathrm{d}x$)收敛,则无穷积分 $\int_a^{+\infty} f(x)\mathrm{d}x$(或瑕积分 $\int_a^b f(x)\mathrm{d}x$)一定收敛,此时称其为**绝对收敛**;若无穷积分 $\int_a^{+\infty} f(x)\mathrm{d}x$(或瑕积分

$\int_a^b f(x)\mathrm{d}x$)收敛,但是无穷积分$\int_a^{+\infty}|f(x)|\mathrm{d}x$(或瑕积分$\int_a^b|f(x)|\mathrm{d}x$)发散,则称其为**条件收敛**.

下面将讨论变号的被积函数的反常积分敛散性判断问题. 为此,首先引入下述定理.

定理 6.4(积分第二中值定理) 设$f(x)$在$[a,b]$上可积,$g(x)$在$[a,b]$上单调,则存在$\xi\in[a,b]$,使得

$$\int_a^b f(x)g(x)\mathrm{d}x = g(a)\int_a^\xi f(x)\mathrm{d}x + g(b)\int_\xi^b f(x)\mathrm{d}x.$$

证 本书只对$f(x)$在$[a,b]$上连续,$g(x)$在$[a,b]$上单调可导的情形加以证明.

记$F(x) = \int_a^x f(t)\mathrm{d}t$,则$F'(x) = f(x)$,$F(a) = 0$,由分部积分公式可得

$$\int_a^b f(x)g(x)\mathrm{d}x = \int_a^b g(x)\mathrm{d}F(x) = g(x)F(x)\Big|_a^b - \int_a^b F(x)g(x)\mathrm{d}x$$

$$= g(b)\int_a^b f(x)\mathrm{d}x - \int_a^b F(x)g'(x)\mathrm{d}x.$$

又$F(x)$连续,$g'(x)$不变号,由积分中值定理,存在$\xi\in[a,b]$,使得

$$\int_a^b F(x)g'(x)\mathrm{d}x = F(\xi)\int_a^b g'(x)\mathrm{d}x = \int_a^\xi f(x)\mathrm{d}x\cdot(g(b)-g(a)).$$

于是,可得

$$\int_a^b f(x)g(x)\mathrm{d}x = g(b)\int_a^b f(x)\mathrm{d}x - \int_a^\xi f(x)\mathrm{d}x\cdot(g(b)-g(a))$$

$$= g(a)\int_a^\xi f(x)\mathrm{d}x + g(b)\int_\xi^b f(x)\mathrm{d}x.$$

利用积分第二中值定理,可以得到如下判定变号被积函数反常积分收敛的方法.

定理6.5(反常积分的阿贝尔 - 狄利克雷判别法) 当满足以下两个条件之一时,无穷积分$\int_a^{+\infty} f(x)g(x)\mathrm{d}x$(或瑕积分$\int_a^b f(x)g(x)\mathrm{d}x$,$b$ 为瑕点)收敛:

(1) 阿贝尔判别法 无穷积分$\int_a^{+\infty} f(x)\mathrm{d}x$(或瑕积分$\int_a^b f(x)\mathrm{d}x$)收敛,$g(x)$在$[a,+\infty)$(或$[a,b)$)上单调且有界;

(2) 狄利克雷判别法 $F(A) = \int_a^A f(x)\mathrm{d}x$在$[a,+\infty)$(或$[a,b)$)上有界,$g(x)$在$[a,+\infty)$(或$[a,b)$)上单调且$\lim\limits_{x\to+\infty}g(x) = 0$(或$\lim\limits_{x\to b-}g(x) = 0$).

证 (1)设$|g(x)|\leqslant M$,对任意的$\varepsilon>0$,由定理6.1,存在

$A_0 \geqslant a$，使得任意 $A_1, A_2 \in [A_0, +\infty)$（或 $[A_0, b)$），有 $\left| \int_{A_1}^{A_2} f(x) \mathrm{d}x \right| \leqslant$

$\dfrac{\varepsilon}{2M}$. 因此，由积分第二中值定理（ξ 介于 A_1, A_2 之间），

$$\left| \int_{A_1}^{A_2} f(x) g(x) \mathrm{d}x \right| \leqslant |g(A_1)| \cdot \left| \int_{A_1}^{\xi} f(x) \mathrm{d}x \right| + |g(A_2)| \cdot \left| \int_{\xi}^{A_2} f(x) \mathrm{d}x \right| \leqslant M \cdot \frac{\varepsilon}{2M} + M \cdot \frac{\varepsilon}{2M} = \varepsilon.$$

故无穷积分 $\int_a^{+\infty} f(x) g(x) \mathrm{d}x$（或瑕积分 $\int_a^b f(x) g(x) \mathrm{d}x$）收敛.

（2）设 $|F(A)| \leqslant M$，则对任意 $A_1, A_2 \geqslant a$，$\left| \int_{A_1}^{A_2} f(x) \mathrm{d}x \right| \leqslant 2M$.

又 $\lim\limits_{x \to +\infty} g(x) = 0$（或 $\lim\limits_{x \to b^-} g(x) = 0$），$\exists A_0 \geqslant a$，使得任意 $A \in [A_0,$

$+\infty)$（或 $[A_0, b)$），有 $|g(A)| \leqslant \dfrac{\varepsilon}{4M}$. 于是对任意 $A_1, A_2 \in [A_0,$

$+\infty)$（或 $[A_0, b)$），有

$$\left| \int_{A_1}^{A_2} f(x) g(x) \mathrm{d}x \right| \leqslant |g(A_1)| \cdot \left| \int_{A_1}^{\xi} f(x) \mathrm{d}x \right| + |g(A_2)| \cdot \left| \int_{\xi}^{A_2} f(x) \mathrm{d}x \right| \leqslant \frac{\varepsilon}{4M} \cdot 2M + \frac{\varepsilon}{4M} \cdot 2M = \varepsilon.$$

故无穷积分 $\int_a^{+\infty} f(x) g(x) \mathrm{d}x$（或瑕积分 $\int_a^b f(x) g(x) \mathrm{d}x$）收敛.

例 6.10 讨论下述反常积分的敛散性，若收敛，指出绝对收敛或条件收敛：

（1）$I = \int_1^{+\infty} \dfrac{\sin x}{x^p} \mathrm{d}x$；　　　　　（2）$I = \int_0^1 \dfrac{1}{x^p} \sin \dfrac{1}{x} \mathrm{d}x$.

解 （1）若 $p \leqslant 0$，对任意的 $n \geqslant 1$，由于 $\left| \int_{2n\pi}^{(2n+1)\pi} \dfrac{\sin x}{x^p} \mathrm{d}x \right| \geqslant$

$\int_{2n\pi}^{(2n+1)\pi} \sin x \mathrm{d}x = 2$，由定理 6.1，$I$ 发散；

若 $p > 0$，由于 $|F(A)| = \left| \int_1^A \sin x \mathrm{d}x \right| = |\cos 1 - \cos A| \leqslant 2$，函

数 $\dfrac{1}{x^p}$ 单调减少，且 $\lim\limits_{x \to +\infty} \dfrac{1}{x^p} = 0$，根据定理 6.5(2) 的狄利克雷判别

法，可知 I 收敛；

若 $p > 1$，由于 $\left| \dfrac{\sin x}{x^p} \right| \leqslant \dfrac{1}{x^p}$，$\int_1^{+\infty} \dfrac{1}{x^p} \mathrm{d}x$ 收敛，故由定理 6.3，

$\int_1^{+\infty} \left| \dfrac{\sin x}{x^p} \right| \mathrm{d}x$ 收敛，从而 I 绝对收敛；

若 $0 < p \leqslant 1$，$\left| \dfrac{\sin x}{x^p} \right| \geqslant \dfrac{|\sin x|}{x} \geqslant \dfrac{\sin^2 x}{x} = \dfrac{1}{2x} - \dfrac{\cos 2x}{2x}$，由于

$\int_1^{+\infty} \dfrac{1}{2x} \mathrm{d}x$ 发散，$\int_1^{+\infty} \dfrac{\cos 2x}{2x} \mathrm{d}x$ 收敛（与前面一样利用狄利克雷判别法），

可知 $\int_1^{+\infty} \dfrac{\sin^2 x}{x} \mathrm{d}x$ 发散，因此 $0 < p \leqslant 1$ 时 $\int_1^{+\infty} \left| \dfrac{\sin x}{x^p} \right| \mathrm{d}x$ 发散.

综上可知，当 $p \leqslant 0$ 时 I 发散，当 $0 < p \leqslant 1$ 时 I 条件收敛，当

$p > 1$ 时 I 绝对收敛.

（2）若 $p \geqslant 2$，对任意的 $n \geqslant 1$，由于 $\left| \int_{\frac{1}{(2n+1)\pi}}^{\frac{1}{2n\pi}} \frac{1}{x^p} \sin \frac{1}{x} \mathrm{d}x \right| \geqslant$

$\int_{\frac{1}{(2n+1)\pi}}^{\frac{1}{2n\pi}} \frac{1}{x^2} \sin \frac{1}{x} \mathrm{d}x = \cos \frac{1}{x} \Big|_{\frac{1}{(2n+1)\pi}}^{\frac{1}{2n\pi}} = 2$，由定理 6.1，$I$ 发散；

若 $p < 2$，由于 $|F(\eta)| = \left| \int_{\eta}^{1} \frac{1}{x^2} \sin \frac{1}{x} \mathrm{d}x \right| = \left| \cos 1 - \cos \frac{1}{\eta} \right| \leqslant 2$，

函数 x^{2-p} 单调增加且 $\lim\limits_{x \to 0+} x^{2-p} = 0$，根据定理 6.5（2）的狄利克雷判别

法，可知 I 收敛；

若 $p < 1$，由于 $\left| \frac{1}{x^p} \sin \frac{1}{x} \right| \leqslant \frac{1}{x^p}$，$\int_0^1 \frac{1}{x^p} \mathrm{d}x$ 收敛，知 $\int_0^1 \left| \frac{1}{x^p} \sin \frac{1}{x} \right| \mathrm{d}x$

收敛，故 I 绝对收敛；

若 $1 \leqslant p < 2$，$\left| \frac{1}{x^p} \sin \frac{1}{x} \right| \geqslant \frac{1}{x} \left| \sin \frac{1}{x} \right| \geqslant \frac{1}{x} \sin^2 \frac{1}{x} = \frac{1}{2x} - \frac{1}{2x}$

$\cos \frac{2}{x}$，由于 $\int_0^1 \frac{1}{2x} \mathrm{d}x$ 发散，$\int_0^1 \frac{1}{2x} \cos \frac{2}{x} \mathrm{d}x$ 收敛（与前面一样利用狄利

克雷判别法），可知 $\int_0^1 \frac{1}{x} \sin^2 \frac{1}{x} \mathrm{d}x$ 发散，因此 $\int_0^1 \left| \frac{1}{x^p} \sin \frac{1}{x} \right| \mathrm{d}x$ 发散.

综上可知，当 $p \geqslant 2$ 时 I 发散，当 $1 \leqslant p < 2$ 时 I 条件收敛，当

$p < 1$ 时 I 绝对收敛.

注　对于本题的（2），可令 $t = \frac{1}{x}$，则 $I = \int_0^1 \frac{1}{x^p} \sin \frac{1}{x} \mathrm{d}x =$

$\int_1^{+\infty} \frac{\sin t}{t^{2-p}} \mathrm{d}t$，这样可以直接利用（1）的结论. 事实上，无穷积分和瑕

积分之间经常可以互相转换.

思考：无穷积分 $\int_a^{+\infty} f(x) \mathrm{d}x$ 收敛能否得出 $\lim\limits_{x \to +\infty} f(x) = 0$？若

$f(x)$ 连续呢？若 $f(x)$ 一致连续呢？

习题 6.1

1. 讨论下列无穷积分是否收敛，若收敛，则求其值：

（1）$\int_0^{+\infty} x \mathrm{e}^{-x^2} \mathrm{d}x$；　　　　　　（2）$\int_1^{+\infty} \frac{\ln x}{x^2} \mathrm{d}x$；

（3）$\int_1^{+\infty} \frac{\mathrm{d}x}{x^2(1+x)}$；　　　　　（4）$\int_0^{+\infty} \frac{\mathrm{d}x}{\sqrt{1+x^2}}$；

（5）$\int_{-\infty}^{+\infty} \frac{\mathrm{d}x}{1+x^2}$；　　　　　（6）$\int_0^{+\infty} \mathrm{e}^{-x} \sin x \mathrm{d}x$；

2. 讨论下列无界函数积分是否收敛，若收敛，则求其值：

（1）$\int_0^a \frac{\mathrm{d}x}{\sqrt{a^2-x^2}} (a > 0)$；　　（2）$\int_0^1 \frac{\mathrm{d}x}{1-x^2}$；

$(3)\ \int_0^2 \dfrac{\mathrm{d}x}{\sqrt{|1-x|}}$;

$(4)\ \int_0^1 \dfrac{x}{\sqrt{1-x^2}}\mathrm{d}x$;

$(5)\ \int_0^1 \ln x\,\mathrm{d}x$;

$(6)\ \int_0^1 \dfrac{\mathrm{d}x}{x(\ln x)^p}$.

3. 证明:若 $\int_a^{+\infty} f(x)\,\mathrm{d}x$ 收敛,且存在极限 $\lim\limits_{x\to+\infty} f(x)=A$,则 $A=0$. 即例 6.5

4. 已知: $\lim\limits_{x\to\infty}\left(\dfrac{x-a}{x+a}\right)^x = \int_a^{+\infty} 4x^2 \mathrm{e}^{-2x}\,\mathrm{d}x$,求常数 a 的值.

5. 讨论下列无穷积分的收敛性:

$(1)\ \int_0^{+\infty} \dfrac{\mathrm{d}x}{\sqrt[3]{x^4+1}}$;

$(2)\ \int_1^{+\infty} \dfrac{x}{1-\mathrm{e}^x}\mathrm{d}x$;

$(3)\ \int_0^{+\infty} \dfrac{\mathrm{d}x}{1+\sqrt{x}}$;

$(4)\ \int_1^{+\infty} \dfrac{x\arctan x}{1+x^3}\mathrm{d}x$.

6. 用积分判别法讨论下列级数的敛散性:

$(1)\ \sum\limits_{n=1}^{\infty} \dfrac{1}{n^2+1}$;

$(2)\ \sum\limits_{n=3}^{\infty} \dfrac{1}{n\ln n\ln(\ln n)}$.

7. 讨论下列反常积分的收敛性:

$(1)\ \int_0^2 \dfrac{\mathrm{d}x}{(1-x)^2}$;

$(2)\ \int_0^1 \dfrac{\mathrm{d}x}{\sqrt[3]{x^2(1-x)}}$;

$(3)\ \int_0^1 \dfrac{\ln x}{1-x}\mathrm{d}x$;

$(4)\ \int_0^{+\infty} \dfrac{\mathrm{d}x}{\sqrt[3]{x(x-1)^2(x-2)}}$.

8. 讨论下列反常积分的敛散性,若收敛,指出是绝对收敛还是条件收敛:

$(1)\ \int_1^{+\infty} \dfrac{\cos x}{x^p}\mathrm{d}x\ (p>0)$;

$(2)\ \int_1^{+\infty} \cos(x^2)\,\mathrm{d}x$;

$(3)\ \int_1^{+\infty} \dfrac{\sin\sqrt{x}}{x}\mathrm{d}x$;

$(4)\ \int_1^{+\infty} x\sin(x^4)\,\mathrm{d}x$.

9. 讨论反常积分 $\int_0^{+\infty} \dfrac{\mathrm{e}^{-x^2}}{x^p}\mathrm{d}x$ 的敛散性.

10. 证明:反常积分 $J=\int_0^{\frac{\pi}{2}} \ln(\sin x)\,\mathrm{d}x$ 收敛,且 $J=-\dfrac{\pi}{2}\ln 2$,并验证

$$\int_0^{\pi} \theta\ln(\sin\theta)\,\mathrm{d}\theta = -\dfrac{\pi^2}{2}\ln 2.$$

6.2 积分的几何应用

可以说,定积分的概念源于图形几何量的计算.

牛顿和莱布尼茨的工作出现之前,已经对上述问题展开广泛研究,得到许多结论. 例如费马关于抛物线与双曲线围成的面积的计算,托里拆利对无限双曲体(称为托里拆利小号)的体积的计算,沃利斯计算了分数幂曲线围成的面积,罗伯华计算了旋轮线所围的面

积,帕斯卡计算了正弦曲线下的面积,格里高利计算了等轴双曲线围成的面积,范·休莱特则给出了计算曲线弧长的方法,等等.

上述结论的累积,对微积分的产生有直接影响.现代微积分产生之后,利用一元函数的定积分,可以计算四类基本几何量:平面图形的面积、曲线的弧长、某些特定空间体的体积以及旋转曲面的面积.

在本节中,将以微元法为工具,建立几何量计算的基本公式.

6.2.1 微元法与平面图形的面积

开普勒在发现行星运行规律时使用的无穷小方法,可以看作现代微元法的开端.

微元法的实质,就是将某整体量的计算归结为若干局部微小量之和,关键是得到微元的表达式,一般为局部微小量的一阶线性近似(忽略高阶无穷小,称为微元).

设整体量 $A = \sum_{i=1}^{n} \Delta A_i$,$\Delta A_i$ 为局部微小量,若 $\Delta A_i = \mathrm{d}A_i + o(\Delta x_i) = \alpha_i \cdot \Delta x_i + o(\Delta x_i)$,则

$$A = \sum_{i=1}^{n} \Delta A_i = \sum_{i=1}^{n} \mathrm{d}_i \cdot \Delta x_i + o\left(\sum_{i=1}^{n} \Delta x_i \right)$$

由于 $\lim_{n \to \infty} \sum_{i=1}^{n} \mathrm{d}_i \cdot \Delta x_i = \int_a^b \alpha \mathrm{d}x$,$\lim_{n \to \infty} o\left(\sum_{i=1}^{n} \Delta x_i \right) = \lim_{n \to \infty} o(b - a) = 0$,故 $A = \int_a^b \alpha \mathrm{d}x$.

从上述求极限的过程中可以发现,高阶无穷小量累积后的极限 $\lim_{n \to \infty} \sum_{i=1}^{n} o(\Delta x_i) = 0$.因此将整体量 A 表示为定积分的关键就是得到局部微小量的微元 $\mathrm{d}A = \alpha \mathrm{d}x$.

回顾 5.1.1 小节问题一,关于曲边梯形面积的计算:$A = \int_a^b f(x) \mathrm{d}x$,其中表达式 $f(x) \mathrm{d}x$ 即表示曲面梯形面积的微元 —— 小曲边梯形面积的近似表达式.

基于上述曲面梯形的计算公式,在直角坐标系下,对如图 6-1 所示的两种形式的平面图形,可建立相应的面积公式.

例 6.11 求由抛物线 $x = y^2$ 与直线 $x = y + 2$ 所围平面图形的

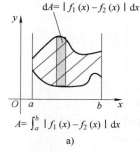

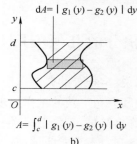

图 6-1 直角坐标系下,平面图形面积的两种微元及相应的面积公式

面积 A.

解　所围平面图形如图 6-2 所示,抛物线与直线交点为 $(1,-1),(4,2)$.

方法一:以 x 为积分变量,将所围平面图形分为两部分 A_1,A_2,分别计算其面积,可得

$$A_1 = \int_0^1 \left| \sqrt{x} - (-\sqrt{x}) \right| \mathrm{d}x = 2 \int_0^1 \sqrt{x} \mathrm{d}x = \frac{4}{3},$$

$$A_2 = \int_1^4 \left| \sqrt{x} - (x-2) \right| \mathrm{d}x = \frac{19}{6},$$

因此 $A = A_1 + A_2 = \dfrac{9}{2}$.

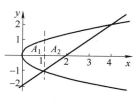

图　**6-2**

方法二:以 y 为积分变量,则

$$A = \int_{-1}^2 \left| y + 2 - y^2 \right| \mathrm{d}x = \left(\frac{y^2}{2} + 2y - \frac{y^3}{3} \right) \Big|_{-1}^2 = \frac{9}{2}.$$

下面考虑平面图形边界曲线是参数曲线 $\begin{cases} x = x(t) \\ y = y(t) \end{cases}$ 的情形:若 $x = x(t)$ 可微且存在反函数,则参数曲线与 x 轴、$x = a, x = b$ 围成的曲边梯形面积为

$$A = \int_a^b y \mathrm{d}x = \int_{x^{-1}(a)}^{x^{-1}(b)} y(t) x'(t) \mathrm{d}t;$$

若 $y = y(t)$ 可微且存在反函数,则参数曲线与 y 轴、$y = c, y = d$ 围成的曲边梯形面积为

$$A = \int_c^d x \mathrm{d}y = \int_{y^{-1}(c)}^{y^{-1}(d)} x(t) y'(t) \mathrm{d}t.$$

例 6.12　求旋轮线(摆线)$\begin{cases} x = a(t - \sin t), \\ y = a(1 - \cos t), \end{cases} t \in [0, 2\pi]$ 与 x 轴所围平面图形的面积 A.

解　旋轮线(摆线)的图像见图 2-16(见 53 页).所围面积

$$A = \int_0^{2\pi} y(t) x'(t) \mathrm{d}t = a^2 \int_0^{2\pi} (1 - \cos t)^2 \mathrm{d}t$$

$$= a^2 \left(\frac{3}{2}t - 2\sin t + \frac{\sin 2t}{4} \right) \Big|_0^{2\pi} = 3\pi a^2.$$

最后考虑极坐标曲线 $\rho = \rho(\theta)$ 与射线 $\theta = \alpha, \theta = \beta$ 围成的曲边扇形的面积(如图 6-3a 所示).

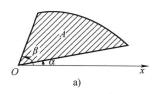

a)

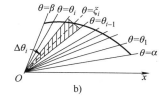

b)

图 **6-3**　曲边扇形的面积计算

设函数 $\rho = \rho(\theta)$ 在 $[\alpha,\beta]$ 上连续,将区间 $[\alpha,\beta]$ 做任意分割 $\alpha = \theta_0 < \theta_1 < \cdots < \theta_n = \beta$,射线 $\theta = \theta_i$ 将曲边扇形分为 n 个小扇形. 由于 $\rho(\theta)$ 连续,当 $d = \max\{\theta_i - \theta_{i-1}, i = 1,\cdots,n\}$ 很小时,$\rho(\theta)$ 在每一个区间 $[\theta_{i-1},\theta_i]$ 上的变化也很小. 任取 $\xi_i \in [\theta_{i-1},\theta_i]$,则第 i 个小扇形的面积 $\Delta A_i \approx \dfrac{1}{2}\rho^2(\xi_i)\Delta\theta_i$. 于是曲边扇形的面积 $A \approx \sum\limits_{i=1}^{n} \dfrac{1}{2}\rho^2(\xi_i)\Delta\theta_i$. 根据定积分的定义以及 $\rho(\theta)$ 连续,可得

$$A = \lim_{n\to\infty} \sum_{i=1}^{n} \frac{1}{2}\rho^2(\xi_i)\Delta\theta_i = \frac{1}{2}\int_{\alpha}^{\beta}\rho^2(\theta)\mathrm{d}\theta.$$

注　除了如图 6-3a 所示的曲边扇形外,常见的极坐标曲线围成的平面图形还有如图 6-4 所示的两种. 对于图 6-4a,其面积可看作曲边分别为 $\rho_2(\theta)$ 和 $\rho_1(\theta)$ 的扇形面积之差,故其面积 $A = \dfrac{1}{2}\int_{\alpha}^{\beta}[\rho_2^2(\theta) - \rho_1^2(\theta)]\mathrm{d}\theta$;对于图 6-4b,极点在图形内部,因此极角的变化范围可取为 0 到 2π,故其面积 $A = \dfrac{1}{2}\int_{0}^{2\pi}\rho^2(\theta)\mathrm{d}\theta.$

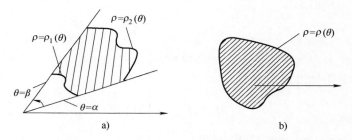

图 6-4　另外两种极坐标曲线围成的平面图形

例 6.13　(1) 求双纽线 $\rho^2 = a^2\cos 2\theta$(见 54 页)所围平面图形的面积 A_1;

(2) 求三叶玫瑰线 $\rho = a\sin 3\theta,\theta \in [0,\pi]$(见 55 页)所围平面图形的面积 A_2.

解　(1) 双纽线的图像见图 2-14. 根据对称性,面积 A_1 为第一象限内面积的四倍. 由于 $\cos 2\theta \geq 0$,故在第一象限内 $0 \leq \theta \leq \dfrac{\pi}{4}$,于是

$$A_1 = 4 \cdot \frac{1}{2}\int_{0}^{\frac{\pi}{4}} a^2\cos 2\theta\mathrm{d}\theta = 2a^2\left(\frac{\sin 2\theta}{2}\right)\Bigg|_{0}^{\frac{\pi}{4}} = a^2.$$

(2) 三叶玫瑰线可见图 2-20a. 根据对称性,面积 A_2 为第一象限内面积的三倍. 由于 $\sin 3\theta \geq 0$,故在第一象限内 $0 \leq \theta \leq \dfrac{\pi}{3}$,于是

$$A_2 = 3 \cdot \frac{1}{2}\int_{0}^{\frac{\pi}{3}} a^2\sin^2 3\theta\mathrm{d}\theta = \frac{3a^2}{2}\int_{0}^{\frac{\pi}{3}}\frac{1 - \cos 6\theta}{2}\mathrm{d}\theta = \frac{3a^2}{4}\left(\theta - \frac{\sin 6\theta}{6}\right)\Bigg|_{0}^{\frac{\pi}{3}} = \frac{\pi a^2}{4}.$$

6.2.2　曲线的弧长

笛卡儿在其著作《几何学》(1633) 中声称，人类的才智无法发现确定曲线长度的严格而精确的方法. 结果仅仅二十多年后，若干数学家的才智证明他是错误的. 英国人威廉·耐尔(William Neile，1632—1670) 可能是第一个曲线长度的确定者，他在 1657 年确定了半三次抛物线 $y^2 = x^3$ 的长度. 随后，克里斯托弗·雷恩确定了旋轮线的长度，惠更斯将求抛物线的长度化为了求双曲线下面积的问题.

求曲线长度最普遍的方法，是由年轻的荷兰数学家亨德里克(范·休莱特(Hendrick Van Heuraet，1634—1660) 在 1659 年发现的. 范·休莱特在其论文《论曲线到直线的转换》中，证明了做长度等于给定弧的直线段的问题，等价于某一曲线下的面积问题，其结论本质上就是现代的弧长公式(该结论出现在 1659 年范·舒滕编的拉丁版笛卡儿《几何学》中).

首先给出曲线弧长的概念.

定义 6.3　设平面曲线 C 可用参数方程 $\begin{cases} x = x(t), \\ y = y(t), \end{cases} t \in [\alpha, \beta]$ 表示，将区间 $[\alpha, \beta]$ 做任意分割 $\alpha = t_0 < t_1 < \cdots < t_n = \beta$，曲线上对应的分点为 $A = P_0, P_1, \cdots, P_{n-1}, P_n = B(P_i = (x(t_i), y(t_i)))$ 如图 6-5 所示. 用 $\overline{P_{i-1}P_i}$ 表示连接 P_{i-1} 和 P_i 的直线段的长度，连接 A, B 折线段的总长度为 $\sum_{i=1}^{n} \overline{P_{i-1}P_i}$. 若无论如何分割，$\lambda = \max_{1 \leqslant i \leqslant n}(\Delta t_i) \to 0$ 时，都存在有限极限 $\lim_{\lambda \to 0} \sum_{i=1}^{n} \overline{P_{i-1}P_i} = l$，则称曲线弧 C 是**可求长**的，该极限 l 称为曲线弧 C 的**弧长**.

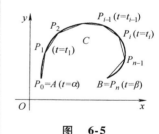

图　6-5

为了给出弧长公式，下面给出光滑曲线的定义.

定义 6.4　设平面曲线 C 由参数方程 $\begin{cases} x = x(t), \\ y = y(t), \end{cases} t \in [\alpha, \beta]$ 给出，如果 $x(t), y(t)$ 在 $[\alpha, \beta]$ 上连续可微，且 $[x'(t)]^2 + [y'(t)]^2 \neq 0, (t \in [\alpha, \beta])$，则称 C 为一条**光滑曲线**.

下面将给出弧长公式及其证明.

定理 6.6　设平面曲线 $C: \begin{cases} x = x(t), \\ y = y(t), \end{cases} t \in [\alpha, \beta]$ 为一条光滑曲线，则 C 是可求长的，其弧长

$$l = \int_{\alpha}^{\beta} \sqrt{x'(t)^2 + y'(t)^2}\, \mathrm{d}t.$$

证　由定义 6.3，曲线 C 的弧长 $l = \lim_{\lambda \to 0} \sum_{i=1}^{n} \overline{P_{i-1}P_i}(P_i = (x(t_i),$

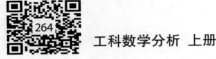

$y(t_i)))$,其中

$$\sum_{i=1}^{n} \overline{P_{i-1}P_i} = \sum_{i=1}^{n} \sqrt{(x(t_i) - x(t_{i-1}))^2 + (y(t_i) - y(t_{i-1}))^2}.$$

对函数 $x(t),y(t)$ 分别使用拉格朗日中值定理,存在 ξ_i,η_i 介于 t_{i-1} 和 t_i 之间,使得

$$x(t_i) - x(t_{i-1}) = x'(\xi_i)\Delta t_i, y(t_i) - y(t_{i-1}) = y'(\eta_i)\Delta t_i.$$

于是

$$\sum_{i=1}^{n} \overline{P_{i-1}P_i} = \sum_{i=1}^{n} \sqrt{x'(\xi_i)^2 + y'(\eta_i)^2} \cdot \Delta t_i.$$

注意到 $\left| \sqrt{x'(\xi_i)^2 + y'(\eta_i)^2} - \sqrt{x'(\xi_i)^2 + y'(\xi_i)^2} \right| \leqslant |y'(\eta_i) - y'(\xi_i)|$,因此有

$$\left| \sum_{i=1}^{n} \overline{P_{i-1}P_i} - \sum_{i=1}^{n} \sqrt{x'(\xi_i)^2 + y'(\xi_i)^2} \cdot \Delta t_i \right| \leqslant \sum_{i=1}^{n} |y'(\eta_i) - y'(\xi_i)| \cdot \Delta t_i.$$

由于 C 为光滑曲线, $x(t),y(t)$ 在 $[\alpha,\beta]$ 上连续可微,则 $\sqrt{x'(t)^2 + y'(t)^2}$ 在 $[\alpha,\beta]$ 上连续,故可积,因此上式左侧取极限 $\lambda \to 0$ 可得

$$\lim_{\lambda \to 0} \left| \sum_{i=1}^{n} \overline{P_{i-1}P_i} - \sum_{i=1}^{n} \sqrt{x'(\xi_i)^2 + y'(\xi_i)^2} \cdot \Delta t_i \right| = \left| l - \int_{\alpha}^{\beta} \sqrt{x'(t)^2 + y'(t)^2} \mathrm{d}t \right|.$$

又 $y'(t)$ 在 $[\alpha,\beta]$ 上连续,故一致连续. 对任意 $\varepsilon > 0$,存在 $\delta > 0$,只要 $|\eta_i - \xi_i| < \delta$,就有 $|y'(\eta_i) - y'(\xi_i)| < \dfrac{\varepsilon}{\beta - \alpha}$. 因此当 $\lambda = \max\limits_{1 \leqslant i \leqslant n}(\Delta t_i) < \delta$ 时, $\sum\limits_{i=1}^{n} |y'(\eta_i) - y'(\xi_i)| \cdot \Delta t_i < \dfrac{\varepsilon}{\beta - \alpha} \sum\limits_{i=1}^{n} \Delta t_i = \varepsilon.$

综上可得, $\left| l - \int_{\alpha}^{\beta} \sqrt{x'(t)^2 + y'(t)^2} \mathrm{d}t \right| = 0$,即 $l = \int_{\alpha}^{\beta} \sqrt{x'(t)^2 + y'(t)^2} \mathrm{d}t.$

注 1 一般记 $\mathrm{d}s = \sqrt{x'(t)^2 + y'(t)^2}\mathrm{d}t$,称为弧长的微分,简称弧微分.

注 2 对于其他形式的平面曲线方程,亦有相应的弧长公式:

(1)曲线方程为 $y = y(x)$, $x \in [a,b]$,则弧长

$$l = \int_{a}^{b} \sqrt{1 + y'(x)^2} \mathrm{d}x;$$

(2)曲线方程为 $x = x(y)$, $y \in [c,d]$,则弧长

$$l = \int_{c}^{d} \sqrt{1 + x'(y)^2} \mathrm{d}y;$$

(3)曲线方程为极坐标 $\rho = \rho(\theta)$, $\theta \in [\alpha,\beta]$,则对应的参数方程为 $\begin{cases} x = \rho(\theta)\cos\theta, \\ y = \rho(\theta)\sin\theta, \end{cases}$ 有

$$l = \int_{\alpha}^{\beta} \sqrt{x'(\theta)^2 + y'(\theta)^2} \mathrm{d}\theta$$

$$= \int_{\alpha}^{\beta} \sqrt{(\rho'(\theta)\cos\theta - \rho(\theta)\sin\theta)^2 + (\rho'(\theta)\sin\theta + \rho(\theta)\cos\theta)^2} \mathrm{d}\theta$$

$$= \int_\alpha^\beta \sqrt{\rho'(\theta)^2 + \rho(\theta)^2}\,d\theta.$$

注 3 对于空间的参数曲线方程 $\begin{cases} x = x(t), \\ y = y(t), t \in [\alpha, \beta], \text{弧长} \\ z = z(t), \end{cases}$

$$l = \int_\alpha^\beta \sqrt{x'(t)^2 + y'(t)^2 + z'(t)^2}\,dt.$$

例 6.14 求下述曲线的弧长:

(1) 悬链线的一段:$y = \dfrac{e^x + e^{-x}}{2}, x \in [0, a]$;

(2) 旋轮线的一拱:$\begin{cases} x = a(t - \sin t), \\ y = a(1 - \cos t), \end{cases} t \in [0, 2\pi]$;

(3) 心形线的周长:$\rho = a(1 + \cos \theta), \theta \in [0, 2\pi]$;

(4) 圆锥螺线的第一圈:$\begin{cases} x = at\cos t, \\ y = -at\sin t, t \in [0, 2\pi]. \\ z = bt, \end{cases}$

解 (1) $y'(x) = \dfrac{e^x - e^{-x}}{2}$,则 $l = \int_0^a \sqrt{1 + \left(\dfrac{e^x - e^{-x}}{2}\right)^2}\,dx$

$$= \int_0^a \frac{e^x + e^{-x}}{2}\,dx = \frac{e^a - e^{-a}}{2}.$$

(2) $x'(t) = a(1 - \cos t), y'(t) = a\sin t$,则

$$l = \int_0^{2\pi} \sqrt{a^2(1 - \cos t)^2 + a^2\sin^2 t}\,dt = a\int_0^{2\pi} \sqrt{2 - 2\cos t}\,dt$$

$$= 2a\int_0^{2\pi} \sin\frac{t}{2}\,dt = 8a.$$

(3) $\rho'(\theta) = -a\sin\theta$,则

$$l = \int_0^{2\pi} \sqrt{a^2(1 + \cos\theta)^2 + a^2\sin^2\theta}\,d\theta = a\int_0^{2\pi} \sqrt{2 + 2\cos\theta}\,d\theta$$

$$= 2a\int_0^{2\pi} \left|\cos\frac{\theta}{2}\right|\,d\theta = 4a\int_0^\pi \cos\frac{\theta}{2}\,d\theta = 8a.$$

(4) $x'(t) = a(\cos t - t\sin t), y'(t)$
$$= -a(\sin t + t\cos t), z'(t) = b,\text{则}$$

$$l = \int_0^{2\pi} \sqrt{a^2(\cos t - t\sin t)^2 + a^2(\sin t + t\cos t)^2 + b^2}\,dt$$

$$= \int_0^{2\pi} \sqrt{a^2 t^2 + a^2 + b^2}\,dt = a\int_0^{2\pi} \sqrt{t^2 + \frac{a^2 + b^2}{a^2}}\,dt.$$

记 $A = \dfrac{\sqrt{a^2 + b^2}}{a}$,则由例 5.29(3),可得

$$l = a\int_0^{2\pi} \sqrt{t^2 + A^2}\,dt = \frac{a}{2}\left[t\sqrt{t^2 + A^2} + A^2\ln(t + \sqrt{t^2 + A^2}) \right]\Big|_0^{2\pi}$$

$$= a\left[\pi\sqrt{4\pi^2 + A^2} + \frac{A^2}{2}\ln\frac{2\pi + \sqrt{4\pi^2 + A^2}}{A} \right].$$

注　例6.14(4)中的 $b = 0$ 时,即为阿基米德螺线 $\rho = a\theta$,此时 $A = 1$,第一圈的长度为

$$l = a\left[\pi\sqrt{1 + 4\pi^2} + \frac{1}{2}\ln(2\pi + \sqrt{1 + 4\pi^2})\right].$$

6.2.3 特定空间体的体积

本小节将考虑一些空间体的体积.

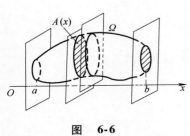

图　6-6

如图 6-6 所示,考虑夹在平面 $x = a$ 和 $x = b$ 之间的空间体 Ω. 若过任意的 $x \in [a,b]$,作与 x 轴垂直的平面,其截 Ω 所得的截面面积为 $A(x)$,下面利用定积分来计算 Ω 的体积 V.

将区间 $[a,b]$ 做任意分割 $a = x_0 < x_1 < \cdots < x_n = b$,记 $\Delta x_i = x_i - x_{i-1}$,任取 $\xi_i \in [x_{i-1}, x_i]$,考虑和式 $\sum_{i=1}^{n} A(\xi_i) \Delta x_i$,其中 $A(\xi_i) \Delta x_i$ 为 Ω 夹在平面 $x = x_{i-1}$ 和 $x = x_i$ 之间体积 V_i 的近似值,和式 $\sum_{i=1}^{n} A(\xi_i) \Delta x_i$ 为 Ω 的体积 V 的近似值. 如果函数 $A(x)$ 在区间 $[a,b]$ 上可积,根据定积分定义,只要 $\lambda = \max_{1 \leqslant i \leqslant n}(\Delta x_i) \to 0$,可得截面面积为 $A(x)$ 的空间体 Ω 的体积为

$$V = \lim_{\lambda \to 0} \sum_{i=1}^{n} A(\xi_i) \Delta x_i = \int_a^b A(x) \mathrm{d}x.$$

例6.15　已知一个直圆柱体的底圆半径为 a,平面 Π 过其底面圆周上一点,且与底面所在平面的二面角为 θ,求圆柱体夹在平面 Π 与底面之间的体积.

解　如右图6-7所示,建立坐标系,取底面为 xy 面,圆柱的中心轴为 z 轴. 考虑该立体过 $x \in [-a,a]$,与 x 轴垂直的平面的截面为一矩形,面积

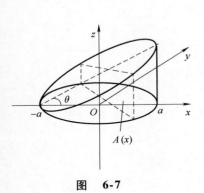

图　6-7

$$A(x) = 2\sqrt{a^2 - x^2} \cdot (a + x)\tan\theta.$$

于是所求体积

$$V = \int_{-a}^{a} 2\sqrt{a^2 - x^2} \cdot (a + x)\tan\theta \mathrm{d}x$$

$$= 2a\tan\theta \int_{-a}^{a} \sqrt{a^2 - x^2} \mathrm{d}x = \pi a^3 \tan\theta.$$

下面研究平面图形绕直线旋转所形成空间体的体积问题.

首先考虑曲边梯形 $D: a \leqslant x \leqslant b, 0 \leqslant y \leqslant f(x)$ 绕 x 轴旋转所得空间体,如图6-8所示,其过 $x \in [a,b]$,与 x 轴垂直的平面的截面为一圆,面积 $A(x) = \pi f^2(x)$. 于是曲边梯形 D 绕 x 轴的旋转体体积为

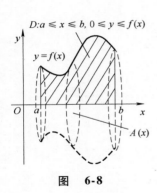

图　6-8

$$V = \pi \int_a^b f^2(x) \mathrm{d}x.$$

对于平面图形 $D: a \leqslant x \leqslant b, 0 \leqslant g(x) \leqslant y \leqslant f(x)$,其绕 x 轴旋转所得空间体,可以看作两个曲边梯形

$$D_1: a \leqslant x \leqslant b, 0 \leqslant y \leqslant f(x); \quad D_2: a \leqslant x \leqslant b, 0 \leqslant y \leqslant g(x)$$

分别绕 x 轴旋转所得空间体的体积之差,故体积 $V = \pi\int_a^b\big[f^2(x) - g^2(x)\big]\mathrm{d}x$.

若平面图形 $D:a \leqslant x \leqslant b,g(x) \leqslant y \leqslant f(x)$ 绕与 x 轴平行的直线 $y = c$ 旋转(设 $g(x) \geqslant c$),则可看作 D 平移后的图形 $D':a \leqslant x \leqslant b,g(x) - c \leqslant y \leqslant f(x) - c$ 绕 x 轴旋转,其体积

$$V = \pi\int_a^b\big([f(x) - c]^2 - [g(x) - c]^2\big)\mathrm{d}x.$$

同理,对于曲边梯形 $D:c \leqslant y \leqslant d,0 \leqslant x \leqslant \varphi(y)$ 绕 y 轴所得空间体,其过 $y \in [c,d]$,与 y 轴垂直的平面的截面仍为一圆,面积 $A(y) = \pi\varphi^2(y)$. 于是其绕 y 轴的旋转体积

$$V = \pi\int_c^d\varphi^2(y)\mathrm{d}y.$$

上述的几种旋转体的体积问题,均考虑了与旋转轴垂直的截面为一圆,其面积易于计算,因此体积的计算可称为"截面法"(被积函数为截面面积).

随后考虑另一种旋转体.

曲边梯形 $D:0 \leqslant a \leqslant x \leqslant b,0 \leqslant y \leqslant f(x)$ 绕 y 轴所得空间体,如图 6-9 所示. 此时再使用截面法比较困难,因此考虑图中的小矩形绕 y 轴旋转所得的圆柱体壳,可看作底为半径介于 x 与 $x + \Delta x$ 之间的圆环,高近似为 $f(x)$ 的柱体,其体积

$$\begin{aligned}\Delta V &\approx \pi\big((x + \Delta x)^2 - x^2\big) \cdot f(x)\\ &= 2\pi xf(x) \cdot \Delta x + \pi f(x) \cdot \Delta x^2.\end{aligned}$$

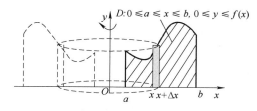

图　6-9

忽略高阶无穷小项后,可得体积微元 $\mathrm{d}V = 2\pi xf(x)\mathrm{d}x$,于是曲边梯形 $D:0 \leqslant a \leqslant x \leqslant b,0 \leqslant y \leqslant f(x)$ 绕 y 轴旋转所得空间体的体积

$$V = 2\pi\int_a^b xf(x)\mathrm{d}x.$$

若曲边梯形 $D:a \leqslant x \leqslant b,0 \leqslant y \leqslant f(x)$ 绕与 y 轴平行的直线 $x = c$ 旋转(设 $c \leqslant a$)旋转,则可看作 D 平移后的图形 $D':a - c \leqslant x \leqslant b - c,0 \leqslant y \leqslant f(x + c)$ 绕 y 轴旋转,其体积

$$V = 2\pi\int_{a-c}^{b-c} xf(x + c)\mathrm{d}x = 2\pi\int_a^b (x - c)f(x)\mathrm{d}x.$$

同理,对于曲边梯形 $D:0 \leqslant c \leqslant y \leqslant d,0 \leqslant x \leqslant \varphi(y)$ 绕 x 轴旋转所得空间体,其体积为

$$V = 2\pi \int_c^d y\varphi(y)\mathrm{d}y.$$

例 6.16　一个平面图形由双曲线 $xy = a(a > 0)$ 与直线 $x = a$，$x = 2a$ 及 x 轴围成，如图 6-10 所示，求该平面图形绕下述直线旋转一周所得旋转体的体积.

（1）x 轴；　（2）$y = 1$；　（3）y 轴；　（4）$x = a$.

解　曲边梯形可表示为 $D: a \leqslant x \leqslant 2a, 0 \leqslant y \leqslant \dfrac{a}{x}$，根据前面的结论，绕每一种直线所得旋转体的体积分别如下.

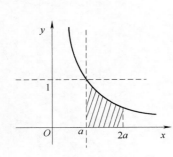

图　**6-10**

（1）$V = \pi \int_a^{2a} y^2 \mathrm{d}x = \pi a^2 \int_a^{2a} \dfrac{1}{x^2}\mathrm{d}x = \dfrac{\pi a}{2}$；

（2）$V = \pi \int_a^{2a} \left[1^2 - (y - 1)^2 \right] \mathrm{d}x$

$\qquad = \pi \int_a^{2a} \left(\dfrac{2a}{x} - \dfrac{a^2}{x^2} \right)\mathrm{d}x = \pi a \left(2\ln 2 + \dfrac{1}{2} \right)$；

（3）$V = 2\pi \int_a^{2a} xy\mathrm{d}x = 2\pi \int_a^{2a} x \dfrac{a}{x}\mathrm{d}x = 2\pi a^2$；

（4）$V = 2\pi \int_a^{2a} (x - a)y\mathrm{d}x = 2\pi \int_a^{2a} (x - a) \dfrac{a}{x}\mathrm{d}x$

$\qquad = 2\pi a^2 (1 - \ln 2).$

考虑平面图形边界曲线是参数曲线 $\begin{cases} x = x(t) \\ y = y(t) \end{cases}$ 的情形（设 $x = x(t)$ 可微且存在反函数）. 其与 x 轴、$x = a$、$x = b$ 围成曲边梯形，该平面图形绕 x 轴旋转所得空间体的体积

$$V = \pi \int_a^b y^2 \mathrm{d}x = \pi \int_{x^{-1}(a)}^{x^{-1}(b)} y^2(t)x'(t)\mathrm{d}t；$$

绕 y 轴旋转所得空间体的体积

$$V = 2\pi \int_a^b xy\mathrm{d}x = 2\pi \int_{x^{-1}(a)}^{x^{-1}(b)} x(t)y(t)x'(t)\mathrm{d}t.$$

例 6.17　求旋轮线（摆线）$\begin{cases} x = a(t - \sin t), \\ y = a(1 - \cos t), \end{cases} t \in [0, 2\pi]$ 与 x 轴所围平面图形，绕 x 轴旋转所得空间体的体积.

解　根据上述参数曲线方程的旋转体积公式，所求体积为

$$V = \pi \int_a^b y^2 \mathrm{d}x = \pi a^3 \int_0^{2\pi} (1 - \cos t)^3 \mathrm{d}t$$

$$= \pi a^3 \int_0^{2\pi} (1 - 3\cos t + 3\cos^2 t - \cos^3 t)\mathrm{d}t = 5\pi^2 a^3.$$

最后，考虑极坐标曲线 $\rho = \rho(\theta)$ 与射线 $\theta = \alpha, \theta = \beta$ 围成的曲边扇形，绕极轴旋转所得空间体的体积. 体积为

$$V = \dfrac{2}{3}\pi \int_\alpha^\beta \rho^3(\theta) \sin\theta\mathrm{d}\theta.$$

由于该体积公式的推导需要用到后续知识，这里不予证明.

例 6.18　求心形线 $\rho = a(1 + \cos\theta)$，$0 \leqslant \theta \leqslant 2\pi$ 所围平面图形，

如图 6-11 所示,绕极轴旋转所得空间体的体积.

解   只需考虑极轴的上半部分的旋转体积,因此 $\theta \in [0, \pi]$. 根据上述极坐标曲线的旋转体积公式,所求体积为

$$V = \frac{2}{3}\pi \int_{\alpha}^{\beta} \rho^3(\theta)\sin\theta \mathrm{d}\theta = \frac{2}{3}\pi a^3 \int_0^{\pi}(1+\cos\theta)^3\sin\theta \mathrm{d}\theta$$

$$= \frac{2}{3}\pi a^3\left(-\frac{1}{4}(1+\cos\theta)^4\right)\Big|_0^{\pi} = \frac{8}{3}\pi a^3.$$

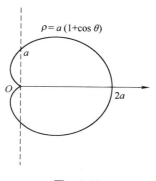

$\rho = a(1+\cos\theta)$

图   6-11

6.2.4 旋转曲面的面积

一段平面曲线,一般表示为参数方程形式 $C:\begin{cases} x = x(t), \\ y = y(t), \end{cases} t \in$ $[\alpha, \beta]$,绕该平面上的某直线(设曲线除端点外不与直线相交)旋转,形成一旋转曲面. 本小节考虑其面积的计算问题.

下面用微元法求上述曲线 C 绕 x 轴一周所成旋转曲面的面积 S.

如图 6-12 所示,考虑曲线 C 上两点 P_{i-1}, P_i 之间的弧段 $\overparen{P_{i-1}P_i}$ 绕 x 轴旋转一周得到的带状曲面的面积 ΔS_i. 根据 6.2.2 小节定理 6.6,可知 P_{i-1}, P_i 充分接近时,$\overparen{P_{i-1}P_i} \approx \mathrm{d}s = \sqrt{x'(t)^2 + y'(t)^2}\mathrm{d}r$,其绕 x 轴旋转一周得到的带状曲面可近似看作一圆台的侧面积,即

$$\Delta S_i \approx \pi(y(t_{i-1}) + y(t_i)) \cdot \overparen{P_{i-1}P_i} \approx 2\pi y\mathrm{d}s \triangleq \mathrm{d}S.$$

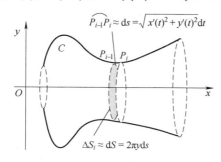

图   6-12

于是,C 绕 x 轴一周所成旋转曲面的面积为

$$S = \int_{\alpha}^{\beta} 2\pi y\mathrm{d}s = 2\pi \int_{\alpha}^{\beta} y(t)\sqrt{x'(t)^2 + y'(t)^2}\mathrm{d}t.$$

同理,C 绕 y 轴一周所成旋转曲面的面积为

$$S = \int_{\alpha}^{\beta} 2\pi x\mathrm{d}s = 2\pi \int_{\alpha}^{\beta} x(t)\sqrt{x'(t)^2 + y'(t)^2}\mathrm{d}t.$$

若曲线 C 由直角坐标 $y = f(x), x \in [a, b]$ 表示,则绕 x 轴一周所成旋转曲面的面积为

$$S = \int_a^b 2\pi y\mathrm{d}s = 2\pi \int_a^b f(x)\sqrt{1 + f'(x)^2}\mathrm{d}x.$$

若曲线 C 由直角坐标 $x = \varphi(y), y \in [c, d]$ 表示,则绕 y 轴一周

所成旋转曲面的面积为

$$S = \int_c^d 2\pi x \mathrm{d}s = 2\pi \int_c^d \varphi(y) \sqrt{1 + \varphi'(y)^2} \mathrm{d}y.$$

若曲线 C 由极坐标 $\rho = \rho(\theta), \theta \in [\alpha, \beta]$ 表示,则绕极轴一周所成旋转曲面的面积为

$$S = 2\pi \int_\alpha^\beta \rho(\theta) \sin \theta \sqrt{\rho(\theta)^2 + \rho'(\theta)^2} \mathrm{d}\theta.$$

例 6.19 求旋轮线的一拱 $\begin{cases} x = a(t - \sin t), \\ y = a(1 - \cos t), \end{cases} t \in [0, 2\pi]$ 绕 x 轴一周所成旋转曲面的面积.

解 根据上述参数曲线方程的旋转曲面面积公式,所求面积为

$$S = 2\pi \int_0^{2\pi} y(t) \sqrt{x'(t)^2 + y'(t)^2} \mathrm{d}t$$

$$= 2\pi a^2 \int_0^{2\pi} (1 - \cos t) \sqrt{(1 - \cos t)^2 + \sin^2 t} \mathrm{d}t$$

$$= 2\sqrt{2}\pi a^2 \int_0^{2\pi} (1 - \cos t)^{\frac{3}{2}} \mathrm{d}t = 16\pi a^2 \int_0^\pi \sin^3 u \mathrm{d}u \quad \left(u = \frac{t}{2}\right)$$

$$= 32\pi a^2 \int_0^{\frac{\pi}{2}} \sin^3 u \mathrm{d}u = 32\pi a^2 \cdot \frac{2}{3} = \frac{64}{3}\pi a^2.$$

例 6.20 求心形线 $\rho = a(1 + \cos \theta), 0 \leqslant \theta \leqslant 2\pi$ 绕极轴一周所成旋转曲面的面积.

解 只须考虑极轴的上半部分曲线的旋转曲面的面积,因此 $\theta \in [0, \pi]$.根据上述极坐标曲线的旋转曲面面积公式,所求面积为

$$S = 2\pi \int_0^\pi a(1 + \cos \theta) \sin \theta \sqrt{a^2(1 + \cos \theta)^2 + a^2 \sin^2 \theta} \mathrm{d}\theta \quad (u = \cos \theta)$$

$$= 2\sqrt{2}\pi a^2 \int_{-1}^1 (1 + u)^{\frac{3}{2}} \mathrm{d}u = \frac{32}{5}\pi a^2.$$

例 6.21 研究无界的平面图形 $D: 0 \leqslant y \leqslant \dfrac{1}{x}, 1 \leqslant x < +\infty$ 的面积、绕 x 轴一周所得旋转体的体积以及无界曲线 $C: y = \dfrac{1}{x}, 1 \leqslant x < +\infty$ 绕 x 轴一周所成旋转曲面的面积,它们是否为有限值?

解 D 的面积 $S = \int_1^{+\infty} \dfrac{1}{x} \mathrm{d}x$,为一发散的无穷积分,故面积不是有限值;

D 绕 x 轴一周所得旋转体的体积 $V = \pi \int_1^{+\infty} \dfrac{1}{x^2} \mathrm{d}x = \pi$,故体积是有限值;

C 绕 x 轴一周所成旋转曲面的面积 $S = 2\pi \int_1^{+\infty} \dfrac{1}{x} \sqrt{1 + \dfrac{1}{x^4}} \mathrm{d}x$,为一发散的无穷积分,故旋转曲面面积不是有限值.

注 D 绕 x 轴一周所得旋转体称为"托里拆利小号"(Torricelli's

Trumpet），是由意大利数学家埃万杰利斯塔·托里拆利（Evangelista Torricelli）所发明的一个表面积无限大但体积有限的三维形状（如图 6-13 所示）. 这有悖于人的直觉，可以想象一个容器，填满只需要有限的油漆，但是表面刷一遍却需要无限的油漆！

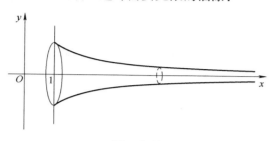

图　6-13

小知识：帕普斯 - 古鲁金定理（Pappus-Guldinus Theorem，Pappus's Centroid Theorem）

　　本节只考虑了平面图形绕坐标轴或与坐标轴平行的直线，所得旋转体的侧面积及体积的问题. 那么绕与平面图形同一平面内的任意一条直线旋转，所得的旋转体的侧面积及体积如何求呢？

　　早在公元四世纪，古希腊最后的杰出数学家之一的帕普斯（Pappus，约290—350），给出了问题的解答. 后来，在十七世纪，瑞士的数学家、天文学家古鲁金（Paul Guldin，1577—1643）重新发现了该结论，后来称之为帕普斯 - 古鲁金定理. 又由于该定理与形心（即几何中心）有关，因此也称为帕普斯形心定理. 定理包括两部分：

　　（Ⅰ）平面曲线绕此平面上不与其相交的轴（可以是它的边界）旋转一周，所得旋转曲面面积等于该曲线的弧长与曲线形心绕同一轴旋转所产生的圆周长的乘积，若曲线的形心与旋转轴的距离为 r，曲线的弧长为 l，则旋转曲面面积 $S = 2\pi rl$；

　　（Ⅱ）平面图形绕此平面上不与其相交的轴（可以是它的边界）旋转一周，所得旋转体的体积等于该平面图形面积与其形心绕同一轴旋转所产生的圆周长的乘积，若曲线的形心与旋转轴的距离为 r，平面图形面积为 S，则旋转体体积为 $V = 2\pi rS$.

　　由于形心的计算需要用到多元积分学知识，因此现在还无法在一般情形下使用该结论. 但是对于某些几何中心明显的形状，该定理非常方便，如用于求圆环的体积与表面积.

习题 6.2

1. 求由抛物线 $y = x^2 - 1$ 与 $y = 7 - x^2$ 所围图形的面积.

2. 求由曲线 $y = |\ln x|$ 与直线 $x = \dfrac{1}{10}, x = 10, y = 0$ 所围图形的面积.

3. 抛物线 $y^2 = 2x$ 把圆 $x^2 + y^2 \leqslant 8$ 分成两部分,求这两部分的面积之比.

4. 求星形线 $\begin{cases} x = a\cos^3 t, \\ y = a\sin^3 t \end{cases}(a > 0)$ 所围图形的面积(见图 6-14).

5. 求心形线 $r = a(1 + \cos\theta)(a > 0)$ 所围图形的面积.

6. 求下列曲线的弧长:

(1) $y = x^{\frac{3}{2}}, 0 \leqslant x \leqslant 4$;

(2) 星形线 $x = a\cos^3 t, y = a\sin^3 t(a > 0), 0 \leqslant t \leqslant 2\pi$;

(3) $x = x(t) = \displaystyle\int_0^{t^2} \sqrt{1 + u}\,\mathrm{d}u, y = y(t) = \int_0^{t^2} \sqrt{1 - u}\,\mathrm{d}u, 0 \leqslant t \leqslant 1$;

(4) 极坐标系中的曲线 $\rho = a\sin^3 \dfrac{\theta}{3}(a > 0), 0 \leqslant \theta \leqslant 3\pi$;

(5) $x = \mathrm{e}^t\cos t, y = \mathrm{e}^t\sin t, z = \mathrm{e}^t$ 介于点 $(1, 0, 1)$ 和点 $(0, \mathrm{e}^{\frac{\pi}{2}}, \mathrm{e}^{\frac{\pi}{2}})$ 之间的弧段.

7. 求下列平面曲线绕轴旋转所围成立体的体积:

(1) $y = \sin x, 0 \leqslant x \leqslant \pi$, 绕 x 轴;

(2) 心形线 $\rho = 4(1 + \cos\theta)$, 射线 $\theta = 0$ 及 $\theta = \dfrac{\pi}{2}$, 绕极轴;

(3) 摆线 $x = a(t - \sin t), y = a(1 - \cos t)$　$(a > 0), 0 \leqslant t \leqslant 2\pi$, 绕 y 轴;

(4) 圆 $x^2 + (y - R)^2 \leqslant r^2 (0 < r < R)$ 绕 x 轴.

8. 求曲线 $y = x^2 - 2x$ 和直线 $y = 0, x = 1, x = 3$ 所围图形的面积 S, 并求该图形绕 y 轴旋转一周所得旋转体的体积 V.

9. 设 $f(x)$ 是 $[0, +\infty)$ 上的正值连续函数, $v(t)$ 表示平面图形 $0 \leqslant y \leqslant f(x), 0 \leqslant x \leqslant t$ 绕直线 $x = t$ 旋转所得旋转体的体积,证明:
$v''(t) = 2\pi f(t)$.

10. 求下列平面曲线绕轴旋转所得旋转曲面的面积:

(1) $y = \sin x, 0 \leqslant x \leqslant \pi$, 绕 x 轴;

(2) 星形线 $x = a\cos^3 t, y = a\sin^3 t(a > 0)$, 绕 x 轴;

(3) 双纽线 $\rho^2 = 2a^2\cos 2\theta(a > 0)$, 绕极轴.

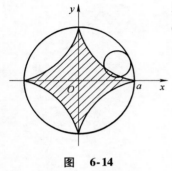

图　6-14

6.3　积分的物理应用

　　定积分可以解决很多实际应用问题,特别是关于一些物理量的计算.

　　在本节中,将借助微元法,探讨若干物理量的计算以及简单的数学建模问题.其基本步骤如下:

　　Ⅰ.在自变量变化区间 $[x, x + \Delta x]$ 上,利用物理规律,得到物理

量 A 的增量 ΔA;

Ⅱ. 将 A 的增量 ΔA 转化为微分 $\Delta A \approx \mathrm{d}A = f(x)\mathrm{d}x$;

Ⅲ. 得到 A 的积分表达式 $A = \int_a^b f(x)\mathrm{d}x$.

6.3.1 静态总量

许多物理量,例如质量、电量、能量、力(包括静压力、引力等),都可以看作静态局部量累计得到的总量.这些物理量分布在给定区间 $[a,b]$ (也可以是无限区间)上,可用某连续函数来刻画其分布密度.这样,所求的这类静态物理量就可以看作此函数在给定区间的积分.值得注意的是,对于质量、电量、能量等数量,可以直接积分,对于力这种矢量,需要在坐标轴分解后再分别积分.

下面通过实例说明静态总量的计算方法.

例 6.22   有一金属环 $D: x^2 + y^2 = R^2$,其上每一点处的电荷的线密度等于该点到 x 轴距离的平方,求此金属环上的总电量 A.

解 D 的参数方程为 $\begin{cases} x = R\cos t, \\ y = R\sin t \end{cases} t \in [0, 2\pi]$,则在参数区间 $[t, t + \Delta t]$ 上,电量

$$\Delta A \approx (R\sin t)^2 \cdot R\Delta t = R^3 \sin^2 t\,\mathrm{d}t = \mathrm{d}A.$$

因此总电量 $A = R^3 \int_0^{2\pi} \sin^2 t\,\mathrm{d}t = \pi R^3$.

例 6.23   如图 6-15 所示,一管道的圆形闸门,半径为 $3\mathrm{m}$,求水面正好为管道一半时,闸门所受到的静压力 F(水的比重为 λ).

解   如图 6-15 所示建立坐标系,则圆方程为 $x^2 + y^2 = 9$. 由于在深度相同的位置水的压强相同,考虑圆心闸门深度从 x 到 $x + \Delta x$ 的狭长条 ΔA 上的静压力为 $\Delta F \approx \lambda x \cdot \Delta F \approx 2\lambda x \sqrt{9 - x^2}\,\mathrm{d}x = \mathrm{d}F$. 因此闸门所受到的静压力为

$$F = 2\lambda \int_0^3 x \sqrt{9 - x^2}\,\mathrm{d}x = -\lambda \int_0^3 \sqrt{9 - x^2}\,\mathrm{d}(9 - x^2)$$

$$= -\frac{2\lambda}{3}(9 - x^2)^{\frac{3}{2}} \Big|_0^3 = 18\lambda.$$

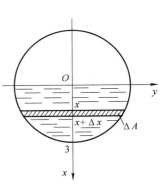

图   6-15

例 6.24   一圆形金属环半径为 R,线密度为常数 λ,以等角速度 ω 绕其直径旋转,求此金属环的动能 E.

解   如图 6-16 所示建立坐标系,不妨设金属环绕 y 轴旋转,金属环的参数方程为 $\begin{cases} x = R\cos\theta, \\ y = R\sin\theta \end{cases} \theta \in [0, 2\pi]$,考虑在参数区间 $[\theta, \theta + \Delta\theta]$ 上的小段,其质量为 $\lambda R \cdot \Delta\theta$,线速度近似为 $R\cos\theta \cdot \omega$,动能为

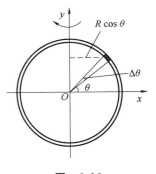

图   6-16

$$\Delta E \approx \frac{1}{2}(R\omega\cos\theta)^2 \cdot \lambda R\Delta\theta = \frac{1}{2}\lambda R^3 \omega^2 \cos^2\theta\,\mathrm{d}\theta = \mathrm{d}E.$$

因此总动能 $E = \dfrac{1}{2}\lambda R^3 \omega^2 \displaystyle\int_0^{2\pi} \cos^2\theta \mathrm{d}\theta = \dfrac{\pi}{2}\lambda R^3 \omega^2$.

例 6.25　有一长为 L, 质量为 M 的均匀直棒, 其一端的垂线距离 a 处有一质量为 m 的质点, 求均匀直棒对质点的引力大小 F.

解　如图 6-17 所示, 建立坐标系, 设均匀直棒在 x 轴的 $[0,L]$ 处, 质点坐标为 $(0,a)$, 考虑直棒的一小段 $[x, x+\Delta x]$ 对质点的引力 ΔF, 根据万有引力定律, 可知

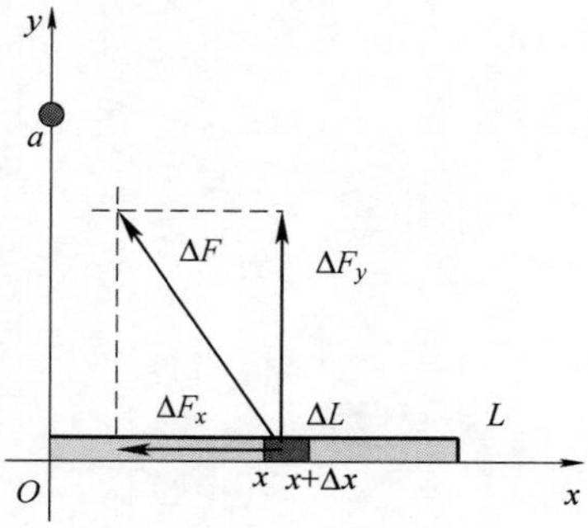

$$\Delta F \approx \frac{km \cdot \dfrac{\Delta x}{L} M}{a^2 + x^2} = \frac{kmM}{L(a^2+x^2)}\mathrm{d}x = \mathrm{d}F.$$

注意到 ΔF 的方向指向点 $(0,a)$, 因此需要沿坐标轴分解, 然后再分别积分:

$$\Delta F_x \approx \frac{kmM}{L(a^2+x^2)}\mathrm{d}x \cdot \frac{x}{a^2+x^2} = \mathrm{d}F_x,$$

$$\Delta F_y \approx \frac{kmM}{L(a^2+x^2)}\mathrm{d}x \cdot \frac{a}{a^2+x^2} = \mathrm{d}F_y.$$

因此, 可知均匀直棒对质点分别沿 x 轴和 y 轴的引力为

$$F_x = \frac{kmM}{L}\int_0^L \frac{x\mathrm{d}x}{\sqrt{(a^2+x^2)^3}} = \frac{kmM}{aL\sqrt{a^2+L^2}}(\sqrt{a^2+L^2} - a),$$

$$F_y = \frac{akmM}{L}\int_0^L \frac{\mathrm{d}x}{\sqrt{(a^2+x^2)^3}} = \frac{kmM}{a\sqrt{a^2+L^2}}.$$

于是, 最终引力的大小为

$$F = \sqrt{F_x^2 + F_y^2} = \frac{\sqrt{2}kmM}{aL\sqrt{a^2+L^2}}\sqrt{a^2+L^2 - a\sqrt{a^2+L^2}}.$$

图 6-17

6.3.2　动态效应

除了上述静态物理量之外, 还有些物理量是由运动产生, 是运动中持续作用的结果. 例如"位移"是速度作用了一段时间的结果, "功"是力作用了一段距离的结果, "冲量"是力作用了一段时间的结果等.

例 6.26　求地球表面物体脱离地球引力范围的最低初速度 (第二宇宙速度), 其中地球半径 $R \approx 6371\mathrm{km}$, 重力加速度 $g \approx 9.8\mathrm{m/s}^2$.

解　设质量为 m 的物体飞到距离地球无穷远处, 克服地球引力所做的功为 W, 则根据机械能守恒定律, 可知 $\dfrac{1}{2}mv^2 \geqslant W$, 故最低初速度为 $\sqrt{\dfrac{2W}{m}}$.

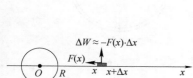

图 6-18

如图 6-18 所示, 设物体沿 x 轴从 $x=R$ 处运动到无穷远处, 在区间 $[x, x+\Delta x]$ 上, 克服地球引力 F 做的功为

$$\Delta W \approx -F(x) \cdot \Delta x = \frac{kmM}{x^2}\mathrm{d}x = \mathrm{d}W.$$

又由于在地球表面 $x = R$ 处，$|F(R)| = \dfrac{kmM}{R^2} = mg$，故 $g = \dfrac{kM}{R^2}$，因此

$$W = \int_R^{+\infty} \frac{kmM}{x^2}\mathrm{d}x = \frac{kmM}{R} = Rmg.$$

于是第二宇宙速度为 $\sqrt{\dfrac{2W}{m}} = \sqrt{2Rg} = \sqrt{2 \cdot 6371000 \cdot 9.8} \approx 11174.6\,(\mathrm{m/s}) \approx 11.2\,(\mathrm{km/s})$.

例 6.27　设一半径为 R 的球有一半浸入水中，球和水的密度相等，均为 ρ，问将此球从水中取出需至少做功多少？

解　如图 6-19 所示建立坐标系，取球初始位置的球心为坐标原点，垂直向上的方向为 x 轴，虚线表示球取出水面的位置.

由于球的一半浸入水中，可知上半球不受水的浮力，因此将上半球移动 R 距离到虚线位置，只克服重力做功，记作 W_1，则

$$W_1 = \rho g \cdot \frac{2}{3}\pi R^3 \cdot R = \frac{2}{3}\pi\rho g R^4.$$

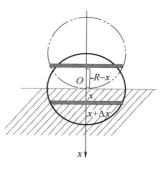

图 **6-19**

对于下半球，其在水中移动时，由于浮力等于重力，不做功，移出水面后，才会克服重力做功. 考虑深度从 x 到 $x + \Delta x$ 的薄层球体（体积近似为 $\pi(R^2 - x^2) \cdot \Delta x$），其向上移动 R 距离时，在水中移动 x 距离，不做功，在水面之上移动 $R - x$ 距离，需克服重力做功，记下半球移动到虚线位置做功为 W_2，则

$$W_2 = \int_0^R \pi\rho g(R^2 - x^2) \cdot (R - x)\mathrm{d}x$$

$$= \pi\rho g \int_0^R (R^3 - R^2 x - Rx^2 + x^3)\mathrm{d}x = \frac{5}{12}\pi\rho g R^4.$$

于是，将此球从水中取出需至少做功

$$W = W_1 + W_2 = \frac{2}{3}\pi\rho g R^4 + \frac{5}{12}\pi\rho g R^4 = \frac{13}{12}\pi\rho g R^4.$$

例 6.28　一个半径为 R 的圆柱形气缸，点火后于 t_0 到 t_1 时刻（t_0 与 t_1 非常接近）将活塞从 $x = a$ 处推到 $x = b$ 处（如图 6-20 所示），求它在这段时间中的平均功率.

解　由于 t_0 与 t_1 非常接近，可以认为这段时间内气缸中的温度没有变化. 由于温度不变的情况下，气缸中气体的压强与体积成反比，故压强 P 可看作 $x \in [a, b]$ 的函数 $P(x)$. 设点火瞬间 $x = a$ 时气缸内的压强为 P_0，则

$$P(x) \cdot \pi R^2 x = P_0 \cdot \pi R^2 a \Rightarrow P(x) = \frac{aP_0}{x} \quad (x \in [a, b])$$

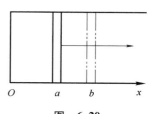

图 **6-20**

于是压力 $F(x) = P(x) \cdot \pi R^2 = \dfrac{a\pi R^2 P_0}{x}$，其将活塞从 x 推到 $x + \Delta x$

做的功为 $\Delta W \approx F(x) \cdot \Delta x$,故将活塞从 $x = a$ 处推到 $x = b$ 处做的功为

$$W = \int_a^b F(x)\,\mathrm{d}x = a\pi R^2 P_0 \int_a^b \frac{1}{x}\mathrm{d}x = a\pi R^2 P_0 \ln \frac{b}{a},$$

平均功率为 $\dfrac{W}{t_2 - t_1} = \dfrac{a\pi R^2 P_0}{t_2 - t_1}\ln \dfrac{b}{a}$.

6.3.3　简单建模

本小节将考虑实际应用中一些能够用一元微积分解决的简单建模问题.

例 6.29　（放射性同位素衰变与考古）根据物理学理论,放射性同位素碳-14（记作 $^{14}\mathrm{C}$）在 t 时刻的衰变速度与该时刻 $^{14}\mathrm{C}$ 的含量成正比. 生物体在未死亡时的 $^{14}\mathrm{C}$ 含量与大气中的 $^{14}\mathrm{C}$ 含量相同,死亡后尸体中的 $^{14}\mathrm{C}$ 开始衰变.

（1）若 $t = 0$ 时生物体内 $^{14}\mathrm{C}$ 的含量为 x_0,求生物体内 $^{14}\mathrm{C}$ 的含量随时间 t 的变化规律.

（2）已知 $^{14}\mathrm{C}$ 的半衰期（衰减到一半所需的时间）约为 5568 年,若某古墓中所测得出土木炭标本中所含 $^{14}\mathrm{C}$ 平均原子衰变速度为 29.78 次/min,新鲜木炭中 $^{14}\mathrm{C}$ 平均原子衰变速度为 38.37 次/min,试确定该古墓时间.

解　（1）根据假设,$x'(t) = -\lambda x(t)$,其中 $\lambda > 0$ 为比例常数,即 $\dfrac{\mathrm{d}x(t)}{x(t)} = -\lambda \mathrm{d}t$. 该式两边同时在区间 $[0, t]$ 积分可得

$$\int_0^t \frac{\mathrm{d}x(t)}{x(t)} = -\int_0^t \lambda \mathrm{d}t \Rightarrow \ln \frac{x(t)}{x_0} = -\lambda t \Rightarrow x(t) = x_0 \mathrm{e}^{-\lambda t}.$$

于是生物体内 $^{14}\mathrm{C}$ 的含量随时间 t 的变化规律为 $x(t) = x_0 \mathrm{e}^{-\lambda t}$.

（2）在实际中,生物体内 $^{14}\mathrm{C}$ 的含量 x_0,$x(t)$ 测量不便,可测量的是标本中所含 $^{14}\mathrm{C}$ 的平均原子衰变速度,即 $x'(0)$,$x'(t)$. 在 $x(t) = x_0\mathrm{e}^{-\lambda t}$ 两边同时对 t 求导可得:

$$x'(t) = -\lambda x_0 \mathrm{e}^{-\lambda t} = -\lambda x(t),\ x'(0) = -\lambda x(0) = -\lambda x_0.$$

因此有 $\dfrac{x'(0)}{x'(t)} = \dfrac{x_0}{x(t)}$,由（1）可得 $t = \dfrac{1}{\lambda}\ln \dfrac{x_0}{x(t)} = \dfrac{1}{\lambda}\ln \dfrac{x'(0)}{x'(t)}$. 又由于 $^{14}\mathrm{C}$ 的半衰期约为 5568 年,则 $\dfrac{x_0}{2} \approx x_0 \mathrm{e}^{-\lambda \cdot 5586}$,即 $\lambda \approx \dfrac{\ln 2}{5586}$. 因此 $t = \dfrac{1}{\lambda}\ln \dfrac{x'(0)}{x'(t)} \approx \dfrac{5568}{\ln 2}\ln \dfrac{38.37}{29.78} \approx 2036$,即古墓约在 2036 年前.

例 6.30　（减肥问题）减肥问题实际上是减少体重的问题. 假定某人某天饮食可产生 A J 热量,用于基本新陈代谢每天所消耗的热量为 B J,用于锻炼所消耗的热量为 C J/d·kg,并假定增加或减少的体重全由脂肪提供,脂肪的含热量为 D J/kg. 求此人体重随时间的变化规律（设开始减肥时刻的体重为 P_0）.

解　设 t 时刻(单位:d)的体重为 $P(t)$kg,在 Δt 时间内体重改变量为 $\Delta P(t)$,则

$$D \cdot \Delta P(t) = [A - B - C \cdot P(t)] \cdot \Delta t.$$

记 $a = \dfrac{A-B}{D}, b = \dfrac{C}{D}$,可得 $\dfrac{\mathrm{d}P(t)}{\mathrm{d}t} = a - bP(t)$,即 $\dfrac{\mathrm{d}P(t)}{a - bP(t)} = \mathrm{d}t$,该式两边同时在 $[0,t]$ 积分可得

$$\int_0^t \frac{\mathrm{d}P(t)}{a - bP(t)} = \int_0^t \mathrm{d}t \Rightarrow \ln \frac{bP(t) - a}{bP_0 - a} = -bt \Rightarrow P(t) = \frac{a}{b} + \left(P_0 - \frac{a}{b}\right)\mathrm{e}^{-bt}.$$

由此可得 $\lim\limits_{t \to +\infty} P(t) = \dfrac{a}{b} = \dfrac{A-B}{C}$,即只要节制饮食、加强锻炼、调节新陈代谢,使体重达到所希望值是可能的;若 $a = 0$,即 $A = B$,则 $P(t) = \mathrm{e}^{-bt} \to 0$,说明如果吃得太少,仅够维持基本新陈代谢的需要,那么长期就有生命危险;若 $b = 0$,即 $C = 0$,则 $P(t) = P_0 + at \to +\infty$,说明如果只吃饭,不锻炼,身体会越来越胖,这也是很危险的.

例 6.31　(**马尔萨斯(Malthus)人口模型**)设某地区人口数量函数为 $P(t)$,人口的增长速度与人口数成正比,比例系数为 λ,试确定人口数量函数 $P(t)$ 的表达式.

解　设在 $t = 0$ 时的人口为 P_0,由已知可得 $P'(t) = \lambda P(t)$,即 $\dfrac{\mathrm{d}P(t)}{P(t)} = \lambda \mathrm{d}t$. 该式两边同时在区间 $[0,t]$ 积分可得

$$\int_0^t \frac{\mathrm{d}P(t)}{P(t)} = \int_0^t \lambda \mathrm{d}t \Rightarrow \ln \frac{P(t)}{P_0} = \lambda t \Rightarrow P(t) = P_0 \mathrm{e}^{\lambda t}.$$

因此人口数量函数 $P(t)$ 的表达式为指数函数 $P_0 \mathrm{e}^{\lambda t}$.

注　例 6.31 是 1789 年由英国教士、人口学家、经济学家托马斯·罗伯特·马尔萨斯(Thomas Robert Malthus,1766—1834)提出的,是人类历史上第一个人口模型. 但是此模型的解当 $t \to +\infty$ 时 $P(t) \to +\infty$,这显然是不可能的,因为人口增加到一定程度之后,自然资源和环境条件就会对人口的增长起制约作用.

因此,可假设在给定的资源和环境条件下,某地区的人口有一个上界 $P_{\max}$,人口越接近 $P_{\max}$ 时,增长得越缓慢. 于是,后来荷兰数学家、生物学家弗赫斯特(Pierre François Verhulst,1804—1849)在 1838 年提出了下面的逻辑斯蒂(Logistic)人口模型.

例 6.32　(**逻辑斯蒂人口模型**)设某地区人口数量函数为 $P(t)$,人口的增长速度与人口数之间的比例系数为 $\lambda\left(1 - \dfrac{P(t)}{P_{\max}}\right)(P_{\max} > 0)$,试确定人口数量函数 $P(t)$ 的表达式.

解　设在 $t = 0$ 时的人口为 P_0,由已知可得 $P'(t) = \lambda\left(1 - \dfrac{P(t)}{P_{\max}}\right)P(t)$,即 $\dfrac{\mathrm{d}P(t)}{(P_{\max} - P(t))P(t)} = \dfrac{\lambda}{P_{\max}}\mathrm{d}t$. 该式两边同时在区间 $[0,t]$ 积分可得

$$\int_0^t \frac{\mathrm{d}P(t)}{(P_{\max} - P(t))P(t)} = \int_0^t \frac{\lambda}{P_{\max}}\mathrm{d}t \Rightarrow \frac{1}{P_{\max}}\left(\ln\frac{P(t)}{P_{\max} - P(t)} - \ln\frac{P_0}{P_{\max} - P_0}\right) = \frac{\lambda t}{P_{\max}}.$$

整理后可得 $P(t) = \dfrac{P_{\max}}{1 + \left(\dfrac{P_{\max}}{P_0} - 1\right)\mathrm{e}^{-\lambda t}}.$

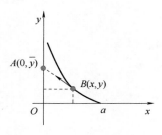

图　6-21

例6.33　（曳物线、跟踪问题）如图6-21所示,设 A 在初始时刻从坐标原点沿 y 轴正向前进,与此同时 B 在 $(a, 0)$ 保持距离不变对 A 进行跟踪（B 的前进方向始终对着 A 的位置）,求 B 的运动轨迹.

（相当于某人用不可伸缩绳拉一重物,沿与绳初始状态垂直方向前进时,重物的运行轨迹,因此称为曳物线）

解　设 A 在 $(0, \bar{y})$ 位置时, B 的坐标为 (x, y),由于 $|AB| = a$,可知 $(\bar{y} - y)^2 + x^2 = a^2$,即 $\bar{y} = y + \sqrt{a^2 - x^2}$. 由于 B 的运动轨迹在点 B 的切线指向点 A,可得

$$\frac{\mathrm{d}y}{\mathrm{d}x} = \frac{\bar{y} - y}{0 - x} = -\frac{\sqrt{a^2 - x^2}}{x}.$$

积分可得

$$y = -\int \frac{\sqrt{a^2 - x^2}}{x}\mathrm{d}x \xlongequal{x = a\sin t} -a\int \frac{\cos^2 t}{\sin t}\mathrm{d}t \xlongequal{u = \cos t} a\int \frac{u^2}{1 - u^2}\mathrm{d}u$$

$$= a\ln\frac{1 + u}{1 - u} - au + C$$

$$= a\ln\frac{a + \sqrt{a^2 - x^2}}{x} - \sqrt{a^2 - x^2} + C.$$

由于 $y(a) = 0$,故 $y = a\ln\dfrac{a + \sqrt{a^2 - x^2}}{x} - \sqrt{a^2 - x^2}.$

习题6.3

1. 一个带 $+q$ 电量的点电荷放在 r 轴上坐标原点处,当一个单位正电荷从 $r = a$ 处沿 r 轴移动到 $r = b (0 < a < b)$ 处时,计算电场力对它所做的功.

2. 一等腰梯形闸门,它的上、下两条底边各长为 10m 和 6m,高为 20m. 计算当水面与上底边相齐时闸门一侧所受的静压力.

3. 设在坐标轴的原点有一质量为 m 的质点,在区间 $[a, a + l] (a > 0)$ 上有一质量为 M 的均匀细杆. 试求质点与细杆之间的万有引力.

4. 设有一长度为 l,线密度为 μ 的均匀细直棒,在其中垂线上距离 a 单位处有一质量为 m 的质点,试求该棒对质点的引力.

5. 一个半球形（半径为 Rm）的容器内盛满了水,试问把水抽尽需做多少功?

6. 一物体在某介质中按 $x = ct^3$ 做直线运动,介质的阻力与速度 $\dfrac{\mathrm{d}x}{\mathrm{d}t}$ 的

平方成正比.计算物体由 $x = 0$ 移至 $x = a$ 时克服介质阻力所做的功.

7. 设质量为 m 的质点从高为 H 的地方自由下落,其初速度为 v_0.不考虑空气的阻力,试求质点在下落过程中高度 h 与时间 t 的关系.

8. 镭的衰变有如下的规律:镭的衰变速度与镭所现存的量 R 成正比,由经验材料断定,镭经过 1600 年后,只余原始量 R_0 的一半,试求镭的量 R 与时间 t 的函数关系.

6.4　傅里叶级数

在早期的科学研究中,当无法进行严格的理论证明时,采用直观推断的研究方法被广泛应用.可以说,傅里叶级数就是这种研究方法带来的重要发现之一.

傅里叶级数的产生,源于如何将函数表示为由简单函数组成的无穷级数.

最简单的函数是正整数幂函数(多项式为其有限项之和),1712 年,泰勒研究了函数如何展开为幂级数的问题(详见 4.2.2 小节).但是函数展开为幂级数的要求太高(至少无穷次可微),无法推广为一般函数.

1753 年,丹尼尔·伯努利(Daniel Bernoull,1700—1782)提出了采用三角级数解弦振动方程的方法.1759 年,拉格朗日在给达朗贝尔的信中称 $x^{3/2}$ 可以表示为三角级数.1777 年,欧拉在研究天文问题时得到

$$f(x) = \frac{a_0}{2} + \sum_{k=1}^{\infty} a_k \cos\left(\frac{k\pi x}{l}\right),$$

其中的系数可通过三角函数的正交性得到.

欧拉与拉格朗日及达朗贝尔始终坚持这样的观点:并非是任意的周期函数都可以表示为三角函数.在这个问题的研究上,法国数学家傅里叶迈出了重要的一步.1807 年他向巴黎科学院呈交一篇题为《热的传播》的论文,但被当时以拉格朗日、柯西等为首的科学院审查委员会质疑不严密,直到 1822 年傅里叶出版经典名著《热的解析理论》,才将论文编入其中.傅里叶在论文中将伯努利、欧拉等人在特殊情况下引入的三角级数方法,发展成内容丰富的一般理论,三角级数后来就以傅里叶的名字命名.

相比函数展开为幂级数(泰勒级数),函数展开为三角级数(傅里叶级数)的条件宽松得多,并且具有非常好的整体收敛性.因此,傅里叶级数是比幂级数更有力、适用性更广的工具,它在声学、光学、热力学、电学等研究领域极有价值,更在微分方程求解方面起着基础性作用.可以说,傅里叶级数理论在整个现代分析学及应用中

占有核心地位.

本节将介绍傅里叶级数的展开及其收敛性.

6.4.1 三角级数与三角函数系的正交性

周期现象是常见的自然现象,在数学上可以用周期函数来描述.最简单的周期函数是正弦(余弦)函数,它们描述了物理中的简谐振动现象(称为正弦波或谐波):

$$y = A\sin(\omega x + \varphi),$$

其中 A, ω, φ 分别称为振幅、频率和初相位,其周期 $T = \dfrac{2\pi}{\omega}$.

一个很自然的想法,就是复杂的周期现象,是否可以用简谐振动的叠加来近似表示.由于频率相同的正弦波之和仍为正弦波,因此组成复杂周期函数的各正弦波必须频率不同.图 6-22 即为三个不同频率正弦波之和 $y = \sin x + \dfrac{1}{2}\sin 2x + \dfrac{1}{3}\sin 3x$ 的图像.

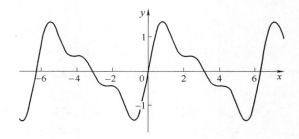

图 6-22

考虑如下的一列正弦波:

$$y_0 = A_0,$$
$$y_1 = A_1\sin(\omega x + \varphi_1),$$
$$y_2 = A_2\sin(2\omega x + \varphi_2),$$
$$\vdots$$
$$y_n = A_n\sin(n\omega x + \varphi_n),$$

不妨设 $\omega = 1$(否则令 $t = \omega x$),这样,它们的共同周期为 2π. 考虑其和函数

$$s(x) = A_0 + \sum_{n=1}^{\infty} A_n\sin(nx + \varphi_n),$$

显然其周期仍为 2π. 由于

$$A_n\sin(nx + \varphi_n) = A_n(\sin nx\cos\varphi_n + \cos nx\sin\varphi_n) \triangleq a_n\cos nx + b_n\sin nx,$$

并记 $A_0 = \dfrac{a_0}{2}$,上述和函数有如下形式

$$s(x) = \dfrac{a_0}{2} + \sum_{n=1}^{\infty}(a_n\cos nx + b_n\sin nx),$$

称上述函数项级数为**三角级数**.

本节将考虑以下几个问题:

（1）如果周期函数 $f(x)$ 可以展开为三角级数（此时称为 $f(x)$ 的**傅里叶级数**），如何确定展开式的系数 a_n, b_n?

（2）函数 $f(x)$ 需要满足什么条件，才可以展开为傅里叶级数，收敛性如何?

（3）$f(x)$ 展开的傅里叶级数有什么性质?

在 6.4.2 小节中，将研究问题（1），问题（2）（3）将在 6.4.3 小节中研究.

可以发现，前面的三角级数是由函数列

$$\{1, \cos x, \sin x, \cos 2x, \sin 2x, \cdots, \cos nx, \sin nx, \cdots\}$$

中若干函数之和构成的，通常称上述函数列为**三角函数系**.

下面介绍三角级数的计算与理论基础——三角函数系的正交性.

一般来说，对于 $[a,b]$ 上的两个可积函数 $f(x), g(x)$，若 $\int_a^b f(x) \cdot g(x) \mathrm{d}x = 0$，则称 $f(x), g(x)$ 在区间 $[a,b]$ 上**正交**. 若 $[a,b]$ 上的函数列 $\{f_n(x), n = 1, 2, \cdots\}$ 中任意两个不同的函数在 $[a,b]$ 上正交，且 $\int_a^b f^2(x) \mathrm{d}x \neq 0$，则称 $\{f_n(x), n = 1, 2, \cdots\}$ 为 $[a,b]$ 上的**正交函数系**.

定理 6.7 三角函数系 $\{1, \cos x, \sin x, \cos 2x, \sin 2x, \cdots, \cos nx, \sin nx, \cdots\}$ 在 $[-\pi, \pi]$ 上具有正交性.

证 首先对任意的 $n \in \mathbb{N}_+$，$\int_{-\pi}^{\pi} \sin nx \mathrm{d}x = \int_{-\pi}^{\pi} \cos nx \mathrm{d}x = 0$.

其次，对任意的 $m, n \in \mathbb{N}_+$，

$$\int_{-\pi}^{\pi} \sin nx \cos mx \mathrm{d}x = \frac{1}{2} \int_{-\pi}^{\pi} [\sin(m+n)x + \sin(m-n)x] \mathrm{d}x = 0.$$

然后，对任意的 $m, n \in \mathbb{N}_+, m \neq n$，

$$\int_{-\pi}^{\pi} \sin nx \sin mx \mathrm{d}x = \frac{1}{2} \int_{-\pi}^{\pi} [\cos(m-n)x - \cos(m+n)x] \mathrm{d}x = 0,$$

$$\int_{-\pi}^{\pi} \cos nx \cos mx \mathrm{d}x = \frac{1}{2} \int_{-\pi}^{\pi} [\cos(m-n)x + \cos(m+n)x] \mathrm{d}x = 0.$$

最后，对任意的 $n \in \mathbb{N}_+$，$\int_{-\pi}^{\pi} \sin^2 nx \mathrm{d}x = \int_{-\pi}^{\pi} \cos^2 nx \mathrm{d}x = \pi$，

$$\int_{-\pi}^{\pi} 1^2 \mathrm{d}x = 2\pi.$$

综上可得，函数系 $\{1, \cos x, \sin x, \cos 2x, \sin 2x, \cdots, \cos nx, \sin nx, \cdots\}$ 中任意两个不同函数的乘积在 $[-\pi, \pi]$ 上的积分为零，且任意函数的平方在 $[-\pi, \pi]$ 上的积分不为零，故三角函数系在 $[-\pi, \pi]$ 上具有正交性.

注 事实上，区间 $[-\pi, \pi]$ 改为任意长度为 2π 的区间（如

$[0,2\pi]$），结论仍成立.

6.4.2 函数展开为傅里叶级数

本小节研究如何得到函数 $f(x)$ 的傅里叶级数展开式.

1. 周期为 2π 的函数的傅里叶展开

设 $f(x)$ 以 2π 为周期，假定 $f(x)$ 在 $[-\pi,\pi]$ 上能展开为三角级数，即

$$f(x) = \frac{a_0}{2} + \sum_{n=1}^{\infty}(a_n\cos nx + b_n\sin nx),$$

并且右端级数在 $[-\pi,\pi]$ 上一致收敛于 $f(x)$. 上式两边同时乘以 $\cos kx (k = 0,1,2,\cdots)$，在 $[-\pi,\pi]$ 上取定积分，由逐项积分公式可得：

$$\int_{-\pi}^{\pi}f(x)\cos kx dx = \frac{a_0}{2}\int_{-\pi}^{\pi}\cos kx dx + \int_{-\pi}^{\pi}\sum_{n=1}^{\infty}(a_n\cos nx + b_n\sin nx)\cos kx dx$$

$$= \frac{a_0}{2}\int_{-\pi}^{\pi}\cos kx dx + \sum_{n=1}^{\infty}\left(a_n\int_{-\pi}^{\pi}\cos nx\cos kx dx + b_n\int_{-\pi}^{\pi}\sin nx\cos kx dx\right).$$

根据定理 6.7，当 $k = 0$ 时，

$$\int_{-\pi}^{\pi}f(x)dx = \frac{a_0}{2}\int_{-\pi}^{\pi}dx = \pi a_0,$$

当 $k > 0$ 时，

$$\int_{-\pi}^{\pi}f(x)\cos kx dx = a_k\int_{-\pi}^{\pi}\cos^2 kx dx = \pi a_k.$$

从而可得

$$a_k = \frac{1}{\pi}\int_{-\pi}^{\pi}f(x)\cos kx dx (k = 0,1,2,\cdots).$$

展开式两边同时乘以 $\sin kx (k = 1,2,\cdots)$，同样由逐项积分公式在 $[-\pi,\pi]$ 上积分可得：

$$\int_{-\pi}^{\pi}f(x)\sin kx dx = \frac{a_0}{2}\int_{-\pi}^{\pi}\cos kx dx + \sum_{n=1}^{\infty}\left(a_n\int_{-\pi}^{\pi}\cos nx\sin kx dx + b_n\int_{-\pi}^{\pi}\sin nx\sin kx dx\right)$$

$$= b_k\int_{-\pi}^{\pi}\sin^2 kx dx = \pi b_k.$$

从而可得

$$b_k = \frac{1}{\pi}\int_{-\pi}^{\pi}f(x)\sin kx dx (k = 1,2,\cdots).$$

a_k, b_k 称为**傅里叶系数**，综上可得如下系数公式（称为**欧拉 - 傅里叶公式**）：

$$\boxed{\begin{aligned}a_k &= \frac{1}{\pi}\int_{-\pi}^{\pi}f(x)\cos kx dx (k = 0,1,2,\cdots),\\ b_k &= \frac{1}{\pi}\int_{-\pi}^{\pi}f(x)\sin kx dx (k = 1,2,\cdots).\end{aligned}}$$

可以发现，只要函数 $f(x)$ 在 $[-\pi,\pi]$ 上可积，都可以按此公式

计算出系数 a_k, b_k,并唯一地写出 $f(x)$ 的傅里叶级数,即

$$f(x) \sim \frac{a_0}{2} + \sum_{n=1}^{\infty}(a_n \cos nx + b_n \sin nx).$$

至于这个级数是否收敛,若收敛是否收敛于 $f(x)$,将在 6.4.3 小节中进一步研究.

2. 周期为 $2l$ 的函数的傅里叶展开

设 $f(x)$ 以 $2l$ 为周期,令 $t = \frac{\pi}{l}x$,则 $f(x) = f\left(\frac{l}{\pi}t\right)$,令 $g(t) = f\left(\frac{l}{\pi}t\right)$,则 $g(t)$ 是以 2π 为周期的函数. 将 $g(t)$ 在 $[-\pi, \pi]$ 上展开为傅里叶级数,可得

$$g(t) \sim \frac{a_0}{2} + \sum_{n=1}^{\infty}(a_n \cos nt + b_n \sin nt),$$

其中 $a_k = \frac{1}{\pi}\int_{-\pi}^{\pi}g(t)\cos kt\,\mathrm{d}t\,(k = 0,1,2,\cdots), b_k = \frac{1}{\pi}\int_{-\pi}^{\pi}g(t)\sin kt\,\mathrm{d}t$
$(k = 1,2,\cdots)$.

代入 $t = \frac{\pi}{l}x$,可得 $f(x)$ 在 $[-l, l]$ 上的展开式

$$f(x) \sim \frac{a_0}{2} + \sum_{n=1}^{\infty}\left(a_n \cos \frac{n\pi x}{l} + b_n \sin \frac{n\pi x}{l}\right).$$

其中

$$\boxed{\begin{aligned} a_n &= \frac{1}{l}\int_{-l}^{l}f(x)\cos \frac{n\pi x}{l}\mathrm{d}x\,(n = 0,1,2,\cdots),\\ b_n &= \frac{1}{l}\int_{-l}^{l}f(x)\sin \frac{n\pi x}{l}\mathrm{d}x\,(n = 1,2,\cdots). \end{aligned}}$$

3. 周期延拓与奇偶延拓

对于任意定义在区间 $[-\pi, \pi)$ 的函数 $f(x)$,即使不是周期函数,也可以通过以下方式延拓为以 2π 为周期的函数 $\tilde{f}(x)$(称为**周期延拓**):

$$\tilde{f}(x) = f(x - 2k\pi), x \in [(2k-1)\pi, (2k+1)\pi), k \in \mathbb{Z}.$$

这样,就可以将 $\tilde{f}(x)$ 按照本小节 1 中所述展开为傅里叶级数.

事实上,由于周期函数在任意周期长度的区间上积分相同,当 $f(x)$ 在区间 $[a, b]$ 上可积时,令 $l = \frac{b-a}{2}$,按照本小节 2 中所述,可得 $f(x)$ 在 $[a, b]$ 上的展开式

$$f(x) \sim \frac{a_0}{2} + \sum_{n=1}^{\infty}\left(a_n \cos \frac{n\pi x}{l} + b_n \sin \frac{n\pi x}{l}\right).$$

其中

$$\boxed{\begin{aligned} a_n &= \frac{1}{l}\int_{a}^{b}f(x)\cos \frac{n\pi x}{l}\mathrm{d}x\,(n = 0,1,2,\cdots),\\ b_n &= \frac{1}{l}\int_{a}^{b}f(x)\sin \frac{n\pi x}{l}\mathrm{d}x\,(n = 1,2,\cdots). \end{aligned}}$$

由于周期延拓后,不影响系数公式计算以及傅里叶级数的形式,因此在实际问题中,不需要特别说明周期延拓的过程.

另一种情形,若 $f(x)$ 定义在区间 $[0,l]$ 上,欲延拓为周期为 $2l$ 的函数 $\tilde{f}(x)$,则先要给出 $\tilde{f}(x)$ 在区间 $[-l,0]$ 上的定义. 有如下两种方式:

$$\tilde{f}(x) = \begin{cases} f(x), & 0 < x \leq l, \\ 0, & x = 0, \\ -f(-x), & -l \leq x < 0 \end{cases} \quad \text{或} \quad \tilde{f}(x) = \begin{cases} f(x), & 0 \leq x \leq l, \\ f(-x), & -l \leq x < 0. \end{cases}$$

分别称为 $f(x)$ 的**奇延拓**和**偶延拓**.

当 $\tilde{f}(x)$ 为 $f(x)$ 的奇延拓时,根据性质 5.8(奇偶函数定积分的对称性),

$$\boxed{a_n = 0(k = 0,1,2,\cdots), b_n = \frac{2}{l}\int_0^l f(x)\sin\frac{n\pi x}{l}dx(n = 1,2,\cdots).}$$

此时 $f(x)$ 在 $[0,l]$ 上的展开式为

$$f(x) \sim \sum_{n=1}^{\infty} b_n \sin\frac{n\pi x}{l},$$

称为 $f(x)$ 在区间 $[0,l]$ 上的**正弦级数**展开式.

当 $\tilde{f}(x)$ 为 $f(x)$ 的偶延拓时,同样根据性质 5.8(奇偶函数定积分的对称性),

$$\boxed{a_n = \frac{2}{l}\int_0^l f(x)\cos\frac{n\pi x}{l}dx(n = 0,1,2,\cdots), b_n = 0(n = 1,2,\cdots).}$$

此时 $f(x)$ 在 $[0,l]$ 上的展开式为

$$f(x) \sim \frac{a_0}{2} + \sum_{n=1}^{\infty} a_n\cos\frac{n\pi x}{l},$$

称为 $f(x)$ 在区间 $[0,l]$ 上的**余弦级数**展开式.

例 6.34 将 $f(x) = \begin{cases} 1, & x \in [-\pi,0), \\ 0, & x \in [0,\pi] \end{cases}$,展开为傅里叶级数.

解 由本小节 1 中的系数公式可得

$$a_0 = \frac{1}{\pi}\int_{-\pi}^{\pi} f(x)dx = \frac{1}{\pi}\int_{-\pi}^{0} dx = 1,$$

$$a_n = \frac{1}{\pi}\int_{-\pi}^{\pi} f(x)\cos nx dx = \frac{1}{\pi}\int_{-\pi}^{0}\cos nx dx$$

$$= \frac{1}{n\pi}\sin nx\Big|_{-\pi}^{0} = 0(n = 1,2,\cdots),$$

$$b_n = \frac{1}{\pi}\int_{-\pi}^{\pi} f(x)\sin nx dx = \frac{1}{\pi}\int_{-\pi}^{0}\sin nx dx$$

$$= -\frac{1}{n\pi}\cos nx\Big|_{-\pi}^{0} = \frac{(-1)^n - 1}{n\pi}(n = 1,2,\cdots).$$

于是可得 $f(x)$ 的傅里叶级数

$$f(x) \sim \frac{1}{2} + \frac{1}{\pi}\sum_{n=1}^{\infty}\frac{(-1)^n - 1}{n}\sin nx = \frac{1}{2} - \frac{2}{\pi}\sum_{k=1}^{\infty}\frac{\sin(2k-1)x}{2k-1}.$$

本题中的 $f(x)$ 在电工学中称为方波,结论表明,方波可由常数和一系列(无穷多个)正弦波叠加得到,图 6-23 给出了若干正弦波的叠加结果.

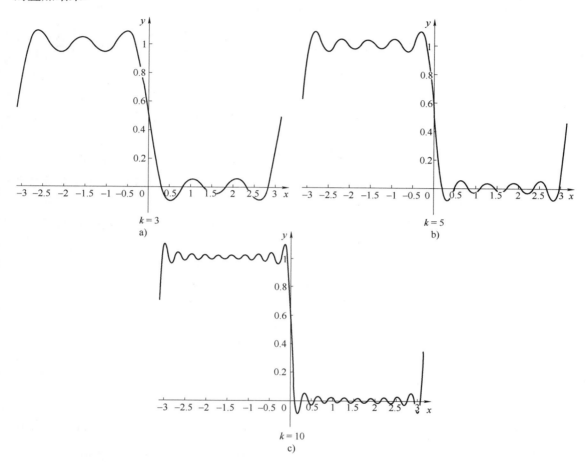

图 6-23 正弦波叠加为方波

例 6.35 将 $f(x) = \begin{cases} 0, & x \in [-1, 0), \\ x^2, & x \in [0, 1) \end{cases}$ 展开为傅里叶级数.

解 由本小节 2 中的系数公式可得

$$a_0 = \frac{1}{1} \int_{-1}^{1} f(x) \mathrm{d}x = \int_0^1 x^2 \mathrm{d}x = \frac{1}{3},$$

$$a_n = \int_{-1}^{1} f(x) \cos n\pi x \mathrm{d}x = \int_0^1 x^2 \cos n\pi x \mathrm{d}x = \frac{2 \cdot (-1)^n}{n^2 \pi^2} \quad (n = 1, 2, \cdots),$$

$$b_n = \int_{-1}^{1} f(x) \sin n\pi x \mathrm{d}x = \int_0^1 x^2 \sin n\pi x \mathrm{d}x = \frac{(-1)^{n+1}}{n\pi} + \frac{2 \cdot [(-1)^n - 1]}{n^3 \pi^3} \quad (n = 1, 2, \cdots).$$

于是可得 $f(x)$ 的傅里叶级数

$$f(x) \sim \frac{1}{6} + \frac{2}{\pi^2} \sum_{n=1}^{\infty} \frac{(-1)^n}{n^2} \cos n\pi x + \frac{1}{\pi} \sum_{n=1}^{\infty} \left[\frac{(-1)^{n+1}}{n} + 2 \frac{(-1)^n - 1}{n^3 \pi^2} \right] \sin n\pi x.$$

注 若 $x = 0$ 时上面的等式成立(在 6.4.3 小节说明),则有

$$0 = \frac{1}{6} + \frac{2}{\pi^2} \sum_{n=1}^{\infty} \frac{(-1)^n}{n^2}, 即$$

$$1 - \frac{1}{2^2} + \frac{1}{3^2} - \frac{1}{4^2} + \cdots + \frac{(-1)^{n-1}}{n^2} + \cdots = \frac{\pi^2}{12}.$$

由于无穷级数 $\sum_{n=1}^{\infty} \frac{1}{n^2}$ 收敛,设 $A = \sum_{n=1}^{\infty} \frac{1}{n^2}$,则 $\sum_{n=1}^{\infty} \frac{1}{(2n)^2} = \frac{1}{4} \sum_{n=1}^{\infty} \frac{1}{n^2} = \frac{A}{4}$,结合上式可得

$$\frac{\pi^2}{12} = \sum_{n=1}^{\infty} \frac{(-1)^{n-1}}{n^2} = \sum_{n=1}^{\infty} \frac{1}{n^2} - 2 \sum_{n=1}^{\infty} \frac{1}{(2n)^2} = A - 2 \cdot \frac{A}{4} = \frac{A}{2}.$$

故 $A = \frac{\pi^2}{6}$,即 $1 + \frac{1}{2^2} + \frac{1}{3^2} + \frac{1}{4^2} + \cdots + \frac{1}{n^2} + \cdots = \frac{\pi^2}{6}.$

例 6.36 将函数 $f(x) = x (x \in [0, \pi])$ 分别展开为正弦级数和余弦级数.

解 由本小节 3,当 $f(x) = x (x \in [0, \pi])$ 奇延拓时,其傅里叶系数为

$$a_n = 0 (n = 0, 1, 2, \cdots),$$

$$b_n = \frac{1}{\pi} \int_{-\pi}^{\pi} f(x) \sin nx \, dx = \frac{2}{\pi} \int_{0}^{\pi} x \sin nx \, dx$$

$$= \frac{2}{\pi} \left(-\frac{x \cos nx}{n} + \frac{\sin nx}{n^2} \right) \Big|_{0}^{\pi}$$

$$= \frac{2 \cdot (-1)^{n+1}}{n} (n = 1, 2, \cdots).$$

故 $f(x) = x (x \in [0, \pi])$ 展开为正弦级数为

$$f(x) \sim 2 \sum_{n=1}^{\infty} \frac{(-1)^{n+1}}{n} \sin nx = 2 \left(\sin x - \frac{\sin 2x}{2} + \frac{\sin 3x}{3} + \cdots + \frac{(-1)^{n+1}}{n} \sin nx + \cdots \right).$$

当 $f(x) = x (x \in [0, \pi])$ 偶延拓时,其傅里叶系数为:

$$a_0 = \frac{2}{\pi} \int_{0}^{\pi} x \, dx = \frac{2}{\pi} \cdot \frac{\pi^2}{2} = \pi,$$

$$a_n = \frac{2}{\pi} \int_{0}^{\pi} x \cos nx \, dx = \frac{2}{\pi} \left(\frac{x \sin nx}{n} + \frac{\cos nx}{n^2} \right) \Big|_{0}^{\pi}$$

$$= \frac{2}{\pi} \cdot \frac{(-1)^n - 1}{n^2} = \begin{cases} 0, & n = 2k, \\ -\dfrac{4}{n^2 \pi}, & n = 2k + 1. \end{cases}$$

$$b_n = 0 (n = 1, 2, \cdots).$$

故 $f(x) = x (x \in [0, \pi]$ 展开为余弦级数为

$$f(x) \sim \frac{\pi}{2} + \frac{2}{\pi} \sum_{n=1}^{\infty} \frac{(-1)^n - 1}{n^2} \cos nx$$

$$= \frac{\pi}{2} - \frac{4}{\pi} \left(\cos x + \frac{\cos 3x}{3^2} + \frac{\cos 5x}{5^2} + \cdots + \frac{\cos (2n+1) x}{(2n+1)^2} + \cdots \right).$$

注 在 $f(x)$ 的正弦级数展开式中,若取 $x = \frac{\pi}{2}$ 时等式成立,

则有

$$\frac{\pi}{2} = 2 \sum_{n=1}^{\infty} \frac{(-1)^{n+1}}{n} \sin \frac{n\pi}{2}$$

$$= 2 \left(1 - \frac{1}{3} + \frac{1}{5} - \frac{1}{7} + \cdots + \frac{(-1)^n}{2n+1} + \cdots \right),$$

可得

$$1 - \frac{1}{3} + \frac{1}{5} - \frac{1}{7} + \cdots + \frac{(-1)^n}{2n+1} + \cdots = \sum_{n=0}^{\infty} \frac{(-1)^n}{2n+1} = \frac{\pi}{4}.$$

若取 $x = \dfrac{\pi}{3}$ 时等式成立,则有

$$\frac{\pi}{3} = 2 \sum_{n=1}^{\infty} \frac{(-1)^{n+1}}{n} \sin \frac{n\pi}{3}$$

$$= \sqrt{3} \left(1 - \frac{1}{2} + \frac{1}{4} - \frac{1}{5} + \cdots + \frac{1}{3n+1} - \frac{1}{3n+2} + \cdots \right),$$

可得

$$1 - \frac{1}{2} + \frac{1}{4} - \frac{1}{5} + \cdots + \frac{1}{3n+1} - \frac{1}{3n+2} + \cdots = \sum_{n=0}^{\infty} \frac{1}{(3n+1)(3n+2)} = \frac{\pi}{3\sqrt{3}}.$$

在 $f(x)$ 的余弦级数展开式中,若取 $x = 0$ 时等式成立,则有

$$\frac{\pi}{2} = \frac{4}{\pi} \left(1 + \frac{1}{3^2} + \frac{1}{5^2} + \cdots + \frac{1}{(2n+1)^2} + \cdots \right),$$

可得

$$1 + \frac{1}{3^2} + \frac{1}{5^2} + \cdots + \frac{1}{(2n+1)^2} + \cdots = \sum_{n=0}^{\infty} \frac{1}{(2n+1)^2} = \frac{\pi^2}{8}.$$

进一步,若 $f(x)$ 的余弦级数在 $[0, \pi]$ 上恒收敛于 $f(x)$,并可以逐项积分,即

$$x = \frac{\pi}{2} + \frac{2}{\pi} \sum_{n=1}^{\infty} \frac{(-1)^n - 1}{n^2} \cos nx \quad (x \in [0, \pi]).$$

在 $[0, x]$ 上逐项积分可得

$$\frac{x^2}{2} = \frac{\pi x}{2} + \frac{2}{\pi} \sum_{n=1}^{\infty} \frac{(-1)^n - 1}{n^3} \sin nx.$$

在 $[0, x]$ 上再次逐项积分可得

$$\frac{x^3}{6} = \frac{\pi x^2}{4} + \frac{2}{\pi} \sum_{n=1}^{\infty} \frac{(-1)^n - 1}{n^4} (1 - \cos nx).$$

若此式当 $x = \pi$ 时等式成立,则有

$$\frac{\pi^3}{6} = \frac{\pi^3}{4} + \frac{2}{\pi} \sum_{n=1}^{\infty} \frac{(-1)^n - 1}{n^4} (1 - \cos n\pi)$$

$$= \frac{\pi^3}{4} - \frac{8}{\pi} \sum_{k=0}^{\infty} \frac{1}{(2k+1)^4},$$

即 $\displaystyle\sum_{n=0}^{\infty} \frac{1}{(2n+1)^4} = \frac{\pi^4}{96}$. 设 $A = \displaystyle\sum_{n=1}^{\infty} \frac{1}{n^4}$,注意到

$$\sum_{n=1}^{\infty} \frac{1}{n^4} = \sum_{n=0}^{\infty} \frac{1}{(2n+1)^4} + \sum_{n=1}^{\infty} \frac{1}{(2n)^4} = \sum_{n=0}^{\infty} \frac{1}{(2n+1)^4} + \frac{1}{16} \sum_{n=1}^{\infty} \frac{1}{n^4},$$

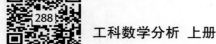

则

$$A = \sum_{n=1}^{\infty} \frac{1}{n^4} = \frac{16}{15} \sum_{n=0}^{\infty} \frac{1}{(2n+1)^4} = \frac{16}{15} \cdot \frac{\pi^4}{96} = \frac{\pi^4}{90}.$$

通过本节,可以发现,将函数在给定区间上展开为傅里叶级数,不仅可以表示为三角函数的叠加,也可以得到许多以前很难计算的数项级数的和. 但这需要一个前提,就是函数的傅里叶级数展开式收敛于函数本身. 下一小节,将研究这个问题.

6.4.3　傅里叶级数的收敛性与性质

设 $f(x)$ 在 $[-\pi, \pi]$ 上可积,其傅里叶级数展开式为

$$f(x) \sim \frac{a_0}{2} + \sum_{n=1}^{\infty} (a_n \cos nx + b_n \sin nx).$$

考虑展开式的部分和 $S_n(x) = \dfrac{a_0}{2} + \sum_{k=1}^{n} (a_k \cos kx + b_k \sin kx)$,

代入系数公式可得:

$$S_n(x) = \frac{1}{2\pi} \int_{-\pi}^{\pi} f(u) \, \mathrm{d}u + \frac{1}{\pi} \sum_{k=1}^{n} \int_{-\pi}^{\pi} f(u)(\cos kx \cos ku + \sin kx \sin ku) \, \mathrm{d}u$$

$$= \frac{1}{\pi} \int_{-\pi}^{\pi} f(u) \left(\frac{1}{2} + \sum_{k=1}^{n} \cos k(u-x) \right) \mathrm{d}u = \frac{1}{\pi} \int_{-\pi}^{\pi} f(u) \frac{\sin\left(n + \frac{1}{2}\right)(u-x)}{2\sin\frac{u-x}{2}} \, \mathrm{d}u.$$

做变量替换 $t = u - x$,则

$$S_n(x) = \frac{1}{\pi} \left(\int_{0}^{\pi} f(x+t) \frac{\sin\left(n + \frac{1}{2}\right)t}{2\sin\frac{t}{2}} \, \mathrm{d}t + \int_{-\pi}^{0} f(x+t) \frac{\sin\left(n + \frac{1}{2}\right)t}{2\sin\frac{t}{2}} \, \mathrm{d}t \right)$$

$$= \int_{0}^{\pi} (f(x+t) + f(x-t)) \frac{\sin\left(n + \frac{1}{2}\right)t}{2\pi\sin\frac{t}{2}} \, \mathrm{d}t.$$

记 $D_n(t) = \dfrac{\sin\left(n + \frac{1}{2}\right)t}{2\pi\sin\frac{t}{2}}$,一般称积分 $\displaystyle\int_{0}^{\pi} (f(x+t) + f(x-t)) D_n(t) \, \mathrm{d}t$

为 $f(x)$ 的**狄利克雷积分**,$D_n(t)$ 为**狄利克雷核**(满足 $\displaystyle\int_{0}^{\pi} D_n(t) \, \mathrm{d}t = \dfrac{1}{2}$). 为了研究部分和序列 $\{S_n(x)\}$ 的收敛性,先介绍黎曼引理.

定理 6.8(黎曼引理)　设函数 $f(x)$ 在 $[a,b]$ 上可积,则

$$\lim_{p \to +\infty} \int_{a}^{b} f(x) \sin px \, \mathrm{d}x = \lim_{p \to +\infty} \int_{a}^{b} f(x) \cos px \, \mathrm{d}x = 0.$$

证　由于 $f(x)$ 在 $[a,b]$ 可积,设 $|f(x)| \leqslant M$,对 $\forall \varepsilon > 0$,存在 $[a,b]$ 的分割 $a = x_0 < x_1 < \cdots < x_n = b$ 使得 $\sum_{i=1}^{n} (M_i - m_i) \Delta x_i < \dfrac{\varepsilon}{2}$,其

中 $\Delta x_i = x_i - x_{i-1}, M_i = \sup\limits_{x \in [x_{i-1}, x_i]} f(x), m_i = \inf\limits_{x \in [x_{i-1}, x_i]} f(x)(i = 1, \cdots, n).$ 注意到,当 $x \in [x_{i-1}, x_i]$ 时,$f(x) - m_i \leqslant M_i - m_i$,于是对上述分割有

$$
\begin{aligned}
\left| \int_a^b f(x) \sin px \mathrm{d}x \right| &= \left| \sum_{i=1}^n \int_{x_{i-1}}^{x_i} f(x) \sin px \mathrm{d}x \right| \\
&\leqslant \left| \sum_{i=1}^n \int_{x_{i-1}}^{x_i} (f(x) - m_i) \sin px \mathrm{d}x \right| + \left| \sum_{i=1}^n m_i \int_{x_{i-1}}^{x_i} \sin px \mathrm{d}x \right| \\
&\leqslant \sum_{i=1}^n \int_{x_{i-1}}^{x_i} (M_i - m_i) \mathrm{d}x + M \left| \sum_{i=1}^n \int_{x_{i-1}}^{x_i} \sin px \mathrm{d}x \right| \\
&\leqslant \sum_{i=1}^n (M_i - m_i) \Delta x_i + M \left| \int_a^b \sin px \mathrm{d}x \right|.
\end{aligned}
$$

由于 $\left| \int_a^b \sin px \mathrm{d}x \right| \leqslant \dfrac{2}{p}$,可取 p 充分大使得 $M \left| \int_a^b \sin px \mathrm{d}x \right| < \dfrac{\varepsilon}{2}$,再由 $\sum\limits_{i=1}^n (M_i - m_i) \Delta x_i < \dfrac{\varepsilon}{2}$,因此 p 充分大时 $\left| \int_a^b f(x) \sin px \mathrm{d}x \right| < \varepsilon$,可得 $\lim\limits_{p \to +\infty} \int_a^b f(x) \sin px \mathrm{d}x = 0.$ 同理 $\lim\limits_{p \to +\infty} \int_a^b f(x) \cos px \mathrm{d}x = 0$,得证.

注1　如果 $f(x)$ 在 $[a, b]$ 有瑕点,只要 $|f(x)|$ 的瑕积分收敛,那么结论仍然成立(证明略).

注2　由于 $S_n(x_0) - A = \int_0^\pi \dfrac{f(x_0 + t) + f(x_0 - t) - 2A}{2\pi\sin\frac{t}{2}} \sin\left(n + \dfrac{1}{2}\right)t \mathrm{d}t$,

其中函数 $\dfrac{f(x_0 + t) + f(x_0 - t) - 2A}{2\pi\sin\frac{t}{2}}$ 仅在 $t = 0$ 可能为瑕点,因此

$S_n(x_0) - A$ 是否收敛于零完全取决于 $f(x_0 \pm t)$ 在 $t = 0$ 附近的取值情况,也就是说仅与 $f(x)$ 在 x_0 附近的值有关,这称为"**黎曼局部化定理**".

注3　取 $g(t) = \begin{cases} \dfrac{1}{2\sin\frac{t}{2}} - \dfrac{1}{t}, & t \neq 0, \\ 0, & t = 0 \end{cases}$ 可验证 $g(t)$ 在 $[0, \pi]$ 上

连续.若 $f(x)$ 在 $[-\pi, \pi]$ 上可积,则 $f(t)g(t)$ 在 $[0, \pi]$ 上可积,因此 $\lim\limits_{n \to \infty} \int_0^\delta f(t)g(t)\sin\left(n + \dfrac{1}{2}\right)t \mathrm{d}t = 0$,故下述两个积分的极限

$$
\lim_{n \to \infty} \int_0^\pi f(t) \frac{\sin\left(n + \dfrac{1}{2}\right)t}{2\sin\frac{t}{2}} \mathrm{d}t, \lim_{n \to \infty} \int_0^\pi f(t) \frac{\sin\left(n + \dfrac{1}{2}\right)t}{t} \mathrm{d}t,
$$

要么同时发散,要么同时收敛,收敛时极限值相同.

注4　根据黎曼引理,可知傅里叶级数的系数满足 $\lim\limits_{n \to \infty} a_n = \lim\limits_{n \to \infty} b_n = 0.$

例6.37　计算反常积分 $\int_0^{+\infty} \dfrac{\sin x}{x} \mathrm{d}x$(利用黎曼引理的注3).

解 根据定理 6.5(反常积分的阿贝尔 - 狄利克雷判别法),可知无穷积分 $\int_0^{+\infty} \dfrac{\sin x}{x} dx$ 收敛.

若 $f(x) = 1$,则

$$S_n(x) = \frac{1}{2\pi} \int_{-\pi}^{\pi} du + \frac{1}{\pi} \sum_{k=1}^{n} \left(\cos kx \int_{-\pi}^{\pi} \cos ku du + \sin kx \int_{-\pi}^{\pi} \sin ku du \right) = 1,$$

根据本节(6.4.3 节)起始部分关于狄利克雷核的讨论,可得引入过程.

$$\int_0^{\pi} \frac{\sin\left(n + \dfrac{1}{2}\right)t}{2\pi\sin\dfrac{t}{2}} dt = \frac{1}{2} \Rightarrow \lim_{n\to\infty} \int_0^{\pi} \frac{\sin\left(n + \dfrac{1}{2}\right)t}{2\sin\dfrac{t}{2}} dt = \frac{\pi}{2}.$$

由黎曼引理的注 3,

$$\int_0^{+\infty} \frac{\sin x}{x} dx = \lim_{n\to\infty} \int_0^{(n+\frac{1}{2})\pi} \frac{\sin x}{x} dx = \lim_{n\to\infty} \int_0^{\pi} \frac{\sin\left(n + \dfrac{1}{2}\right)t}{t} dt = \frac{\pi}{2}.$$

注 反常积分 $\int_0^{+\infty} \dfrac{\sin x}{x} dx$ 一般称为狄利克雷积分,下册还会给出其他的计算方法.

结合黎曼引理的注 2 和注 3 可知,$\lim\limits_{n\to\infty} S_n(x_0) = A$ 的充要条件是:存在 $\delta > 0$ 使

$$\lim_{n\to\infty} \int_0^{\delta} \frac{f(x_0 + t) + f(x_0 - t) - 2A}{t} \sin\left(n + \frac{1}{2}\right)t dt = 0.$$

设 $f(x)$ 在 x_0 处存在左右极限 $f(x_0 +) = \lim\limits_{t\to 0+} f(x_0 + t)$,$f(x_0 -) = \lim\limits_{t\to 0+} f(x_0 - t)$,取 $A = \dfrac{f(x_0 +) + f(x_0 -)}{2}$,则上述极限成立,只需如下两个极限同时成立:

$$\lim_{n\to\infty} \int_0^{\delta} \frac{f(x_0 + t) - f(x_0 +)}{t} \sin\left(n + \frac{1}{2}\right)t dt = 0, \lim_{n\to\infty} \int_0^{\delta} \frac{f(x_0 - t) - f(x_0 -)}{t} \sin\left(n + \frac{1}{2}\right)t dt = 0.$$

于是,结合黎曼引理,可以给出傅里叶级数收敛的若干条件.

定理 6.9(傅里叶级数收敛的充分条件) 设函数 $f(x)$ 在 $[-\pi, \pi]$ 上可积且只有第一类间断点,则满足以下条件之一时,$f(x)$ 的傅里叶级数 $\dfrac{a_0}{2} + \sum\limits_{n=1}^{\infty} (a_n \cos nx + b_n \sin nx)$ 收敛,且

$$\frac{a_0}{2} + \sum_{n=1}^{\infty} (a_n \cos nx + b_n \sin nx) = \begin{cases} \dfrac{f(x +) + f(x -)}{2}, & x \in (-\pi, \pi), \\ \dfrac{f(-\pi +) + f(\pi -)}{2}, & x = -\pi, \pi. \end{cases}$$

(1)单侧可微条件:$f(x)$ 在任意的 x_0 处存在如下的两个极限(称为 $f(x)$ 的拟单侧导数)

$$\lim_{t\to 0+} \frac{f(x_0 + t) - f(x_0 +)}{t}, \lim_{t\to 0-} \frac{f(x_0 + t) - f(x_0 -)}{t}.$$

（2）迪尼（Dini）条件：对任意 x_0，存在 $\delta > 0$，下述两个瑕积分绝对收敛

$$\int_0^\delta \frac{f(x_0 + t) - f(x_0 +)}{t} \mathrm{d}t, \int_0^\delta \frac{f(x_0 - t) - f(x_0 -)}{t} \mathrm{d}t.$$

（3）迪尼-利普希茨判别法：$f(x)$ 在任意的 x_0 处满足下述不等式

$$|f(x_0 + t) - f(x_0 +)| \leqslant Lt^\alpha, \quad |f(x_0 - t) - f(x_0 -)| \leqslant Lt^\alpha.$$

其中 $L > 0, \alpha \in (0, 1], t \in (0, \delta) (\delta > 0)$，此时称 $f(x)$ 满足 $\alpha -$ 赫尔德（Holder）条件.

（4）狄利克雷-若尔当（Jordan）判别法：对任意 x_0，存在 $\delta > 0$，$f(x)$ 在 $(x_0 - \delta, x_0)$ 和 $(x_0, x_0 + \delta)$ 上分别单调.

证　（1）若极限 $\lim\limits_{t \to 0+} \dfrac{f(x_0 + t) - f(x_0 +)}{t}$ 存在，则 $\dfrac{f(x_0 + t) - f(x_0 +)}{t}$ 在 $[0, \delta]$ 可积，由定理 6.8（黎曼引理）可知 $\lim\limits_{n \to \infty} \int_0^\delta \dfrac{f(x_0 + t) - f(x_0 +)}{t}$ $\sin\left(n + \dfrac{1}{2}\right)t\mathrm{d}t = 0$；同理极限 $\lim\limits_{t \to 0-} \dfrac{f(x_0 + t) - f(x_0 -)}{t}$ 存在时，也有 $\lim\limits_{n \to \infty} \int_0^\delta \dfrac{f(x_0 - t) - f(x_0 -)}{t} \sin\left(n + \dfrac{1}{2}\right)t\mathrm{d}t = 0$，故结论成立.

（2）若瑕积分 $\int_0^\delta \dfrac{f(x_0 + t) - f(x_0 +)}{t} \mathrm{d}t$ 绝对收敛，则由定理 6.8（黎曼引理）的注 1，可知 $\lim\limits_{n \to \infty} \int_0^\delta \dfrac{f(x_0 + t) - f(x_0 +)}{t} \sin\left(n + \dfrac{1}{2}\right)t\mathrm{d}t = 0$；同理，若瑕积分 $\int_0^\delta \dfrac{f(x_0 - t) - f(x_0 -)}{t} \mathrm{d}t$ 绝对收敛，亦有 $\lim\limits_{n \to \infty} \int_0^\delta \dfrac{f(x_0 - t) - f(x_0 -)}{t} \sin\left(n + \dfrac{1}{2}\right)t\mathrm{d}t = 0$，故结论成立.

（3）若瑕积分 $|f(x_0 + t) - f(x_0 +)| \leqslant Lt^\alpha$，则

$$\left| t^{1-\alpha} \frac{f(x_0 + t) - f(x_0 +)}{t} \right| \leqslant L, t \in (0, \delta),$$ 由于 $1 - \alpha < 1$，故瑕积分 $\int_0^\delta \dfrac{f(x_0 + t) - f(x_0 +)}{t} \mathrm{d}t$ 绝对收敛；同理，若 $|f(x_0 - t) - f(x_0 -)| \leqslant Lt^\alpha$，亦有瑕积分 $\int_0^\delta \dfrac{f(x_0 - t) - f(x_0 -)}{t} \mathrm{d}t$ 绝对收敛，根据（2），结论成立.

注 1　关于本定理的（4）——狄利克雷-若尔当判别法，由于证明繁琐，本书从略（可见参考文献[10]）.

注 2　在实际问题中，说明傅里叶级数的收敛性时，往往用条件"分段可微"或"分段单调"，它们可分别由定理 6.9 的（1）和（4）推出.

注 3　虽然实际中遇到的大多数函数都满足了上述的充分条

件之一,但是研究者发现,存在连续函数的傅里叶级数在一个无限点集上不收敛,存在可积函数的傅里叶级数处处不收敛. 因此,关于傅里叶级数的收敛性问题,仍是目前重要的研究课题,至今还未找到易于验证的判断傅里叶级数收敛的充要条件!

例 6.38 判断例 6.34、例 6.35、例 6.36 中展开的傅里叶级数是否收敛,若收敛,写出它们的和函数.

解 对于例 6.34,由于函数 $f(x) = \begin{cases} 1, & x \in [-\pi, 0), \\ 0, & x \in [0, \pi] \end{cases}$ 在 $[-\pi, \pi]$ 上分段可微(也是分段单调),其傅里叶级数的和函数为

$$f(x) = \begin{cases} 1, & x \in (-\pi, 0), \\ 0, & x \in (0, \pi), \\ 1/2, & x = 0, \pm\pi. \end{cases}$$

对于例 6.35,由于函数 $f(x) = \begin{cases} 0, & x \in [-1, 0), \\ x^2, & x \in [0, 1) \end{cases}$ 在 $[-1, 1]$ 上分段可微(也是分段单调),其傅里叶级数的和函数为

$$f(x) = \begin{cases} 0, & x \in (-1, 0), \\ x^2, & x \in [0, 1), \\ 1/2, & x = \pm 1. \end{cases}$$

对于例 6.36,由于函数 $f(x) = x(x \in [0, \pi])$,其奇延拓为 $f(x) = x(x \in [-\pi, \pi])$,满足了傅里叶级数收敛的条件,和函数为 $f(x) = \begin{cases} x, & x \in (-\pi, \pi), \\ 0, & x = \pm\pi. \end{cases}$ 其偶延拓为 $\bar{f}(x) = \begin{cases} -x, & x \in [-\pi, 0), \\ x, & x \in [0, \pi], \end{cases}$ 处处连续且分段单调,故其傅里叶级数收敛于 $\bar{f}(x) = \begin{cases} -x, & x \in [-\pi, 0), \\ x, & x \in [0, \pi]. \end{cases}$

最后,给出傅里叶级数的分析性质. (证明从略,见参考文献 [10])

定理 6.10(傅里叶级数的分析性质)

(1) 逐项积分公式:设函数 $f(x)$ 在 $[-\pi, \pi]$ 上可积(若有瑕点则瑕积分绝对可积),$f(x)$ 的傅里叶级数为 $\dfrac{a_0}{2} + \sum_{n=1}^{\infty} (a_n \cos nx + b_n \sin nx)$,则对任意的 $c, x \in [-\pi, \pi]$,有

$$\int_c^x f(t) \, dt = \int_c^x \frac{a_0}{2} dt + \sum_{n=1}^{\infty} \int_c^x (a_n \cos nt + b_n \sin nt) \, dt.$$

(2) 逐项微分公式:设函数 $f(x)$ 在 $[-\pi, \pi]$ 上连续,$f(-\pi) = f(\pi)$,除有限个点外 $f(x)$ 可微,$f'(x)$ 可积(若有瑕点则瑕积分绝对可积),$f(x)$ 的傅里叶级数为 $\dfrac{a_0}{2} + \sum_{n=1}^{\infty} (a_n \cos nx + b_n \sin nx)$,则 $f'(x)$ 的傅里叶级数可由 $f(x)$ 的傅里叶级数逐项微分得到,即

$$f'(x) \sim \sum_{n=1}^{\infty} (-na_n \sin nx + nb_n \cos nx).$$

注 由逐项积分公式可知，只要 $f(x)$ 可积，即使 $\dfrac{a_0}{2} + \sum_{n=1}^{\infty} (a_n \cos nx$

$+ b_n \sin nx)$ 不收敛于 $f(x)$，其逐项积分级数 $\dfrac{a_0}{2}(x - c) +$

$\sum_{n=1}^{\infty} \left[\dfrac{a_n}{n} (\sin nx - \sin nc) + \dfrac{b_n}{n} (\cos nc - \cos nx) \right]$ 必收敛于 $\displaystyle\int_c^x f(t)\,\mathrm{d}t$.

小知识：零测集、"几乎处处"、Lusin 猜想

测度（Measure）是集合论的基本概念，衡量集合的大小，例如个数、长度、面积、体积等，在实直线上，可以理解为长度．零测集则是指测度为零的集合，许多集合虽然元素很多，例如整数集、有理数集、代数数集等，但其测度却为零．

"几乎处处"的说法看似模糊，但在数学上有严格定义，是指"除某零测集外处处成立"．例如：在 $[a,b]$ 上几乎处处连续，就是在 $[a,b] \backslash A$ 上处处连续，其中 A 为零测集．事实上，$[a,b]$ 上的函数黎曼可积当且仅当在 $[a,b]$ 上几乎处处连续（或间断点为零测集）．可以回顾黎曼函数的间断点为有理数集，是零测集，因此可积；而狄利克雷函数的间断点为任意实数，非零测集，故不可积．

连续周期函数的傅里叶级数是否处处收敛于该函数呢？狄利克雷研究工作之后的近 50 年里，人们一直认为答案是肯定的．然而在 1873 年，德国数学家雷蒙德（Paul du Bois-Reymond，1831—1889）给出了一个连续函数，其傅里叶级数在一点发散．后来，法国数学家卡亨（Jean-Pierre Kahane，1926—2017）和以色列数学家卡茨纳尔松（Yitzhak Katznelson，1934—）在 1966 年指出，对任意的零测集，都存在连续的周期函数，其傅里叶级数在该集合上处处发散．同样在 1966 年，瑞典数学家卡尔松（Lennart Carleson，1928—）证明了著名的 **Lusin 猜想**（被称为 **Carleson's theorem**）：

任意平方可积的周期函数，其傅里叶级数几乎处处收敛于该函数．

由于连续的周期函数必然平方可积，因此由上述结论可知，连续周期函数的傅里叶级数几乎处处收敛于该函数．可以说，这圆满解决了连续函数傅里叶级数的收敛性问题．

习题 6.4

1. 求下列函数的傅里叶级数展开式：

（1）$f(x)=x^2$, $-\pi<x\leqslant\pi$；（2）$f(x)=\begin{cases}1, & 0\leqslant x\leqslant\pi \\ 0, & -\pi<x<0\end{cases}$；

（3）$f(x)=|x|$, $-\pi\leqslant x\leqslant\pi$.

2.（1）把函数 $f(x)=\begin{cases}-\dfrac{\pi}{4}, & -\pi<x<0 \\ \dfrac{\pi}{4}, & 0\leqslant x<\pi\end{cases}$ 展开成傅里叶级数；

（2）证明：（ⅰ）$\dfrac{\pi}{4}=1-\dfrac{1}{3}+\dfrac{1}{5}-\dfrac{1}{7}+\cdots$；

（ⅱ）$\dfrac{\pi}{3}=1+\dfrac{1}{5}-\dfrac{1}{7}-\dfrac{1}{11}+\dfrac{1}{13}+\dfrac{1}{17}+\cdots$；

（ⅲ）$\dfrac{\sqrt{3}}{6}\pi=1-\dfrac{1}{5}+\dfrac{1}{7}-\dfrac{1}{11}+\dfrac{1}{13}-\dfrac{1}{17}+\cdots$.

3. 设 $S(x)$ 是周期为 2π 的函数 $f(x)$ 的傅里叶级数的和函数，$f(x)$ 在一个周期内的表达式为 $f(x)=\begin{cases}0, & 2<|x|\leqslant\pi, \\ x, & |x|\leqslant2\end{cases}$，写出 $S(x)$ 在 $[-\pi,\pi]$ 上的表达式.

4. 求下列函数的傅里叶级数展开式：

（1）$f(x)=1-|x|$, $-1\leqslant x\leqslant1$；

（2）$f(x)=\begin{cases}3, & 0\leqslant x<5, \\ 0, & -5\leqslant x<0\end{cases}$；

（3）$f(x)=\begin{cases}2-x, & 0\leqslant x\leqslant4, \\ x-6, & 4<x<8\end{cases}$.

5. 将函数 $f(x)=\dfrac{\pi}{2}-x$ 在 $[0,\pi]$ 上展开成余弦级数.

6. 将函数 $f(x)=\cos\dfrac{x}{2}$ 在 $[0,\pi]$ 上展开成正弦级数.

7. 把函数 $f(x)=\begin{cases}1-x, & 0\leqslant x\leqslant2, \\ x-3, & 2<x\leqslant4\end{cases}$ 在 $[0,4]$ 上展开成余弦级数.

8. 把函数 $f(x)=(x-1)^2$ 在 $[0,1]$ 上展开成余弦级数，并证明：$\pi^2=6\left(1+\dfrac{1}{2^2}+\dfrac{1}{3^2}+\cdots\right)$.

9. 将函数 $f(x)$ 分别作奇延拓和偶延拓后，求函数的傅里叶级数，其中，

$$f(x)=\begin{cases}1, & 0<x<\dfrac{\pi}{2}, \\ \dfrac{1}{2}, & x=\dfrac{\pi}{2}, \\ 0, & \dfrac{\pi}{2}<x\leqslant\pi.\end{cases}$$

10. 证明：当 $0\leqslant x\leqslant\pi$ 时，$\displaystyle\sum_{n=1}^{\infty}\dfrac{\cos n\pi}{n^2}=\dfrac{x^2}{4}-\dfrac{\pi x}{2}+\dfrac{\pi^2}{6}$.

参 考 文 献

[1] 菲赫金哥尔茨. 微积分学教程:第一卷[M]. 杨弢亮,叶彦谦,译. 8 版. 北京:高等教育出版社,2006.

[2] 王建午,曹之江,刘景麟. 实数的构造理论[M]. 北京:高等教育出版社,1981.

[3] 王绵森,马知恩. 工科数学分析基础:上册[M]. 北京:高等教育出版社,2004.

[4] 马知恩,王绵森. 工科数学分析基础:下册[M]. 北京:高等教育出版社,2004.

[5] 孙振绮,包依丘克. 工科数学分析教程:上册[M]. 2 版. 北京:机械工业出版社,2012.

[6] 孙振绮,包依丘克. 工科数学分析教程:下册[M]. 2 版. 北京:机械工业出版社,2012.

[7] 李傅山. 数学分析中的问题与方法.[M]. 北京:科学出版社,2016.

[8] 陈纪修,邱维元. 数学分析课程中的一个反例[J]. 高等数学研究,2006,19(1):2-5.

[9] 陈纪修,於崇华,金路. 数学分析:上册[M]. 2 版. 北京:高等教育出版社,2004.

[10] 陈纪修,於崇华,金路. 数学分析:下册[M]. 2 版. 北京:高等教育出版社,2004.

[11] 伍胜健. 数学分析:第一册[M]. 北京:北京大学出版社,2009.

[12] 伍胜健. 数学分析:第二册[M]. 北京:北京大学出版社,2010.

[13] 伍胜健. 数学分析:第三册[M]. 北京:北京大学出版社,2010.